Pester
Explosionsschutz elektrischer Anlagen

ELEKTRO PRAKTIKER
Bibliothek

Johannes Pester

Explosionsschutz elektrischer Anlagen

Fragen und Antworten

2., aktualisierte und erweiterte Auflage

HUSS-MEDIEN GmbH
Verlag Technik
10400 Berlin

Bibliografische Information der Deutschen Bibliothek

Die Deutsche Bibliothek verzeichnet diese Publikation in
der Deutschen Nationalbibliographie; detaillierte bibliographische
Daten sind im Internet über http://dnb.de abrufbar.

ISSN 0946-7696
ISBN 3-341-01418-7

2., aktualisierte und erweiterte Auflage 2005
© HUSS-MEDIEN GmbH, Verlag Technik, Am Friedrichshain 22, 10400 Berlin
Tel.: 030 42151-0, Fax: 030 42151-273,
E-Mail: huss.medien@hussberlin.de

Eingetragen im Handelsregister Berlin HRB 36260
Geschäftsführer: Wolfgang Huss, Günther Schwarz

Layout: Sebastian Ebert
Einbandgestaltung: Bernd Bartholomes

Gesamtherstellung: Druckhaus "Thomas Müntzer" GmbH Bad Langensalza

Alle Rechte vorbehalten. Kein Teil dieser Publikation darf ohne vorherige schriftliche
Genehmigung des Verlages vervielfältigt, bearbeitet und/oder verbreitet werden.
Unter dieses Verbot fällt insbesondere der Nachdruck, die Aufnahme und Wiedergabe
in Online-Diensten, Internet und Datenbanken sowie die Vervielfältigung auf
Datenträgern jeglicher Art.

Alle Angaben in diesem Werk sind sorgfältig zusammengetragen und geprüft.
Dennoch können wir für die Richtigkeit und Vollständigkeit des Inhalts keine Haftung
übernehmen.

Vorwort

Elektrischer Explosionsschutz in Frage und Antwort, was soll das bringen? Das ist doch kein Thema für alle. Damit befasst man sich, wenn es irgendwann einmal gefragt sein sollte. Aber wer weiß heute, ob das nicht morgen schon sein kann. Vielleicht deshalb, weil man als Elektrofachkraft zeigen muss, dass man sein Fachgebiet rundum beherrscht, oder weil ein lukrativer Auftrag nicht der Konkurrenz anheim fallen soll.
In der Anlagensicherheit, besonders im rechtlichen Fundament, aber auch im Fortschritt der Normen ist seit der ersten Auflage dieses Buches im Jahr 1998 im Explosionsschutz vieles voran gekommen. Einiges zeichnete sich damals schon ab und festigte sich inzwischen. Andere neue Bestimmungen bedürfen punktuell noch der Interpretation, verlangen ein anderes Denken und werden sich erst allmählich der Anwendungspraxis voll erschließen.
Die europäisch geprägten Rechtsvorschriften des Arbeitsschutzes in Deutschland und das zugehörige Regelwerk bekommen eine straffe Struktur. Doppelungen mit berufsgenossenschaftlichen Bestimmungen und gegenseitige Widersprüche gehören der Vergangenheit an. Noch im Jahr 2002 trat die Betriebssicherheitsverordnung in Kraft, 2004 folgte das neue Geräte- und Produktsicherheitsgesetz und eine neue BGV für elektrische Anlagen wird erwartet. Verändernd und verdichtend sind die bisherigen Verordnungen für überwachungsbedürftige Anlagen abgelöst worden, darunter auch die ElexV. Das zugehörige Regelwerk und die berufsgenossenschaftlichen Vorschriften und Regeln werden einander angepasst.
Hinzu kommt, dass seit Jahresmitte 2003 nur noch Ex-Geräte nach neuem europäischem Recht in Verkehr kommen dürfen, auch im nicht elektrischen Bereich. Zielte die erste Phase des rechtlichen Übergangs auf gerätetechnische Anpassungen durch die Hersteller, so ist nun bis 2007 die zweite betrieblich orientierte Übergangsphase zu bewältigen. Seit Juli 2004 liegt auch eine neue Ausgabe der Errichtungsnorm VDE 0165 Teil 1 vor. Teil 2 wird bald folgen.
Der gleitende Übergang auf neu geordnete Rechtsgrundsätze verläuft auf zwei Gleisen, dem alten und dem neuen, aber nicht immer konsequent und in logischer Folge. Was sich naturgemäß nicht verändert, das sind die tech-

nisch-physikalischen Grundsätze des Explosionsschutzes. Darauf kommt es vor allem an, wenn im Nebeneinander von alt und neu der Durchblick nicht verloren gehen soll.

"In Europa kommt es jedes Jahr zu mehr als 2000 Explosionen beim Handling und der Lagerung brennbarer Materialien und täglich zu einem großen Brand", schrieb 2003 eine Fachzeitschrift. Das lässt aufmerken. Soll man da mit "oho!" oder mit "aha" reagieren? So für sich allein genommen entwickeln solche Zahlen die gleiche Attraktivität wie der unbestimmte Rechtsbegriff "Stand der Technik". Manchen rechtlichen Sachverhalten kommt man nicht auf die Sprünge, ohne sie mehrfach zu hinterfragen.

Wer als Elektrofachkraft für explosionsgefährdete Betriebsanlagen Verantwortung zu übernehmen hat, ob als Planer, Errichter oder in der Instandhaltung, braucht kritischen Sachverstand mehr als bisher. Dazu muss man sich auskennen in den Methoden und Maßnahmen des Explosionsschutzes. Man muss sich mit den neuen Rechtsnormen, Regeln und technischen Normen vertraut machen, und man muss auch in der Lage sein, eigene Kompetenz richtig einzuordnen. Dazu will dieses Buch mit praktischen Hinweisen beitragen. Kritik wird gern entgegen genommen, wenn sie dazu beiträgt, das Buch zu verbessern.

Meinungsunterschiede zur Explosionssicherheit kann man künftig nicht mehr wie früher anhand einer technischen Norm bereinigen. Auch andere Lösungen sind rechtens, wenn sie den Grundsätzen der Betriebssicherheitsverordnung und der Explosionsschutzverordnung entsprechen. Darüber entscheiden letztlich der Sachverstand des Fachmannes und der Stand der Technik.

Aus dieser Sicht wurde das Buch überarbeitet und erweitert. Auch bei dieser Auflage folgt der Verfasser dem Anliegen, rechtliche und technische Grundlagen darzustellen, auf Neues aufmerksam zu machen und dem Leser so zu helfen, Zusammenhänge zu erkennen. Wesentlich dabei sind auch die Besonderheiten während der Übergangsphasen auf neue Rechtsgrundlagen und Normative.

Besonderer Dank gilt den Fachkollegen im VDE-Arbeitskreis Elektrische Anlagen in explosionsgefährdeten Betriebsstätten und bei der DKE für die hilfreichen Gedanken, auch dem Herausgeber der Elektropraktiker-Bibliothek Herrn Heinz Senkbeil für die ermutigende Unterstützung, und dem Verlag, dessen Geduld und Verständnis es möglich machten, das Buch in dieser Form fertig zu stellen.

Nicht zuletzt sei allen Firmen und Personen, die im Bildquellennachweis genannt sind, gedankt für das Überlassen von Fotos und Bildmaterial.

Markkleeberg, August 2004   Johannes Pester

Inhaltsverzeichnis

1 **Zur Arbeit mit dem Buch** 19

2 **Rechtsgrundlagen und Normen**

2.1 Welche Rechtsvorschriften sind wichtig für den
 Explosionsschutz elektrischer Anlagen? 26
2.2 Was hat sich in den Rechtsvorschriften des Explosionsschutzes
 zwischen 1996 und 2003 markant geändert? 33
2.3 Was enthält die EXVO und an wen wendet sie sich? 35
2.3.1 Welche Merkmale für das Sicherheitsniveau von
 Ex-Betriebsmitteln legt die EXVO fest? 39
2.3.2 Ist für den gerätetechnischen Explosionsschutz
 nur noch die EXVO maßgebend? 40
2.3.3 Regelt die EXVO auch die Einteilung explosionsgefährdeter
 Bereiche in Zonen? 42
2.3.4 Woran erkennt man, dass ein Betriebsmittel
 der EXVO entspricht? 42
2.3.5 Ist die CE-Kennzeichnung ein Beleg für geprüften
 Explosionsschutz? 44
2.3.6 Gilt die EXVO auch für Importe? 45
2.3.7 Wo lässt die EXVO Abweichungen zu? 45
2.3.8 Was ist der Unterschied zwischen einer Konformitäts-
 bescheinigung und einer Konformitätserklärung? 45
2.3.9 Verpflichtet die EXVO zur Einhaltung von Ex-Normen? 46
2.4 Worum geht es in der BetrSichV und an wen wendet sie sich? 47
2.4.1 Was enthält die BetrSichV? 48
2.4.2 Weshalb ist die GefStoffV für Ex-Belange
 neuerdings so wichtig? 50
2.4.3 Was regelt die BetrSichV anders als bisher die ElexV? 51
2.4.4 Was ändert sich wesentlich durch neue Begriffe
 in der BetrSichV? 55
2.4.5 Wer gilt im Sinne der BetrSichV als „befähigte Person"? 58
2.4.6 Zum Maßstab „Stand der Technik": gibt es im Explosionsschutz
 noch anerkannte und verbindliche Regeln der Technik? 59
2.4.7 Neue Betriebsmittel ohne Ex-Prüfbescheinigung
 in Ex-Bereichen – lässt das die BetrSichV noch zu? 61
2.4.8 Betriebsmittel außerhalb von Ex-Bereichen –
 was fordert die BetrSichV? 64

2.4.9	Was hat man sich unter einem „Explosionsschutzdokument" vorzustellen?	65
2.4.10	Wann muss das betriebliche Explosionsschutzdokument spätestens vorliegen?	66
2.4.11	Wo lässt die BetrSichV im Explosionsschutz Ausnahmen zu?	67
2.4.12	Zum Nachweis der ordnungsgemäßen Errichtung – darf die Erstinbetriebnahme auch ohne Prüfung erfolgen?	67
2.4.13	Gilt die BetrSichV bedingungslos sofort ab Inkrafttreten?	67
2.5	An wen wendete sich die ElexV und was enthält diese Verordnung?	68
2.5.1	Weshalb ist die ElexV jetzt noch wichtig?	76
2.5.2	Gilt die ElexV auch noch für das Errichten in explosionsgefährdeten Bereichen?	84
2.5.3	Hat die ElexV noch Bedeutung für das Instandhalten?	84
2.5.4	Zum Wegfall der Beschaffenheitsforderungen im Anhang der ElexV: sind diese Sicherheitsgrundsätze aufgehoben?	85
2.5.5	Was ergibt sich aus den unterschiedlichen Zonendefinitionen der ElexV und der BetrSichV?	86
2.6	Was enthält die BGV A1 zum Explosionsschutz und an wen wendet sie sich?	87
2.7	Welche Regeln der Technik sind für alle Ex-Anlagen verbindlich oder haben Vorrang?	88
2.8	Welche Regeln der Technik sind wichtig für Ex-Elektroanlagen?	91
2.9	Warum sind die neuen Normen für nichtelektrische Betriebsmittel auch interessant für Elektrofachkräfte?	94
2.10	Wieso sind bei Normenabfragen die Randbedingungen so wichtig?	96
2.11	Wer darf die Elektroanlagen explosionsgefährdeter Betriebsstätten planen, errichten, ändern oder instandhalten?	99

3	***Verantwortung für die Explosionssicherheit***	**100**
3.1	Wer hat den betrieblichen Explosionsschutz insgesamt zu verantworten?	100
3.2	Wer hat Verantwortung für den elektrischen Explosionsschutz?	101
3.3	Welche hauptsächlichen Pflichten verbinden sich mit der Verantwortung für eine explosionsgefährdete Betriebsstätte?	102
3.4	Welche Pflichten des Arbeitgebers spricht die Gefahrstoffverordnung im Anhang V besonders an?	103
3.5	Welche Verantwortung tragen die Auftragnehmer für den Explosionsschutz betrieblicher Anlagen?	104
3.6	Nimmt das Anwenden von anerkannten Regeln der Technik weitere Verantwortung ab?	106
3.7	Wofür sind Elektroauftragnehmer grundsätzlich nicht verantwortlich?	107
3.8	Welche Verhaltensweise wird von einer Elektrofachkraft erwartet, wenn Arbeiten in einem Ex-Bereich durchzuführen sind?	108

4	***Ursachen und Arten von Explosionsgefahren, explosionsgefährdete Bereiche***	109
4.1	Wie kommen Explosionsgefahren zustande?	109
4.2	Welche Arten von Explosionsgefahren gibt es?	112
4.3	Was ist gefährliche explosionsfähige Atmosphäre?	112
4.4	Was ist ein explosionsgefährdeter Bereich?	113
4.5	Wozu dient die Einteilung in „Zonen"?	114
4.6	Was geschieht bei mehreren Arten von Gefahren?	118
4.7	Wie beeinflusst das Vorhandensein von Zündquellen die Explosionsgefahr?	119
4.8	Welche Bedeutung haben die Zündquellen für den Explosionsschutz?	119
4.9	Wo findet man verbindliche Angaben über explosionsgefährdete Bereiche?	123
4.10	Was versteht man unter „integrierte Explosionssicherheit"?	124
4.11	Was bedeutet „primärer Explosionsschutz"?	125
4.12	Was sind sicherheitstechnische Kennzahlen?	126
4.13	Wie kann eine Elektrofachkraft Explosionsgefahren verhindern?	130
5	***Hinweise zur Planung und zur Auftragsannahme***	131
5.1	Weshalb müssen sich die Vertragspartner im Explosionsschutz abstimmen?	131
5.2	Welche Vorgaben sind unbedingt nötig?	133
5.3	Was sollte grundsätzlich schriftlich vereinbart werden?	135
5.3.1	Handelt es sich zweifelsfrei um eine explosionsgefährdete Betriebsstätte?	136
5.3.2	Welche Dokumente mit Angaben zur Explosionsgefahr kann man grundsätzlich anerkennen?	136
5.3.3	Sind die erforderlichen Vorgaben zur Auswahl der Schutzmaßnahmen auch ausreichend dokumentiert?	137
5.3.4	Gibt es spezifische sicherheitsgerichtete Forderungen des Betreibers?	139
5.3.5	Bestehen spezielle Festlegungen von behördlichen Stellen?	140
5.3.6	Bestehen Einflüsse durch Bestandsschutz oder durch außerstaatliches Recht?	141
5.3.7	Gibt es Klärungsbedarf beim Einsatz älterer Betriebsmittel?	142
5.4	Welche Folgen hat ein Explosionsschutz „auf Verdacht"?	143
5.5	Wie kann man den Auftraggeber unterstützen, um die erforderlichen Vorgaben zu erhalten?	144
5.6	Sind Ex-Elektroanlagen erlaubnis- oder anzeigenpflichtig?	146
5.7	Weshalb müssen zugelieferte Auftragsunterlagen überprüft werden?	147

6	**Merkmale und Gruppierungen elektrischer Betriebsmittel im Explosionsschutz**	**149**
6.1	Wozu dienen die Gruppierungen des Explosionsschutzes?	149
6.2	Welche Arten explosionsgeschützter Betriebsmittel sind hauptsächlich zu unterscheiden?	149
6.3	Was versteht man unter einer Gerätegruppe?	153
6.4	Was versteht man unter einer Gerätekategorie?	153
6.5	Was versteht man unter einer Explosionsgruppe?	154
6.6	Was bedeuten die Begriffe Temperaturklasse und Zündtemperatur?	157
6.7	Was ist ein zugehöriges Betriebsmittel?	159
6.8	Was sind Komponenten?	160
6.9	Was versteht man unter einem Schutzsystem?	160
6.10	Schließen höhere Gruppierungen die niedrigeren ein?	161

7	**Zündschutzarten**	**162**
7.1	Was versteht man unter einer Zündschutzart?	162
7.2	Welche physikalischen Prinzipien liegen den Zündschutzmaßnahmen für Betriebsmittel zugrunde?	163
7.3	Welche Zündschutzarten sind genormt?	163
7.4	Bei welchen Zündschutzarten gibt es interne Gruppierungen?	169
7.5	Sind die Zündschutzarten gleichwertig?	170
7.6	Wovon ist die Auswahl einer Zündschutzart abhängig?	171
7.7	Was ist zu beachten bei Betriebsmitteln mit mehreren Zündschutzarten?	172
7.8	Welche Zündschutzarten erfordern anlagetechnische Maßnahmen?	172
7.9	Gilt allein die Angabe „geeignet für Zone 2" auch als genormte Zündschutzart?	174
7.10	Was hat es auf sich mit der Zündschutzart „n"?	175
7.11	Welchen Einfluss haben die IP-Schutzarten?	176
7.12	Was ist ein „energiebegrenztes Betriebsmittel"?	179

8	**Kennzeichnungen im Explosionsschutz**	**181**
8.1	Welche Symbole kennzeichnen den Explosionsschutz elektrischer Betriebsmittel?	181
8.2	Woran kann man ein explosionsgeschütztes elektrisches Betriebsmittel sofort erkennen?	184
8.3	Wie sind die Kennzeichen-Symbole angeordnet?	187
8.4	Welche Besonderheiten sind bei der Kennzeichnung zu beachten?	189
8.5	Wer ist für die Kennzeichnung verantwortlich?	193
8.6	Was ist ein „Prüfschein"?	193
8.7	Was sagt die Nummer des Prüfscheines?	195
8.8	Was bedeuten die Buchstaben in der Prüfschein-Nummer?	196

8.9	Woran ist die Prüfstelle zu erkennen?	196
8.10	Was enthält die EG-Konformitätserklärung?	199
8.11	Darf von den Festlegungen in einer Ex-Prüfbescheinigung abgewichen werden?	199
8.12	Was bedeuten die Kennbuchstaben IECEx?	200
8.13	Wie ist eine Ex-Betriebsstätte gekennzeichnet?	201

9 Grundsätze für die Betriebsmittelauswahl im Explosionsschutz ... 202

9.1	Welche Vorgaben braucht man zur Auswahl von Betriebsmitteln für Ex-Bereiche?	202
9.2	Welche Auswahlgrundsätze sind vorrangig zu beachten?	202
9.3	Welchen Einfluss haben die Umgebungsbedingungen auf den Explosionsschutz?	205
9.4	Was entnimmt man aus der Betriebsanleitung?	206
9.5	Ist die Funktionssicherheit besonders zu berücksichtigen?	207
9.6	Was ist mit Betriebsmitteln älteren Datums?	209
9.7	Macht ein Schutzschrank Ex-Betriebsmittel vermeidbar?	211
9.8	Müssen es immer „Ex-Betriebsmittel" sein?	211
9.9	Welchen Einfluss haben die „atmosphärischen Bedingungen"?	213
9.10	Was verlangt die Instandhaltung?	214
9.11	Wie wirkt sich die „Zone" aus auf die Wahl der Betriebsmittel?	215
9.12	Wo kann es unerwartete Probleme geben bei der Betriebsmittelauswahl?	216

10 Einfluss des Explosionsschutzes auf die Gestaltung elektrischer Anlagen ... 218

10.1	Weshalb sollen in Ex-Bereichen nur unbedingt erforderliche Betriebsmittel vorhanden sein?	218
10.2	Wie müssen elektrische Anlagen in Ex-Betriebsstätten grundsätzlich beschaffen sein?	219
10.3	Hat die Art der Explosionsgefahr Einfluss auf die anlagetechnische Gestaltung?	222
10.4	Wonach richtet sich die Konzeption der Energieversorgung für Ex-Bereiche?	223
10.5	Was ist für die Wahl des Standortes von Zentralen zu beachten?	225
10.6	Ist es zweckmäßig, Schalt- und Verteilungsanlagen frei im Ex-Bereich zu stationieren?	226
10.7	Was ist bei Schutz- und Überwachungseinrichtungen besonders zu beachten?	229
10.8	Welche Grundsätze gelten für die Ausschaltbarkeit in besonderen Fällen?	229
10.9	Wer bestimmt, welche Stromkreise nicht in die Notausschaltung einbezogen werden dürfen?	232

10.10	Muss für die Ausschaltung von Betriebsmitteln im Gefahrenfall unbedingt ein spezielles Betätigungsorgan vorhanden sein?	232
10.11	Wie beeinflusst der Explosionsschutz die Auswahl von Bussystemen?	233
10.12	Muss der anlagetechnische Explosionsschutz auch außergewöhnliche Vorkommnisse berücksichtigen?	238
10.13	Muss der anlagetechnische Explosionsschutz auch Fehlanwendungen ausschließen?	239
10.14	Welche Bedingungen für den Explosionsschutz muss die Prozessleittechnik erfüllen?	240

11	***Einfluss der Schutzmaßnahmen gegen elektrischen Schlag***	242
11.1	Gibt es Schutzmaßnahmen gegen elektrischen Schlag, die Zündgefahren durch Fehlerströme sicher verhindern?	242
11.2	Wie begünstigen die Schutzmaßnahmen gegen elektrischen Schlag den Explosionsschutz?	243
11.3	Welche Schutzmaßnahmen gegen elektrischen Schlag dürfen in Ex-Anlagen angewendet werden?	244
11.4	Wo kann man auch unter Fehlerbedingungen auf Schutzmaßnahmen gegen elektrischen Schlag verzichten?	246
11.5	Muss der Neutralleiter gemeinsam mit den Außenleitern geschaltet werden?	246
11.6	Dürfen Schutzleiter auch separat und blank verlegt werden?	246
11.7	Was ist beim Potenzialausgleich zusätzlich zu beachten?	247

12	***Kabel und Leitungen***	250
12.1	Stellt der Explosionsschutz Bedingungen an das Material der Leiter, der Isolierung oder der Ummantelung?	250
12.2	Welche Installationsart ist zu bevorzugen?	251
12.3	Was gilt für Kabel und Leitungen speziell für die Zonen 0 und 20 bzw. 10?	254
12.4	Wie müssen Durchführungen durch Wände und Decken beschaffen sein?	256
12.5	Ist das Verlegen unter Putz erlaubt?	257
12.6	Was ist für die Einführungen von Kabeln und Leitungen in Gehäuse besonders zu beachten?	258
12.7	Welche Leiterverbindungen sind zulässig?	262
12.8	Wie ist mit den Enden von nicht belegten Adern zu verfahren?	264
12.9	Wie müssen ortsveränderliche Betriebsmittel angeschlossen werden?	264
12.10	Worauf kommt es an bei beweglich befestigten Betriebsmitteln?	265
12.11	Was gilt für Kabel und Leitungen in eigensicheren Stromkreisen?	265
12.12	Was ist bei Heizleitungen zu beachten?	266
12.13	Welche Kabel eignen sich in chemisch aggressiver Umgebung?	269
12.14	Welche Vorteile bieten Lichtwellenleiter?	270

13	**Leuchten und Lampen**	271
13.1	Müssen Leuchten für Ex-Bereiche immer ein robustes Metallgehäuse haben?	271
13.2	Welchen Einfluss hat die Zonen-Einstufung der Ex-Bereiche auf die Leuchtenauswahl?	273
13.3	Welchen Einfluss haben die Temperaturklassen T1 bis T6 auf die Leuchtenauswahl?	274
13.4	Was muss bei der Lampenauswahl für Leuchten in Ex-Bereichen immer beachtet werden?	275
13.5	Was ist bei Glühlampen unter Ex-Bedingungen besonders zu beachten?	276
13.6	Welche zusätzlichen Bedingungen bestehen in Ex-Bereichen für Leuchtstofflampen?	277
13.7	Welche Natriumdampflampen sind verboten und warum?	277
13.8	Darf man an Leuchten für Ex-Bereiche Änderungen vornehmen?	278
14	**Elektromotoren**	279
14.1	Welche Besonderheiten bringt der Explosionsschutz für die unterschiedlichen Arten von Elektromotoren mit sich?	279
14.2	Welchen Einfluss hat die Zonen-Einteilung der Ex-Bereiche auf die Eignung von Elektromotoren?	281
14.3	Welche Unterschiede für den Motorschutz ergeben sich aus der Zündschutzart?	282
14.4	Unter welchen Voraussetzungen darf ein Motor nur mit einer speziell angepassten Schutzeinrichtung betrieben werden?	283
14.5	Auf welche Bemessungsdaten kommt es bei Motoren der Zündschutzart „e" besonders an?	285
14.6	Was gilt bei Motoren im elektrischen Explosionsschutz als „schwerer Anlauf"?	289
14.7	Warum können bei Sanftanlauf Probleme entstehen?	289
14.8	Was ist bei Motoren mit variablen Drehzahlen zu beachten?	291
14.9	Was ist das Besondere bei Motoren der Zündschutzart „tD" gegenüber früher?	292
14.10	Was ist in Verbindung mit der neuen Normspannung 400 V prinzipiell zu beachten?	293
15	**Eigensichere Anlagen**	295
15.1	Was hat man unter einer eigensicheren Anlage zu verstehen?	295
15.2	Was sind die wesentlichen Besonderheiten eigensicherer Stromkreise?	296
15.3	Welche Forderungen bestehen für das Errichten eigensicherer Stromkreise?	297
15.4	Welchen Einfluss hat die Zoneneinteilung auf die Auswahl von Betriebsmitteln für eigensichere Stromkreise?	299

15.5	Welche Arten elektrischer Betriebsmittel können zu einem eigensicheren Stromkreis gehören?	300
15.6	Welche Bedingungen müssen grundsätzlich erfüllt werden, um die Eigensicherheit zu gewährleisten?	301
15.7	Welche elektrischen Kennwerte sind bei eigensicheren Stromkreisen besonders wichtig?	302
15.8	Welche elektrischen Betriebsmittel normaler Bauart darf ein eigensicherer Stromkreis enthalten?	304
15.9	Wodurch unterscheidet sich eine Sicherheitsbarriere von einem Potenzialtrenner?	307
15.10	Was ist ein „eigensicheres System"?	309

16 Überdruckgekapselte Anlagen 312

16.1	Was hat man unter einer überdruckgekapselten Anlage zu verstehen?	312
16.2	Warum muss bei p-Anlagen nach der Ursache der Explosionsgefahr besonders gefragt werden?	315
16.3	Auf welche Art kann die Überdruckkapselung elektrischer Betriebsmittel ausgeführt sein?	315
16.4	Was ist ein Zündschutzgas und welche Bedingungen muss es erfüllen?	318
16.5	Was versteht man unter einem Containment-System?	319
16.6	Welche Grundsätze gelten für die Beschaffenheit überdruckgekapselter Anlagen mit p-Betriebsmitteln?	320
16.7	Welche Grundsätze gelten für den Explosionsschutz von Räumen durch Überdruckbelüftung?	322
16.8	Was ist eine vereinfachte Überdruckkapselung und wofür verwendet man sie?	324
16.9	Welchen Einfluss hat die Zoneneinteilung auf die Auswahl von Betriebsmitteln von überdruckgekapselten Anlagen?	325
16.10	Kann der Elektrofachmann eine überdruckgekapselte Anlage selbständig planen und errichten?	326
16.11	Was bringt die IEC-Normung künftig für p-Betriebmittel mit sich?	326

17 Staubexplosionsgeschützte Anlagen 329

17.1	Wodurch unterscheidet sich der Staubexplosionsschutz wesentlich vom Gasexplosionsschutz?	329
17.2	Welchen Einfluss hat die Zoneneinteilung auf die Betriebsmittelauswahl für staubexplosionsgefährdete Bereiche?	330
17.3	Was ist zu beachten, wenn ältere Anlagen der Zonen 10 oder 11 neu eingestuft werden?	332
17.4	Welche Gemeinsamkeiten haben die Normen des Staubexplosionsschutzes und des Gasexplosionsschutzes elektrischer Anlagen?	335
17.5	Welche besonderen Anforderungen stellt der Staubexplosionsschutz an die Oberflächentemperatur der Betriebsmittel?	338

17.6	Dürfen Betriebsmittel mit Zündschutzarten wie „d" oder „e" auch bei Staubexplosionsgefahr verwendet werden?	340
17.7	Was ist bei Installationen in Bereichen mit Staubexplosionsgefahr besonders zu beachten?	341

18	**Ergänzende Maßnahmen und Mittel des elektrischen Explosionsschutzes**	343
18.1	Welche grundsätzlichen Bedingungen stellt der Blitzschutz?	343
18.2	Was gilt für den Schutz gegen elektrostatische Entladungen?	347
18.3	Welche Bedingungen stellt der Explosionsschutz an elektrische Heizanlagen?	351
18.4	Was ist für den kathodischen Korrosionsschutz zu beachten?	356
18.5	Wo können versteckte Zündgefahren vorliegen und wie begegnet man solchen Gefahren?	357

19	**Hinweise für das Betreiben und Instandhalten explosionsgeschützter Anlagen**	361
19.1	Welche normativen Festlegungen sind für das Betreiben von Elektroanlagen in explosionsgefährdeten Betriebsstätten besonders zu beachten?	361
19.2	Sind Arbeiten an elektrischen Anlagen unter Ex-Bedingungen als „gefährliche Arbeiten" im Sinne der BGV A1 zu betrachten?	364
19.3	Unter welchen Voraussetzungen kann die regelmäßige Prüfung einer explosionsgeschützten Elektroanlage entfallen?	367
19.4	Welchen Einfluss hat die Zoneneinstufung auf die Instandhaltung?	370
19.5	Für welche Arbeiten im Ex-Bereich muss ein Erlaubnisschein vorliegen?	372
19.6	Muss man in explosionsgefährdeten Bereichen besonderes Werkzeug verwenden?	373
19.7	Darf die Instandhaltung in explosionsgefährdeten Bereichen auch von Hilfskräften vorgenommen werden?	376
19.8	Welche Forderungen bestehen zur Nachweisführung bei Prüfungen und Instandsetzungen?	378
19.9	Was ist bei der Instandsetzung von Betriebsmitteln für explosionsgefährdete Bereiche zu beachten?	381
19.10	Was ist bei netzunabhängigen Ex-Geräten für die Instandhaltung zu beachten?	383
19.11	Worauf ist beim Umgang mit Brenngasen besonders zu achten?	385
19.12	Dürfen Anlagen, die nach DDR-Recht errichtet worden sind, noch betrieben werden?	386

20	Harmonisierte und bekannt gemachte Normen, Technische Regeln	388
20.1	Zur RL 94/9/EG harmonisierte Normen	388
20.2	Zur ElexV bekannt gemachte Normen	390
20.2.1	VDE-Bestimmungen ohne Bezug auf EN (national gültige Normen)	390
20.2.2	VDE-Bestimmungen, übernommen von EN	391
20.2.3	VDE-Bestimmungen, übernommen von EN	391
20.3	Technische Regeln Betriebssicherheit (TRBS)	392
20.4	Technische Regeln für Anlagen unter Bestandsschutz in den Beitrittsländern	392
20.4.1	Explosionsgeschützte elektrotechnische Betriebsmittel (Ausgaben 1985);	393
20.4.2	Elektrotechnische Anlagen in explosionsgefährdeten Arbeitsstätten (Ausgaben 01.78);	393
20.4.3	Gesundheits- und Arbeitsschutz, Brandschutz;	393

21	Literaturverzeichnis	394
21.1	Rechtsgrundlagen	394
21.1.1	Zum „neuen Recht"	394
21.1.2	Literatur zum neuen Recht	395
21.2.	Weitere Rechtsnormen („altes Recht")	396
21.3	Ergänzende Literatur zu den Abschnitten 2 bis 19	397

Register 404

MENNEKES®
Plugs for the world

CEE-Steckvorrichtungen für EX-Zone 22.

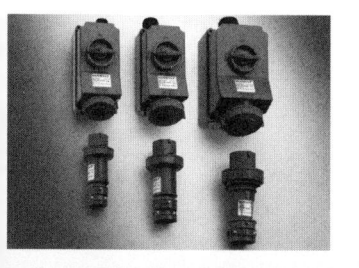

Staubdicht.
Geprüft.
Steckvorrichtungen bis 63A.

- MENNEKES Steckvorrichtungen 16A, 32A und 63A jeweils in 3-, 4- und 5polig
- Steckdosen abschaltbar, verriegelt
- Hohe Schutzart IP 67
- Gute chemische Beständigkeit
- Robuste Gehäuse

MENNEKES Elektrotechnik GmbH & Co. KG
Postfach 13 64
D-57343 Lennestadt
Tel.   02723 / 41-1
Fax   02723 / 41-214
E-Mail info@MENNEKES.de
Internet www.MENNEKES.de

Es werde Licht!

Weltweit hellste Ex-LED-Leuchte
28 selektierte UHB-LEDs

E.L.B. EX-GERÄTE

An der Hartbrücke 8
64625 Bensheim
Fon: 06251-63736
Fax: 06251-63729
E-Mail: info@elb.de
Internet: www.elb.de

LUFT ... bis klein
FEUER ... bis zum System
Vom Modul ... Grenzen überwinden
Von groß ... ERDE WASSER

Sie interessieren sich für Produkte und Lösungen von Loher?

Fordern Sie bitte nähere Informationen an:
- ❏ Windenergie
- ❏ Untertagebau
- ❏ Explosionsgefährdete Bereiche
- ❏ Off-shore und Unterwasser
- ❏ Industrie Antriebe

FAX: 08531 32895

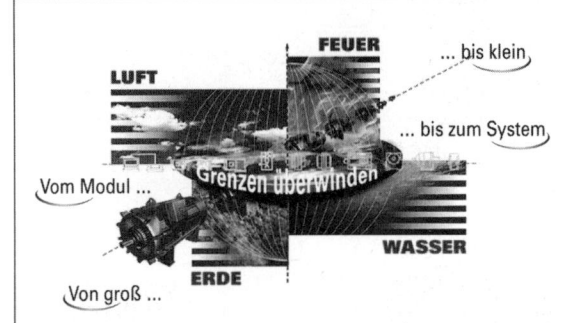

LOHER Drehstromasynchronmaschinen und Frequenzumrichter sind in der Luft, in explosionsgefährdeten Bereichen, im Wasser und unter Tage voll in ihrem Element.
Von klein bis groß, vom Modul bis zum System erfüllen sie die speziellen Anforderungen unserer Kunden weltweit.
Kompetente und schnelle Diagnostik, Wartung sowie Instandhaltung von Antriebssystemen in nahezu allen Einsatzbereichen zeichnen den After-Sales-Service der Loher GmbH aus.

Grenzen überwinden

LOHER GMBH
Elektromotorenwerke
Postfach 1164
94095 RUHSTORF
DEUTSCHLAND
Telefon 08531 39-0
Telefax 08531 32895
http://www.loher.de
E-Mail: info@loher.de

FLENDER
LOHER

1 Zur Arbeit mit dem Buch

Das Buch führt in Frage und Antwort durch die wesentlichen Sachgebiete des Explosionsschutzes elektrischer Anlagen in der Industrie.

Schwerpunkte

Besonders eingegangen wird

- auf den seit 1996 stattfindenden Übergang zu neuen europäisch bestimmten Rechtsgrundsätzen mit der Trennung in zwei Teilbereiche: Einerseits die Beschaffenheit von Betriebsmitteln in Ex-Bereichen gemäß Explosionsschutzverordnung, andererseits das Betreiben gemäß Betriebssicherheitsverordnung im Übergang von der ElexV,

- auf den aktuellen Stand der Normen für das Errichten und Betreiben elektrischer Anlagen in explosionsgefährdeten Bereichen,

wobei auch nicht elektrotechnische Betriebsmittel und soweit vertretbar auch neue Entwürfe einbezogen worden sind,

- auf Fragen zur Anwendungspraxis des Normenwerkes

- auf die Belange der Elektrofachkraft als „befähigte Person" für das Prüfen oder als Auftragnehmer, wenn es darum geht, die fachlichen Voraussetzungen zu klären, um Rechtssicherheit zu erreichen und Verantwortung zu tragen.

Daneben erlebt das berufsgenossenschaftliche Vorschriften- und Regelwerk jetzt einen radikalen Umbruch, auch in der Nummerierung. Nicht nur die BGV A2, den Elektrofachleuten noch geläufig als VBG 4, soll demnächst nochmals umsortiert werden.

Maßgeblich für die Themenauswahl waren Fragen auf Fachveranstaltungen und Diskussionen in den Fachgremien.

Nicht unmittelbar einbezogen sind der Explosionsschutz im Bergbau unter Tage, im Off-shore-Bereich, in der Medizintechnik und die Besonderheiten des Explosivstoffschutzes.

ELEKTROPRAKTIKER-Bibliothek

Als ein Buch der „ELEKTROPRAKTIKER-Bibliothek" des Verlages Technik steht es in Beziehung zu fachlich benachbarten Themen der „ELEKTROPRAKTIKER-Bibliothek" und der „Bibliothek Gebäudetechnik" des Verlages. Was dort schon ausführlich dargestellt ist, wird einbezogen, aber nicht wiederholt. Das gilt besonders für die Gebiete

- „Brandschutz in der Elektroinstallation",
- „Elektrische Heizleitungen, Bauarten, Einsatz Verarbeitung",
- „Erstprüfung elektrischer Gebäudeinstallationen",
- „Prüfung ortsveränderlicher Geräte" und
- „Überspannungsschutz in Verbraucheranlagen",

bezogen auf die darin enthaltenen allgemeingültigen Aussagen.

Bezug auf technische Normative

Die Normenreihe VDE 0165 steht für elektrische Anlagen in explosionsgefährdeten Bereichen seit langem im Zentrum. Vor Drucklegung der vorangegangenen 1. Auflage dieses Buches war die damals gültige Ausgabe Februar 1991 staatlich bezeichnet als technische Norm zur ElexV. Inzwischen trägt die aktuelle Ausgabe des Teiles 1 dieser Norm das Ausgabedatum Juli 2004 und Teil 2 liegt neu vor im Entwurf. Die Anzahl der unter VDE 0165 eingeordneten Teil-Normen hat erheblich zugenommen, die ElexV ist jedoch für Neuanlagen nicht mehr gültig.

„Das Prinzip des Vorrangs Internationaler Normen ist auch in der Europäischen Union gelebte Wirklichkeit", verlautet aus amtlicher Quelle (Tacke, A., Staatssekretär im BMWA; DIN-Mitt. 03/03 S.3-4).
Bestätigt wird das durch den Beschluss des CENELEC, auf eigene Normenentwicklung zu verzichten. Andererseits heißt es in DIN EN 1127-1, der europäischen Grundlagennorm des gesamten Explosionsschutzes, noch immer: Elektrische Anlagen müssen nach den geltenden europäischen Normen entworfen, ausgeführt, installiert und instandgehalten werden.

Dank der Globalisierung wird die Zeit nicht zurückkehren, in der man sich bei der Normensuche eines handlichen Kataloges bediente und per Stichwort zu einer kurzen vierstelligen VDE-Nummer gelangte.
Da seit einiger Zeit im Explosionsschutz eine Bereinigung sowohl des IEC- als auch des EN-Nummernsystems im Gange ist, geht ohne Internet

oder aktuellen Katalog auf CD-ROM nichts mehr. Aber mit welchen Vorsatzbuchstaben startet man eine Suche nach der neuesten Norm – IEC, EN, oder DIN?

Der Verfasser hofft auf Einsicht beim Leser, wenn er sich deshalb im laufenden Text weitgehend auf die VDE-Klassifikation beschränkt, aber eine Tafel (2.10) mit der vollständigen Nomenklatur beigibt.
Dass in diesem Rahmen die Ausführlichkeit der Spezialliteratur nicht erreichbar ist, wird der Leser verstehen.

Fachliche Orientierung

Offene Fragen zur Anwendung der Normative gibt es nach wie vor, weil der sicherheitsgerichtete Blick nur am Stand der Technik und an vertraglichen Vereinbarungen rechtlichen Halt findet. Anhand einer aktuellen Norm hat man nach vorherrschender Rechtsauffassung zumindest die widerlegbare Vermutungswirkung hinter sich, dem Stand der Technik zu genügen – und vor sich die Suchaufgabe, eine dem konkreten Fachproblem gerecht werdende nicht widerlegbare Lösung ausfindig zu machen. Leider bleibt den Fachleuten meist nur die zweite Stimme, denn entschieden wird zunehmend von Controllern und Juristen.

Der Widerspruch zwischen dem technologisch erreichten hohen Niveau der Anlagensicherheit und dem Zuwachs an diffizilen gerätetechnischen Normenwerken erscheint nahezu philosophisch. Kundenwünsche und Dokumentengläubigkeit haben einen Zertifizierungsdrang ausgelöst, dessen sicherheitstechnische Rechtfertigung dem Praktiker oft fragwürdig erscheint.

Als Anlagenplaner, -errichter oder Instandhaltungsfachmann kommt man nicht daran vorbei, rechtliche und normative Änderungen aufmerksam zu beobachten.
Einzelinformationen können dabei auf gedankliche Abwege führen, wenn man sie nicht sachgerecht einzuordnen vermag.
Sicherheitsgerechtes Errichten rechnet man dem Betreiben gemäß RL 1999/92/EG (Atex 137) zu, wogegen RL 94/9/EG (Atex 95) die Anforderungen zur Beschaffenheit von Betriebsmitteln regelt. Errichtungsnormen sind jedoch ohne Bedingungen an die Beschaffenheit der adressierten Anlagen nicht denkbar. Daraus wird deutlich, dass das Errichten und Inbetriebnehmen individuell entworfener Anlagen anderen Maßstäben folgt als das Herstellen und Inverkehrbringen von Betriebsmitteln oder kompletten Baueinheiten.

Fachliteratur

Auf die sonst üblichen Literaturangaben in [ ] wurde verzichtet, damit nicht immer wieder die gleichen Bezüge auftauchen. Am Ende des Buches schließt sich ein Literaturverzeichnis an, das die wesentlichen Literaturquellen voranstellt und danach zu jedem Abschnitt die spezielle Literatur angibt. Auch ein Verzeichnis harmonisierter sowie bezeichneter Normen ist dort zu finden.

Buchstabenkürzel

Zum Leidwesen vieler bedient sich nicht nur die Fachsprache vieler Abkürzungen und Buchstabensymbole.
Die folgende Tafel 1.1 entschlüsselt solche Kurzformen.

Tafel 1.1 Abkürzungen und Kurzzeichen
in Verbindung mit dem Explosionsschutz

AcetV	Acetylenverordnung (2002 abgelöst durch die BetrSichV)
AI, AII, A III, B	Gefahrklasse brennbarer Flüssigkeiten (gemäß abgelöster Verordnung über brennbare Flüssigkeiten - VbF)
A1 (A2 usw.)	Änderung einer Norm mit lfd. Nr.
ABB	VDE-Ausschuss für Blitzschutz und Blitzforschung
ArbSchG	Arbeitsschutzgesetz
ArbStättV	Arbeitsstättenverordnung
ASR	Arbeitsstättenrichtlinien
ATEX	95, 137 (früher 100a, 118a) Artikel zum Explosionsschutz aus dem EWG-Grundlagenvertrag (atmoshphère explosible), auch synonym für RL 94/9/EG
AVwV	Allgemeine Verwaltungsvorschrift zu einer Rechtsnorm (z.B. früher zur ElexV)
BetrSichV	Betriebssicherheitsverordnung
BUK (früher BAGUV)	Bundesverband der Unfallkassen der öffentlichen Hand
BAM	Bundesanstalt für Materialforschung und -prüfung, Berlin
BABl.	Bundesarbeitsblatt (Zeitschrift)
Basi	Bundesarbeitsgemeinschaft für Sicherheit und Gesundheit bei der Arbeit e.V.
BAuA	Bundesanstalt für Arbeitsschutz und Arbeitsmedizin Dortmund
BG	Berufsgenossenschaft
BGR / BGI	Berufsgenossenschaftliche Regeln / Informationen (bisher ZH1)
BGV	Berufsgenossenschaftliche Vorschriften (bisher VBG)
BGVR	Berufsgenossenschaftliches Vorschriften- und Regelwerk
BGZ	Berufsgenossenschaftliche Zentrale für Sicherheit und Gesundheit

BIA	Berufsgenossenschaftliches Institut für Arbeitssicherheit
BGBl.	Bundesgesetzblatt
BMWA	(früher BMA) Bundesministerium für Wirtschaft und Arbeit (früher ... für Arbeit und Sozialordnung)
BVS	früher Bergbau-Versuchsstrecke Dortmund-Derne (in der DMT), jetzt: s. EXAM
FDIS	Entwurf einer IEC-Norm (Schlussentwurf)
DQS	Deutsche Gesellschaft zur Zertifizierung von Managementsystemen CE europäisches Konformitätskennzeichen
CEN	Europäisches Komitee für Normung
CENELEC	Europäisches Komitee für Elektrotechnische Normung
ChemG	Chemikaliengesetz
D	Kennbuchstabe für Betriebsmittel mit Staubexplosionsschutz (neu, Richtlinie 94/9/EG)
DIN	Deutsches Institut für Normung e.V.
DKE	Deutsche Elektrotechnische Kommission im DIN und VDE (Mitglied in IEC und CENELEC)
DruckbehV	Druckbehälterverordnung (2002 abgelöst durch die BetrSichV)
DVGW	Deutscher Verein des Gas- und Wasserfaches e.V.
e.A.	explosionsfähige Atmosphäre
e, d, i, m, n, o, p, n	Kurzzeichen für genormte Ex-Zündschutzarten elektrischer Betriebsmittel
fr, d, c, b, p, k	Kurzzeichen für z.T. schon genormte Zündschutzarten nicht elektrischer Betriebsmittel
EMR	Fachgebiet Elektro-, Mess- und Regelungstechnik
EEx	Kennzeichen für elektrischen Explosionsschutz nach Europäischen Normen (EN)
ep	Elektropraktiker, Fachzeitschrift; Verlag Technik Berlin
Ex	Kennzeichen für den Explosionsschutz elektrischer und anderer Betriebsmittel (ausgenommen EEx-Betriebsmittel); auch verwendet als allgemeine Abkürzung für Explosionsgefahr (z.B. Ex-Raum, Ex-Zone)
EXAM	EXAM BBG Prüf- und Zertifizier GmbH (seit Juli 2003, früher BVS in der DMT)
ExNB group	Gruppe der notifizierten Prüfstellen (NB - notified bodies)
EWG, EG, EU	Bezeichnungen für den europäischen Wirtschaftsraum
ElexV	Verordnung über elektrische Anlagen in explosionsgefährdeten Bereichen (2002 abgelöst durch die BetrSichV)
EN, prEN	Europäische Norm, Entwurf einer europäischen Norm
EX-RL	Explosionsschutz-Regeln der BG (BGR 104, früher ZH1/10)
ExVO	Explosionsschutzverordnung (11. GSGV,
(hier: EXVO)	ohne offizielles Kurzzeichen, hier zum Unterschied gegenüber der früheren ExVO als EXVO abgekürzt)
FASI	Fachvereinigung Arbeitssicherheit e.V.
FELV, PELV; SELV	Schutzmaßnahmen gegen elektrischen Schlag bei Kleinspannung

Flp (oder Fp)	Flammpunkt einer brennbaren (entzündlichen) Flüssigkeit, in °C
G	Kennbuchstabe für Betriebsmittel mit Gasexplosionsschutz (EXVO/Richtlinie 94/9/EG)
GAA	Staatliches Gewerbeaufsichtsamt
eA	explosionsfähige Atmosphäre
geA	gefährliche explosionsfähige Atmosphäre
GefstoffV	Gefahrstoffverordnung
GSG	Gerätesicherheitsgesetz, 2004 abgelöst durch GPSG
GSGV	Verordnung zum GSG (z.B. Explosionsschutzverordnung, 11. GSGV)
GPSG	Geräte- und Produktsicherheitsgesetz (ab Mai 2004 Ersatz für GSG und PSG)
GPSGV	Verordnung zum GPSG (früher auch GSGV)
i-Syst	eigensicheres System (elektrisches System in der Zündschutzart Eigensicherheit „i")
ia, ib	Zwei Niveaus der Eigensicherheit (bisher bekannt als Kategorien der Zündschutzart Eigensicherheit „i")
IBExU	Institut für Sicherheitstechnik Freiberg
IEC	Internationale Elektrotechnische Kommission, Herausgeber der internationalen IEC-Normen
IECExScheme	freiwilliger Kennzeichnungsmodus für Ex-Betriebsmittel gemäß IEC-Normen
IP..	Internationaler Kennzeichnungsmodus für Schutzarten durch Gehäuse (IP-Code, DIN VDE 0470 Teil 1)
IPC	Industrie-Personalcomputer
ISO	Internationale Standardisierungsorganisation
LWL	Lichtwellenleiter
ZLS	Zentralstelle der Länder für Sicherheitstechnik
M1, M2	Gerätekategorien des Schlagwetterschutzes (RL 94/9/EG)
NASG	Normenausschuss Sicherheitstechnische Grundsätze im DIN
NAMUR	Interessengemeinschaft Prozessleittechnik der chemischen und Pharmazeutischen Industrie (früher Normenarbeitsgemeinschaft für Mess- und Regelungstechnik in der chemischen Industrie)
PCIC	Komitee der Petroleum- und Chemie-Industrie (Petroleum and Chemical Industry Committee Europe)
PLS, PLT	Prozessleitsystem, Prozessleittechnik
prEN	Entwurf einer europäischen Norm
PTB	Physikalisch-Technische Bundesanstalt, Braunschweig / Berlin
QS-System	Qualitätssicherungs-System
QM	Qualitätsmanagement
RL	Richtlinie; z.B. RL 94/9/EG
StörfallV	Störfallverordnung (12. Verordnung zum Bundesimmissionsschutzgesetz - BImschG)
TAD	Technischer Aufsichtsdienst (z.B. einer Berufsgenossenschaft)
TR..	Technische Regel für Anlagen, z.B.
TRAS	Anlagensicherheit (Technologie)
TRbF	Lagerung brennbarer Flüssigkeiten
TRB	Behälter
TRGS	Technische Regel für Gefahrstoffe

TRwS	Technische Regel wassergefährdender Stoffe (Tankstellen für Fahrzeuge aller Art; Entwurf)
TÜV	Technischer Überwachungsverein e.V. (in Hamburg und Hessen staatlich), „zugelassene Überwachungsstelle", s. ZÜS
UEG/OEG	untere/obere Explosionsgrenze (Kennzahl entzündlicher mit Luft mischbarer Stoffe, auch als Zündgrenzen bezeichnet, UZG/OZG)
UVV VBG (früher)	Unfallverhütungsvorschriften des Hauptverbandes der Berufsgenossenschaften, abgelöst durch BGV
U-Schein	Prüfbescheinigung für ein „unvollständiges Betriebsmittel" (Bauteil als Komponente, nicht einzeln verwendbar)
ÜA	Überwachungsbedürftige Anlage
VbF	Verordnung über die Lagerung, Abfüllung und Beförderung brennbarer Flüssigkeiten zu Lande (2002 abgelöst durch die BetrSichV)
VDE	Verband der Elektrotechnik Elektronik Informationstechnik e.V.
VdS	Gesamtverband der Deutschen Versicherungsgesellschaften GDV, (Herausgeber der VdS-Richtlinien); bis 1996 Verband der Schadenversicherer
VDI	Verband Deutscher Ingenieure (Herausgeber der VDI-Richtlinien)
VDSI	Verband Deutscher Sicherheitsingenieure (mit Arbeitskreis Brand- und Explosionsschutz)
VdTÜV	Verband der technischen Überwachungsvereine (Herausgeber der VdTÜV-Richtlinien)
VIK	Verband der Industriellen Energie- und Kraftwirtschaft e.V.
X-Schein	Prüfbescheinigung für ein explosionsgeschütztes Betriebsmittel mit besonderen Bedingungen
ZH1/... (früher)	ZH1-Richtlinien des Hauptverbandes der gewerblichen Berufsgenossenschaften (abgelöst, s. BGR / BGI)
Zone ..	Einstufung der Explosionsgefahr
I, II	Gerätegruppe I oder II des Explosionsschutzes (Betriebsmittel)
II A, II B, II C	Explosionsgruppe; weitere Unterteilung der Gerätegruppe (Untergruppe) auch Kennzahl entzündlicher Gase und Dämpfe brennbarer Flüssigkeiten;
T1 bis T6	Temperaturklassen explosionsgeschützter Betriebsmittel (alt: G1 bis G5), auch als Kennzahl entzündlicher Gase und Dämpfe (brennbarer Flüssigkeiten)
ZÜS	Von der Landesbehörde benannte und im Bundesarbeitsblatt bekannt gemachte „Zugelassene Überwachungsstelle"

2 Rechtsgrundlagen und Normen

Frage 2.1 **Welche Rechtsvorschriften sind wichtig für den Explosionsschutz elektrischer Anlagen?**

Zuerst müssen hier drei übergeordnete Rechtsquellen genannt werden, in die sich der Explosionsschutz einordnet:

- Das **Arbeitsschutzgesetz (ArbschG)** als zentrale Grundlage der Sicherheit und des Gesundheitsschutzes der Beschäftigten,
- das Chemikaliengesetz (ChemG) mit der **Gefahrstoffverordnung (GefStoffV)** als Grundlage für die Beurteilung und die Schutzmaßnahmen im Umgang mit gefährlichen Stoffen und Zubereitungen und schließlich
- das **Satzungsrecht der Berufsgenossenschaften** auf Grundlage des Sozialgesetzbuches (SGB VII) mit den berufsgenossenschaftlichen Vorschriften **(BGV)**.

Diese europäisch orientierten Rechtsnormen regeln Grundpflichten für Arbeitgeber und Beschäftigte, legen prinzipielle Maßnahmen zum Schutz vor Gefahren sowie Gefährdungen fest und sind Angelpunkte des Sicherheitsdenkens in der Industrie.

Für den Explosionsschutz als ein spezielles Gebiet der Anlagensicherheit gelten weitere besondere Rechtsgrundlagen.
Diese Gesetze und Verordnungen ergänzen das allgemeingültige Recht für die Errichtung und das Betreiben technischer Anlagen (Baurecht, Versicherungsrecht usw.).
Elektroinstallationen als Bestandteil baulicher Anlagen müssen auch den Rechtsgrundsätzen des baulichen Brandschutzes entsprechen. Was dazu zu sagen ist, wird im Band „Brandschutz in der Elektroinstallation" der Elektropraktiker-Bibliothek und in der VDE-Schriftenreihe erläutert.
Die speziellen Rechtsgrundlagen des Explosionsschutzes elektrischer Anlagen (nicht zu verwechseln mit dem Explosivstoffschutz) sind in den folgend unter 1 bis 5 genannten Quellen festgelegt:

1. Das Geräte- und Produktsicherheitsgesetz (GPSG) als weiteres Bindeglied zum europäischen Recht.
Neuerdings wird das europäische Recht auf dem Gebiet des Explosionsschutzes in Deutschland über das „Gesetz zur Neuordnung der Sicherheit von technischen Arbeitsmitteln und Verbraucherprodukten" – kurz „Geräte- und Produktsicherheitsgesetz" (GPSG) – rechtsverbindlich.
Das GPSG, erlassen am 09.01.2004, trat am 01.05.2004 in Kraft mit partiellen Übergangsfristen bis 2007.
Rechtsvorgänger war das Gerätesicherheitsgesetz (GSG).
„Anlagen in explosionsgefährdeten Bereichen" gehören zu einer Gruppe von 9 Arten von Anlagen, die das GPSG im § 2(7) als **überwachungsbedürftig** deklariert – bisher benannt unter § 2(2a) GSG.
Der Abschnitt 5 des GPSG setzt die gesetzliche Basis für überwachungsbedürftige Anlagen. Dazu gehören Rechtsgrundsätze für die staatliche Ermächtigung zum Erlass von Rechtsverordnungen, die Behördenbefugnisse und die Durchführungsgrundsätze der Prüfung und Überwachung.
Europäische Vorgaben in EG-Richtlinien werden mit Rechtsverordnungen zum GPSG und zu tangierenden Gesetzen in deutsches Recht übertragen.
Eine solche Rechtsverordnung zum GPSG ist die seit 2002 geltende Betriebssicherheitsverordnung (BetrSichV) mit ihren Bestimmungen für überwachungsbedürftige Anlagen.
Bild 2.1 (auf Seite 28) zeigt das deutsche Ordnungssystem der Rechtsvorschriften des Explosionsschutzes, wie es sich vor Erlass der BetrSichV darstellte. Einiges davon bleibt während der Übergangsphase bis zum Jahr 2007 noch anwendbar.

```
┌─────────────────────────────────────────────────────────────────────────────┐
│                          EG-Richtlinien                                      │
└─────────────────────────────────────────────────────────────────────────────┘
                          94/9/EG (ATEX 100a)
```

BImSchG z.B: StörfallV	ChemG GefStoffV	Zweite Verordnung zum GSG		Arbeits- schutz- gesetz ArbSchG	EG-Ex- Arbeits- schutz- richtlinie/ ATEX 118a
		Explosionsschutz- verordnung 11. GSGV (EXVO)	Änderung von Verordnungen über überwachungs- bedürftige Anlagen		

Beschaffenheits-vorschriften — *Betriebens-vorschriften*

harmonisiert

Verordnung über elektrische Anlagen in explosionsgefährdeten Bereichen **ElexV**	Verordnung über Anlagen zur Lagerung und Beförderung brennbarer Flüssigkeiten **VbF**	Weitere Verordnungen über überwachungs- bedürftige Anlagen: Acetylenverordnung **AcetV**	Arbeits- stätten- verordnung **ArbStättV**
Allgemeine Verwaltungsvorschriften AVwV ElexV [1]	*Allgemeine Verwaltungsvorschriften AVwV VbF* [1]	Druckbehälterverordnung **DruckBehV**	
Richtlinien für die Vermeidung von Gefahren durch explosionsfähige Atmosphäre **EX-RL** [2]	technische Regeln für brennbare Flüssigkeiten TRbF TRT [2]	technische Regeln für Acetylenanlagen TRAC technische Regeln für Druckanlagen TRB, TRF, TRGL, TRR [2]	Arbeits- stätten- richtlinien ASR [2]

Bestimmungen und technische Regeln für die Fachgewerke in explosionsgefährdeten Betriebsstätten

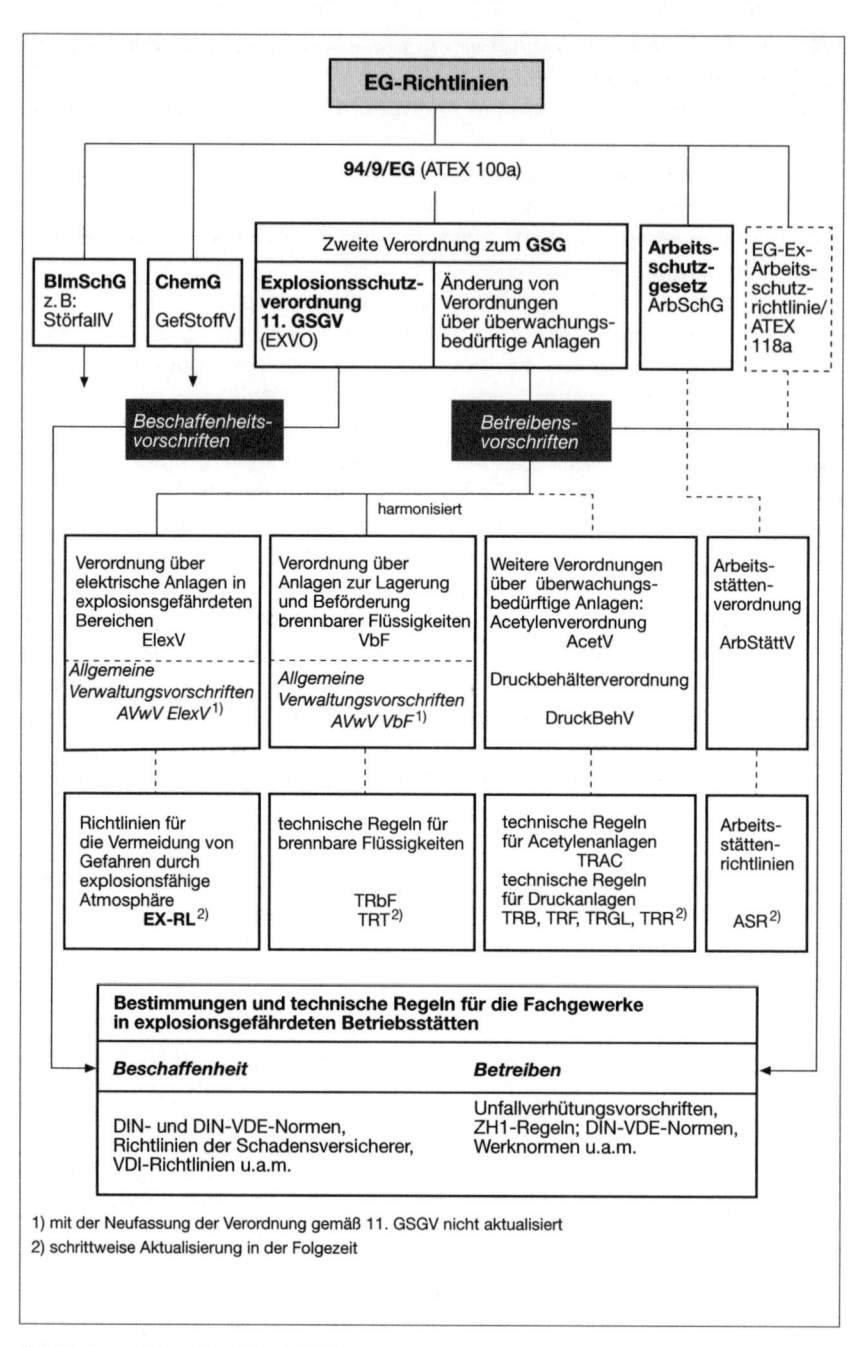

Beschaffenheit	Betreiben
DIN- und DIN-VDE-Normen, Richtlinien der Schadensversicherer, VDI-Richtlinien u.a.m.	Unfallverhütungsvorschriften, ZH1-Regeln; DIN-VDE-Normen, Werknormen u.a.m.

1) mit der Neufassung der Verordnung gemäß 11. GSGV nicht aktualisiert
2) schrittweise Aktualisierung in der Folgezeit

Bild 2.1   Normative, Stand 1996

Rechtlicher Übergang im Explosionsschutz		
altes Recht	neues Recht ab 01. 03. 1996	
RL 76/117/EWG	RL 94/9/EG Basis ATEX 100a	Entwurf Basis ATEX 118a 1996 noch in Diskussion
↓	↓	↓
ElexV VbF 1980	nationale Umsetzung (Basis §11 GSG)	? (11. GSGV, 1996) **Errichten, Betreiben**
↓ ↓	↓	Novellierug der
EN 50014 TRbF + Änderungen	(Basis § 4 GSG) **Inverkehrbringen** Beschaffenheit der Geräte	*ElexV* und *VbF;* nur noch Anforderungen für Betreiben, Montage und Installation
↓	↓	↓
bis 30. 06. 2003	Explosionsschutz- verordnung **EXVO** (11. GSGV, 1996)	RL 1999/92/EG ↓ **BetrSichV** Betriebssicherheitsverordnung (Artikelverordnung)
	↓	↓
	ab 01. 07. 2003 voll gültig	für ÜA ab 01. 01. 2003 (Beginn der Übergangszeit)

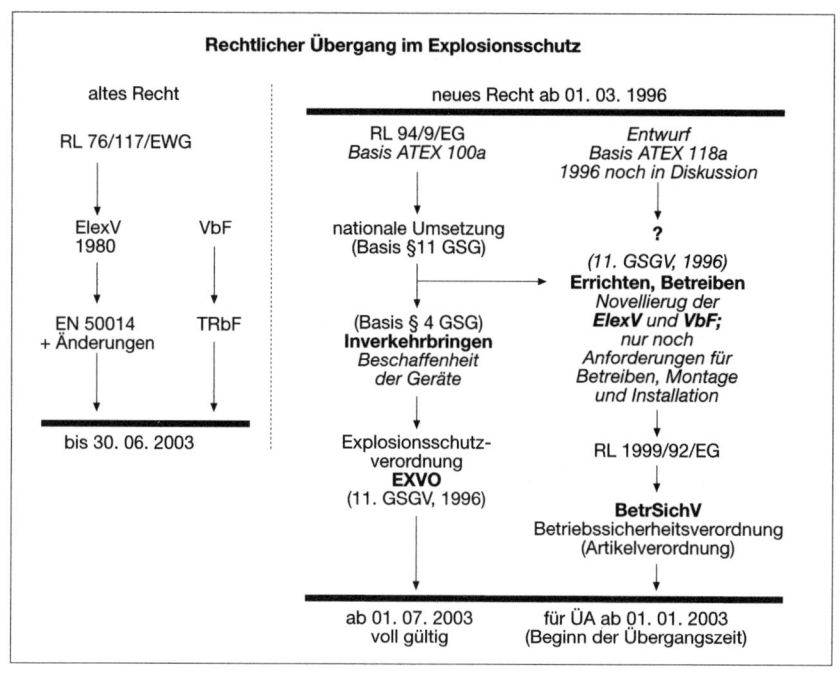

Bild 2.2.1   Zeitliche Abfolge des Rechtsüberganges

Für den elektrischen Explosionsschutz haben folgende Verordnungen zum ArbSchG und zum GPSG zentrale Bedeutung:

2. Die Explosionsschutzverordnung (11. GPSGV; EXVO),
Verordnung über das *Inverkehrbringen von Geräten und Schutzsystemen* für explosionsgefährdete Bereiche; erlassen am 12. Dezember 1996. Die EXVO, hauptsächlich begründet durch das frühere GSG, reflektiert die

– **RL 94/9/EG** – auch Herstellerrichtlinie genannt, mit vollem Namen „Richtlinie des Europäischen Parlaments und des Rates vom 23. März 1994 zur Angleichung der Rechtsvorschriften der Mitgliedsstaaten für Geräte und Schutzsysteme zur bestimmungsgemäßen Verwendung in explosionsgefährdeten Bereichen"

Grundlage: Artikel 95 des EWG-Grundlagenvertrages, auch bezeichnet als ATEX 95, früher bekannt als ATEX 100 oder ATEX 100a.
Das europäische Recht dient primär dem Ziel, Handelshemmnisse zwischen den Ländern der Europäischen Union zu beseitigen.

```
                    ┌─────────────────────┐
                    │  EG- Ex-Richtlinie  │
                    │    „neues Recht"    │
                    └─────────────────────┘
                    ↙                     ↘
┌──────────────────────────────┐   ┌──────────────────────────────┐
│ Beschaffenheit der Betriebsmittel │ │ Gesundheitsschutz und Sicherheit │
│   vor dem Inverkehrbringen   │   │     der Arbeitnehmer         │
└──────────────────────────────┘   └──────────────────────────────┘
              ↓                                   ↓
┌──────────────────────────┐        ┌──────────────────────────┐
│  RL 94/9/EG - ATEX 95    │        │ RL 1999/92/EG - ATEX 137 │
│  Ex-Geräte-Richtlinie    │        │   Ex-Betriebs-Richtlinie │
│  vom 23.03.1994          │        │     vom 16.12.1999       │
│                          │        │   und RL 98/24/EG        │
└──────────────────────────┘        └──────────────────────────┘
```

Umsetzung in deutsches Recht

unmittelbar umgesetzt durch das Gerätesicherheitsgesetz GSG, jetzt Geräte- und Produktsicherheitsgesetz **GPSG** durch Erlass der

zielgerichtet umgesetzt durch das Arbeitsschutzgesetz **ArbSchG**, das Chemikaliengesetz **ChemG** und das **GPSG** durch Erlass der

a) **Explosionsschutzverordnung 11. GPSGV**(EXVO) v. 12.12.1996
b) **Änderung** von Verordnungen über überwachungsbedürftige Anlagen **(ElexV, VbF)**
verkündet im Rahmen der Zweiten Verordnung zum GSG vom 12.12.1996 BGBL. I 1996 S. 1914

a) Betriebssicherheitsverordnung BetrSichV v. 27.09.2002
b) Aufhebung von Verordnungen über überwachungsbedürftige Anlagen (ElexV, VbF u.a.)
c) Neufassung / Änderung weiterer Verordnungen, hier speziell die GefStoffV Anhang V Nr.8

verkündet im Rahmen einer Artikelverordnung vom 27.09.2002 BGBl I 2002 S. 3777

Technische Regeln für die Fachgewerke in explosionsgefährdeten Betriebsstätten

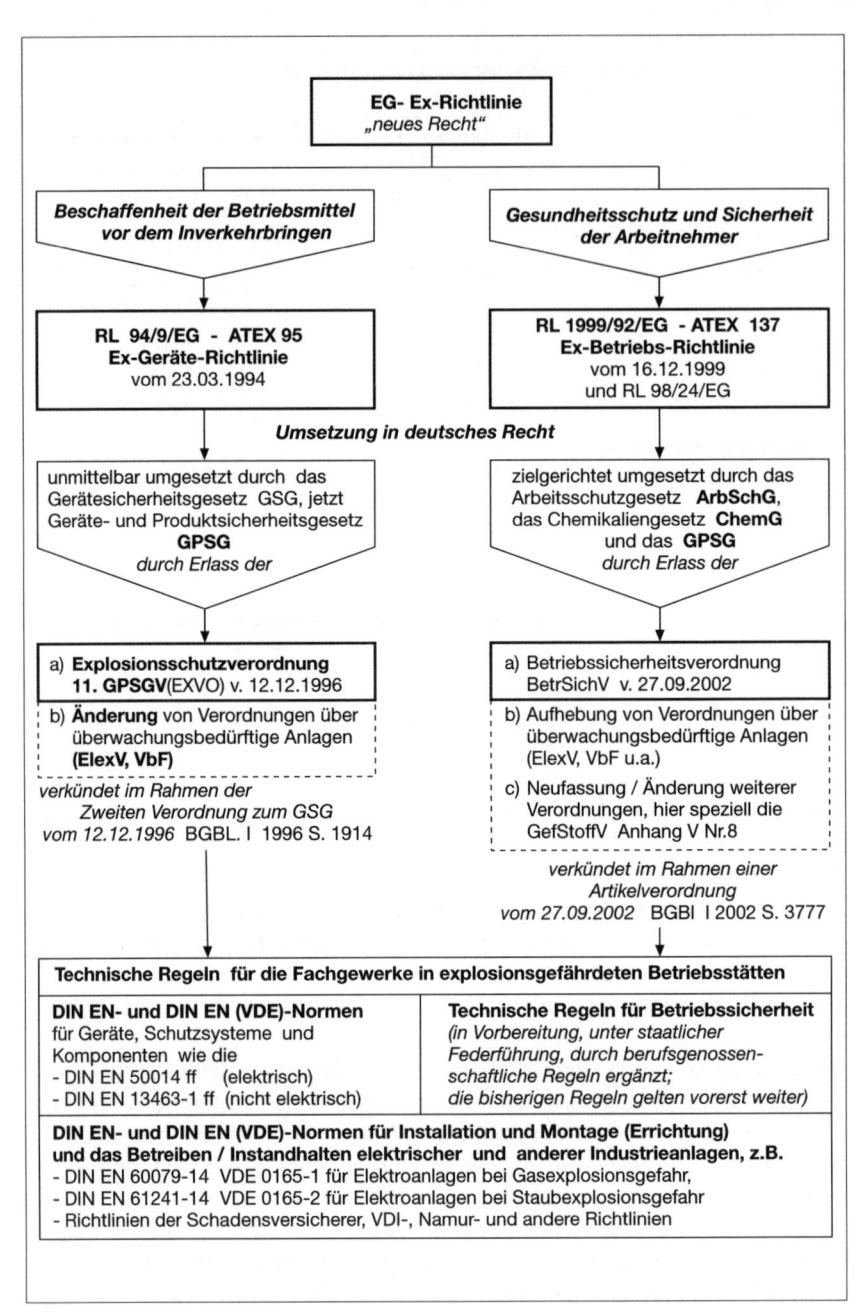

| **DIN EN- und DIN EN (VDE)-Normen** für Geräte, Schutzsysteme und Komponenten wie die
- DIN EN 50014 ff (elektrisch)
- DIN EN 13463-1 ff (nicht elektrisch) | **Technische Regeln für Betriebssicherheit** *(in Vorbereitung, unter staatlicher Federführung, durch berufsgenossenschaftliche Regeln ergänzt; die bisherigen Regeln gelten vorerst weiter)* |

DIN EN- und DIN EN (VDE)-Normen für Installation und Montage (Errichtung) und das Betreiben / Instandhalten elektrischer und anderer Industrieanlagen, z.B.
- DIN EN 60079-14 VDE 0165-1 für Elektroanlagen bei Gasexplosionsgefahr,
- DIN EN 61241-14 VDE 0165-2 für Elektroanlagen bei Staubexplosionsgefahr
- Richtlinien der Schadensversicherer, VDI-, Namur- und andere Richtlinien

Bild 2.2.2   Änderungen infolge der BetrSichV, Stand 2004.

Mit der Richtlinie 94/9/EG, die eine Reihe vorheriger EWG-Richtlinien ablöste, sind die Grundsätze der Beschaffenheit des Explosionsschutzes im Bereich der EU-Mitgliedsländer vollständig harmonisiert worden. Im Anhang II der Richtlinie sind die **„grundlegenden Sicherheits- und Gesundheitsanforderungen an Geräte, Schutzsysteme und Vorrichtungen"** enthalten. Die Richtlinie ist rechtlicher Bestandteil der EXVO. Soweit ein Erzeugnis bzw. Betriebsmittel weiteren EG-Richtlinien unterliegt, beispielsweise der Maschinenrichtlinie und der Niederspannungsrichtlinie, müssen auch diese Richtlinien einbezogen werden.

3. Die Betriebssicherheitsverordnung (BetrSichV),

vom 27. September 2002, mit vollem Namen „Verordnung über Sicherheit und Gesundheitsschutz bei der Bereitstellung von Arbeitsmitteln und deren Benutzung bei der Arbeit, über Sicherheit und Betrieb überwachungsbedürftiger Anlagen und über die Organisation des betrieblichen Arbeitsschutzes". Eine wesentliche Grundlage der BetrSichV stellt die

– **RL 1999/92/EG** dar – auch Betreiberrichtlinie genannt, mit vollem Namen „Richtlinie des europäischen Parlaments und des Rates vom 16. Dezember 1999 über Mindestvorschriften zur Verbesserung des Gesundheitsschutzes und der Sicherheit der Arbeitnehmer, die durch explosionsfähige Atmosphäre gefährdet werden können".

Grundlage: Artikel 137 des EWG-Vertrages, auch bezeichnet als ATEX 137, früher bekannt als Entwurf zur ATEX 138 oder ATEX 138a.
Der Explosionsschutz kommt zwar im ausführlichen Titel der BetrSichV nicht vor, aber seit Januar 2003 hat diese Verordnung nicht nur die ElexV, sondern alle bisher gültigen sieben Einzelverordnungen für überwachungsbedürftige Anlagen abgelöst. Was darin für das Betreiben der Anlagen enthalten war, wurde im rationalen Kern neu zusammengefasst. Verkündet wurde die BetrSichV als Bestandteil einer Artikelverordnung, dargestellt in Bild 2.3 (auf Seite 32). Nur so war es möglich, auch alle anderweitig noch notwendigen rechtlichen Neuerungen und deregulierenden Veränderungen einzubinden. Auf diesem Weg hat man auch die GefStoffV angepasst, mit der BetrSichV verknüpft und so den Schutz gegen Brand- und/oder Explosionsgefahren insgesamt erfasst.

4. Die Verordnung über elektrische Anlagen in explosionsgefährdeten Bereichen (ElexV);

als Rechtsgrundlage für das Betreiben einschließlich der Montage und Installation (Errichten) wurde sie

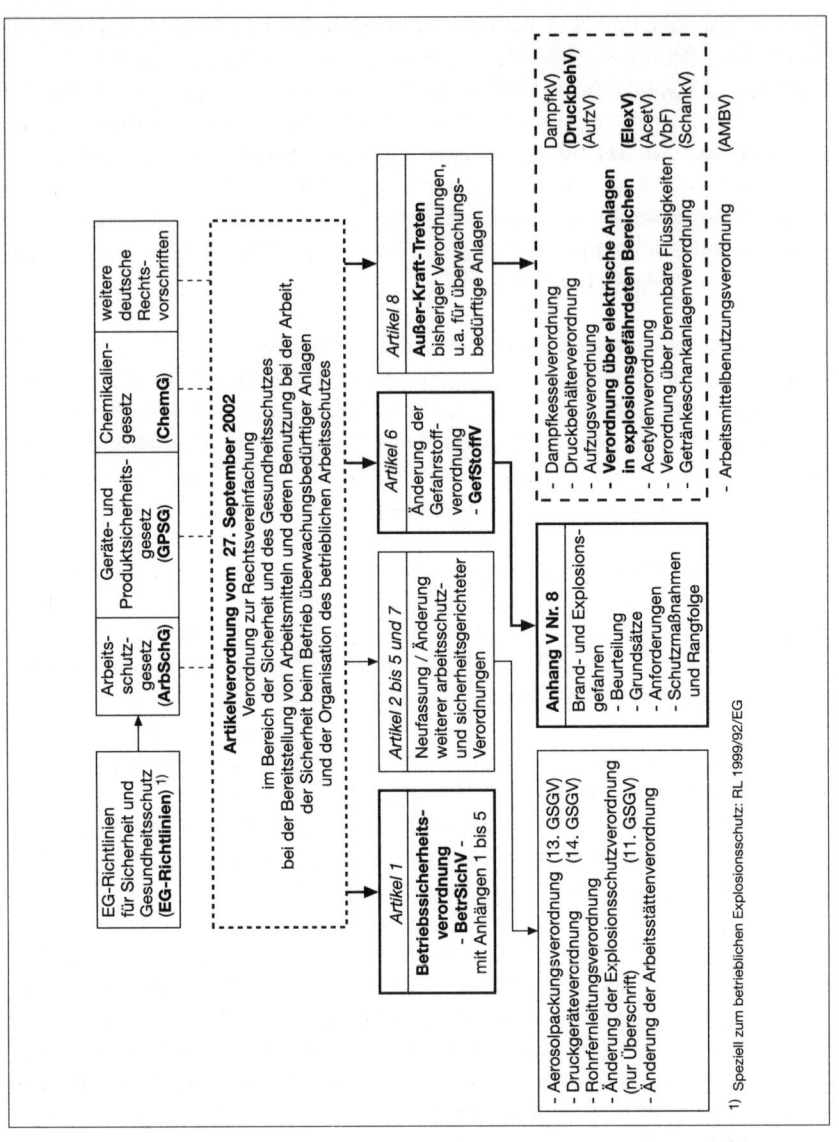

Bild 2.3 Die neue Betriebssicherheitsverordnung im Zusammenhang der Artikelverordnung vom 27. September 2002 als neue Rechtsgrundlage für den betrieblichen Explosionsschutz

– zuletzt neu gefasst mit Datum 13. Dezember 1996, auch veröffentlicht als ZH1/309 (Fassung August 1997),

your safety

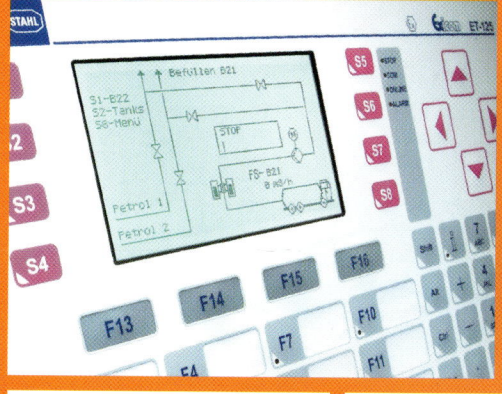

our reality

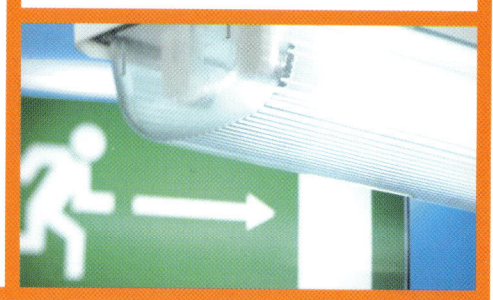

Kompetenz _ R. STAHL bietet umfassende Dienstleistungen im Bereich Explosionsschutz. Mit unserem lebhaften Denken und unseren technologischen Innovationen gehören wir weltweit zu den führenden Anbietern explosionsgeschützter Geräte und Systeme zum Messen, Steuern, Regeln, Energieverteilen und Beleuchten.

Ihre Fragen beantworten wir gerne.
R. STAHL Schaltgeräte GmbH
74638 Waldenburg
+49 7942 943-0 oder www.stahl.de

STAHL

Bedienen und Beobachten im Ex-Bereich ⟨Ex⟩

Produkte und Systemlösungen für den Ex-Bereich

PC-EX
Industriegerechte Visualisierung im Ex-Bereich
II 2G (Zone 1+2),
II 3D (Zone 22)

VISUEX
Der 1.echte Panel-PC für den Ex-Bereich
II 2G (Zone 1+2),
II 3D (Zone 22)

TERMEX
Eigensichere Bedienterminals für den Ex-Bereich
II 2G (Zone 1+2)

SCANEX
Eigensichere Barcodescanner für den Ex-Bereich
II 2G (Zone 1+2),
II 3D (Zone 22)

www.extec.de

EXTEC OESTERLE GMBH

global extechnologie

EXTEC Oesterle GmbH
Schorndorfer Straße 55
D-73730 Esslingen
Tel. +49(0)7 11/31 54 55-0
Fax +49(0)7 11/31 54 55-29
email: info@extec.de

ELEKTRO PRAKTIKER Bibliothek

Rechtssicherheit beim Errichten und Betreiben elektrischer Anlagen

Leitfaden und Nachschlagewerk für Fach- und Führungskräfte

ArbSchG
ASiG AÜG SGB
VBG 4 GUV
BGB HGB
OWiG StGB
GSG EN
DIN VDE

Verlag Technik

Jürgen Schliephacke/Hans-Heinrich Egyptien

Rechtssicherheit beim Errichten und Betreiben elektrischer Anlagen

Leitfaden und Nachschlagewerk für Fach- und Führungskräfte

*176 Seiten, 13 Abbildungen,
ISBN 3-341-01208-7, € 34,90*

Bei der Nutzung elektrischer Energie gelten spezielle Gesetze, Verordnungen und Normen. Das Nachschlagewerk zeigt, welche Verantwortung die Elektrofachkraft beim Planen, Prüfen und Warten elektrischer Anlagen trägt und wie diese Aufgaben richtig, vollständig und gerichtsfest wahrgenommen werden.
Der Anhang enthält u.a. Musterformulare, Merkblätter, häufig verwendete Abkürzungen wichtiger Gesetze, Vorschriften, Organisationen und Einrichtungen.

HUSS-MEDIEN GmbH
Verlag Technik
10400 Berlin

Tel.: 030/4 21 51-325 · Fax: 030/4 21 51-468
e-mail: versandbuchhandlung@hussberlin.de
www.technik-fachbuch.de

- seit 1. Januar 2002 abgelöst durch die BetrSichV und bleibt
- für vorher schon bestehende Anlagen übergangsweise noch anwendbar bis 31.12. 2007.

Die ElexV stützt sich auf § 11 GSG und hat keine europäisch rechtsverbindliche Grundlage. Infolge RL 94/9/EG wurde die ElexV 1996 inhaltlich reduziert auf die Belange der Montage, der Installation und des Betreibens und hätte der EG-Richtlinie 1999/92/EG folgen müssen, die jedoch damals noch nicht verabschiedet war.
Für den Explosionsschutz im Bergbau unter Tage, wo die ElexV und die BetrSichV nicht gelten, sind diese Belange durch die Richtlinien 92/91/EWG und 92/104 EWG verbindlich geregelt.

Daneben sind hier zu nennen

5. Die Unfallverhütungsvorschriften

- **BGV A1 – Grundsätze der Prävention** und die
- **BGV A2 Elektrische Betriebsmittel und Anlagen,** demnächst, in aktualisierter Form wahrscheinlich als BGV A3, ehemals bekannt als UVV VBG 4, dazu ergänzend die berufsgenossenschaftliche Regel
- BGR 500 – Betreiben von Arbeitsmitteln.

In mehreren Unfallverhütungsvorschriften der gewerblichen Berufsgenossenschaften (BGV) sind sowohl **Schutzziele als auch spezielle Maßnahmen für das Betreiben** explosionsgefährdeter Betriebsstätten festgelegt. Die BGV A1 legt Schutzziele fest, die eine vorbereitete BGR A1 konkretisieren wird. Die BGV A2 enthält keine unmittelbar auf den Explosionsschutz gerichteten Festlegungen. Ein Anhang zu den Durchführungsanweisungen der ehemaligen VBG 4 verweist auf die VDE-Vorschriften.

Frage 2.2   **Was hat sich in den Rechtsvorschriften des Explosionsschutzes zwischen 1996 und 2003 markant geändert?**

Rechtsvorschriften regeln naturgemäß nur rechtliche Sachverhalte und Pflichten. Auf technisch-physikalische Grundlagen und Zusammenhänge haben sie keinen Einfluss.
1996 wurde in Deutschland termingemäß damit begonnen, im Explosionsschutz das europäisch harmonisierte Recht einzuführen mit einer Übergangszeit zunächst bis 30.06.2003. Damit begann die erste Phase des sogenannten „neuen Rechts". Seit dem 1. März 1996 gilt im europäischen Wirtschaftsraum für das Inverkehrbringen und die Inbetriebnahme explo-

sionsgeschützter Geräte die Richtlinie 94/9/EG. Basis dafür ist der Artikel 95 (damals noch 100/100a) des EG-Grundlagenvertrages. Dort geht es nicht nur um elektrische Betriebsmittel, sondern um den apparativen Explosionsschutz auf allen Gebieten der Technik.
Forderungen an die Beschaffenheit und an das Betreiben mussten rechtlich getrennt werden. Das ist geschehen einerseits durch

- die EXVO (Explosionsschutzverordnung) vom 12.12.1996
und andererseits durch
- die novellierte ElexV vom 13.12.1996 (inzwischen abgelöst).

Während zu diesem Zeitpunkt die EXVO als Verordnung zur Beschaffenheit etwas absolut Neues darstellte, behielt die novellierte ElexV weitmöglich bei, was darin schon seit 1980 zum Errichten und Betreiben festgelegt war. Dennoch gab es teilweise recht erhebliche Eingriffe.
Gemeinsamer Rahmen für alles, was sich 1996 auf dem Gebiet der überwachungsbedürftigen Anlagen infolge der Richtlinie 94/9/EG veränderte, war die „Zweite Verordnung zum Gerätesicherheitsgesetz und zur Änderung von Verordnungen zum Gerätesicherheitsgesetz" vom 12.12.1996 (BGBl.I Nr. 65 S.1914). Neben der EXVO enthält diese VO auch die inzwischen schon wieder außer Kraft gesetzten Neufassungen der europäisch harmonisierten ElexV und der VbF (Verordnung über brennbare Flüssigkeiten).
Nachgeordnete Regeln der Technik für das Errichten (z.B. in VDE 0165) legten und legen auch weiterhin fest, wie eine Anlage sicherheitstechnisch beschaffen sein muss, damit sie ordnungsgemäß betrieben werden kann. Hier bleibt die Beschaffenheit untrennbar mit dem Betreiben verbunden. Bild 2.1 informiert über den Stand der Normative in dieser Phase.
Seit 01.01 2003 ist in Deutschland für überwachungsbedürftige Anlagen die Betriebssicherheitsverordnung (BetrSichV) maßgebend, und ab 01.07.2003 dürfen im Wirtschaftsraum der EU nur noch solche Betriebsmittel in Verkehr gebracht werden, die der EXVO (RL 94/9/EG) entsprechen. Damit begann die zweite Phase des Übergangs auf das „neue Recht", die mit gestaffelten Übergangszeiten am 31.12.2007 endet. Von da an werden auch für Anlagen unter Bestandsschutz die ElexV und andere Verordnungen für überwachungsbedürftige Anlagen aus der ersten Übergangsphase des neuen Rechts ungültig.
Für den Bereich des Arbeits- und Gesundheitsschutzes beschränkt sich das europäische Richtlinienwerk nach Artikel 137 (118a) des Grundlagenvertrages auf Mindestvorschriften. Dazu soll es grundsätzlich keine europäischen Normen geben, damit die Möglichkeit offen bleibt, innerstaatlich weitere darüber hinausgehende Schutzmaßnahmen festzulegen.

Frage 2.3 Was enthält die EXVO und an wen wendet sie sich?

Die Explosionsschutzverordnung ist die deutsche Fassung der Richtlinie 94/9/EG, einer europäischen Rechtsnorm. Sie enthält die sicherheitstechnischen Grundsätze (nur) für das Inverkehrbringen aller

- Geräte und Schutzsysteme,
- Sicherheits-, Kontroll- und Regelvorrichtungen und
- Komponenten (die in Geräte und Schutzsysteme eingebaut werden).

„Inverkehrbringen" bedeutet hier – so sagen es die „Atex-Leitlinien" zur Anwendung der RL 94/9/EG, dass ein Produkt erstmalig entgeltlich oder unentgeltlich verfügbar gemacht wird für den Vertrieb und/oder die Verwendung im Gebiet der Europäischen Union.
Bisher haben einschlägige Kommentare dazu interpretiert, dass das „Inverkehrbringen" auch einschließt, ein Produkt bereitzustellen. Inzwischen gibt es jedoch eine etwas andere rechtsgültige Definition der „Bereitstellung" von Arbeitsmitteln gemäß § 2(2) BetrSichV. Hier darf man nichts verwechseln.
Geräte sind „Arbeitsmittel", ein Begriff, der infolge der BetrSichV auch überwachungsbedürftige Anlagen (ÜA) einschließt. Es wäre aber falsch, daraus zu schließen, die EXVO würde daher auch für Entwurf und Errichtung aller ÜA zutreffen. Richtig ist das nur dann, wenn es sich um komplette Anlagen oder Baueinheiten handelt, die „verwendungsfertig" im Sinne von § 2(4) GPSG in Verkehr gebracht werden.
Die EXVO wendet sich in erster Linie an den Personenkreis, der die genannten Erzeugnisse bzw. Betriebsmittel herstellt, instand setzt, prüft und/oder vertreibt. Eingeschlossen ist allerdings auch die Erstinbetriebnahme. Der Anwender kann sich weiterhin darauf verlassen, dass ordnungsgemäß als explosionsgeschützt gekennzeichnete Betriebsmittel vorschriftsmäßig beschaffen sind.
Wichtig für den Anwender explosionsgeschützter Geräte (Betriebsmittel) sind vor allem einige darin aufgeführte

- grundlegende Begriffe des Explosionsschutzes und
- die Ordnung der Qualität explosionsgeschützter Geräte nach Gruppen und Kategorien.

Tafel 2.1 (auf Seite 36) informiert über den Anwendungsbereich und fasst den Inhalt der EXVO zusammen.

Tafel 2.1 Inhalt der Explosionsschutzverordnung (11. GPSGV), sinngemäß gekürzt)

Explosionsschutzverordnung (EXVO)

§ 1 Anwendungsbereich

Die Verordnung gilt auch im nichtelektrischen Bereich, aber (nur) für das Inverkehrbringen von
1. Geräten und Schutzsystemen zur bestimmungsgemäßen Verwendung in explosionsgefährdeten Bereichen
2. auch für Sicherheits-, Kontroll- und Regelvorrichtungen außerhalb explosionsgefährdeter Bereiche in sicherheitsgerichteter Verbindung mit 1.
3. und für Komponenten, die in 1. eingebaut werden sollen

Die Verordnung gilt nicht für
– medizinische Geräte in Medizinbereichen
– den Sprengstoffbereich einschließlich chemisch instabiler Substanzen,
– häusliche und nicht kommerzielle Anwendung,
– persönliche Schutzausrüstungen) (8.GPSGV)
– Seeschiffe und bewegliche Off-Shore- Anlagen sowie deren Bordausrüstungen
– Beförderungsmittel außerhalb explosionsgefährdeter Bereiche,
– militärische Zwecke

Die Verordnung gilt auch nicht für den Schutz gegen sonstige von Geräten und Schutzsystemen ausgehenden Gefahren (Verletzung oder andere Schäden, gefährliche Oberflächentemperatur oder Strahlung, erfahrungsgemäß auftretende nichtelektrische Gefahren, Überlastung) in der Zuständigkeit anderer Rechtsvorschriften

§ 2 Begriffe

– Geräte: alle energietragenden Maschinen, Betriebsmittel, Vorrichtungen, Steuerungs- und Ausrüstungsteile sowie Warn- und Vorbeugungssysteme mit eigenen potentiellen Zündquellen („Geräte" als erweiterter Oberbegriff)
– Schutzsysteme: Vorrichtungen, die anlaufende Explosionen stoppen oder den betroffenen Bereich begrenzen und als autonome Systeme in Verkehr gebracht werden
– Komponenten: für den sicheren Betrieb von Geräten und Schutzsystemen erforderliche aber nicht autonom funktionierende Teile
– Explosionsfähige Atmosphäre: Gemisch aus Luft und brennbaren Gasen, Dämpfen, Nebeln oder Stäuben unter atmosphärischen Bedingungen, in dem sich der Verbrennungsvorgang nach erfolgter Entzündung auf das gesamte unverbrannte Gemisch überträgt
– Explosionsgefährdeter Bereich: derjenige Bereich, in dem die Atmosphäre aufgrund der örtlichen und betrieblichen Verhältnisse explosionsfähig werden kann
– Einteilung in Gerätegruppen und Gerätekategorien: nicht hier enthalten, auf Richtlinie 94/9/EG (Anhang I) verwiesen
– Bestimmungsgemäße Verwendung: Verwendung von Geräten ... entsprechend der Gerätegruppe und -kategorie und unter Beachtung aller Herstellerangaben, die für den sicheren Betrieb notwendig sind

§ 3 Sicherheitsanforderungen

Bedingungen: die Geräte, Schutzsysteme und Vorrichtungen müssen
– die „grundlegenden Sicherheits- und Gesundheitsanforderungen" der Richtlinie 94/9/EG Anhang II erfüllen (bestehend aus den „grundsätzlichen" und den zusätzlichen „weiter-

Tafel 2.1 *(Fortsetzung)*

Explosionsschutzverordnung (EXVO)

gehenden" Anforderungen) und
- dürfen bei ordnungsgemäßer Aufstellung, Instandhaltung und bestimmungsgemäßer Verwendung Personen, Haustiere oder Güter nicht gefährden
(Prinzip der integrierten Explosionssicherheit nach Richtlinie 94/9/EG)

§ 4 Voraussetzungen für das Inverkehrbringen
1. Ex-Kennzeichnung nach Richtlinie 94/9/EG Anhang II, zusätzlich CE-Konformitätskennzeichnung
und beigefügte EG-Konformitätserklärung nach 94/9/EG Anhang X Buchstabe B
2. Beigefügte Betriebsanleitung nach 94/9/EG Anhang II Nr. 1.0.6. (Es folgen konkretisierende Bedingungen für Komponenten, zur Sprache für Dokumentation und Schriftwechsel, Gestattung von Abweichungen durch die Behörden, Koordinierung zu anderen Rechtsvorschriften mit Forderungen hinsichtlich der CE-Kennzeichnung)

§ 5 CE-Konformitätskennzeichnung [1]
Die CE-Konformitätskennzeichnung muss
- sichtbar, lesbar und dauerhaft auf jedem Gerät, jedem Schutzsystem, jeder Vorrichtung angebracht sein
- besteht aus dem Zeichen (Richtlinie 94/9/EG Anhang X) mit Kennnummer der „zugelassenen Stelle" (Prüfstelle; sofern bei Produktionsüberwachung einbezogen)
Andere Kennzeichnungen sind erlaubt, wenn sie nicht irritieren

§ 6 Ordnungswidrigkeiten
Ordnungswidrig im Sinne des GSG (seit 2004: GPSG) handelt, wer vorsätzlich oder fahrlässig entgegen ... (Aufzählung der Paragraphen) ein Gerät, ... oder eine Komponente in den Verkehr bringt.

§ 7 Übergangsbestimmungen
- Weiteres Inverkehrbringen bis 30. Juni 2003 ist zulässig für Geräte und Schutzsysteme, die den am 23. März 1994 geltenden Bestimmungen entsprechen
- Bis dahin in Verkehr gebrachte elektrische Betriebsmittel: bei Konformitätsbewertungen sind Prüfergebnisse nach ElexV (Ausgabe 1980) zu berücksichtigen

[1] außerdem ist auf jedem Gerät und Schutzsystem anzugeben:
- EG-Kennzeichen zur Verhütung von Explosionen
- Gerätegruppe und -kategorie (Anhang I zur Richtlinie 94/9/EG)
- bei Geräten der Gruppe II der Buchstabe G als Kennzeichen für Gasexplosionsschutz oder D für Staubexplosionsschutz
- Hersteller (Name und Anschrift)
- Baujahr, Serie und Typ (gegebenenfalls auch die Seriennummer);
bei elektrischen Geräten ist speziell noch anzugeben: Kennzeichnung nach DIN EN 60079-0

Tafel 2.1 (Fortsetzung)

Explosionsschutzverordnung (EXVO)
(bisher DIN EN 50014) VDE 0170/0171-1, Allgemeine Bestimmungen – Kurzzeichen der angewendeten Zündschutzart (en), z.b. e – Erhöhte Sicherheit, d – Druckfeste Kapselung, i - eigensicherer Stromkreis – Kurzzeichen der Explosionsgruppe (IIA, IIB oder II C) und der Temperaturklasse (T1 bis T6) – Nummer der Prüfbescheinigung – Kennbuchstabe X , wenn besondere Bedingungen zu beachten sind (Prüfbescheinigung)

Die Richtlinie 94/9/EG als Grundlage der EXVO **besteht aus einem Textteil mit 16 Artikeln, dem sich 11 Anhänge anschließen. Nur der Textteil wurde unmittelbar in die EXVO überführt.**

Tafel 2.2 stellt in Stichworten zusammen, welche Grundsätze durch die Einführung der Richtlinie 94/9/EG über die EXVO in deutsches Recht übernommen worden sind und gibt eine Übersicht über die Anhänge zur Richtlinie.

Tafel 2.2 Markante rechtliche Forderungen im apparativen Explosionsschutz infolge der Richtlinie 94/9/EG und Übersicht über die Anhänge zur Richtlinie

1. Markant Neues infolge der RL 94/9/EG (übernommen in EXVO)	
Erweiterter Anwendungsbereich gegenüber der ElexV 1996:	– gilt auch für andere als elektrische Zündquellen – Schutzsysteme, Sicherheitsvorrichtungen und Komponenten separat einbezogen
Gerätegruppen und -kategorien eingeführt:	– als Verbindungsglied zur Zoneneinteilung formuliert

Grundlegende Sicherheitsanforderungen formuliert:	– Mindestforderungen an die Beschaffenheit
	– bezogen auf Stand der Technik
	– ohne Bezug auf Normen
	– Explosionssicherheit durch
	  • Vermeiden von Ex-Atmosphäre
	  • Vermeiden von Zündquellen
	  • Begrenzung von Explosionen
	– mit detaillierten Bedingungen

Verfahren der EG-Konformitätsbewertung;	– nach Gerätekategorien abgestufte Bewertungsmodule

Tafel 2.2 (Fortsetzung)

1. Markant Neues infolge der RL 94/9/EG (übernommen in EXVO)	
Dokumentationssystem neu geordnet, dazu eingeführt:	– Qualitätssicherung der Herstellung nach EN 29000 – Hersteller-Verantwortung, erweiterte Überwachung – Mindestkriterien – Konformitätserklärung für den Anwender [1)]
Benennung der Prüfstellen, dazu eingeführt:	– Akkreditierung: EN 45000 ff

2. Anhänge zur Richtlinie 94/9/EG	
I	Entscheidungskriterien für die Einteilung der Gerätegruppen in Kategorien
II	Grundlegende Sicherheits- und Gesundheitsanforderungen für Geräte und Schutzsysteme
III	Modul EG-Baumusterprüfung
IV	Modul Qualitätssicherung Produktion
V	Modul Prüfung der Produkte
VI	Modul Konformität mit der Bauart
VII	Modul Qualitätssicherung Produkt
VIII	Modul Interne Fertigungskontrolle
IX	Modul Einzelprüfung
X	CE-Kennzeichnung und Inhalt der EG-Konformitätserklärung
XI	Mindestkriterien für die Benennung der Stellen

[1)] anstelle der Baumusterprüfbescheinigung; die EG-Baumusterprüfbescheinigung verbleibt grundsätzlich beim Hersteller, besondere Anwendungsbedingungen („X-Schein") sind in der Bedienungsanleitung anzugeben.

Ergänzend dazu sollten auch die folgend genannten Sachverhalte beachtet werden:

Frage 2.3.1   Welche Merkmale für das Sicherheitsniveau von Ex-Betriebsmitteln legt die EXVO fest?

Ein Kernpunkt des neuen Konzeptes besteht darin, jeder Stufe der Explosionsgefahr das erforderliche Niveau des Explosionsschutzes direkt zuzuordnen, ausgedrückt durch die Gerätegruppen und -kategorien der EXVO einschließlich der RL 94/9/EG. Aufgegriffen wird dies im Anhang 4 der BetrSichV:

„Sofern im Explosionsschutzdokument unter Zugrundelegung der Ergebnisse der Gefährdungsbeurteilung nichts anderes vorgesehen ist, sind in explosionsgefährdeten Bereichen Geräte und Schutzsysteme entsprechend den Kategorien gemäß Richtlinie 94/9/EG auszuwählen". Es folgt eine unmittelbare Zuordnung der Gerätekategorien zu den Zonen gemäß Anhang 3 der BetrSichV.
Das erleichtert die Auswahl von Ex-Betriebsmitteln erheblich. Man muss sich nicht mehr vergewissern, ob die angewendeten Zündschutzmaßnahmen auch der jeweiligen Zone entsprechen.
Tafel 2.3 enthält die Zuordnung der Merkmale explosionsgeschützter Geräte gemäß RL 94/9/EG zu den einzelnen Zonen.

Frage 2.3.2   Ist für den gerätetechnischen Explosionsschutz nur noch die EXVO maßgebend?

Hier kommt es darauf an, wer danach fragt.
Auch **die EXVO gilt nicht ausnahmslos,**

- weil sie schon im Anwendungsbereich einige spezielle Erzeugnisse ausschließt (§ 1, s. Tafel 2.1), aber auch,
- weil in der Übergangszeit bis zum 30. Juni 2003 noch Erzeugnisse nach altem Recht in Verkehr gebracht werden durften, deren Verwendung weiterhin möglich bleibt.

Tafel 2.3   Zuordnung explosionsgeschützter Geräte der Gruppe II (EXVO / RL 94/9/EG) zu den Zonen explosionsgefährdeter Bereiche (BetrSichV sowie ElexV 1996)

1.	Explosionsfähige Atmosphäre besteht durch					
	brennbare Gase, Dämpfe oder Nebel			brennbare Stäube		
	ständig, häufig oder langzeitig	gelegentlich	selten und kurzzeitig	ständig, häufig oder langzeitig	gelegentlich	selten und kurzzeitig
	Zone 0	Zone 1	Zone 2	Zone 20	Zone 21	Zone 22
2.	Kennzeichen der dafür optimal geeigneten Betriebsmittel (RL 94/9/EG)					
	II 1 G	II 2 G	II 3 G	II 1 D	II 2 D	II 3 D
3.	Kennzeichen ebenfalls dafür zulässiger Betriebsmittel (RL 94/9/EG)					
	–	II 1 G	II 1 G II 2 G	–	II 1 D	II 1 D II 2 D

Tafel 2.3 (Fortsetzung)

Erläuterungen	
Zu 1.:	Zone gemäß BetrSichV Anhang 3 bzw. ElexV i.d.F. vom 13.12.1996
Zu 2. und 3.:	Zuordnung gemäß BetrSichV Anhang 4B (RL 1999/92/EG; DIN EN 1127-1 Anhang B) Kurzzeichen für die Qualität (Arten und Stufen) des Explosionsschutzes nach Richtlinie 94/9/EG :
II –	Gerätegruppe II (geeignet für allgemeine Anwendung, ausgenommen im Bergbau unter Tage)
1, 2, 3 –	Gerätekategorie (Zuverlässigkeit apparativer Zündschutzmaßnahmen, Maximum bei 1, vgl. Taf. 2.4)
⇒	bei elektrischen Geräten (Betriebsmitteln) der Kategorien 1 und 2 muss dem Hersteller eine EG-Baumuster-Prüfbescheinigung vorliegen, (bei nicht elektrischen Geräten gilt das nur für Kategorie 1 und für Verbrennungskraftmaschinen) der Anwender hingegen muss für jedes Gerät, gleich welcher Kategorie, vom Hersteller keine Prüfbescheinigung bekommen, sondern eine Konformitätserklärung
G –	für gasexplosionsgefährdete Bereiche (engl. gas)
D –	für staubexplosionsgefährdete Bereiche (engl. dust)

Für wen oder wofür ist sie unmittelbar maßgebend?
Für **Hersteller,** die ihre Erzeugnisse auf dem europäischen Binnenmarkt verkaufen wollen, unbedingt. Das betrifft auch die vom Hersteller bevollmächtigten Vertragspartner.
Erzeugnisse, die im Herstellerland verbleiben, waren jedoch während der Übergangszeit bis 2003 nicht zwingend einbezogen.
Für die **Betreiber** der Erzeugnisse indessen nicht unbedingt, weil

– die EXVO mit der Richtlinie 94/9/EG nicht rückwirkend, sondern nur für neue Erzeugnisse gilt. Nach altem Recht hergestellte Betriebsmittel darf man auch nach dem 30.06.2003 weiter verwenden, wenn sie nach Maßgabe der BetrSichV sicherheitsgerecht betrieben werden können (falls noch vorhanden, sogar solche nach älteren VDE-Normen oder den TGL der ehemaligen DDR).
– die EXVO für Erzeugnisse in explosionsgefährdeten Bereichen gilt, d.h., für den Einsatz in „explosionsfähiger Atmosphäre". Explosionsfähige Atmosphäre erfasst per Definition nur solche explosionsfähigen Gemische, die unter atmosphärischen Druck- und Temperaturwerten (zwischen 0,8 und 1,1 bar, -20°C und +60°C) auftreten. Innerhalb von Chemieapparaten trifft das oft nicht zu. In Zweifelsfällen sollte man sich vom Hersteller die Schutzeigenschaften des betreffenden Gerätes bestätigen lassen.

41

*Frage 2.3.3 Regelt die EXVO auch die Einteilung
explosionsgefährdeter Bereiche in Zonen?*

Nein – obwohl das vom Namen „Explosionsschutzverordnung" her zu vermuten wäre. **Betriebsstätten auf Explosionsgefahren zu beurteilen und einzustufen war schon immer und bleibt auch nach europäischem Recht Sache der Betreiber,** aber nicht der Hersteller von Ex-Betriebsmitteln. Neuerdings regelt das die BetrSichV im Anhang 3. Bis 02.10. 2002 waren dafür allein die ElexV und die VbF maßgebend. Auch für elektrische Anlagen gilt in dieser Hinsicht nun die BetrSichV. Diese Verordnung legt auch fest, bis zu welchem Zeitpunkt alte Einstufungen noch beibehalten werden dürfen.

*Frage 2.3.4 Woran erkennt man, dass ein Betriebsmittel der EXVO
entspricht?*

Wesentliche Merkmale für den Explosionsschutz infolge RL 94/9/EG für alle Betriebsmittel – auch die nicht elektrischen – sind

- das Kennzeichen, CE
- das Zeichen Ⓔx
- das Kennzeichen für die Gerätegruppen und -kategorien und
- die mitzuliefernde „EG-Konformitätserklärung" nach Richtlinie 94/9/EG, Anhang X.

Die dazugehörigen Gruppierungen, aufgeführt in Tafel 2.3 (auf Seite 40/41) und Tafel 2.4 (auf Seite 43), kennzeichnen das konstruktive Sicherheitsniveau. Sie sind aber keinesfalls so zu verstehen, dass damit die genormten Kennzeichen der Temperaturklasse, Explosionsgruppe und Zündschutzart nach EN 50014 ff. (DIN VDE 0170/0171) für die elektrischen Betriebsmittel oder nach EN 13463-1 für nichtelektrische Betriebsmittel vernachlässigbar werden.

Wenn man genau weiß, welche Pflichten die Hersteller der Betriebsmittel gegenüber dem Anwender in jedem Falle zu erfüllen haben, kann man auf eventuelle Mängel rechtzeitig reagieren. Dazu gehören in diesem Zusammenhang

a) **die EG-Konformitätserklärung** mit
   - der Identifikation des Herstellers
   - der Beschreibung des Erzeugnisses
   - dem Hinweis auf die EG-Konformitätsbescheinigung oder die EG-Baumusterprüfbescheinigung

Tafel 2.4 Gruppierung von Geräten und Schutzsystemen nach Richtlinie 94/9/EG, Anhänge I und II

Merkmal		Charakteristik, Sicherheitsniveau
Gerätegruppe	I	für Bergbau untertage und übertage bei Gefahr durch Grubengas und/oder brennbare Stäube,
Gerätekategorien	M 1	sehr hohe Sicherheit (2 unabhängige Zündschutzmaßnahmen, auch bei seltenen Gerätestörungen weiter betreibbar)
	M 2	hohe Sicherheit (aber bei explosionsfähiger Atmosphäre abzuschalten)
Gerätegruppe	II	für alle anderen Bereiche mit Gefahr durch explosionsfähige Atmosphäre
Gerätekategorien	1	**sehr hohes Maß an Sicherheit**; – mindestens 2 unabhängige apparative Zündschutzmaßnahmen, – auch bei 2 unabhängigen Störungen kein Zündpotential, – auch bei seltenen Gerätestörungen weiter betreibbar
	2	**hohes Maß an Sicherheit**; – bei häufigen oder üblicherweise zu erwartenden Störungen weiter betreibbar
	3	**normales Maß an Sicherheit**; – keine grundsätzlichen Festlegungen zu apparativen Zündschutzmaßnahmen und zur Störungssicherheit
(Stoffgruppe)	G	Explosionsschutz für explosionsfähige Atmosphäre durch Gase, Dämpfe oder Nebel
	D	Explosionsschutz für explosionsfähige Atmosphäre durch Stäube

- der Angabe angewendeter Normen
  - zur Übereinstimmung des Betriebsmittels mit der Richtlinie 94/9/EG
  - zur Erfüllung weiterer Sicherheitsanforderungen gegen sonstige Gefahren für Personen (Verletzung durch Überlastung, Oberflächentemperatur, Strahlung usw. gemäß Anhang II Ziffer 1.2.7. der Richtlinie 94/9/EG)
  - zur Übereinstimmung mit anderen EG-Richtlinien (z.B. EMV, Maschinen usw.)
- b) **die Betriebsanleitung** (bei Auslandslieferung auch in der Landessprache des Importlandes)

c) **die CE-Kennzeichnung** gemäß Anhang X der Richtlinie 94/9/EG wie oben schon genannt, ergänzt durch

- die Nummer der notifizierten Stelle (Prüfstelle), die bei der Herstellung einbezogen war
- die weitere Kennzeichnung nach Anhang II Ziffer 1.0.5. der Richtlinie 94/9/EG (Name und Anschrift des Herstellers, Bezeichnung der Serie und des Typs, Baujahr)
- zusätzlich in der EG-Baumusterprüfbescheinigung festgelegte Kennzeichnungen
- die Kennzeichnungen für die Qualität des Explosionsschutzes (Gerätegruppe und -kategorie, Kennbuchstaben G für Gasexplosionsschutz oder D für Staubexplosionsschutz sowie die außerdem nach Erzeugnisnorm vorgeschriebenen Kennzeichen, d.h., bei elektrischen Betriebsmitteln die Buchstaben EEx (dazu mehr unter 8.1), außerdem die Kennzeichen für die Temperaturklasse, Explosionsgruppe und Zündschutzart; vgl. auch Tafel 2.1.

Frage 2.3.5 Ist die CE-Kennzeichnung ein Beleg für geprüften Explosionsschutz?

Nein. Das GPSG und die EXVO schreiben mit Bezug auf das europäische Recht bindend vor, dass Geräte und Schutzsysteme die CE-Kennzeichnung zu tragen haben. Das ist aber kein Prüfzeichen. Mit dem Symbol **CE**, den Initialen der „**C**ommunautes **E**uropéennes", der Europäischen Gemeinschaft, bestätigt der Hersteller die Konformität mit allen dafür geltenden EG-Richtlinien. „Komponenten" (Einbauteile, die keine selbständige Funktion haben) dürfen jedoch nicht damit versehen werden. Statt dessen muss der Hersteller oder Lieferant dafür schriftlich die Konformität bescheinigen.

Wo vorschriftsmäßiger gerätetechnischer Explosionsschutz für neue Erzeugnisse nachzuweisen ist, kann das grundsätzlich nur mit der EG-Baumusterprüfbescheinigung einer notifizierten (europäisch anerkannten) **Prüfstelle und/oder mit einer EG-Konformitätserklärung des Herstellers geschehen.**

Davon ausgenommen waren nach altem Recht hauptsächlich die Betriebsmittel für die Zonen 2, 11 und M.

Ist ein Betriebsmittel instandgesetzt worden an Teilen, von denen der Explosionsschutz abhängt, aber nicht durch den Hersteller, dann gilt bisher gemäß § 9 ElexV das Prüfzeichen des „Sachverständigen" als Nachweis. Ausgenommen davon waren an dieser Stelle nur die Betriebsmittel der Gerätekategorie 3 für die Zonen 2 und Zone 22. Aus der BetrSichV ist das aber nicht mehr zu entnehmen. Weiteres hierzu wird unter 9.7 beantwortet.

Frage 2.3.6   Gilt die EXVO auch für Importe?

Grundsätzlich ja. Sie ist auch dann zu beachten, wenn Betriebsmittel aus Ländern eingeführt werden, die nicht der EU angehören (sogenannte Drittländer), selbst bei gebrauchten Erzeugnissen. Wer solche Betriebsmittel in Verkehr bringt, hat vorher zu gewährleisten, dass die Betriebsmittel auf ihre Konformität überprüft und vorschriftsmäßig gekennzeichnet worden sind.

Frage 2.3.7   Wo lässt die EXVO Abweichungen zu?

Abgesehen von den Ausschlüssen im Anwendungsbereich, die man aber nicht als Ausnahmen im wörtlichen Sinne werten kann, räumt die EXVO **im § 4 Abs. 5** eine Abweichung ein. Die zuständige Landesbehörde kann gestatten, ein Erzeugnis in Verkehr zu bringen, auch wenn keine Konformitätsbewertung stattgefunden hat. Bedingungen dafür sind

– ein plausibles Erfordernis des Explosionsschutzes und
– ein Antrag mit Begründung.

Damit eröffnet sich eine Möglichkeit, speziell erforderliche Betriebsmittel im Inland weiterhin als Sonderanfertigung in den Verkehr zu bringen wie vormals nach § 10 ElexV in der Fassung 1980.
Im unverbindlichen Leitfaden zur RL 94/9/EG wird diese Auffassung jedoch nicht bestätigt. Dessen ungeachtet räumt die BetrSichV ein, im betrieblichen Explosionsschutzdokument den Nachweis für den angemessenen Explosionsschutz zu führen.

Frage 2.3.8   Was ist der Unterschied zwischen einer Konformitätsbescheinigung und einer Konformitätserklärung?

Die EG-Konformitätsbescheinigung bestätigt die Übereinstimmung explosionsgeschützter Betriebsmittel mit dem geprüften Baumuster, und zwar entweder

– mit Bezug auf die EG-Baumusterprüfbescheinigung oder
– im Sonderfall mit Bezug auf die spezielle EG-Konformitätsprüfung.

Sie darf nur von einer benannten (notifizierten) Stelle ausgestellt werden. Als notifizierte Stelle (notified body, NB) bezeichnet man eine Prüfstelle, die in der EU zur Prüfung des Explosionsschutzes der Betriebsmittel benannt und zugelassen ist.

Konformitätsbescheinigungen sind auch bisher schon ausgestellt worden, um zu bestätigen, dass die Betriebsmittel europäischen Normen entsprechen (hierzu Abschnitt 8). Daneben war und ist es üblich, eine *Kontrollbescheinigung, Teilbescheinigung* oder einen *Prüfungsschein* auszustellen.
Eine Konformitätsbescheinigung oder Baumusterprüfbescheinigung mitzuliefern ist der Hersteller nach neuem Recht nicht mehr verpflichtet.
Besondere Bedingungen für den sicherheitsgerechten Einsatz eines Betriebsmittels, erkennbar am Buchstaben X in der Nummer der Prüfbescheinigung, kann der Anwender nun nicht mehr unmittelbar aus der Prüfbescheinigung entnehmen. Der Hersteller hat diese Besonderheiten in der Betriebsanleitung anzugeben.
Eine EG-Konformitätserklärung muss der Hersteller stets mitliefern, wenn er ein „Gerät", ein „Schutzsystem" oder eine „Komponente" im Sinne der EXVO bzw. der Richtlinie 94/9/EG in Verkehr bringt. Grundlage dafür ist normalerweise die EG-Baumusterprüfbescheinigung der notifizierten Prüfstelle. Bei Kleinteilen (Komponenten), z.B. bei Kabel- und Leitungseinführungen wird das jedoch vernünftigerweise in Verbindung mit Sammellieferungen geschehen.
Welche Bewandtnis es hat mit anderen ähnlich bezeichneten Dokumenten, z.B. mit einer Konformitätsaussage, wird unter 7.9 erklärt.

Frage 2.3.9 Zwingt die EXVO zur Einhaltung der Ex-Normen?

Nein, grundsätzlich nicht. Die EXVO macht es prinzipiell nicht zur Bedingung, ein technisches Regelwerk einzuhalten – auch wenn man das unbesehen zunächst bejahen würde. Sonst müsste ja ein lückenloses Normenwerk vorhanden sein. Letztlich maßgebend für die erforderliche Gerätesicherheit ist allein der Anhang II der RL 94/9/EG mit den „Grundlegenden Sicherheits- und Gesundheitsanforderungen für die Konzeption und den Bau von Geräten und Schutzsystemen zur bestimmungsgemäßen Verwendung in explosionsgefährdeten Bereichen" (GSA). Dem Hersteller obliegt es, je nach Geräteart und -kategorie entweder eine notifizierte (benannte) Prüfstelle zu beauftragen oder anhand der vorgeschriebenen Prüfverfahren selbst die Konformität nachzuweisen.
Dessen ungeachtet steht natürlich mit dem Normenwerk ein effektives Instrument zur Verfügung, um den Stand der Technik zu überprüfen. Das Erfüllen harmonisierter im Amtsblatt der EG benannter Normen berechtigt zu der Vermutung, dass das Gerät den GSA entspricht.
Andererseits bleibt dadurch die Möglichkeit offen, auch Geräten nicht europäischen Ursprungs die Konformität zu bescheinigen, wenn sie den GSA genügen.

Frage 2.4   *Worum geht es in der BetrSichV und an wen wendet sie sich?*

§ 1(1) BetrSichV nennt als Anwendungsbereich die Bereitstellung von Arbeitsmitteln durch Arbeitgeber und deren Benutzung durch Beschäftigte bei der Arbeit. Gemäß § 1(2) gehören dazu auch die dort ausdrücklich bezeichneten überwachungsbedürftigen Anlagen.
Vieles geht auch die EMR-Fachleute unmittelbar an. Zunächst muss man sich vertraut machen mit der

- **Zielstellung mit umfassendem Anspruch.**

Über die Ziele heißt es in der Begründung der Betriebssicherheitsverordnung (BetrSichV) – hier in Kurzfassung:
Mit der Betriebssicherheitsverordnung entsteht ein **umfassendes europäisch orientiertes Schutzkonzept,** das

– das Arbeitsschutzgesetz konkretisiert,
– auf alle von Arbeitsmitteln ausgehenden Gefährdungen anwendbar ist,
– die überwachungsbedürftigen Anlagen einbezieht,
– das bestehende hohe Sicherheitsniveau beibehält und
– dazu beiträgt, Doppelregelungen und Widersprüche im Verhältnis zu berufsgenossenschaftlichen Vorschriften zu beseitigen.

Mit diesem Anspruch stellt die BetrSichV nicht nur eine neue sondern auch eine besondere staatliche Rechtsnorm des Arbeitsschutzes dar – bezogen auf ihre Art, europäische Festlegungen zur Betriebs- und Anlagensicherheit im deutschen Recht neu zu ordnen und zu verdichten. Allein aus der bisherigen ElexV-Perspektive ist das nicht erfassbar. Über die Erfordernisse des Arbeits- und Gesundheitsschutzes unter Ex-Bedingungen hat man sich in der EU erst mit der Richtlinie 1999/92/EG einigen können. Diese und weitere EG-Richtlinien mit Einfluss auf die betriebliche Sicherheit und den Gesundheitsschutz gaben Anlass, die **deutschen Rechtsgrundlagen für die Pflichten des Arbeitgebers**

– **bei der Benutzung von Arbeitsmitteln** und
– **für das sichere Betreiben überwachungsbedürftiger Anlagen**

insgesamt zu bereinigen und neu zu ordnen. Irritationen durch Festlegungen in den bisherigen Verordnungen, die gleichen Zielen gelten, aber different formuliert sind, soll es nicht mehr geben. Man entschloss sich, die neue Verordnung und die damit verbundenen Änderungen anderer Verordnungen in einer sogenannten Artikelverordnung mit Datum 27. September 2002 zu bündeln (vgl. Frage 2.1). Bild 2.3 (auf Seite 32) stellt den Inhalt dieser Artikelverordnung dar.

Acht bisher geltende Verordnungen – auch die ElexV – sind abgelöst worden. Was darin für das Betreiben enthalten war, wurde im rationalen Kern nach europäischen Erfordernissen neu zusammengefasst.

Unmittelbar angesprochen wird allgemein der Arbeitgeber, bei überwachungsbedürftigen Anlagen dagegen – in § 1 BetrSichV beim Lesen nicht sofort erkennbar – auch der Unternehmer. Das schließt Elektrofachkräfte ein, sofern sie Führungsverantwortung haben. Wo Explosionsschutz zum persönlichen Aufgabengebiet gehört, muss bekannt sein, was das aktuelle Arbeitsschutzrecht dem Verantwortlichen dafür abverlangt.

Bisher war mit der Anwendung der Regelwerke des Explosionsschutzes der Sorgfaltspflicht des Arbeitgebers Genüge getan. Nun ist nachzuweisen, dass anhand einer umfassenden Beurteilung der Gefahren die erforderlichen Schutzmaßnahmen angewendet werden.

Ein wesentlicher Fakt mildert den Umstellungsaufwand:

- **Elektronormen sind nicht betroffen.**

Richtschnur für alle Entscheidungen bleibt der „Stand der Technik", repräsentiert von den Regeln der Technik und Sicherheitstechnik wie dem DIN-EN-Normenwerk einschließlich VDE und weiteren national festgelegten Regeln. Bisherige „Technische Regeln" werden überprüft und der BetrSichV angepasst. Bis dahin darf man sich weiter an die „alten" Technischen Regeln halten – soweit sie dem neuen Recht nicht zuwiderlaufen. Ein Beispiel für Veränderungen im Bereich der überwachungsbedürftigen Anlagen sind die tiefgreifend überarbeiteten Regeln für brennbare Flüssigkeiten (TRbF) mit ihren Angaben zur Einstufung explosionsgefährdeter Bereiche. Allen dort enthaltenen Festlegungen, die sich auf die bisherigen VbF-Gefahrklassen brennbarer Flüssigkeiten (AI bis AIII und B) beziehen, fehlt infolge der BetrSichV nun die Rechtsbasis.

Auf elektrotechnischem Gebiet läuft die Normung bekanntermaßen schon seit Jahren auf internationalen und europäischen Spuren. Im Unterschied zum nicht elektrischen Bereich verursacht die BetrSichV hier keinen derartigen Handlungsbedarf.

Frage 2.4.1 Was enthält die BetrSichV?

Die BetrSichV regelt die betriebliche Sicherheit im Umgang mit allen Arbeitsmitteln einschließlich der überwachungsbedürftigen Anlagen und die Organisation des Arbeitsschutzes. Dazu gehören auch die Schutzmaßnahmen bei gefährlicher explosionsfähiger Atmosphäre –

Tafel 2.5   Betriebssicherheitsverordnung, Inhaltsübersicht

Abschnitt 1 **Allgemeine Vorschriften** § 1 Anwendungsbereich § 2 Begriffsbestimmungen	
Abschnitt 2 **Gemeinsame Vorschriften für Arbeitsmittel**	Abschnitt 3 **Besondere Vorschriften für überwachungsbedürftige Anlagen**
§ 3 Gefährdungsbeurteilung § 4 Anforderungen an die Bereitstellung und Benutzung der Arbeitsmittel § 5 Explosionsgefährdete Bereiche § 6 Explosionsschutzdokument § 7 Anforderungen an die Beschaffenheit der Arbeitsmittel § 8 Sonstige Schutzmaßnahmen § 9 Unterrichtung und Unterweisung § 10 Prüfung der Arbeitsmittel § 11 Aufzeichnungen	§ 12 Betrieb § 13 Erlaubnisvorbehalt § 14 Prüfung vor Inbetriebnahme § 15 Wiederkehrende Prüfungen § 16 Angeordnete außerordentliche Prüfung § 17 Prüfung besonderer Druckgeräte § 18 Unfall- und Schadensanzeige § 19 Prüfbescheinigungen § 20 Mängelanzeige § 21 Zugelassene Überwachungsstellen § 22 Aufsichtsbehörden für überwachungsbedürftige Anlagen des Bundes § 23 Innerbetrieblicher Einsatz ortsbeweglicher Druckgeräte
Abschnitt 4 **Gemeinsame Vorschriften, Schlussvorschriften**	**Anhänge**
§ 24 Ausschuss für Betriebssicherheit § 25 Ordnungswidrigkeiten § 26 Straftaten § 27 Übergangsvorschriften	1 Mindestvorschriften für Arbeitsmittel 2 Mindestvorschriften für Arbeitsmittelbenutzung 3 Zoneneinteilung explosionsgefährdeter Bereiche 4 Mindestvorschriften zur Sicherheit in explosionsgefährdeten Bereichen 5 Prüfung besonderer Druckgeräte nach § 17

Vollständiger Titel der Verordnung:
Verordnung über Sicherheit und Gesundheitsschutz bei der Bereitstellung von Arbeitsmitteln und deren Benutzung bei der Arbeit, über Sicherheit und Betrieb überwachungsbedürftiger Anlagen und über die Organisation des betrieblichen Arbeitsschutzes - ***BetrSichV***

das Verhindern der Entzündung und/oder eventueller Schadenswirkungen.

Wie sich die BetrSichV gliedert und was die Paragraphen enthalten, zeigt Tafel 2.5. Die gewählte grafische Anordnung der Abschnitte hebt die Logik der Gliederung hervor.

Wem Gliederung und Reihenfolge der Paragrafen nicht einleuchtend erscheinen, dem wird manches klarer, wenn er sich mit den Begriffen im Abschnitt 1 vertraut gemacht hat. Dann weiß man, dass der Begriff „Arbeitsmittel" im Sinne dieser Verordnung überwachungsbedürftige Anlagen einschließt, also auch die elektrischen Anlagen in explosionsgefährdeten Bereichen. Die Gebäude selbst bzw. die baulichen Anlagen gehören nicht dazu, aber die enthaltenen zur Arbeit erforderlichen Installationen.

Eine eindeutige und überschaubare Rechtsgrundlage der sicherheitsbezogenen betrieblichen und persönlichen Pflichten – wer würde das nicht als Fortschritt begrüßen. Leider kann das nichts ändern am unvermeidlichen Interpretationsbedarf juristisch verdichteter Formulierungen.

Anzuwendende Technische Regeln und Erkenntnisse sollen im Bundesarbeitsblatt veröffentlicht werden. Bis dahin müssen sich die Anwender – Betreiber, Behörden, Prüfer, Planer – selbst darüber klar werden, wie das Verordnungsdeutsch in die Praxis eingehen soll. Quellen zur ausführlichen Information über den gesamten Regelungsinhalt der BetrSichV enthält das Literaturverzeichnis.

Frage 2.4.2   Weshalb ist die GefStoffV für Ex-Belange neuerdings so wichtig?

Wenn es um den betrieblichen Explosionsschutz insgesamt geht, kommt man allein anhand der BetrSichV nicht zurecht. Wieso? Genau so wie bisher die ElexV **regelt die BetrSichV** – neben anderem – **die grundsätzlichen Schutzmaßnahmen gegenüber gefährlicher explosionsfähiger Atmosphäre** unter Betriebsbedingungen. Gebunden an die RL 1999/92/EG erfasst sie damit aber nur einen Teilbereich der Gefahren, nämlich die explosionsfähigen Gemische unter „atmosphärischen Bedingungen" (in Luft fein verteilte brennbare Stoffe bei 0,8 ... 1,1 bar und -20...+60°C). Das gilt im Grundsatz auch für die zugehörige Dokumentation der Gefährdungen und Schutzmaßnahmen. Das zu wissen ist besonders wichtig für Fälle, in denen explosionsfähige Gemische nicht nur unter atmosphärischen Bedingungen auftreten können. Innerhalb von Apparaten und Behältern chemischer Anlagen kommt das häufig vor. Dann sind zumeist Maßnahmen des Brand- und Explosionsschutzes der MSR-Technik, der Prozessleittechnik oder der Verfahrenstechnik gefragt.

Man erkennt daraus, dass der sachliche Geltungsbereich der BetrSichV infolge RL 94/9/EG nicht ausreicht, um die Arbeitsbedingungen in Gegenwart brennbarer Stoffe bzw. explosionsfähiger Gemische so umfassend zu beurteilen, wie es § 5 ArbSchG verlangt. Deshalb musste die Gefahrstoffverordnung ergänzt werden mit einem Anhang V Nr.8 – Brand- und Explosionsgefahren (vgl. Bild 2.3).

Dieser Anhang zur GefStoffV regelt insgesamt „den Schutz der Arbeitnehmer und Anderer vor Brand- oder Explosionsgefahren beim Umgang mit Gefahrstoffen".

Von der Sache her rangieren diese Festlegungen vor der BetrSichV, denn sie bestimmen die grundsätzliche Vorgehensweise. Hier geht es um die elementaren Rechtsgrundlagen des gesamten betrieblichen Explosionsschutzes, das Vermeiden von Brand- und/oder Explosionsgefahren überhaupt. Gegenstand ist die gesamte Palette möglicher explosionsfähiger Gemische, die sich durch entzündliche Gefahrstoffe bilden können, wenn ein Reaktionspartner hinzu kommt. Festgelegt werden die

- Grundsätze für die Beurteilung und Dokumentation und die
- Anforderungen an die Schutzmaßnahmen, d.h., Grundlagen, Rangfolge sowie primäre, sekundäre und organisatorische Maßnahmen gegen Brand- und Explosionsgefahren.

Wer sich einarbeiten will in die Beurteilung von Explosionsgefahren und die Schutzmaßnahmen gemäß BetrSichV, muss das unbedingt vorher gelesen haben. Bild 2.4 (auf Seite 52) informiert über den Zusammenhang von GefStoffV und BetrSichV.

Ein nicht unwesentlicher Fakt bleibt mitunter außer Acht, nämlich der begriffliche Unterschied zwischen Gefahr und Gefährdung, definiert in der TRGS 300 – Sicherheitstechnik, einer Technischen Regel zur GefStoffV:

- *Gefahren sind Zustände oder Ereignisse, die den Eintritt einer gesundheitlichen Beeinträchtigung oder eine Bedrohung des Lebens durch Gefahrstoffe erwarten lassen.*
- *Die Gefährdung ist das räumliche und zeitliche Zusammentreffen des Menschen mit Gefahren.*
- Die Zoneneinteilung von explosionsgefährdeten Bereichen gemäß BetrSichV und BGR 104 (EX-RL; Abschnitt D) erfasst das Auftreten gefährlicher explosionsfähiger Atmosphäre als Explosionsgefahr. Mögliche Gefährdungen infolge einer Explosion werden damit nicht bewertet.

2.4.3 Was regelt die BetrSichV anders als bisher die ElexV?

Da kommt es auf die Blickrichtung an. Ihrem umfassenden Anspruch entsprechend hat die BetrSichV eine absolut andere Gliederung. Was man in

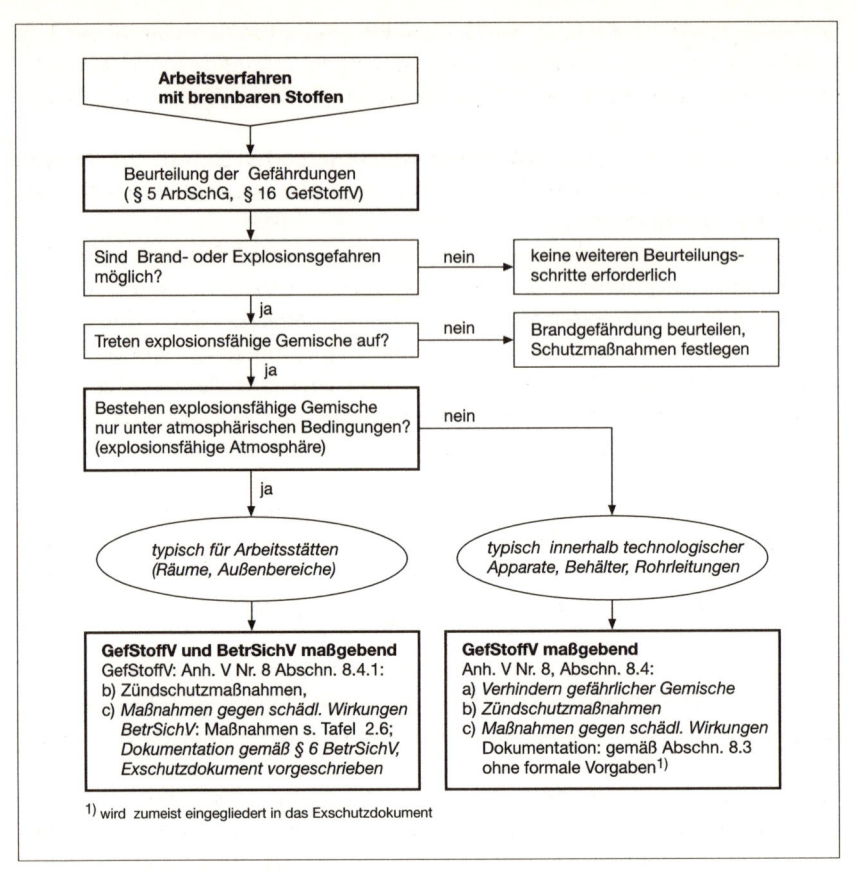

```
┌─────────────────────────────────────────────────────────────────────────┐
│                    ┌──────────────────────┐                             │
│                    │ Arbeitsverfahren     │                             │
│                    │ mit brennbaren Stoffen│                            │
│                    └──────────┬───────────┘                             │
│                               ▼                                         │
│              ┌────────────────────────────┐                             │
│              │ Beurteilung der Gefährdungen│                            │
│              │ (§ 5 ArbSchG, § 16 GefStoffV)│                           │
│              └────────────┬───────────────┘                             │
│                           ▼                                             │
│     ┌──────────────────────────────┐  nein  ┌──────────────────────┐    │
│     │ Sind Brand- oder Explosions- │───────▶│ keine weiteren       │    │
│     │ gefahren möglich?            │        │ Beurteilungsschritte │    │
│     └────────────┬─────────────────┘        │ erforderlich         │    │
│                 ja                           └──────────────────────┘    │
│                  ▼                                                      │
│     ┌──────────────────────────────┐  nein  ┌──────────────────────┐    │
│     │ Treten explosionsfähige      │───────▶│ Brandgefährdung      │    │
│     │ Gemische auf?                │        │ beurteilen,          │    │
│     └────────────┬─────────────────┘        │ Schutzmaßnahmen      │    │
│                 ja                           │ festlegen            │    │
│                  ▼                           └──────────────────────┘    │
│     ┌──────────────────────────────┐  nein                              │
│     │ Bestehen explosionsfähige    │─────────┐                          │
│     │ Gemische nur unter           │         │                          │
│     │ atmosphärischen Bedingungen? │         │                          │
│     │ (explosionsfähige Atmosphäre)│         │                          │
│     └────────────┬─────────────────┘         │                          │
│                 ja                           │                          │
│                  ▼                           ▼                          │
│       ╭─────────────────────╮      ╭───────────────────────╮            │
│      (  typisch für          )    (  typisch innerhalb      )           │
│      (  Arbeitsstätten       )    (  technologischer        )           │
│      (  (Räume, Außenbereiche))   (  Apparate, Behälter,    )           │
│       ╰─────────┬───────────╯      (  Rohrleitungen         )           │
│                                     ╰──────────┬────────────╯           │
│                 ▼                              ▼                        │
│   ┌──────────────────────────────┐  ┌────────────────────────────────┐  │
│   │ GefStoffV und BetrSichV      │  │ GefStoffV maßgebend            │  │
│   │ maßgebend                    │  │ Anh. V Nr. 8, Abschn. 8.4:     │  │
│   │ GefStoffV: Anh. V Nr. 8      │  │ a) Verhindern gefährlicher     │  │
│   │ Abschn. 8.4.1:               │  │    Gemische                    │  │
│   │ b) Zündschutzmaßnahmen,      │  │ b) Zündschutzmaßnahmen         │  │
│   │ c) Maßnahmen gegen schädl.   │  │ c) Maßnahmen gegen schädl.     │  │
│   │    Wirkungen                 │  │    Wirkungen                   │  │
│   │ BetrSichV: Maßnahmen         │  │ Dokumentation: gemäß           │  │
│   │    s. Tafel 2.6;             │  │    Abschn. 8.3                 │  │
│   │ Dokumentation gemäß § 6      │  │ ohne formale Vorgaben[1)]      │  │
│   │    BetrSichV,                │  │                                │  │
│   │ Exschutzdokument vorgeschrieben│ │                               │  │
│   └──────────────────────────────┘  └────────────────────────────────┘  │
│                                                                         │
│   [1)] wird zumeist eingegliedert in das Exschutzdokument               │
└─────────────────────────────────────────────────────────────────────────┘
```

Bild 2.4 *Maßgebliche Verordnung des Explosionsschutzes, Unterschiede zwischen GefStoffV und BetrSichV*

der ElexV auf einen Blick parat hatte, steht in der BetrSichV weder im Vordergrund noch in textlichem Zusammenhang. Man muss es mit etwas Mühe herausfiltern. Andererseits beabsichtigt die BetrSichV im Grunde nicht, Bewährtes aus der ElexV zu ändern. Fast alles, was die ElexV regelte, findet sich in der BetrSichV wieder, wenn auch nicht immer im gleichen Wortlaut und Zusammenhang. Im sachlichen Geltungsbereich hingegen reicht die BetrSichV um ein Vielfaches weiter als die ElexV. Tafel 2.9 stellt die ElexV-Paragrafen denen der BetrSichV gegenüber.

– *Gedanklicher Ansatz geändert*

Anders als die ElexV stellt die BetrSichV die Sicherheit im Umgang mit Arbeitsmitteln in den Mittelpunkt. Die Bedingungen für die Arbeitssicherheit in Ex-Bereichen schließen sich an.

– *Bewährtes übernommen*

Der Gesetzgeber will den „status quo" erhalten. Das heißt, es ist nicht beabsichtigt, die bisherigen Rechtsgrundsätze der betrieblichen Arbeitssicherheit oder des Explosionsschutzes zu verschärfen. **So ist eine Erlaubnis für das Betreiben von Anlagen in explosionsgefährdeten Bereichen auch weiterhin nicht erforderlich.** Dennoch findet man in der BetrSichV konkretisierende Regelungen, die das betriebliche Sicherheitsmanagement ergänzen.

– *Rechtsgrundlagen vervollständigt (vgl. Frage 2.1)*

Für den Explosionsschutz sind nunmehr hauptsächlich zwei Verordnungen maßgebend, einerseits die BetrSichV, andererseits die EXVO. Beide Verordnungen gelten sowohl für den elektrischen als auch für den nicht elektrischen Bereich.

– *Begriffe teilweise erweitert*

Bei den aus der ElexV bekannten Begriffen – z.B. explosionsgefährdeter Bereich, Zonen 0, 1, 2 und 20, 21, 22, hat sich die wörtliche Formulierung etwas geändert, aber daraus ergeben sich keine Veränderungen für die Anwendungspraxis.
Weiteres hierzu: vgl. Frage 2.4.4

– *Anwendungsbereich erweitert*

Anders als in der ElexV bezieht die BetrSichV auch periphere Einrichtungen explosionsgefährdeter Bereiche ausdrücklich in den Anwendungsbereich ein, soweit sie zum explosionssicheren Betrieb beitragen oder dafür erforderlich sind. Weiteres hierzu: vgl. Frage 2.4.8

– *Prüfbedingungen präzisiert*

Für Arbeitsplätze in explosionsgefährdeten Bereichen, die nach dem 03.10.2002 neu eingerichtet oder wesentlich verändert worden sind, gilt Folgendes: Vor der erstmaligen Nutzung ist die Arbeitssicherheit zu überprüfen – bezogen auf die Arbeitsplätze, die Arbeitsmittel (schließt Anlagen ein), die Arbeitsumgebung und die Maßnahmen zum Schutz Dritter. In der Regel muss das eine zugelassene Überwachungsstelle übernehmen. Abweichend davon können jedoch überwachungsbedürftige Ex-Anlagen durch eine befähigte Person geprüft werden, die besondere Kenntnisse im Explosionsschutz hat (§ 14(3) BetrSichV und Anhang 4 Abschn. 3.8). Für die Prüfung instandgesetzter Ex-Betriebsmittel hingegen muss eine befähigte Person behördlich anerkannt sein (§ 14(6) BetrSichV).

Prüfungen vor der Erstinbetriebnahme schließen im Sinne der BetrSichV nun auch die Prüfung der sicheren Funktion ein. „Sichere Funktion" bezieht sich dabei auf die Maßnahmen des Explosionsschutzes, ist also nicht gleich zu setzen mit der technischen Funktion. Wiederkehrende Prüfungen umfassen die technische Prüfung und eine Ordnungsprüfung, wobei letztere auch das Überprüfen der Betriebsmittel auf sachgerechte Auswahl einschließt.

Nicht mehr enthalten sind die bisher zulässigen Erleichterungen gemäß

- § 11 ElexV für instand gesetzte Betriebsmittel für die Zonen 2 und 22, wonach in speziell bezeichneten Fällen kein Prüfnachweis eines Sachverständigen erforderlich war, und gemäß
- § 12(1) ElexV für Prüfungen, wonach bei „ständiger Überwachung" unter Leitung eines verantwortlichen Ingenieurs die sonst regelmäßig erforderlichen Prüfungen entfallen konnten (hierzu auch Abschnitt 19), sowie
- weiter gemäß § 12(1) ElexV, wonach auch Hilfskräfte an der Prüfung von Anlagen beteiligt werden durften bei Aufsicht durch eine Elektrofachkraft

– *Prüfberechtigte Personen anders bezeichnet*

Darauf wird in Frage 2.4.4 näher eingegangen.

– *Explosionsschutzdokument nun vorgeschrieben*

Niemand mehr kann weiterhin sagen, das wäre alles Sache der Elektriker, auch die Einstufung der Ex-Bereiche, weil doch der Explosionsschutz in der ElexV geregelt sei, einer Verordnung über elektrische Anlagen.

– *Gefährdungsbeurteilung erweitert*

Wo gefährliche explosionsfähige Atmosphäre auftritt, hat der Arbeitgeber gemäß § 3(2) BetrSichV nun gegenüber bisher nach ElexV wesentlich mehr zu beurteilen (hier in Kurzfassung):

- die zutreffenden "Zonen" der Explosionsgefahr (wie bisher), außerdem auch

- das Auftreten potentieller und/oder akuter Zündquellen und die zu erwartenden Explosionswirkungen.

Anhang 3 enthält die Merkmale für die Zoneneinteilung, wogegen für die Bewertung von Zündquellen und von Explosionswirkungen keine konkreten Kriterien angegeben sind. Auf die technischen Regeln dazu darf man gespannt sein.

– *Anhänge mit Mindestvorschriften*

Im Unterschied zur ElexV verfügt die BetrSichV nicht nur über einen Anhang, sondern über deren 5, aufgeführt in Tafel 2.5. Die Anhänge 1 und 2 regeln allgemeingültige Grundlagen im Umgang mit Arbeitsmitteln. Für den Explosionsschutz besonders zu erwähnen ist neben Anhang 3 – der Zoneneinteilung – vor allem der Anhang 4 mit den grundlegenden Mindestvorschriften für die Sicherheit der Beschäftigten in explosionsgefährdeten Bereichen.

Tafel 2.6 (auf Seite 56/57) stellt den Inhalt dieses Anhanges in Kurzform dar. Um den Willen des Gesetzgebers allein aus dem Verordnungstext heraus richtig erfassen zu können, muss man die vernetzten Begriffsinhalte gedanklich parat haben. Solange neue Technische Regeln zur BetrSichV noch nicht zur Verfügung stehen, geben die **„Leitlinien zur Betriebssicherheitsverordnung** (BetrSichV)" des Unterausschusses 4 des Länderausschusses für Anlagensicherheit (LASI) interpretierende Hinweise.

Frage 2.4.4 Was ändert sich wesentlich durch neue Begriffe in der BetrSichV?

Bei den aus der ElexV bekannten Begriffen – z.B. explosionsgefährdeter Bereich, Zonen 0, 1, 2 und 20, 21, 22, hat sich die wörtliche Formulierung etwas geändert, aber daraus ergeben sich keine Veränderungen für die Anwendungspraxis. Tafel 2.6 informiert auch über die aktuelle Zoneneinteilung. Auf einige gegenüber der ElexV neue Begriffe, die aus der abgelösten Arbeitsmittelbenutzungsverordnung (AMBV) stammen, muss man sich einstellen. Das sind z.B. die Begriffe

– **„Arbeitsmittel" als Oberbegriff auch für Anlagen** und
– **„Benutzung" als Synonym für Betreiben einschließlich Transport,** oder der neue Begriff
– **„Bereitstellung",** wozu auch Montage und Installation gehören.

Bislang standen die Festlegungen der Arbeitsmittelverordnung nicht für alle Anwender der ElexV im Vordergrund. Da nun vielfach der Begriff „Anla-

Tafel 2.6 Betriebssicherheitsverordnung, Anhang 4 (Übersicht, Kurzfassung)

A. Mindestvorschriften zur Verbesserung der Sicherheit und des Gesundheitsschutzes der Beschäftigten, die durch gefährliche explosionsfähige Atmosphäre gefährdet werden	B. Kriterien für die Auswahl von Geräten und Schutzsystemen
1. Vorbemerkung - Geltungsbereich: – Gilt für Bereiche der Zonen 0, 1 und 2 sowie 20, 21 und 22, falls erforderlich infolge • der Eigenschaften der Arbeitsmittel, Arbeitsplätze, Stoffe und Wechselwirkungen untereinander • sowie der Gefährdung durch explosionsfähige Atmosphäre, außerdem – Für Einrichtungen in nicht explosionsgefährdeten Bereichen mit Einfluss auf die Sicherheit in Ex-Bereichen **2. Organisatorische Maßnahmen** 2.1 Unterweisungspflicht 2.2 Schriftliche Anweisungen als Arbeitsgrundlage; Arbeitsfreigabesystem für an sich oder durch Wechselwirkungen gefährliche Arbeiten; Angemessene Aufsicht auf Grundlage der Gefährdungsbeurteilung 2.3 Kennzeichnung explosionsgefährdeter Bereiche mit Warnzeichen gemäß RL 1999/92/EG, Anhang III (Buchstaben Ex im Dreieck) 2.4 Verbot für offene Zündquellen und Betreten durch Unbefugte – mit deutlich erkennbarem dauerhaftem Hinweis	– *Explosionsschutzdokument* vorgeschrieben als maßgebende Grundlage für die Auswahl im Ergebnis der Gefährdungsbeurteilung, – *Auswahl* vorzunehmen nach den Gerätekategorien gemäß RL 94/9/EG, Zuordnung (Normalfall): **Zone 0 oder 20 → Kategorie 1** **Zone 1 oder 21 → Kategorien 1 oder 2** **Zone 2 oder 22 → Kategorien 1, 2 oder 3** jeweils unterschieden nach ihrer Eignung einerseits für brennbare Gase, Dämpfe oder Nebel (Kennbuchstabe **G**) anderseits für Stäube (Kennbuchstabe **D**) Auswahl von Geräten, die anderweitige Maßnahmen des Explosionsschutzes aufweisen (Sonderfall): möglich mit Nachweis im Explosionsschutzdokument

ge" auftaucht, wobei die Anlage ja auch Arbeitsmittel ist, können Zweifel aufkommen, ob der praxisübliche Begriff „Anlage" oder das einzelne „Gerät" bzw. Betriebsmittel gemeint ist. Stellt der jeweilige Text den Zusammenhang zur RL 94/9/EG her, so klärt sich auf, dass es um „Geräte,

Tafel 2.6 *(Fortsetzung)*

A. Mindestvorschriften zur Verbesserung der Sicherheit und des Gesundheitsschutzes der Beschäftigten, die durch gefährliche explosionsfähige Atmosphäre gefährdet werden	B. Kriterien für die Auswahl von Geräten und Schutzsystemen
3. *Explosionsschutzmaßnahmen*	Dazu aus **Anhang 3, Zoneneinteilung:**
3.1 **Maßgeblichkeit des größten Gefährdungspotenzials** bei Gefahr durch verschiedenartige Stoffe	Gefährliche explosionsfähige Atmosphäre besteht a) durch Gase, Dämpfe oder Nebel b) durch aufgewirbelten Staub (Wolke)
3.2 **Maßgeblichkeit des Explosionsschutzdokuments** für die sichere Verwendbarkeit von Anlagen, Geräten und Schutzsystemen	– ständig, häufig oder über lange Zeiträume a) *Zone 0* b) *Zone 20*
3.3 **Verpflichtung zu allen erforderlichen Vorkehrungen** an Arbeitsplätzen, Arbeitsmitteln und Verbindungsvorrichtungen, um die Explosionsgefahr und eventuelle Explosionswirkungen so gering als möglich zu halten	– gelegentlich im Normalbetrieb a) *Zone 1* b) *Zone 21*
3.4 **Warnung und Zurückziehung der Beschäftigten** vor Erreichen der Explosionsbedingungen	– normalerweise nicht oder nur kurzzeitig im Normalbetrieb a) *Zone 2* b) *Zone 22*
3.5 **Berücksichtigung elektrostatischer Zündquellen**	Normalbetrieb: Benutzung der Anlage innerhalb ihrer Auslegungsparameter
3.6 **Flucht- und Rettungswege sowie Ausgänge** bei explosionsgefährdeten Arbeitsstätten	
3.7 **Fluchtmittel** vorsehen	
3.8 **Prüfung** des Explosionsschutzes der Arbeitsplätze, -mittel und -umgebung sowie des Schutzes Dritter vor Nutzungsbeginn **durch eine befähigte Person** mit besonderer Kenntnis im Explosionsschutz	
3.9 **Sicherheitsbedingungen bei Energieausfall**, bei **Automatikbetrieb** und/oder durch **gespeicherte Energien** nach Erfordernissen der Gefährdungsbeurteilung	

Schutzsysteme sowie Kontroll- und Regelvorrichtungen im Sinne der Richtlinie 94/9/EG" geht.

Dass die „**überwachungsbedürftige Anlage**", beispielsweise eine Ex-Elektroanlage, in ihrer Abgrenzung zum nicht überwachungsbedürftigen

Umfeld erweitert worden ist, fällt nicht sofort auf. Gemäß § 1(2) und Anhang 4 sind nun ausdrücklich alle Einrichtungen einbezogen, die für den sicheren Betrieb der Anlage erforderlich sind, auch solche, die sich außerhalb des Ex-Bereiches befinden und dazu in Wechselwirkung stehen (Weiteres unter 2.4.8). Ebenso bemerkt man als Elektrofachkraft nicht gleich – da es nicht den Explosionsschutz betrifft – dass sich der als „überwachungsbedürftig" einbezogene Umfang technologischer Anlagen geändert hat. Sollte das irgendwann fraglich sein, dann informiert man sich am besten im Anwendungsbereich, angegeben im § 1 BetrSichV.

Nach wie vor gilt der Grundsatz:
Elektrische Anlagen in explosionsgefährdeten Bereichen sind überwachungsbedürftig.
Aber die im GPSG mit § 2(7)1. grundsätzlich als überwachungsbedürftig erklärten **„Anlagen in explosionsgefährdeten Bereichen" sind gemäß BetrSichV nur dann überwachungsbedürftig, wenn sie „Geräte, Schutzsysteme, sowie Sicherheits-, Kontroll- und Regelvorrichtungen im Sinne der RL 94/9/EG enthalten.** Sind diese potenziellen Zündquellen in einem Ex-Bereich nicht vorhanden, so gelten dennoch die Festlegungen der BetrSichV für Arbeitsplätze oder Arbeitsmittel.

- Das Wort **„Verbindungsmittel"** stammt ebenfalls aus der AMBV. Es ist weder als Begriff erfasst noch aus der ElexV bekannt. Darunter hat man alles zu verstehen, was Geräte, Schutzsysteme usw. funktionsgerecht miteinander verbindet, also z.B. Kabel und Leitungen, im Gegensatz zu Verschraubungen, Muffen usw.
- Ebenfalls neu ist der Begriff **„befähigte Person"**. Der Arbeitgeber entscheidet, wen er für festzulegende Prüfaufgaben als befähigte Person einsetzten will.

Frage 2.4.5   Wer gilt im Sinne der BetrSichV als „befähigte Person"?

In Kurzform erklärt ist das jemand, der durch seine Berufsausbildung, Berufserfahrung, zeitnahe berufliche Tätigkeit und regelmäßige Schulung über die erforderliche **Qualifikation und Ausstattung zur Prüfung der „Arbeitsmittel" verfügt.** Bezogen auf explosionsgefährdete Betriebsstätten meint die Verordnung damit eine dafür qualifizierte Fachkraft, die entweder

- anlagetechnische Prüfungen durchführt *(§ 14(1) bis (3) und § 15 BetrSichV)* , oder
- Prüfungen an instandgesetzten Ex-Geräten durchführt, wofür sie als befähigte Personen des Unternehmens behördlich anerkannt sein muss *(§ 14 (6) BetrSichV)*, oder

– anlagetechnische Prüfungen durchführt und auch Explosionsschutzkonzeptionen beurteilen kann, d.h., das Zusammenspiel des primären, sekundären und tertiären Explosionsschutzes einschließlich der Explosionsschutzdokumente *(Anhang 4A 3.8 BetrSichV).*

Dementsprechend geht man hier von 3 unterschiedlichen Niveaustufen der Qualifikation aus (Typ A, B, C).
Dazu liegen Vorschläge des UA 5 „Brand- und Explosionsschutz" im ABS vor mit differenzierenden Kriterien.
Ein allgemeingültiges Schema für den gesamten EMSR-Bereich ist das jedoch nicht. Der Fachliteratur (ep 12/03) zufolge schlagen die Fachverbände der Gewerke – Maschinenbau, Elektrotechnik usw. – ganz spezifische Qualifikationsmerkmale für ihre „befähigten Personen" vor. Ein ZVEH-Vorschlag geht von 4 Qualifikationsstufen aus: (1) elektrotechnisch unterwiesene Person, (2) Elektrofachkraft für unterwiesene Tätigkeiten, (3) Elektrofachkraft, (4) verantwortliche Elektrofachkraft.
Für alle genannten Gruppierungen gilt, dass die Bezeichnung „befähigte Person" (bP) keinen Qualifikationsnachweis darstellt. Eine bP wird vom Arbeitgeber eingesetzt. Es bleibt dem Arbeitgeber überlassen, sich von der Qualifikation der bP zu überzeugen.
Die Bezeichnungen „Sachverständiger" oder „Sachkundiger" aus der ElexV kommen in der BetrSichV nicht mehr vor. Prüfbescheinigungen oder Prüfzeichen als Beleg für die vorschriftsmäßig vorgenommene Instandsetzung sind dagegen weiterhin vorgeschrieben. Endgültige Festlegungen dazu bleiben der künftigen TRBS 1201 vorbehalten.

Frage 2.4.6 Zum Maßstab „Stand der Technik": gibt es im Explosionsschutz noch anerkannte und verbindliche Regeln der Technik?

Elektrische Anlagen müssen nach dem „Stand der Technik" montiert, installiert und betrieben werden. Wie zuletzt schon die ElexV fordert dies nun auch die BetrSichV in § 12(1).
Vorher aber war vorgeschrieben, dass die Anlagen nach den „allgemein anerkannten Regeln der Technik" errichtet und betrieben werden müssen.
„Stand der Technik" – was hat man unter diesem unbestimmten Rechtsbegriff zu verstehen? DIN EN 45020, eine Norm für allgemeine Fachausdrücke, sagt dazu (Zitat): „Stand der Technik *(state of the art): entwickeltes Stadium der technischen Möglichkeiten zu einem bestimmten Zeitpunkt, soweit Erzeugnisse, Verfahren und Dienstleistungen betroffen sind, basierend auf den diesbezüglichen gesicherten Erkenntnissen von Wissenschaft, Technik und Erfahrung."*
Angesichts der täglichen Probleme auf der Baustelle indessen mutiert diese

Definition zum abstrakten Phänomen, das sich alsbald auflöst, sobald man glaubt, es im Griff zu haben.
Sind die allgemein anerkannten Regeln der Technik nun für den Explosionsschutz passé? Das kann nicht sein, denn kein anderes Mittel eignet sich besser, behördlich akzeptierte Maßstäbe der technischen Sicherheit eindeutig zu beschreiben. Am Beispiel der eigensicheren Stromkreise zeigt es sich besonders deutlich:
ohne praktikable und einverständlich anwendbare Regeln der Technik ist weder elektrischer noch anderweitiger Explosionsschutz möglich.
Die BetrSichV folgt dieser Auffassung. Darin steht – ebenfalls unter § 12(1):
"Bei der Einhaltung des Standes der Technik sind die vom Ausschuss für Betriebssicherheit ermittelten und vom Bundesministerium für Arbeit und Sozialordnung (inzwischen Bundesministerium für Wirtschaft und Arbeit) im Bundesarbeitsblatt veröffentlichten Regeln und Erkenntnisse zu berücksichtigen."
Die betreffenden Regeln der Sicherheitstechnik werden dort einzeln angegeben. Dazu können z.B. bestimmte Normative aus den DIN EN-, VDE-, DVGW- und anderen allgemein anerkannten Regelwerken gehören. Als Regeln der Sicherheitstechnik gelten auch die BG-Informationen (BGI) BG-Merkblätter. Bisher folgt die behördliche Praxis gedanklich oft noch der Allgemeinen Verwaltungsvorschrift (AVwV) zur ElexV vom 27.02.1980. Dort wird verwiesen auf

– die EX-RL (Explosionsschutz-Regeln, jetzt BGR 104) und auf
– die einschlägigen VDE-Bestimmungen, die im Bundesarbeitsblatt bezeichnet worden sind.

Schließlich ist an dieser Stelle auch auf den § 3 der BGV A2 hinzuweisen. Dort heißt es, dass die Anlagen und Betriebsmittel „den elektrotechnischen Regeln entsprechend errichtet, geändert und instandgehalten werden" müssen.
Als letztlich verbindlicher Maßstab hingegen gilt grundsätzlich der Stand der Technik.
Bleibt eine Regel erkennbar dahinter zurück, dann muss sich der verantwortliche Anwender mit der zuständigen Behörde darüber verständigen.
Nach den Normungsgrundsätzen der Deutschen Elektrotechnischen Kommission im DIN und VDE (DKE) vom 24.02.1997 haben die Normen den jeweiligen Stand von Wissenschaft und Technik zu berücksichtigen. Dazu heißt es: *"Bei sicherheitstechnischen Festlegungen in DIN- bzw. in DIN-VDE-Normen besteht juristisch eine tatsächliche Rechtsvermutung dafür, dass sie fachgerecht, das heißt, dass sie „anerkannte Regeln der Technik" sind"* – obwohl sie meist schon bei Erscheinen der neueste Stand der Technik punktuell überholt hat.

Frage 2.4.7 **Neue Betriebsmittel ohne Ex-Prüfbescheinigung in Ex-Bereichen – lässt das die BetrSichV noch zu?**

Beim Entwurf neuer Anlagen liefert der zunehmende Kostendruck permanent den Anlass, das Vorschriftenwerk zuerst danach abzuklopfen, wo Geräte in den normierten Ex-Zündschutzarten vermeidbar sein könnten – ganz regulär und ohne Sicherheitseinbuße.
Einerseits interessiert diese Frage aus Sicht der BetrSichV, andererseits auch aus dem Blickwinkel der Normen VDE 0165 und der genormten anlagetechnischen Zündschutzmaßnahmen, die einige Möglichkeiten zum Einsatz „normaler" Betriebsmittel schon länger prinzipiell einschließen.
Elektrofachleute haben dabei ihre fachtypische Blickrichtung. Automatisierungsfachleute sehen weiter, während Verantwortliche für eine ganze Produktionsanlage das gesamte Explosionsschutzkonzept kostensparend optimieren möchten.

1. **Möglichkeiten anhand der Ex-Errichtungsnormen**

Elektro- und Automatisierungsfachleute werden weiterhin fündig **bei Zone 2, also im unteren Grenzbereich der Gasexplosionsgefahr.** VDE 0165 Teil 1 gibt für diesen Zweck unter 5.2.3 c) Bedingungen an für *„elektrische Betriebsmittel, die den Anforderungen einer anerkannten Norm für elektrische Betriebsmittel entsprechen ...".* Tafel 2.7 (auf Seite 62) fasst die Anforderungen zusammen.
Die Norm fordert dafür keine besondere Kennzeichnung. So ohne weiteres steht das allerdings nicht im Einklang mit der BetrSichV.
Um den Rechtsgrundlagen gemäß Anhang 4B BetrSichV zu genügen, den „Kriterien für die Auswahl von Geräten und Schutzsystemen", muss entweder

- **diese Variante der Betriebsmittelauswahl im betrieblichen Explosionsschutzdokument begründet werden oder**
- **der Gerätehersteller muss die Verwendbarkeit für Zone 2 bestätigen durch die Kennzeichnung „II 3G" gemäß RL 94/9/EG.**

Normative Festlegungen für letztere Variante werden vorbereitet. Für den unteren Grenzbereich der Staubexplosionsgefahr dagegen (jetzt Zone 22), wo früher für Zone 11 prinzipiell normale Betriebsmittel nach Maßgabe von VDE 0165 (02.91) in Frage kamen, gilt das nun nicht mehr.
VDE 0165 Teil 2 lässt grundsätzlich nur regulär als explosionsgeschützt gekennzeichnete Betriebsmittel zu, auch für Zone 22. Weiterhin bleibt diese Frage interessant

Tafel 2.7 Bedingungen gemäß DIN EN 60079-14 VDE 0165-1 für den Einsatz von Betriebsmitteln ohne Ex-Kennzeichen in Zone 2

Basisforderungen	Auswahl elektrischer Betriebsmittel – gemäß einer anerkannten Norm für industrielle elektrische Betriebsmittel – bei ungestörtem Betrieb ohne zündfähige heiße Oberflächen – mit Gehäuse in umgebungsgerechter IP-Schutzart
Zusatzforderungen	bei ungestörtem Betrieb – ohne Lichtbogen- oder Funkenbildung (bei drehenden elektrischen Maschinen auch nicht in der Anlaufphase) oder – lichtbogen- oder funkenerzeugend, aber im Stromkreis mit Werten (U, I, L und C) gemäß Norm für Zündschutzart i mit Sicherheitsfaktor 1, bewertet wie energiebegrenzte Betriebsmittel der Norm für Zündschutzart n
Eignungsnachweis	Bedingungen an die beurteilende Person: – vertraut mit allen einschlägigen Normativen, – Zugang zu allen erforderlichen Informationen, – befähigt, wenn erforderlich die gleiche Prüftechnik einzusetzen wie eine nationale Prüfstelle; Angabe der Erfüllung dieser Bedingungen auf dem Betriebsmittel oder in der Dokumentation

– bei solchen Zündschutzarten, die „normale" Betriebsmittel prinzipiell einbeziehen und deren Zündgefahr anderweitig ausschließen. Das sind die Überdruckkapselung „p" und die Eigensicherheit „i".
– Als Sonderfall zu erwähnen sind **Betriebsmittel und Systeme, die unter Ausnahmebedingungen verwendet werden, z.B. für Forschung, Entwicklung, Pilotanlagen und andere Arbeiten an neuen Projekten".**

VDE 0165 Teil 1 erlaubt in den Allgemeinen Anforderungen im Abschn. 4.1, in diesen Fällen von der Norm abzuweichen, wenn die grundsätzlichen Sicherheitsanforderungen in explosionsgefährdeten Bereichen anderweitig gewährleistet werden. Weitere Voraussetzungen: nur befristete bestehende Einrichtungen, schriftliche Festlegung der Maßnahmen durch fachlich und betrieblich dazu befähigte Personen. Mit anderen Worten: auch das gehört in das betriebliche Explosionsschutzdokument.

2. Rechtliche Grundlagen für individuellen Explosionsschutz

Wo findet man die rechtliche Grundlage dafür, unter welchen Voraussetzungen auf eine EG-Baumusterprüfbescheinigung für den Explosionsschutz eines elektrischen Betriebsmittels bzw. „Gerätes" verzichtet werden kann? In der übergangsweise zum Teil noch zuständigen ElexV gibt der § 11 dafür einige Anhaltspunkte (hierzu auch Frage 9.6).

Bezogen auf das Betreiben bestimmen die BetrSichV und die GefStoffV, unter welchen Voraussetzungen ein individuell gestalteter Explosionsschutz rechtmäßig wird. Im vorstehend schon erwähnten Anhang 4B der BetrSichV heißt es einleitend: *„Sofern im Explosionsschutzdokument unter Zugrundelegung der Ergebnisse der Gefährdungsbeurteilung nichts anderes vorgesehen ist,* sind in explosionsgefährdeten Bereichen Geräte und Schutzsysteme entsprechend den Kategorien der Richtlinie 94/9/EG auszuwählen."

Betrieblich dafür Zuständige verfügen damit über eine klare Rechtsgrundlage, wenn es darauf ankommt, ein Explosionsschutzkonzept wegen außergewöhnlicher Bedingungen individuell den Grundsätzen der BetrSichV und der GefStoffV anzupassen.

Bezogen auf das Inverkehrbringen geben die EXVO (§ 4) und die Richtlinie 94/9/EG Antwort auf diese Frage. Elektrische Geräte der Kategorien 1 und 2 haben eine EG-Baumusterprüfung zu absolvieren, die mit Prüfungsschein belegt werden muss. Nur Geräte der Kategorie 3 (nur für die Zonen 2 oder 22 bzw. 11 nach bisheriger Einteilung verwendbar) unterliegen nicht der EG-Baumusterprüfpflicht. Bei den nichtelektrischen Geräten dagegen ist nur für Kategorie 1 (Verbrennungskraftmaschinen jedoch auch in Kategorie 2) die Baumusterprüfung vorgeschrieben.

Dem Anwender muss aber auch in diesen Fällen eine EG-Konformitätserklärung vorliegen. Weitere Informationen sind der Tafel 2.3 zu entnehmen.

Neben dem „Gerät" definiert die Richtlinie auch „Schutzsysteme" und „Komponenten" als Objekte des apparativen Explosionsschutzes (Tafel 2.1). Die Geräte-Definition der EXVO enthält weitere entscheidende Merkmale zu dieser Frage.

Als Geräte gelten Maschinen, Betriebsmittel usw., *die einzeln oder kombiniert* ihren Zweck erfüllen. Es kommt also auch auf die Art der Anwendung an. Zumeist handelt es sich um einzeln in Verkehr gebrachte Geräte, die in der Anlage auch einzeln austauschbar sind.

Das trifft nicht mehr zu, wenn Einzelgeräte, Schutzsysteme oder Komponenten zu fabrikfertig angebotenen Einheiten montiert werden, die nur im funktionalen Zusammenhang bestimmungsgemäß arbeiten.

Solche kombinierten Geräte sind nicht frei austauschbar. In diesem Fall muss die funktionale Einheit bescheinigt werden, aber nicht die einzelnen Einbauten. *Trifft das auch auf eine neu errichtete oder rekonstruierte Produktionsanlage zu?* Nein, dafür kann es logischerweise nicht zutreffen, weil diese Anwendung kein kombiniertes Gerät darstellt, sondern eine individuelle Kombination von Geräten. Andernfalls müsste man die Anlage als Ganzes einem EG-Konformitätsprüfungsverfahren unterziehen, ohne zu wissen, auf welcher Grundlage, und man müsste die CE-Kennzeichnung anbringen.

Frage 2.4.8 Betriebsmittel außerhalb von Ex-Bereichen – was fordert die BetrSichV?

Dass innerhalb explosionsgefährdeter Bereiche regulär nur explosionsgeschützte Betriebsmittel in Frage kommen, bedarf normalerweise keiner Diskussion. Wozu sonst werden Ex-Bereiche gewissenhaft gegen die nicht gefährdete Umgebung abgegrenzt und dokumentiert.

Bei näherer Betrachtung stellt sich dann heraus, dass sogar eine Mauer keine absolute Barriere darstellt, weil auch genormte Zündschutzmaßnahmen versteckte Risiken bergen können, wenn die Schutzwirkung von Einrichtungen außerhalb des Ex-Bereiches abhängt.

Beispiele:

- Motoren in der Zündschutzart Erhöhte Sicherheit „e" (Motorschutzeinrichtung in der Schaltanlage) oder in der Zündschutzart Überdruckkapselung „p" (Spülluftversorgung)
- Stromkreise der Zündschutzart Eigensicherheit „i" (Einspeisung, elektrische Beeinflussung);

oder dass zündgefährliche Energie von einer außerhalb des Ex-Bereiches stationierten Einrichtung auf den Ex-Bereich einwirken kann.

Beispiele:

- Hochfrequenzanlagen
- Funkgeräte
- Lichtquellen, Laser
- Strahlungsquellen

Damit solche mehr oder minder versteckte Risiken sich nicht aktivieren, **schließt die BetrSichV im Anhang 4 folgendes ausdrücklich in den Geltungsbereich ein:**

- **Wechselwirkungen zwischen betrieblichen Arbeitsstoffen, Anlagen oder Betriebsmitteln** und auch
- **Einrichtungen in nicht explosionsgefährdeten Bereichen, die zum explosionssicheren Betrieb im Ex-Bereich erforderlich sind oder dazu beitragen.**

Das schließt auch die „Sicherheits-, Kontroll- und Regelvorrichtungen" im Sinne der RL 94/9/EG ein, die das ordnungsgemäße Wirken von Zündschutzmaßnahmen und von Schutzsystemen für das Unterdrücken von Explosionswirkungen absichern. Demzufolge müssen solche Betriebsmittel auch dafür entsprechend gekennzeichnet sein (vgl. Abschn. 8) oder es muss im Explosionsschutzdokument angegeben werden, welche Schutzmaßnahmen für die Einrichtungen festgelegt worden sind, um Zündgefahren zu begegnen. Diese Betriebsmittel gehören mit zur „überwachungsbedürftigen Anlage".

Frage 2.4.9   Was hat man sich unter einem „Explosionsschutzdokument" vorzustellen?

§ 6 BetrSichV verpflichtet den Arbeitgeber, ein „Explosionsschutzdokument" (folgend kurz Exdokument genannt) zu führen und auf dem letzten Stand zu halten. Es muss vorliegen, bevor mit einer jeglichen Arbeit, die im Zusammenhang mit explosionsgefährdeten Bereichen steht, begonnen wird.
An den Inhalt stellt § 6(2) BetrSichV folgende Bedingungen:

„Aus dem Explosionsschutzdokument muss insbesondere hervorgehen,

1. *dass die Explosionsgefährdungen ermittelt und einer Bewertung unterzogen worden sind,*
2. *dass angemessene Vorkehrungen getroffen werden, um die Ziele des Explosionsschutzes zu erreichen,*
3. *welche Bereiche entsprechend Anhang 3 in Zonen eingeteilt wurden und*
4. *für welche Bereiche die Mindestvorschriften gemäß Anhang 4 gelten."*
(vgl. Tafel 2.6)

Das Exdokument muss also nicht nur die Beurteilung der explosionsgefährdeten Bereiche mit der Zonen-Einstufung enthalten, sondern auch alles andere, was erforderlich ist, um den Explosionsschutz einer Arbeitsstätte zu gewährleisten.
Eine feste Gliederung gibt der Gesetzgeber jedoch nicht vor – ein salomonischer Beschluss, denn so steht es den Betrieben völlig frei, wie sie ihr „Doku-

ment" gestalten. Alles, was dazu schon vorhanden ist an aktuellen betrieblichen Festlegungen, kann einbezogen werden.
Ob die zuständige Sicherheitsfachkraft, um der BetrSichV gerecht zu werden, es für zweckmäßig erachtet, eine umfangreiche Dokumentensammlung anzulegen und dafür einen Aktenschrank einzurichten oder nur ein Dateiverzeichnis, das hängt von den jeweiligen betrieblichen Erfordernissen ab.
Man kann also nicht darauf bestehen, eine in sich geschlossene Akte „Explosionsschutzdokument" vorgelegt zu bekommen. Das bedeutet, Elektrofachkräfte müssen die im Exdokument enthaltenen Informationen, die das Normenwerk voraussetzt – Zoneneinteilung, Kennzahlen usw. – notfalls konkret einfordern (hierzu auch Frage 4.5).
Zweifellos bringt es Vorteile für Elektrofachkräfte, auch Ahnung zu haben von der Technologie einer Anlage. Normalerweise gehört es aber weder zu ihrem Verantwortungsbereich noch verfügen sie über das spezielle Fachwissen, um ein betriebliches Exdokument zu führen. Wissen müssen sie jedoch, welche Angaben sie von diesem Arbeitsmittel erwarten dürfen für das Planen, Errichten oder Instandhalten. In der Fachliteratur mangelt es nicht an Ratgebern zum Inhalt des Exdokuments. Da die Publikationen das Thema aber immer in kompakter Form behandeln, bleiben die speziellen Interessen der einzelnen Fachgewerke und besonders der Planung meist im Hintergrund. Diese Belange aufzugreifen erscheint dem Verfasser für dieses Buch wichtiger, als hier nun ein (weiteres) Gliederungsmuster für das Exdokument vorzuschlagen. Abschnitt 8 geht darauf ein. Weitere Informationsquellen bietet das Literaturverzeichnis.

Frage 2.4.10 Wann muss das betriebliche Explosionsschutzdokument spätestens vorliegen?

Grundsätzlich muss das Exdokument vorhanden sein, bevor mit einer Arbeit, die mit dem betreffenden Ex-Bereich in Verbindung steht, begonnen wird.

– Bezogen auf das Inkrafttreten der BetrSichV gilt das für **neue oder wesentlich geänderte Anlagen ab 3. Oktober 2002.**
– Ist zu diesem Zeitpunkt jedoch die betreffende **Anlage schon in Betrieb,** dann räumt § 27(1) BetrSichV eine Frist **spätestens bis 31. Dezember 2005** ein, um das Exdokument zu erstellen.

Würde allerdings jemand daraus schließen, bis dahin bestünden keinerlei Pflichten, die Belange des Explosionsschutzes zu dokumentieren, dann käme er in Konflikt mit dem geltenden Recht. Betrachtet man die Sache anhand des ArbSchG und der GefStoffV, so sind die Gefährdungen und die

Schutzmaßnahmen seit jeher zu ermitteln und zu dokumentieren, wenn auch noch nicht zusammengefasst als Explosionsschutzdokument.

Frage 2.4.11 Wo lässt die BetrSichV im Explosionsschutz Ausnahmen zu?

§1(2) BetrSichV grenzt ab, für welche überwachungsbedürftigen Anlagen gemäß § 2(7) GPSG die BetrSichV gilt. Für elektrische Anlagen in explosionsgefährdeten Bereichen bestehen keinerlei Einschränkungen. Ausnahmeregelungen enthält die Verordnung nicht.

Dennoch darf vom Grundsatz, nur europäisch konforme Ex-Geräte auszuwählen, abgewichen werden, wenn man das im Exdokument sicherheitsgerecht begründet (hierzu mehr unter Frage 2.4.7).

Frage 2.4.12 Zum Nachweis der ordnungsgemäßen Errichtung – darf die Erstinbetriebnahme auch ohne Prüfung erfolgen?

Nein. Vor der Erstinbetriebnahme einer Anlage muss der vorschriftsmäßige Zustand grundsätzlich durch Prüfung nachgewiesen werden. Am Grundsatz hat sich seit 1996 nichts geändert, wohl aber an der Art des Nachweises der Inbetriebnahmeprüfung. Ehemals durfte die Inbetriebnahmeprüfung entfallen, wenn der Errichter oder Hersteller dem Betreiber eine Bescheinigung übermittelte, dass die Anlage den rechtlichen Forderungen entspricht. Dazu wurde eine sogenannte **„Errichterbescheinigung"** ausgestellt (§ 12 (4) ElexV 1980).

Anhand der 1996 novellierten ElexV war das nicht mehr erlaubt, aber in der Praxis ab und an noch üblich. In der BetrSichV bestimmt der § 14 in den Absätzen (1) und (3) die Vorgehensweise. Danach darf eine Ex-Elektroanlage erstmalig und nach einer wesentlichen Veränderung nur in Betrieb genommen werden, wenn sie von einer befähigten Person „auf ihren ordnungsgemäßen Zustand hinsichtlich der Montage, der Installation, den Aufstellungsbedingungen und der sicheren Funktion geprüft worden ist". Handelt es sich dabei um eine „erstmalige Nutzung von Arbeitsplätzen", dann muss die befähigte Person gemäß Anhang 4 der BetrSichV über besondere Kenntnisse im Explosionsschutz verfügen.

Frage 2.4.13 Gilt die BetrSichV bedingungslos sofort ab Inkrafttreten?

Ja und nein. Für überwachungsbedürftige Anlagen gilt die BetrSichV grundsätzlich schon ab dem 01.01.2003, jedoch nicht in allen Fällen. Die Übergangsvorschriften in § 27 BetrSichV enthalten für Anlagen, die zu diesem Zeitpunkt schon „befugt" betrieben worden sind, gestaffelte Fristen. Bild 2.5 (auf Seite 68) gibt eine Übersicht über die zu beachtenden Übergangsfristen.

Termine:	2002	2003	2003	2005	2007	*)
1)	03. 10.	01. 01.	30. 06.	31. 12.	31. 12.	

Vorhandene befugt betriebene überwachungsbedürftige Anlagen
- § 27 (2) und § 27 (3): Beschaffenheit; Zulässigkeit des weiteren sicheren Betreibens nach bisher gültigen Beschaffenheitsvorschriften
  unbegrenzt

- § 27 (3): Betreiben gemäß BetrSichV
  spätestens bis 31.12.2007

Neu als überwachungsbedürftig aufgenommene Anlagen
in Errichtung befindlich oder bereits in Betrieb genommen
- § 27 (4), Betreiben gemäß BetrSichV   spätestens bis 31.12.2005[1)]

Erste wiederkehrende Prüfung in der Übergangsfrist vornehmen

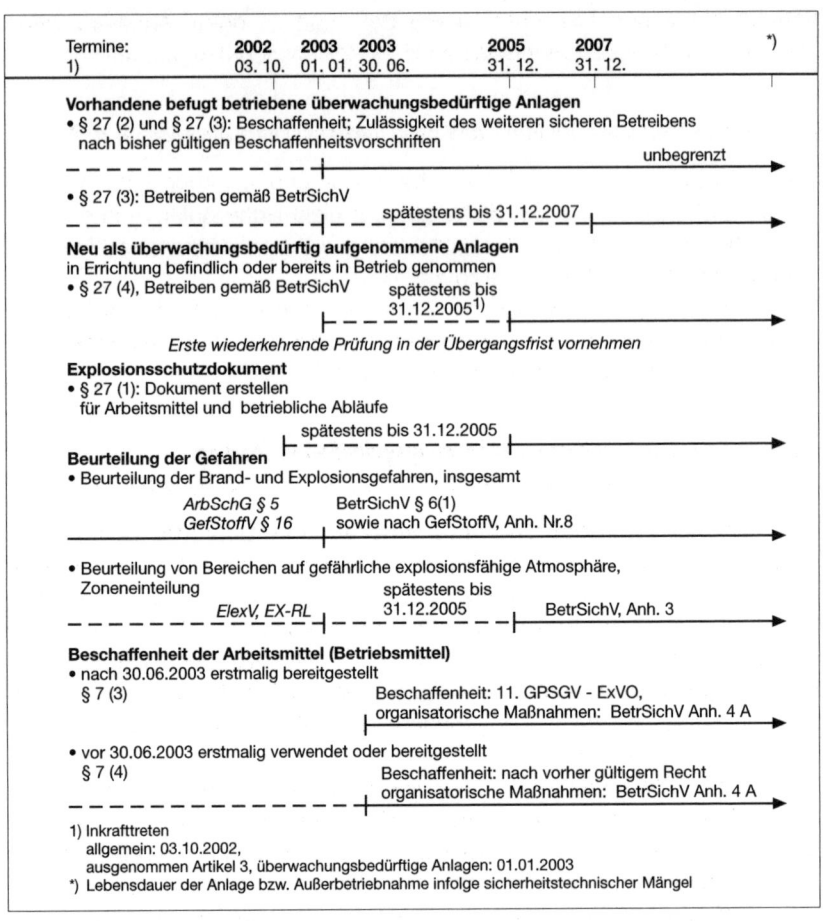

Explosionsschutzdokument
- § 27 (1): Dokument erstellen für Arbeitsmittel und betriebliche Abläufe
  spätestens bis 31.12.2005

Beurteilung der Gefahren
- Beurteilung der Brand- und Explosionsgefahren, insgesamt

  ArbSchG § 5   BetrSichV § 6(1)
  GefStoffV § 16   sowie nach GefStoffV, Anh. Nr.8

- Beurteilung von Bereichen auf gefährliche explosionsfähige Atmosphäre, Zoneneinteilung

  ElexV, EX-RL   spätestens bis 31.12.2005   BetrSichV, Anh. 3

Beschaffenheit der Arbeitsmittel (Betriebsmittel)
- nach 30.06.2003 erstmalig bereitgestellt
  § 7 (3)   Beschaffenheit: 11. GPSGV - ExVO,
                   organisatorische Maßnahmen: BetrSichV Anh. 4 A

- vor 30.06.2003 erstmalig verwendet oder bereitgestellt
  § 7 (4)   Beschaffenheit: nach vorher gültigem Recht
                   organisatorische Maßnahmen: BetrSichV Anh. 4 A

1) Inkrafttreten
   allgemein: 03.10.2002,
   ausgenommen Artikel 3, überwachungsbedürftige Anlagen: 01.01.2003
*) Lebensdauer der Anlage bzw. Außerbetriebnahme infolge sicherheitstechnischer Mängel

Bild 2.5   *Übergangsfristen zum Betreiben von Anlagen in explosionsgefährdeten Bereichen gemäß BetrSichV*

Frage 2.5   **An wen wendete sich die ElexV und was enthält diese Verordnung?**

ElexV – das ist die Kurzbezeichnung der **„Verordnung über elektrische Anlagen in explosionsgefährdeten Bereichen"**, die für Neuanlagen nicht mehr gilt und sich in gleitender Ablösung befindet durch die BetrSichV.
Um die Zusammenhänge erfassen zu können, sind noch einige Erläuterungen erforderlich:
Ihrem Titel nach wendet sich die ElexV nur an Elektrofachleute. So war das ehemals beabsichtigt. Es sind aber schon in die „alte" Fassung von 1980 er-

gänzende fundamentale Festlegungen für alle Teilgebiete des Explosionsschutzes aufgenommen worden:

- der Vorrang primärer Schutzmaßnahmen (§ 7) gegen explosionsfähige Atmosphäre und
- die Gliederung explosionsgefährdeter Bereiche in Zonen (§ 2)

Damit wendet sich die ElexV an diejenigen, die für die technologische Ursache des Entstehens explosionsfähiger Gemische zuständig sind.
Mit den Begriffsbestimmungen zu explosionsgefährdeten Bereichen und vor allem mit den Einteilungen in Zonen war die ElexV praktisch der Angelpunkt für alle Maßnahmen des betrieblichen Explosionsschutzes.
Alle Festlegungen, deren Inhalt auf die apparative Beschaffenheit neuer Betriebsmittel eingeht, sind 1996 aus der ElexV herausgelöst und Gegenstand der Explosionsschutzverordnung (EXVO) geworden. 1996 sind die ElexV und die VbF dem „neuen europäischen Recht" angeglichen worden. Bereits zu diesem Zeitpunkt begann der Übergang auf die durchgängig 3stufige Staffelung der „Zonen", nicht etwa erst im Jahr 2002 durch die BetrSichV. Tafel 2.8 führt durch den Inhalt der übergangsweise noch gültigen ElexV in der Fassung 1996 und zeigt, welche wesentlichen europäisch bedingten Veränderungen dadurch zum Tragen kamen.

Tafel 2.8   Inhalt der novellierten Verordnung über elektrische Anlagen in explosionsgefährdeten Bereichen (ElexV) vom 13. Dezember 1996 und Vergleich mit der Fassung 1980

Verordnung über elektrische Anlagen in explosionsgefährdeten Bereichen (ElexV) Fassung 1996	
Inhaltsverzeichnis	
§ 1 Anwendungsbereich	§ 12 Prüfungen
§ 2 Begriffsbestimmungen	§ 13 Betrieb
§ 3 Allgemeine Anforderungen, Ermächtigung zum Erlass technischer Vorschriften	§ 14 Prüfbescheinigungen
	§ 15 Sachverständige
	§ 16 Aufsicht über Anlagen des Bundes
§ 4 Weitergehende Anforderungen	§ 17 Schadensfälle
§ 5 Ausnahmen	§ 18 Deutscher Ausschuss für explosionsgeschützte elektrische Anlagen
§ 6 Anlagen des Bundes	
§ 7 Maßnahmen zur Verhinderung explosionsfähiger Atmosphäre	§ 19 Übergangsvorschriften
§ 8 (weggefallen)	§ 19a (weggefallen)
§ 9 Instandsetzung von Betriebsmitteln	§ 20 Ordnungswidrigkeiten
§ 10 (weggefallen)	§ 21 (weggefallen)
§ 11 Nichtanwendung des § 9	§ 22 (weggefallen)

Tafel 2.8 (Fortsetzung)

Inhalt der novellierten ElexV 1996	wesentliche Veränderung gegenüber ElexV 1980
Inhaltsverzeichnis	*Titeländerung von alt ... Räume auf neu ... Bereiche* Überschrift der Paragraphen geändert bei § 8 „Inbetriebnahme von elektrischen Betriebsmitteln" weggefallen (jetzt in EXVO) § 9 „... oder Änderung..." weggefallen § 10 Sonderanfertigung, weggefallen § 11 anstelle „8 bis 10" nur noch „...des § 9" § 21 Berlinklausel, weggefallen
§ 1 Anwendungsbereich – gilt für Montage, Installation und Betrieb elektrischer Anlagen in explosionsgefährdeten Bereichen – gilt nicht für elektrische Anlagen des rollenden Materials von Eisenbahnunternehmen und Fahrzeuge von Magnetschwebebahnen (außer Ladegutbehälter unter Bundes- und Länderrecht), die Bundeswehr (ausgenommen im zivilen Bereich), Untertageanlagen – gilt auch nicht für Fahrzeuge außerhalb explosionsgefährdeter Bereiche, Schiffe, Anlagen unter Bergaufsicht in Küstengewässern, im Bereich des Medizinproduktegesetzes und (ausgenommen nach Nr. 3 des Anhangs) für Erprobung im Herstellerwerk	bisher: „Errichtung", neu „Montage, Installation" (aber weiterhin nur für elektrische Anlagen, wogegen die EXVO nicht nur elektrisch gilt!) Montage: Zusammenbau und Aufstellung Installation: Einbau von Verbindungsleitungen, Kabeln und Kanälen als Voraussetzung für die bestimmungsgemäße Verwendung. Unter „gilt auch nicht" – prinzipiell neu: Medizinprodukte ausgenommen, nunmehr im Medizinproduktegesetz geregelt; – entfallen: elektrische Anlagen, die weder gewerblichen noch wirtschaftlichen Zwecken dienen ... und keine Arbeitnehmer beschäftigt werden (Anpassung an § 1a GSG) beibehalten: elektrische Anlageteile, die gleichzeitig einer anderen Verordnung über überwachungsbedürftige Anlagen unterliegen, müssen auch jener Verordnung entsprechen (z.B. der VbF, AcetV)
§ 2 Begriffsbestimmungen (1) Elektrische Anlagen: einzelne oder zusammengeschaltete Betriebsmittel, die elektrische Energie erzeugen, umwandeln, speichern, fortleiten, verteilen, messen steuern oder verbrauchen	unverändert

(2) Explosionsgefährdeter Bereich: Bereich, in dem die Atmosphäre auf Grund der örtlichen und betrieblichen Verhältnisse explosionsfähig werden kann	gleichlautend mit der EXVO (nicht mehr einbezogen: gefahrdrohende Menge)
(3) Explosionsfähige Atmosphäre: Gemisch aus Luft und brennbaren Gasen, Dämpfen, Nebeln oder Stäuben unter atmosphärischen Bedingungen ...	gleichlautend mit der EXVO (sinngemäß unverändert)
(4) Zonen nach der Wahrscheinlichkeit des Auftretens explosionsfähiger Atmosphäre: Gemischbildung mit Luft durch Gase, Dämpfe oder Nebel	
1. ständig, langzeitig oder häufig – Zone 0 2. gelegentlich – Zone 1 3. nicht damit zurechnen; wenn doch, dann selten, kurzer Zeitraum – Zone 2	eingefügt: langzeitig eingefügt: „nicht damit zu rechnen"
durch Stäube 4. (wie bei 1.) – Zone 20 5. (wie bei 2.) – Zone 21 6. (wie bei 3.) – Zone 22	wie bisher Zone 10, eingefügt: langzeitig neu (auch in Verbindung mit Zone 22) neu (Zone 11 bisher: gelegentlich kurzzeitig) Zonen G und M gehören nicht mehr zur ElexV
§ 3 <u>Allgemeine Anforderungen, Ermächtigung zum Erlass technischer Vorschriften</u>	
(1) Montage, Installation und Betreiben elektrischer Anlagen in explosionsgefährdeten Bereichen müssen entsprechen – dem Anhang zur ElexV – einer nach GSG (§ 11 Abs.1 Nr.3) erlassenen Rechtsverordnung und – dem Stand der Technik. Inbetriebnahme nur bei Übereinstimmung mit der Explosionsschutzverordnung vom 12.12.1996 und nur nach dort festgelegter Zonen-Zuordnung	bisher: Errichten und Betreiben bisher: „nach den anerkannten Regeln der Technik", völlig neu: unmittelbarer Bezug auf die Explosionsschutzverordnung (Kernaussage der neuen ElexV!)
(2) Ermächtigung, zum Erlass technischer Vorschriften ergänzend zum Anhang der ElexV: Bundesministerium für Arbeit und Sozialordnung	

Tafel 2.8 (Fortsetzung)

Inhalt der novellierten ElexV 1996	wesentliche Veränderung gegenüber ElexV 1980
§ 4 Weitergehende Anforderungen Anlagen müssen auch zusätzlichen Anforderungen der zuständigen Behörde entsprechen zur Abwendung besonderer Personengefahr	unverändert
§ 5 Ausnahmen Die zuständige Behörde kann im Einzelfall aus besonderen Gründen Ausnahmen von § 3(1) zulassen bei anderweitig gewährleisteter Sicherheit	Ausnahmen auf Herstellerantrag mit PTB-Stellungnahme entfallen
§ 6 Anlagen des Bundes (1) Regelung der Befugnisse nach §§ 4 und 5 für Anlagen unter Bundesverwaltung (2) Ausnahmeregelung für Bundeswehrbereich	sinngemäß unverändert
§ 7 Verhinderung explosionsfähiger Atmosphäre Aufforderung zu Maßnahmen nach dem Stand der Technik, um explosionsfähige Atmosphäre in gefahrdrohender Menge zu verhindern oder einzuschränken	sinngemäß unverändert (bisher auf anerkannte Regeln der Sicherheitstechnik bezogen)
§ 8 (weggefallen)	bisher „Inbetriebnahme von elektrischen Betriebsmitteln", neu in § 3 einbezogen
§ 9 Instandsetzung von Betriebsmitteln (1) Inbetriebnahme nach schutzbeeinflussender Instandsetzung nur nach Prüfung mit Bescheinigung oder mit Prüfzeichen durch Sachverständigen oder (2) Prüfung und Bestätigung vom Hersteller (EXVO) (3) bei Negativurteil des Sachverständigen: auf Betreiberantrag entscheidet die Behörde	bisher „Instandsetzung oder Änderung..." (2) bisher als Stückprüfung, nun gemäß EXVO; bisher (3) (Behandlung als „Sonderanfertigung") nicht mehr zulässig
§ 10 (weggefallen)	bisher „Sonderanfertigung" (weiterhin möglich durch § 4(5) der EXVO)

§ 11 Nichtanwendung des § 9 Nichtanwendung bei Betriebsmitteln in den Zonen 2 und 22, in eigensicheren Stromkreisen (wenn nicht sicherheitsbeeinträchtigend), für Kabel und Leitungen (ausgenommen Heizkabel und -leitungen) sowie bis 1,2 V; 0,1 A; 20 mJ oder 25 mW	sinngemäß unverändert, auf neue Zoneneinteilung bezogen und neuem Inhalt angepasst (bisher: Nichtanwendung der §§ 8 bis 10)
§ 12 Prüfungen auf ordnungsgemäße Montage, Installation, Betrieb durch Elektrofachkraft oder unter ihrer Leitung und Aufsicht: (1) Betreiber hat Prüfung zu veranlassen 1. vor Erstinbetriebnahme und 2. in bestimmten Zeitabständen (3 Jahre), entfällt bei ständiger Überwachung durch verantwortlichen Ingenieur (2) Regeln nach dem Stand der Technik beachten (3) Prüfbuch führen auf Verlangen der zuständigen Behörde (4) Berechtigung der Aufsichtsbehörde, im Einzelfall besondere Prüfungen anzuordnen	neu: Beschränkung auf Montage, Installation, Betrieb (2) bisher: nach „elektrotechnischen Regeln" (4) bisher: Erstprüfung verzichtbar, wenn der Hersteller oder Errichter den verordnungsgemäßen Zustand dem Betreiber bestätigt – entfallen!
§ 13 Betrieb (1) Betreiberpflichten: Erhaltung des ordnungsgemäßen Anlagenzustandes und Betreibens, ständiges Überwachen, unverzügliches Instandhalten und -setzen, den Umständen nach erforderliche Sicherheitsmaßnahmen treffen (2) Berechtigung der Aufsichtsbehörde, im Einzelfall erforderliche Überwachung anzuordnen (3) Verbot des Betreibens mit gefährdenden Mängeln	sinngemäß unverändert

Tafel 2.8 (Fortsetzung)

Inhalt der novellierten ElexV 1996	wesentliche Veränderung gegenüber ElexV 1980
§ 14 Prüfbescheinigungen (1) Prüfbescheinigungspflicht des Sachverständigen, (ersatzweise auch Prüfzeichen; entfällt bei angeordneter Prüfung, Meldung gefährdender Mängel (2) Aufbewahrung der Prüfbescheinigungen (nach 1) am Betriebsort	(1) sinngemäß unverändert (2) bisher: auch Abdruck der Baumusterprüfbescheinigung am Betriebsort aufzubewahren
§ 15 Sachverständige (1) Prüfberechtigte Sachverständige: Personen 1. nach GSG, § 14 Abs. 1 und 2 2. der Physikalisch-Technischen Bundesanstalt (PTB) 3. behördlich anerkannte Werksangehörige 4. im Saarland bergbehördlich für Tagesanlagen anerkannt sowie behördlich anerkannte Werks-Sachkundige (2) Aufsichtsbehörde kann für § 12 (4) Sachverständigen bestimmen (3) Bundesministerium kann für Wasser- und Schifffahrtsverwaltung sowie Bundeswehr Sachverständige bestimmen	sinngemäß unverändert
§ 16 Aufsicht über Anlagen des Bundes Festlegung der behördlicher Zuständigkeiten	unverändert
§ 17 Schadensfälle (1) Pflicht des Betreibers, elektrisch verursachte Explosionen bei Schadenwirkung der Behörde zu melden, Behörde kann Sachverständigen-Untersuchung fordern (2) Bundeswehr: nicht meldepflichtig	sinngemäß unverändert
§ 18 Deutscher Ausschuss für explosionsgeschützte elektrische Anlagen (1) bis (6); Beratender Ausschuss des Bundesministeriums für Arbeit und Sozialordnung, Zusammensetzung, Aufgaben	Aufgaben verändert (DExA neu geordnet und dem veränderten Ziel der neuen ElexV angepasst)

§ 19 Übergangsvorschriften (1) Am 20. Dez. 1996 befugt betriebene Anlagen dürfen nach den bis dahin dafür geltenden Bestimmungen weiterbetrieben werden. (2) Bestandsschutz für Bergbau-Sachverständige übertage mit landesrechtlicher Anerkennung vor dem 1. Dezember 1990	(1) bisher: Regelung für nach dem 1. Januar 1961 erteilte PTB- und BVS-Prüfbescheinigungen und Bauartzulassungen der Bundesländer (entfallen) (2) bisher auf landesrechtliche Bauartzulassungen für Übertageanlagen bezogen. § 19a (DExA-Übergangsvorschrift): zeitlich überholt
§ 20 Ordnungswidrigkeiten (1) Aufzählung von 5 als ordnungswidrig erklärten Verstößen gegen Bestimmungen der §§ 3 und 12 (Prüfung, Aufsicht bei Erprobung) (2) Verstoß gegen die Anzeigepflicht nach § 17 Abs.1	(1) bisher: Aufbewahrungspflicht eines Abdruckes der Baumusterprüfbescheinigung-am Betriebsort unter 5. einbezogen (Verstoß ordnungswidrig) allgemein: bisher auf Betriebsmittel bezogen (nun auf Anlage bezogen)
Anhang (zu § 3 Abs.1)	bisher 1: Beschaffenheit elektrischer Anlagen [1] (auch Kennzeichen ⓔⓧ hier entfallen
1. *Betrieb und Unterhaltung* 1.1 Arbeiten unter Spannung nur dann, wenn keine Zündgefahr oder keine gefährliche explosionsfähige Atmosphäre entstehen kann 1.2 Reinigung in staubexplosionsgefährdeten Anlagen muss gefahrdrohende Staubansammlungen in und auf den Betriebsmitteln verhindern	bisher 1.1.1 bisher 3.2
2. *Schutzmaßnahmen in explosionsgefährdeten Bereichen* Soweit betriebstechnisch möglich, – Verhindern, dass gefährliche explosionsfähige Atmosphäre die Betriebsmittel berührt (Dichtheit) – oder lüftungstechnische Konzentrationsminderung. Messgeräte für Explosionsschutz: funktionssicher	bisher 4.

Tafel 2.8 (Fortsetzung)

Anhang (zu § 3 Abs.1)	bisher 1: Beschaffenheit elektrischer Anlagen 1) (auch Kennzeichen ⓔ) hier entfallen
3. **Entwicklung und Erprobung** 3.1 Allgemeine Bestimmungen Anlagenmontage, -installation oder -betrieb im Herstellerwerk: möglichst die Schutzvorschriften für den Normalbetrieb einhalten, Gefahrenbereiche festlegen, Personenaufenthalt nur soweit betriebserforderlich 3.2 Programm Schriftliches Programm, Ziel: Risikominderung 3.3 Leitung: durch erfahrene fachkundige Person, die gefahrmindernd eingreifen kann 3.4 Personal: Mindestalter 18 Jahre, auch vertraut mit probeweise blockierten Sicherheitseinrichtungen, Einsatzzeit angemessen begrenzen	bisher 5. Erprobung, sinngemäß unverändert

[1] hierzu EXVO mit Richtlinie 94/9/EG (Anhang II, „Grundlegende Sicherheits- und Gesundheitsanforderungen ..." für Geräte und Schutzsysteme)

Frage 2.5.1   Weshalb ist die ElexV jetzt noch wichtig?

Diese Frage drängt sich nun auf, nachdem vorangehend manches zur ElexV tiefgründiger erläutert wurde, als es einem „Auslaufmodell" eigentlich zukommt. Eine eigenständige Rechtsverordnung für elektrische Anlagen in explosionsgefährdeten Bereichen wie die ElexV gibt es nicht mehr.
Elektrofachleute kennen die ElexV seit 1980 als umfassende Rechtsvorschrift für den Explosionsschutz elektrischer Anlagen. Nicht einbezogen war praktisch nur der Bergbau unter Tage, den die Elektro-Bergverordnung (ElBergVO) regelt, ergänzt durch die Elektrozulassungs-Bergverordnung (ElZulBergV) für den Schlagwetterschutz elektrischer Betriebsmittel. Womit man lange Zeit gut arbeiten konnte, das tauscht man nur gegen Besseres? Letztlich wäre das kein tragfähiges Argument.
Für den Übergang liest man im § 19 ElexV, dass alle zum Stichtag 20.12.1996 bestehenden und befugt betriebenen Anlagen in explosionsgefährdeten Bereichen nach den bis dahin geltenden Vorschriften weiter betrieben werden dürfen.

Die BetrSichV begrenzt die Übergangszeit bis spätestens zum Jahresende 2007. In diesem Zeitraum ist die ElexV weiterhin wichtig für das Betreiben der bestehenden danach errichteten Anlagen unter Bestandsschutz.

Übergangszeiten auf neue Rechtsgrundsätze entwickeln ihre eigene Dynamik. Schon 1996 begann der rechtliche Übergang auf die EXVO. Dennoch schrieben Gerätehersteller noch im Herbst 2003 in ihre Inserate: „entspricht jetzt schon der neuen ATEX". Wo kein Geld zu verdienen ist, kommen kostenträchtige Veränderungen erst in Gang, wenn nach dem Stichtag wirtschaftliche Nachteile drohen. Auch wenn das beim Übergang auf die BetrSichV weniger zutrifft, hat die verhältnismäßig lange Übergangszeit triftige Gründe. Bei bisher schon überwachungsbedürftigen Anlagen reicht diese Zeit bis 2007, gehören sie jedoch erst infolge der BetrSichV dazu, dann nur bis 2005.

Ein vom Gesetzgeber begründetes Ziel der BetrSichV besteht darin, die Sicherheitsgrundsätze der ElexV zu bewahren.

Im Unterschied zur Erstfassung der BetrSichV ist die ElexV einfacher formuliert, nur auf den Explosionsschutz konzentriert und auch im Zusammenhang mit der EXVO plausibel kommentiert.

Ein Unternehmen, dessen Sicherheitsmanagement den Grundsätzen des ArbSchG und der bisherigen ElexV entspricht, hat nicht zu befürchten, dass die BetrSichV gefahrträchtige Qualitätsmängel im Explosionsschutz offenbaren wird.

Wenn dem so ist, sollte der Übergang allerdings kein bemerkenswertes Problem darstellen. Kleinere Unternehmen werden das aber nicht immer spontan bejahen können.

Für den Gedanken, den Übergang bedacht anzugehen, spricht mehreres:

- **Die BetrSichV setzt den Betrieben ein Zeitlimit zwischen 2005 bis 2007.**
- **Es wird noch über die Interpretation beraten.**
- **Das Regelwerk zur BetrSichV ist noch im Entstehen.**

Die Vermutungswirkung, allen juristischen Pflichten gemäß BetrSichV entsprochen zu haben, setzt voraus, dass die zugehörigen Regeln angewendet werden.

- **Besonders die kleineren Unternehmen benötigen externe Hilfe.**

Tafel 2.9 (auf Seite 78 bis 83) informiert darüber, wie die Festlegungen der ElexV in die BetrSichV eingegangen sind.

Tafel 2.9 Elektrische Anlagen in explosionsgefährdeten Bereichen, Übernahme von Festlegungen der ElexV in die BetrSichV

Textpassage	ElexV[1]	BetrSichV	Bemerkungen zur BetrSichV, Veränderungen gegenüber der ElexV
Anwendungsbereich	§ 1	§ 1	– sachlicher Geltungsbereich gegenüber ElexV wesentlich erweitert, alle überwachungsbedürftigen Anlagen einbezogen und als solche neu bezeichnet Rechtliche Grundlage ist *nicht mehr nur das Gerätesicherheitsgesetz, sondern ebenso das Arbeitsschutzgesetz, auch die Arbeitsmittelbenutzungsverordnung wurde eingearbeitet* – sowohl für elektrische als auch für nicht elektrische Betriebsmittel und Anlagen geltend, auch Medizingeräte einbezogen und Fahrzeuge, soweit im Ex-Bereich zu benutzen – sonst grundsätzlich gleichbedeutend, ebenfalls nur für „atmosphärische Bedingungen" gültig
Begriffsbestimmungen	§ 2	§ 2	– inhaltlich in vorliegendem Zusammenhang gleichbedeutend, jedoch präzisiert – weitere Begriffe, u.a. spezielle Arten von Anlagen im Sinne der Verordnung (Lageranlagen, Füllanlagen u.a.) – Zonen 0, 1, 2 und 20, 21, 22 definiert im Anhang 3; nicht wortgleich, aber gleichbedeutend, – Besonderheiten:
		(1)	• „Arbeitsmittel" als umfassender Begriff, umfasst sowohl Betriebsmittel als auch Anlagen
		(2)	• „Bereitstellung" umfasst auch Montage und Installation von Arbeitsmitteln (wozu im weiteren Sinn auch Planung gehören kann)
		(3)	• „Benutzung" von Arbeitsmitteln umfasst alle in ein Arbeitsmittel betreffenden Maßnahmen (im Sinne von Umgang), auch den Transport
		(4)	• „Betrieb" überwachungsbedürftiger Anlagen umfasst auch Prüfung, aber nicht Erprobung vor Erstinbetriebnahme, Abbau und Transport
		(5)	• „Änderung" mit der Bedeutung von bisher „wesentliche Änderung"
		(6)	• „Wesentliche Veränderung" mit der Bedeutung „so gut wie neu"
		(7)	• „befähigte Person" (in vorliegendem Zusammenhang bisher Elektrofachkraft)

[1] Verordnung über elektrische Anlagen in explosionsgefährdeten Bereichen - ElexV - in der Fassung vom 12. Dezember 1996

Tafel 2.9 *(Fortsetzung)*

Textpassage	ElexV[1]	BetrSichV	Bemerkungen zur BetrSichV, Veränderungen gegenüber der ElexV
		§ 21 (1)	• „zugelassene Überwachungsstellen": dazu Gerätesicherheitsgesetz § 14 Abs. 1 und 2
Allgemeine Anforderungen (Montage, Installation und Betreiben)	§ 3	§ 7, auch § 4, § 12	– grundsätzlich gleichbedeutend (Beschaffenheit der Arbeitsmittel gemäß 11. GSGV/EXVO, Montage, Installation und Betreiben gemäß Stand der Technik) – präzisiert im Anhang 4 (Mindestvorschriften und Betriebsmittelauswahl in den Zonen)
Weitergehende Anforderungen (behördlich, Einzelfälle)	§ 4	§ 27 (3)	– eingeschränkt auf schon vor Inkrafttreten der BetrSichV betriebene Anlagen
Ausnahmen (behördlich, in Einzelfällen)	§ 5	–	– grundsätzlich nicht enthalten, aber – § 1 (6): Bundesministerium für Verteidigung kann in bezeichneten Sonderfällen Ausnahmen zulassen
Anlagen des Bundes Wasser- und Schifffahrt, Bundeswehr	§ 6	§ 22	– gleichbedeutend in Verbindung mit § 15 Abs. 1 GSG
Verhinderung explosionsfähiger Atmosphäre	§ 7	§ 3	– in die Pflicht zur Gefährdungsbeurteilung einbezogen mit Verweis auf die GefStoffV, Dazu Änderung der GefStoffV - Anh. V Nr. 8, 8.4.2: – Anforderungen zur Verhinderung der Bildung gefährlicher explosionsfähiger Gemische als Pflicht des Arbeitgebers – nicht mehr allein auf Elektroanlagen bezogen, umfassender formuliert – für Belange der Elektroanlagen gleichbedeutend
1996 entfallen, ehemals Beschaffenheit vor Inbetriebnahme,	§ 8	–	– nicht enthalten, dazu 11. GSGV - EXVO

Tafel 2.9   (Fortsetzung)

Textpassage	ElexV [1]	BetrSichV	Bemerkungen zur BetrSichV, Veränderungen gegenüber der ElexV
Instandsetzung von Betriebsmitteln	§ 9	§ 14 (6)	– hier bezogen auf RL 94/9/EG (EXVO), d.h. auf „Geräte ..." (Betriebsmittel); gleichbedeutend – gilt auch für fabrikfertige Funktionseinheiten – gilt in diesem Sinne nicht für „Montage, Installation"
– Teile, von denen der Explosionsschutz abhängt	§ 9 (1)	§ 14 (6)	– gleichbedeutend
– Prüfung durch den Hersteller	§ 9 (2)	§ 14 (6)	– gleichbedeutend
– Behörde entscheidet bei Negativergebnis	§ 9 (3)	§ 14 (6)	– entfallen
1996 entfallen, ehemals Sonderanfertigung	§ 10	–	– nicht enthalten, dazu § 4(5) der 11. GSGV - EXVO
Nichtanwendung des § 9, Ausnahmen für – Zonen 2 und 22 – eigensichere Stromkreise – Heizleitungen – ≤1,2 V; 0,1 A; 20 µJ; 25 mW	§ 11	–	– nicht enthalten – weitere Inanspruchnahme abhängig von spezieller anlagetechnischer Situation (maßgebendes Regelwerk und sachkundige Einschätzung der sicherheitstechnischen Erfordernisse) – elektrische Parameter nicht enthalten (jedoch weiterhin als Stand der Technik zu betrachten)
Prüfungen, vom Betreiber zu veranlassen – durch Elektrofachkraft	§ 12(1)	§ 14 § 15 § 10 u. 11	– Prüfung vor Inbetriebnahme, in Relation zur ElexV in Verbindung mit – Wiederkehrende Prüfungen und – Prüfung der Arbeitsmittel (allgemeine Festlegungen, die in den Paragraphen 14 und 15 für überwachungsbedürftige Anlagen präzisiert werden) – Prüfung durch Hilfskräfte unter Leitung und Aufsicht einer „befähigten Person"

Digitalmultimeter ⟨Ex⟩ ATEX
für gefährliche und explosionsgefährdete Bereiche

Die Eigensicherheit in Reichweite

- ⟨Ex⟩ II 2G/D EEx ib IIC T6 oder ⟨Ex⟩ I M2 EEx ib I
- Anzeige 50000 Digits
- Robustes und dichtes Gehäuse
- IP67 T85°C
- Echt-Effektivwertmessung TRMS (AC oder AC+DC)
- Überwachungsfunktion für MIN-, MAX- und Mittelwert
- Spitzenwerterfassung von 1 ms (Peak + und Peak -)
- Optische Schnittstelle RS 232

metrix

Chauvin Arnoux GmbH
Straßburger Str. 34
77694 Kehl / Rhein
Tel.: 07851 99 26-0 / Fax: -60
e-mail: info@chauvin-arnoux.de
Internet: www.chauvin-arnoux.de

Leuze lumiflex

explosionsgeschützt und zuverlässig

EX-Sensoren von Leuze detektieren, messen und schützen zuverlässig in explosionsgefährdeten Bereichen (ATEX95)

COMPACT EX 1 · BR 92 Ex i · BR 96 Ex n

Leuze lumiflex GmbH + Co. KG · Liebigstraße 4
D-82256 Fürstenfeldbruck · Tel. +49 (0)8141/5350-0
Fax +49 (0)8141/5350-190 · E-mail: lumiflex@leuze.de

www.leuze.de

2., aktualisierte Auflage

ELEKTRO PRAKTIKER Bibliothek

Erstprüfung elektrischer Gebäudeinstallationen
– mit Checklisten zu allen Prüfabläufen –

Bödeker / Kindermann

Erstprüfung elektrischer Gebäudeinstallationen

– Mit Checklisten zu allen Prüfabläufen –

176 Seiten, 70 Abb. 25 Tafeln Broschur, ISBN 3-341-01417-9, € 34,80

Die „Erste Prüfung" einer neu errichteten Anlage ist ein Schwerpunkt der Arbeit des Elektroanlagenbauers. Kompetent muss er sein und wissen, wo er sich im Zweifel informieren kann. Nur so wird er seiner Aufgabe gerecht. Die Neuauflage bietet das komplette Prüfprogramm mit den jeweiligen Checklisten.

Es berücksichtigt neue Prüfverfahren, neue Gesetze und Gesetzes- bzw. Normenänderungen sowie die damit erforderliche Erweiterung oder Änderung der Prüfschritte.

HUSS-MEDIEN GmbH
Verlag Technik
10400 Berlin

Tel.: 030/4 21 51-325 · Fax: 030/4 21 51-468
e-mail: versandbuchhandlung@hussberlin.de
www.technik-fachbuch.de

Tafel 2.9 *(Fortsetzung)*

Textpassage	ElexV[1]	BetrSichV	Bemerkungen zur BetrSichV, Veränderungen gegenüber der ElexV
oder unter Leitung und Aufsicht einer solchen			(Elektrofachkraft) ist gemäß BetrSichV nicht zulässig
1. vor Erstinbetriebnahme 2. in bestimmten Zeitabständen – aller 3 Jahre		§ 14 (3) 1. § 15 (1)	– Prüfung vor Erstinbetriebnahme und nach „wesentlicher Veränderung" (entspricht einer Neuanlage) durch „befähigte Person" (Elektrofachkraft) – Wiederkehrende Prüfung durch „zugelassene Überwachungsstelle" in vom Betreiber festzulegenden Prüffristen (bei Elektroanlagen auch durch „befähigte Person" möglich!)
– ausgenommen bei ständiger Überwachung		(15)	– spätestens aller 3 Jahre (gleichbedeutend) – Verzicht auf wiederkehrende Prüfung bei ständiger Überwachung durch verantwortlichen Ingenieur in der BetrSichV nicht vorgesehen
Regeln entsprechend Stand der Technik beachten	§ 12 (2)	§ 12 (1) (2)	– gleichbedeutend
Prüfbuch führen auf behördliches Verlangen	§ 12 (3)	§ 11	– in BetrSichV so nicht enthalten, aber – für Arbeitsmittel sowie Anlagen, deren Sicherheit von Montagebedingungen oder äußeren Einflüssen abhängt, sind Prüfergebnisse grundsätzlich aufzuzeichnen und angemessene Zeit aufzubewahren.
Außerordentliche Prüfungen auf behördliches Verlangen	§ 12 (4)	§ 16 (1) bis (3)	– gleichbedeutend (im Einzelfall bei besonderem Anlass, besonders wenn Verdacht auf sicherheitstechnische Mängel besteht oder bei Schadensfällen; vom Betreiber dann unverzüglich zu veranlassen)
Betrieb Erhalten des ordnungsgemäßen Zustandes und Betreibens, unverzügliche Instandhaltung usw., ständig zu überwachen	§ 13 (1) § 13 (2)	§ 12 (3)	– gleichbedeutend – Möglichkeit der im Einzelfall behördlich angeordneten Überwachung nicht enthalten – anstelle "ständig zu überwachen" heißt es in der BetrSichV nur „zu überwachen"

Tafel 2.9 (Fortsetzung)

Textpassage	ElexV [1]	BetrSichV	Bemerkungen zur BetrSichV, Veränderungen gegenüber der ElexV
Betreibensverbot bei Mängeln mit Gefahr für Beschäftigte/Dritte	§ 13 (3)	§ 12 (5)	– gleichbedeutend
Prüfbescheinigungen Aufzeichnungs- und Meldepflichten des Sachverständigen	§ 14 (1) (2)	§ 19 § 14 (6)	– gleichbedeutend; am Betriebsort aufzubewahren, auf Verlangen der Behörde vorzuzeigen – an Stelle des Sachverständigen steht in vorliegendem Zusammenhang die behördlich dafür anerkannte „befähigte Person" oder die „zugelassene Überwachungsstelle" – festgestellte gefährliche Mängel an die Behörde zu melden: gilt nicht für die „befähigte Person"
Sachverständige Sachverständige sind …	§ 15 (1) bis (3)	§ 2 (7) § 14 (6) § 21	– anstelle des „Sachverständigen" spricht die BetrSichV von der behördlich anerkannten „befähigten Person" eines Unternehmens und/oder – der „zugelassenen Überwachungsstelle"
Anlagen des Bundes Aufsichtsbehörde für …	§ 16	§ 22	– gleichbedeutend, bezogen auch auf § 15 Abs. 1 des Gerätesicherheitsgesetzes
Schadensfälle Meldung v. Explosionen, Untersuchung auf behördliches Verlangen	§ 17	§ 18	– nicht nur auf elektrische Anlagen bezogen, gleichbedeutend – hierzu auch § 16 BetrSichV – außerordentliche Prüfungen
Deutscher Ausschuss für explosionsgeschützte elektr. Anlagen (DexA)	§ 18	§ 24	– Ausschuss für Betriebssicherheit zur Beratung des Bundesministeriums für Arbeit und Sozialordnung (Arbeitsschutz, Bereitstellung und Benutzung von Arbeitsmitteln, überwachungsbedürftige Anlagen, dazu Unterausschüsse, – auch zur Ermittlung von im Sinne der BetrSichV anzuwendenden Regeln
Übergangsvorschriften	§ 19	§ 27	– neue Verordnung, neue Fristen

Tafel 2.9 *(Fortsetzung)*

Textpassage	ElexV[1]	BetrSichV	Bemerkungen zur BetrSichV, Veränderungen gegenüber der ElexV
Ordnungswidrigkeiten	§ 20	§ 25	– gemäß Geltungsbereich entsprechend erweitert, bezogen auf Arbeitsschutzgesetz und Gerätesicherheitsgesetz, für die Belange des Explosionsschutzes gleichbedeutend – dazu auch § 26 - Straftaten (vorsätzliche oder wiederholte schädigende Handlungen)
Anhang	ohne §	Anhang 4	– im Grundsatz ersetzt durch Anhang 4 zur BetrSichV
1 Betrieb und Unterhaltung			– nicht enthalten, ist gemäß Anhang 4 Abschn. 3.2 im Explosionsschutzdokument zu regeln
1.1 Arbeit unter Spannung			
1.2 Reinigung bei Staubanfall			– dazu Gefahrstoffverordnung, Anhang V Nr. 8, Abschn. 8.4.3 (3)
2 Schutzmaßnahmen in explosionsgefährdeten Bereichen			– grundsätzlich geregelt im Anhang 4 (nicht speziell auf elektrische Betriebsmittel bezogen; Messgeräte einbezogen ohne besondere Erwähnung)
3 Entwicklung und Erprobung			

*Frage 2.5.2   Gilt die ElexV auch noch für das Errichten
in explosionsgefährdeten Bereichen?*

Nein – nicht mehr, seit es die BetrSichV gibt. Aber schon vorher wurde oft nachgefragt.
Dass die ElexV seit 1996 im Anwendungsbereich die sprachliche Wendung „die Montage, die Installation..." verwendet, wenn es um das Errichten geht, kann irritieren. Weil der Begriff Errichtung im Sinne des früheren § 11 GSG sowohl Beschaffenheits- als auch Betreibensanforderungen umfasste, durfte er in einer Betreibensvorschrift nicht mehr erscheinen. Das hat sich durch die BetrSichV nicht geändert.
Davon unbenommen stellen die Normen für elektrische Anlagen auch weiterhin Forderungen an das Errichten einschließlich des Planens. In diesem Zusammenhang ist interessant, dass nach einem Kommentar zur ElexV das „Errichten" im Verordnungsdeutsch und in den Elektro-Errichtungsnormen VDE 0165 seit jeher in unterschiedliche Richtungen zielen. Ein Verweis auf die ElexV als Anwendungsgrundlage, enthalten in VDE 0165 Ausgabe 02.91, ist in den Folgeausgaben nicht mehr zu finden.
Die ElexV definiert die elektrische Anlagen noch als einzelne oder zusammengeschaltete energietragende Betriebsmittel. Mit dieser historischen Definition ist dem Sicherheitsanspruch elektro- und automatisierungstechnischer Anlagen nach heutigem Stand der Technik nicht beizukommen. Aus vorschriftsmäßig beschaffenen Betriebsmitteln kommt nicht zwangsläufig eine explosionssichere Anlage zustande. **Anlagetechnische Explosionssicherheit entsteht durch das Anwenden technischer Regeln für die Betriebsmittel und technischer Regeln für das Zusammenwirken. Rechtliche und technische Regeln müssen aufeinander abgestimmt sein.** Die europäische Entwicklung ließ es nicht zu, diesem Grundsatz in der ElexV konsequent zu folgen. Leider hat sich aber auch die Hoffnung der Planer und Errichter, dass die BetrSichV nun ihre rechtlichen Interessen eindeutig klären würde, nicht erfüllt.

Frage 2.5.3   Hat die ElexV noch Bedeutung für das Instandhalten?

Durchaus, beispielsweise
1. in Betrieben, die ihr Prüfmanagement wegen offener Fragen zu § 15 BetrSichV während der Übergangsfrist noch auf Grundlage von § 12 (1) ElexV beibehalten möchten. Die BetrSichV bezieht nicht mehr ein, anstelle der regelmäßigen Prüfungen eine „ständige Überwachung" nach bisheriger Gepflogenheit durchzuführen;
2. hinsichtlich der nach ElexV ausgestellten Prüfdokumente. Eine sogenannte „Errichterbescheinigung", mit der vom Anlagenbaubetrieb be-

stätigt wurde, dass die neue Anlage der ElexV entspricht, bleibt weiterhin gültig;
3. für nach ElexV ausgesprochene Anerkennungen (Sachverständige, Sachkundige) oder
4. für staubexplosionsgefährdete Bereiche in Altanlagen aus der Zeit vor 1996, die noch in die Zonen 10 und/oder 11 eingestuft sind.

Die Erweiterung bei der Staubexplosionsgefahr von ehemals zwei Zonen (10 und 11) auf drei (20 bis 22) birgt für einige Zeit noch Orientierungsbedarf, denn

– Elektroanlagen in Ex-Bereichen der Zonen 10 und 11 sind seit November 1999 infolge VDE 0165 Teil 2 nicht mehr geregelt. Dafür ist prinzipiell die frühere VDE 0165 (02.91) zuständig.
– Bei bestehenden Anlagen, in denen lediglich die Einstufung auf die neuen Zonen umgestellt worden ist, muss die Eignung von elektrischen Betriebsmitteln überprüft werden, die sich in Bereichen der Zone 21 befinden.
– Beim Übergang von Zone 11 auf die neue Zoneneinteilung kann Bestandsschutz nur bedenkenlos erhalten bleiben, wenn er in die Zone 22 erfolgt und das Ergebnis der Überprüfung dazu berechtigt. Weiteres dazu enthält der Abschnitt 17.

Das alles interessiert allerdings **nur noch während der festgelegten Übergangsfristen bis spätestens 2007,** ausgenommen bei der Zoneneinteilung. Neu einzustufen ist rechtlich nur dann zwingend vorgeschrieben, wenn sich die Gefahrensituation ändert oder wenn die Anlage wesentliche Änderungen erfährt.

Frage 2.5.4 Zum Wegfall der Beschaffenheitsforderungen im Anhang der ElexV: sind diese Sicherheitsgrundsätze aufgehoben?

Nein. Wenn dem tatsächlich so wäre, dann gäbe es keine gesetzlichen Grundregeln mehr für die Explosionssicherheit elektrischer Anlagen. Seit dem die BetrSichV erlassen wurde, kann ein so abweger Verdacht nicht mehr aufkommen. Der Anhang 3 zur ElexV 1980 enthält fundamentale Sicherheitsgrundsätze für die Beschaffenheit elektrischer Anlagen in explosionsgefährdeten Räumen.
Dass diese auch für die Instandhaltung wichtigen Grundregeln in der ElexV nicht mehr direkt nachgelesen werden können, liegt an der Struktur des europäischen Rechts. Alles, was die ElexV ehemals zur Beschaffenheit regelte, ist für elektrische Betriebsmittel eingegangen in die „grundlegenden Si-

cherheits- und Gesundheitsanforderungen" der Richtlinie 94/9/EG (Anhang II), und damit ist es jetzt Gegenstand der EXVO.
Das sichere Betreiben regelt nun die BetrSichV. Was dazu im Anhang der ElexV enthalten war, fand direkt oder indirekt Eingang in den **Anhang 4 zur BetrSichV, die „Mindestvorschriften zur Verbesserung der Sicherheit und des Gesundheitsschutzes der Beschäftigten, die durch gefährliche explosionsfähige Atmosphäre gefährdet werden können".**

Frage 2.5.5 Was ergibt sich aus den unterschiedlichen Zonendefinitionen der ElexV und der BetrSichV?

Seit 1996 die ElexV novelliert wurde, hat sich die Definition der „Zonen" geändert, vor allem bei der Staubexplosionsgefahr. Anstelle des bisherigen 2-Zonen-Prinzips mit den Zonen 10 und 11 sind die Zonen 20, 21 und 22 eingeführt worden. Damit gilt für die Staubexplosionsgefahr das gleiche 3-Stufen-Konzept wie für die Zonen 0, 1 und 2 der Gasexplosionsgefahr. Auf die damit verbundenen Veränderungen, besonders infolge der neuen Zone 21, wird folgend im Abschnitt 17 noch speziell eingegangen.

Beim Lesen der verbalen Kriterien für das Auftreten gefährlicher explosionsfähiger Atmosphäre (Tafel 2.6/BetrSichV, Tafel 2.8/ElexV) – ständig, häufig usw. – stellt man einen bemerkenswerten Unterschied zunächst gar nicht fest. Es fällt nicht sofort auf, dass sich die Zonen 2 und 3 sowie 21 und 22 – angeglichen an RL 1999/92/EG – nur noch auf den technologischen Normalbetrieb beziehen. **Bei den Zonen 2 und 22 als niedrigstem Gefahrenniveau stellt sich das wie folgt dar:**

– **ElexV** (1996): „Zone ... umfasst Bereiche, in denen nicht damit zu rechen ist, dass eine explosionsfähige Atmosphäre ... auftritt, aber wenn sie dennoch auftritt, dann aller Wahrscheinlichkeit nach nur selten und während eines kurzen Zeitraums."

Folgerung: Da hier nicht zwischen Normalbetrieb und gestörtem Betrieb unterschieden wird, muss auch dann eine Ex-Einstufung vorgenommen und explosionsgeschützt installiert werden, wenn die Gefahr nur durch eine Störung zustande kommt.

– **BetrSichV,** Anhang 3: „Zone ... ist ein Bereich, in dem *bei Normalbetrieb* eine gefährliche explosionsfähige Atmosphäre ... nicht oder aber nur kurzzeitig auftritt." Folgerung: Da diese Definition ausdrücklich den Normalbetrieb anspricht, müssen solche Explosionsgefahren, die nur selten oder kurzzeitig auftreten, grundsätzlich nicht mehr eingestuft werden, wenn sie nur störungsbedingt auftreten.

Was ergibt sich daraus für die Anwendungspraxis? Theoretisch wäre zu erwarten, dass sich die Anzahl und/oder Ausdehnung der Ex-Bereiche gegenüber der ElexV verringert. Andererseits kommt dadurch bei Einstufungen anhand von VDE 0165 Teil 101 (DIN EN 60079-10) anstelle des „primären Freisetzungsgrades" zwar der (niedrigste) „sekundäre Freisetzungsgrad" zum Tragen, aber trotzdem kann sich gemäß Auswahltabelle in der Norm bei ungenügendem Luftwechsel sogar eine Zone 0 ergeben.

Wie die bisherige Anwendungspraxis zeigt, hat die definierte Einschränkung auf Normalbetrieb keinen nennenswerten Einfluss auf die betrieblichen Einstufungsergebnisse. Das Arbeitsschutzgesetz berechtigt gar nicht dazu, erkannte Explosionsgefahren zu vernachlässigen, weil sie nur bei Störungen auftreten. Darüber zu befinden ist aber nicht Sache der Elektrofachkräfte. Sie müssen mitgeteilt bekommen, welche Zone jeweils zutrifft und haben dafür zu sorgen, daraus einen angepassten elektrischen Explosionsschutz zu entwickeln (dazu auch Abschnitt 3).

Frage 2.6 **Was enthält die BGV A1 zum Explosionsschutz und an wen wendet sie sich?**

Die BGV A1 – Grundsätze der Prävention – ist vorrangiger Teil des Satzungsrechtes der gewerblichen Berufsgenossenschaften. BG-Vorschriften (BGV)

– gelten grundsätzlich nur für die Mitgliedsunternehmen, *eingeschlossen nicht versicherte ausländische Unternehmen, die in Mitgliedsunternehmen tätig werden,*
– enthalten verbindliche Schutzziele, die in Durchführungsanweisungen, BG-Regeln (BGR) und BG-Informationen (BGI) orientierend (nicht rechtsverbindlich) erläutert werden und
– schließen andere mindestens ebenso sichere Lösungen nicht aus.

Sie wenden sich hauptsächlich an den Unternehmer (schließt Arbeitgeber ein), aber auch an die Versicherten (Beschäftigte). In der bisher gültigen UVV VBG 1 (Fassung März 2000) – Allgemeine Vorschriften – waren auch für explosionsgefährdete Bereiche zentrale Schutzziele genannt. § 44 befasste sich mit den grundlegenden „Maßnahmen zur Verhinderung von Explosionen":

1. Verhindern oder Einschränken des Entstehens explosionsfähiger Atmosphäre in gefahrdrohender Menge oder Verhindern der Zündung explosionsfähiger Atmosphäre;
2. Verhindern gefährlicher Explosionswirkungen innerhalb von Behältern und Apparaten, falls explosionsfähige Gemische und Zündquellen unvermeidlich sind;

3. Vermeiden von Zündquellen, besonders genannt: kein offenes Feuer und Licht, Rauchverbot; deutlicher Hinweis auf dieses Verbot;
4. Deutliche Kennzeichnung explosionsgefährdeter Bereiche. Elektrischer Explosionsschutz zielt auf das Verhindern der Zündung.

Die BGV A1 – inhaltlich gestrafft und auf das Arbeitsschutzgesetz orientiert – geht darauf nicht mehr unmittelbar ein.
Lediglich der § 22 verpflichtet den Unternehmer zu „Notfallmaßnahmen" entsprechend § 10 ArbSchG „für den Fall des Entstehens von Bränden und Explosionen". Getreu der neuen Diktion, im staatlichen und berufsgenossenschaftlichen Miteinander Doppelregelungen zu vermeiden, verweist die BGV A1 ansonsten in § 2 Abs. 1 (Grundpflichten des Unternehmers) und einer Anlage 1 dazu auf die staatlichen Vorschriften, u.a. auf

– die Pflichten der Unternehmer gemäß BetrSichV und GefStoffV, und auf
– weitere Unfallverhütungsvorschriften.

Ebenfalls zu nennen – meint der Verfasser – sind hier die „Explosionsschutz-Regeln" BGI 104.
Fazit: Obwohl man die vorstehend unter 1 bis 4 genannten grundlegenden Maßnahmen in der neuen BGV A1 textlich nicht wiederfindet, muss man sie im Sinne des Präventionsrechts gedanklich weiterhin einbeziehen.
Ob die angekündigte Technische Regel BGR A1 auch Aussagen zum Brand- und Explosionsschutz enthalten wird, bleibt abzuwarten.

Frage 2.7   *Welche Regeln der Technik sind für alle Ex-Anlagen verbindlich oder haben Vorrang?*

"Regeln der Technik" oder „Technische Regeln" – was ist da für ein Unterschied? Betriebspraktisch orientierte Elektrofachleute halten das für ein eher kontraproduktives Thema, dessen Existenz mehr belastet als hilft. Man hält sich an die VDE-Normen, bekannt und bewährt als „anerkannte Regeln der Technik" zur Erfüllung der täglichen Aufgaben. Wer aber mit Auseinandersetzungen über normative Grundlagen bei Auftraggebern oder Behörden zu rechnen hat, muss auch über die wesentlichen Relationen im Regelwerk informiert sein.
Aus allgemeiner Sicht gilt: Technische Normative dienen als Hilfsmittel, Rechtsvorschriften nach dem Stand der Technik praktikabel in die Praxis zu überführen. Rechtsverbindlich sind aber grundsätzlich nur die Gesetze und die dazu erlassenen Verordnungen.
Die staatlichen **„Leitlinien zur künftigen Gestaltung des Vorschriften- und Regelwerkes im Arbeitsschutz"** von 2003 legen fest, dass staatliches

Arbeitsschutzrecht weiterhin Vorrang behält vor dem berufsgenossenschaftlichen Präventionsrecht. Das gilt dann logischerweise auch für das zugeordnete (und künftig widerspruchsfrei abgestimmte) Regelwerk. Weil sich die EG-Richtlinien auf abstrakt gefasste grundlegende Sicherheitsanforderungen beschränken, bedarf es ergänzender Regeln in Form technischer Normative. Die DIN-Normen für Ex-Betriebsmittel folgen schon längere Zeit der europäischen Normung. Auch diese Normen sind nicht verbindlich. Aber wenn sie angewendet werden und die CE-Kennzeichnung vorgenommen wurde, darf man vermuten, dass die verbindlichen grundlegenden Sicherheitsanforderungen erfüllt sind. Der Hersteller kann die Anforderungen der EG-Richtlinien jedoch auch auf andere Weise erreichen als nach der Norm. Dass eine VDE-Norm – *korrekt müsste es natürlich heißen eine „DIN EN ... VDE ..."*, z.B. *DIN EN 60079-0 VDE 0170/0171 Teil 1* – als Regel der Technik nicht den gleichen Rang genießt wie eine „Technische Regel"(TR), ist noch nicht allgemein geläufig.

Ergänzende nicht verbindliche Regeln mit dem Ziel, die Rechtsgrundlagen korrekt zu verwirklichen, haben eine feste Rangordnung:

1. *Die „Technischen Regeln" (TR)* stehen unmittelbar unterhalb der staatlichen Arbeitsschutzbestimmungen, wie z.B. der BetrSichV. Dazu gehören die Technischen Regeln Betriebssicherheit **(TRBS)**. Ebenso verhält es sich bei den BG-Regeln (BGR) unterhalb der berufsgenossenschaftlichen Vorschriften. Als „Generalklauseln" in juristischem Sinne können solche Regeln dazu verpflichten, die allgemein anerkannten Regeln der Sicherheitstechnik anzuwenden. Die Technischen Regeln werden in staatlichem oder berufsgenossenschaftlichem Auftrag von Technischen Ausschüssen erarbeitet, koordiniert und kontrolliert, und sie haben Vorrang vor
2. *Regeln der Technik* und Sicherheitstechnik, d.h., den allgemein zugänglichen technischen Normen und Richtlinien, die auf privatrechtlicher Grundlage entstehen, und vor
3. *Betrieblichen Regeln,* die sich auf die rangmäßig vorgeordneten Regeln stützen.

Bezogen auf die Normen insgesamt gibt es **weitere Unterscheidungsmerkmale:**

4. *Europäisch harmonisierte Normen* oder Harmonisierungsdokumente dienen dazu, die rechtlichen Grundsätze der EG-Richtlinien für den Arbeits- und Gesundheitsschutz auf freiwilliger Basis nach dem Stand der Technik in die Praxis zu überführen.
Welche Normen zu einer EG-Richtlinie harmonisiert sind, geht hervor

aus dem „Amtsblatt der Europäischen Gemeinschaften". Damit verbindet sich eine widerlegbare Vermutungswirkung, d.h., wer diese Normen anwendet, darf davon ausgehen, dass er EG-konform handelt.
Im Zusammenhang mit der Beschaffenheitsrichtlinie RL 94/9/EG bzw. der EXVO stellt eine harmonisierte Norm eine technische Spezifikation dar, deren korrekte Anwendung zu der Annahme berechtigt, dass das jeweilige Betriebsmittel keine sicherheitstechnischen Mängel aufweist. Im Bereich der RL 1999/92/EG, der Richtlinie mit den Mindestanforderungen an das sicherheitsgerechte Betreiben, kann es indessen prinzipiell keine harmonisierten Normen geben. Harmonisierte Normen sind in den EU-Mitgliedsländern erst dann anzuwenden, wenn sie das EU-Mitgliedsland national eingeführt hat (d.h., wenn aus der EN eine DIN EN geworden ist oder wenn ein Harmonisierungsdokument (HD) vorliegt) und konträre Normen außer Kraft gesetzt worden sind.

Einerseits – zu entnehmen aus VDE 0100 Teil 100 (Errichten von Niederspannungsanlagen; Anwendungsbereich, Zweck und Grundsätze – müssen europäische Normen, so vorhanden, auch angewendet werden. Liegt für den Anwendungsfall keine DIN EN vor, dann hat man sich nach nationalen Normen zu richten. Andererseits sind sogar ausländische Normen nach dem Stand der Technik akzeptabel, wenn geeignete inländische Normen fehlen.

Glücklicherweise verliert das für die Anwendungspraxis schwer überschaubare EU-Harmonisierungsgeschehen nicht nur für betriebliche Belange des Explosionsschutzes zunehmend an Bedeutung. Die Normenreihe VDE 0165 unterliegt prinzipiell nicht der Richtlinie 94/9/EG. Man hat sich europäisch generell darauf verständigt, künftig an den internationalen IEC-Normen mitzuwirken mit dem Ziel, diese Normen unverändert als EN-Normen zu übernehmen.

5. *Nicht europäisch harmonisierte Normen* (VDE-Bestimmungen) und andere nur national geltende technische Spezifikationen kommen in Betracht, wo harmonisierte Normen nicht zur Verfügung stehen. Für Auslandsaufträge bieten solche Normen nur dann eine Basis, wenn ein Auftraggeber vertraglich darauf besteht.

6. *Gruppe der Normen.* Die Unterteilung der Normen in drei Gruppen stellt ein internes Ordnungssystem dar, das die Stellung von Normen untereinander ausdrückt:
- Gruppe A: Basisnormen, methodische Grundlagen (z.B. DIN EN 1127-1 für die methodischen Grundlagen des Explosionsschutzes)
- Gruppe B: Gruppennormen, z.B. für Arten von Schutzmaßnahmen (z.B. DIN EN 60079-0 VDE 0170/0171 Teil 1 für Ex-Betriebsmittel)
- Gruppe C: Erzeugnisnormen, Festlegungen für spezielle Produkte (z.B. DIN EN 62013-1 VDE 0170/01781 Teil 14 für Ex-Kopfleuchten)

Hier erhöht sich der Grad an konkreten Festlegungen in alphabetischer Folge, während sich das Betrachtungsfeld von A nach C entsprechend einengt.

7. **Bekannt gemachte Normen. Bestimmte Regeln der Technik bekommen Vorrang, wenn sie offiziell bekannt gegeben oder bezeichnet werden.**
Das kann staatlich erfolgen mit Bezug auf eine bestimmte Rechtsverordnung, z.b. zur EXVO, oder berufsgenossenschaftlich mit Bezug auf eine bestimmte BGV. Auch wenn für bestimmte Themen harmonisierte Normen nicht existieren, müssen den Betroffenen die Normen und technischen Spezifikationen, mit denen die sicherheitstechnischen Festlegungen der RL 94/9/EG national sachgerecht umgesetzt werden können, bekannt gegeben werden. Welche Normative das sind, geht in Deutschland hervor aus dem „Bundesanzeiger" (BAZ) oder dem „Bundesarbeitsblatt" (BABl), z.b. mit Bezug auf die 11. GPSGV – EXVO. Der damit verbundene Vorrang vor anderen nicht offiziell benannten Normen gilt dann auch für diejenigen Normen, die in den benannten Normen zitiert werden. Andere technische Regeln darf man anwenden, wenn sie dem Stand der Technik entsprechen und mindestens die gleiche Explosionssicherheit gewährleisten.

Dazu ein Beispiel: die ehemalige DIN VDE 0165(02.91) für das Errichten elektrischer Anlagen in explosionsgefährdeten Bereichen ist eine staatlich bezeichnete Norm zur ElexV (altes Recht). Für die nach ElexV errichteten und Bestandsschutz genießenden Anlagen ist sie auch weiterhin ein Maßstab. Wie andere Normen auch enthält sie aber nicht alles, was man dazu wissen muss und nimmt deshalb unmittelbaren Bezug auf die Normen DIN VDE 0170/0171 für den Explosionsschutz elektrischer Betriebsmittel und auf weitere technische Regeln. Am Schluss enthält die Norm eine Liste mit
mehr als 70 zitierten Normen, beginnend mit DIN VDE 0100 bis zur AfK-Empfehlung Nr. 5 für den elektrischen Korrosionsschutz und zum PTB-Bericht W-39 (inzwischen ersetzt durch PTB-Bericht TH-Ex 10) für das Zusammenschalten linearer und nichtlinearer eigensicherer Stromkreise.
Ob es in Analogie zur Verwaltungspraxis der ElexV auch Normen geben wird, die zur Durchführung der BetrSichV offiziell bezeichnet oder bekannt gegeben werden, bleibt abzuwarten. Wenn es denn geschieht, dann dürfte die Normenreihe VDE 0165 sicherlich dazugehören.

Frage 2.8 **Welche Regeln der Technik sind wichtig für Ex-Elektroanlagen?**

Im Explosionsschutz sind die wesentlichen unmittelbar auf elektrische Anlagen bezogenen Normen noch überschaubar und in Tafel 2.10

zusammengestellt. Als unmittelbare Arbeitsgrundlage dafür sind die unter 1. und 2. unter „VDE" aufgeführten Normen zu betrachten.

Tafel 2.10 Elektrische Anlagen in explosionsgefährdeten Bereichen; wesentliche nationale und internationale Normen, Stand Juli 2004 (kursiv: Entwürfe)

Thema	IEC	CENELEC (DIN EN)	VDE
1.2 Elektrische Anlagen			
– Auswahl, Errichten			
bei Gasexplosionsgefahr	IEC 60079-14	EN 60079-14	VDE 0165 Teil 1
bei Staubexplosionsgefahr	IEC 61241-1-2,	EN 50281-1-2,	VDE 0165 Teil 2
	IEC 61241-14	*künftig*	*VDE 0165 Teil 2/A2*
			EN 61241-14
– Errichten bis 1000 V	Reihe IEC 60364	Harmonisierungs-	Reihe DIN VDE 0100
Nennspannung, Basisnorm		dokument HD 384	
– Betreiben		EN 50110	VDE 0105 Teil 100 1)
– Prüfung und	IEC 60079-17	EN 60079-17	VDE 0165 Teil 10-1
Instandhaltung (Gas-Ex)			
– Prüfung und	IEC 61241-17	EN 61241-17	VDE 0165 Teil 2
Instandhaltung (Staub-Ex)			*VDE 0165 Teil 10-2*
2. Elektrische Betriebsmittel			
2.1 Gasexplosionsschutz		2)	
– Allgemeine Bestimmungen	IEC 60079-0	EN 60079-0	VDE 0170/0171 Teil 1
Zündschutzarten:		(alt EN 50014)	
– Ölkapselung „o"	IEC 60079-6	EN 50015	... Teil 2
– Überdruckkapselung „p"	IEC 60079-2 3)	EN 60079-2	... Teil 301
		bisher EN 50016	
– Sandkapselung „q"	IEC 60079-5	EN 50017	... Teil 4
– Druckfeste Kapselung „d"	IEC 60079-1	EN 50018	... Teil 5
– Erhöhte Sicherheit „e"	IEC 60079-7	EN 50019	... Teil 6
– Eigensicherheit „i"	IEC 60079-11	EN 50020	... Teil 7
– Betriebsmittel „n"	IEC 60079-15	EN 60079-15	... Teil 16
		(alt EN 50021)	
– Vergusskapselung „m"	IEC 60079-18	EN 50028	... Teil 9
– Eigensichere elektrische			
Systeme „i"	*IEC 60079-25*	EN 50039 4)	... Teil 10-1
– Betriebsmittel für Zone 0	*IEC 60079-26*	EN 50284 5)	... Teil 12-1
– Betriebsmittel für Zone 10			... Teil 13 (altes Recht)
– „i"-Feldbussysteme FISCO /FNICO	*IEC 60079-27*	*DIN IEC 60079-27*	*... Teil 27*
2.2 Staubexplosionsschutz:			
– Allgemeine Bestimmungen	IEC 61241-0	EN 61241-0	
Zündschutzarten:			
– Schutz durch Gehäuse „tD"	IEC 61241-1	EN 61241-1	... Teil 15-1
– Überdruckkapselung „pD"	*IEC 61241-4*	*EN 61241-4*	*... Teil 15-4*
	früher IEC 61241-2		
– Eigensicherheit „iD"	*IEC 61241-11*	*EN 61241-11*	*... Teil 15-5*
– Vergusskapselung „mD"	*IEC 61241-18*	*EN 61241-18*	*... Teil 15-8*

Tafel 2.10 (Fortsetzung)

Thema	IEC	CENELEC (DIN EN)	VDE
3. Beurteilung der gefährdeten Bereiche			(EX-RL, BGR 104) 6)
– mit Gas-Explosionsgefahr	IEC 60079-10	EN 60079-10	DIN EN 60079-10 /VDE 0165 Teil 101
– mit Staubexplosionsgefahr	IEC 61241-3	EN 50281-3	*DIN EN 50281-3* */VDE 0165 Teil 102*
4. Grundlagen, Sonstiges – Explosionsschutz; Grundlagen und Methodik		EN 1127-1	(EX-RL, BGR 104) 6)
– Begriffe für Geräte und Schutzsysteme		EN 13237	
– Explosionsunterdrückungs- Systeme		*EN 14373*	

1) DIN VDE 0105 Teil 9 zurückgezogen
2) EN-Normen zum Gasexplosionsschutz: Angleich der Nummerierung an IEC zu erwarten – Nummernsystem 50 ... wird umgestellt auf 60 ... z.B. wird EN 50014 dann EN 60079-0, neuerdings werden auch Entwürfe anstelle von DIN IEC als DIN IEC mit der IEC-Nummerierung veröffentlicht, z.B. DIN IEC 60079- 2, .. -26, ...-27
3) Weiter zu Überdruckkapselung: IEC 60079-13 - Überdruckbelüftete Räume oder Gebäude - Konstruktion und Anwendung; IEC 60079-16 – Technische Lüftung von Analysenmesshäusern
4) EN 60079-25 wird EN 50039 inhaltsgleich ablösen
5) DIN EN 50284 Spezielle Anforderungen an die Prüfung und Kennzeichnung elektrischer Betriebsmittel der Gerätegruppe II – Kategorie 1G

Hier nicht einbezogen:
Normen für spezielle Betriebsmittel und Anlagen, z.B. für elektrische Widerstandsheizung, Sicherheit in elektromagnetischen Feldern, Sicherheit gegen optische Strahlung, elektrostatisches Sprühen von Beschichtungsstoffen.

6) BGR 104 (EX-RL) wird weitgehend inhaltsgleich in die Technische Regel TRBS 2-1-5-2 überführt (voraussichtlich 2005) – weiteres dazu im Abschnitt 20.

Aktuelle Veränderungen infolge des laufenden Normenfortschrittes beachten!

Dazu kommen weitere Normative

– für elektrische Anlagen normaler Bauweise, auf die sich die Normen für explosionsgeschützte Elektroanlagen ausdrücklich beziehen (Reihe VDE 0100 ff)
– für den Schutz gegen bestimmte Arten von Zündquellen, z.B.
  • Blitzschlag (DIN V VDE V 0185),
  • Elektrostatische Auflading (BGR 132)
  • elektrische und elektromagnetische Felder (DIN VDE 0848 Teil 5)
  • optische Strahlung (in Vorbereitung)

- für bestimmte Arten explosionsgeschützter Geräte, z.B. elektrostatische Handsprüheinrichtungen (EN 50050 ff. DIN VDE 0745) und ortsfeste elektrostatische Sprühanlagen (EN 50176 ff. VDE 0147 Teil 101 ff),
- für Elektrische Begleitheizung (VIK-Empfehlung VE 25; IEC 62086-1 /-2)
- für Belange der Mess- und Regelungstechnik (NAMUR-Publikationen, z.B. NE 12 für Analysengeräteräume, NE 31 für Prozessleittechnik)
- für weitere Arten elektrischer Anlagen oder Geräte, z.B. transportable Überdruck-Schutzsysteme, Hochspannungsmaschinen und andere spezifische Normen, auf die hier nicht eingegangen werden kann.

Auf einige Normen soll noch besonders hingewiesen werden, weil sie Grundlagen des Explosionsschutzes behandeln:

- **DIN EN 13237** Begriffe für Geräte und Schutzsysteme zur Verwendung in explosionsgefährdeten Bereichen
- **DIN EN 1127-1** Explosionsfähige Atmosphären – Explosionsschutz – Teil 1: Grundlagen und Methodik (Teil 2 betrifft den Explosionsschutz im Bergbau unter Tage). Diese Norm ist inhaltlich mit den deutschen Explosionsschutz-Regeln (EX-RL BGR 104) vergleichbar. Ergänzend zu den Prinzipien und Grundsätzen des Explosionsschutzes sind im Abschnitt „Elektrische Anlagen" der Norm (6.4.5) die dafür maßgebenden EN-Normen aufgeführt, auch die
- *DIN EN 60079-10* **VDE 0165 Teil 101** – Elektrische Betriebsmittel für gasexplosionsgefährdete Bereiche: Einteilung der gasexplosionsgefährdeten Bereiche (IEC 60079-10). Dazu wäre aktuell zu ergänzen:
- *DIN EN 50281-3* **VDE 0165 Teil 102** – Betriebsmittel zur Verwendung in Bereichen mit brennbarem Staub: Einteilung von staubexplosionsgefährdeten Bereichen (IEC 61241-10) Die letztgenannten beiden Normen beschreiben den Beurteilungsvorgang zur Einstufung explosionsgefährdeter Bereiche, weichen aber etwas ab von der deutschen Praxis gemäß EX-RL(BGR 104).

2.9 Warum sind die neuen Normen für nichtelektrische Betriebsmittel auch interessant für Elektrofachkräfte?

„Nichtelektrische Geräte" – das ist im Normendeutsch des Explosionsschutzes die Bezeichnung für mechanische Betriebsmittel, die zündgefährlich werden können, obwohl sie ihren Dienst ohne Elektroenergie verrichten. Beispiele dafür sind Pumpen, Verdichter, Ventilatoren, Reibungsbremsen, druckluftbetriebene Werkzeuge, Verbrennungskraftmaschinen.
Neuerdings ist für diese Betriebsmittel neben der grundlegenden DIN EN 1127-1 die Normenreihe DIN EN 13463 – Nichtelektrische Geräte für den

Einsatz in explosionsgefährdeten Bereichen – zu beachten. Tafel 2.11 gibt einen Überblick über diese Normen.

Tafel 2.11 Normenreihe DIN EN 13463, Nichtelektrische Geräte für den Einsatz in explosionsgefährdeten Bereichen; ... Entwicklungsstand 2004-06

Teil	Titel		Bemerkungen
1	Grundlagen und Anforderungen;		Ausgabe 2002-04
	folgende Teile: Schutz durch		Berichtigung 2003-06
2	... schwadenhemmende Kapselung	„fr"	Entwurf
3	... druckfeste Kapselung	„d"	EN-Entwurf
4	... Eigensicherheit		noch kein Entwurf
5	... konstruktive Sicherheit	„c"	Ausgabe 2004-03
6	... Zündquellenüberwachung	„b"	Entwurf
7	... Überdruckkapselung	„p"	in Arbeit
8	... Flüssigkeitskapselung	„k"	Ausgabe 2004-01

Die bei nichtelektrischen Betriebsmitteln zu bewertenden potentiellen **Zündquellen entstehen hauptsächlich durch**

- **erwärmte Oberflächen**
- **Schlag- und Reibungsfunken**
- **elektrostatische Entladung.**

Die Zündgefahr resultiert hier also nicht aus dem Energietransport über elektrische Stromkreise, sondern aus mechanischer Bewegungsenergie. Ob technologisch eingebrachte Wärme und elektrostatische Ladung auch an dieser Stelle oder – wie bisher – in anderem Zusammenhang zu bewerten sind, wird noch diskutiert.
Bei rein mechanisch arbeitenden Betriebsmitteln ging man bisher davon aus, dass die sicherheitsgerechte Konstruktion des Erzeugnisses einen im Normalbetrieb ausreichenden Explosionsschutz gewährleistet, ohne dass zusätzliche Schutzmaßnahmen erforderlich sind. Nach neuem Recht, also nach den Sicherheitskriterien gemäß EXVO mit RL 94/9/EG, reicht das aber nur aus für Betriebsmittel der Gerätekategorie 3, d.h., für die Zonen 2 oder 22.
Seit Juli 2003 müssen alle Hersteller ihren Kunden mit Konformitätserklä-

rung nachweisen, dass ihre Erzeugnisse über regulären Explosionsschutz verfügen. Das gilt auch für nichtelektrische Betriebsmittel.
Also ist doch infolge EXVO und RL 94/9/EG nun alles geregelt? So fragt sich da mancher. Wo aber (wie die angeführten Beispiele zeigen) elektrische und nichtelektrische Betriebsmittel konstruktiv eine Einheit bilden, müssen die Elektrofachkräfte vor Ort zumindest Bescheid wissen, worauf es dabei grundsätzlich ankommt:
Nichtelektrische Betriebsmittel haben

- spezielle Zündschutzarten (vgl. Abschn. 7)
- eine eigene Kennzeichnung (vgl. Abschn. 8)
- unterliegen grundsätzlich nur in Kategorie 1 (Zonen 0 und 20) einer **EG-Baumuster- oder -Einzelprüfung**, ausgenommen Verbrennungskraftmaschinen.

Für Elektrofachkräfte kann es problematisch werden, wenn sie sich entscheiden sollen, auch bei der Auswahl nichtelektrischer Betriebsmittel für den Explosionsschutz Verantwortung zu übernehmen. Das könnte eintreten beim Zusammenstellen von Aggregaten (Baugruppen) oder bei Wiederholungsprüfungen.
Solange es lediglich darauf ankommt, ein neues Betriebsmittel anhand der Ex-Kennzeichnung den vorgegebenen Sollwerten gemäß betrieblicher Einstufung anzupassen, entstehen kaum Probleme. Wenn aber in bestehenden Anlagen nichtelektrische Betriebsmittel ohne Ex-Kennzeichnung zur Wiederholungsprüfung anstehen, muss eine **„Zündgefahrenbewertung" gemäß DIN EN 13463** Teil 1 durchgeführt werden.
Beispielsweise könnte zu prüfen sein, ob infolge einer technologischen Störung durch Wärmeleitung sich ein elektrischer Antrieb zusätzlich erwärmt, möglicherweise über die gekuppelten Antriebswellen. Ohne sich auszukennen mit dem Verhalten des jeweiligen technologischen Prozesses und der Ausrüstungen im Normalbetrieb und bei Störungen ist das nicht möglich.
Solche Prüfungen kann nur eine befähigte Person mit besonderen Kenntnissen im gerätetechnischen Explosionsschutz oder eine zugelassene Überwachungsstelle übernehmen.

2.10 Wieso sind bei Normenabfragen die Randbedingungen so wichtig?

Wie Statistiker ermittelt haben, erfreut sich das Normenwerk eines rasanten Wachstums. Statt etwa 58.000 Seiten anno 1990 wird es im Jahr 2005 etwa 190.000 Seiten umfassen. Anders als früher kämpft sich heute niemand mehr durch dicke Kataloge, um die zutreffende Norm herauszufinden. Dafür gibt es:

- die Normensammlung des VDE-Verlages „VDE-Bestimmungen – Auswahl für den Explosionsschutz" in 2 Bänden und
- CD-ROM-Kataloge (VDE-Verlag, Beuth-Verlag) für computergestützte Stichwortabfragen oder
- Internet-Quellen, wofür die Tafel 2.12 Beispiele nennt.

Tafel 2.12   Informationsdienste im Internet (Beispiele, Stand Jan. 2004)

Portal; http://...	Inhalt	Quelle
www.vde-verlag.de	Elektronormen DIN VDE, EN, IEC	VDE Verlag Berlin
www.iec-normen.de	IEC-Normen im PDF-Format	
www.voltimum.de	Elektro- und angrenzende Normative (Handwerk) DIN VDE, EN, VdS, BGI, ISO u.a.	Bundestechnologiezentrum für Elektro- und Informationstechnik Oldenburg (bfe)
www.elektropraktiker.de		
www.online-de.de		
www.bgfe.de	Informationen zu BGV u.a.m.	BGFE
www.elektrofachkraft.de	Informationen für Elektroexperten	WEKA Medien GmbH Augsburg
www.ptb.de	Informationssystem EX-INFO für Hersteller und Betreiber von Ex-Betriebsmitteln	Physikalisch-Technische Bundesanstalt Braunschweig (PTB)
www.explosionsschutz.ptb.de		
www.praevention-online.de	Arbeitsschutz, Gesundheitsschutz, betrieblicher Umweltschutz	BC Verlag Wiesbaden, Erich Schmidt Verlag Berlin
www.hvbg.de	Informationen über BGV, BGI usw. Informationen über Gefahrstoffe	Berufsgenossenschaften, HVBG St.Augustin
.hvbg.de/bia		
www.kan.de/nora	NoRA-Normenrecherche Arbeitsschutz	Kommission Arbeitsschutz und Normung St. Augustin
www.ex-dienst.org	Explosionsschutz	NAMUR-Ex-Dienst
http://st.osha.de	Anwendung der BetrSichV	Landesamt für Verbraucherschutz Sachsen Anhalt Dessau
www.tuev-seminare.de	Seminarkalender Arbeitssicherheit, Elektrotechnik, Anlagentechnik, Brandschutz, Explosionsschutz u.a.	TÜV Saarland GmbH

Um die Treffsicherheit ist es hingegen weniger gut bestellt – es sei denn, man hat Zugriff auf komfortable Suchprogramme, z.B. mit PERINORM (auch

online) und Volltextrecherche. Leider funktionieren der Abgleich der Normen gegeneinander und mit der RL 94/9/EG durchaus noch nicht reibungslos. Das ergab eine Studie von 2003 über Normungsdefizite im Auftrag der KAN.
Wichtig beim Suchen nach Normativen und technischen Regeln für spezielle Probleme:

– Der Titel einer Norm für sich allein ist kein präziser Wegweiser.
– Nicht nur der Anwendungsbereich, sondern auch der Vorspann (Nationales Vorwort, Anhänge und Verweise auf fachlich benachbarte Normen) sind wichtig.
– Technische Normen erheben weder Anspruch auf Vollständigkeit noch auf lückenlose Abstimmung.
– Widersprüche zwischen fachlich benachbarten Normen sind entwicklungsbedingt nicht auszuschließen.
– In Sonderfällen kann es erforderlich sein, noch unbestätigte Entwürfe und/oder bereits abgelöste Normen einzubeziehen.
– **Auch bezeichnete bzw. vorrangige Normen können den Sachverstand nicht ersetzen.**

Der gleitende Übergang auf neue Normen bringt es mit sich, dass Anpassungslücken auftreten und gegenseitige Verweise durcheinander kommen. Neu aufgenommene ausländische Techniken müssen sachgerecht bewertet werden. Aus der international gefilterten Normensprache erwachsen Denkaufgaben, die mitunter nur ein Fachspezialist zielgerecht lösen kann.

Was bei jedem Anwendungsfall mit bedacht werden sollte
Wieso genügt es neuerdings nicht mehr, nur das fragliche Problem zu fixieren, bevor man eine Errichtungsnorm zu Rate zieht? **Eine international übernommene Norm muss man, um Abwege zu vermeiden, mit „europäischem Auge" lesen.** Dass es sich um eine solche Norm handelt, ist aus der Quellenangabe auf dem Titelblatt erkennbar. Auch wo DIN EN (und nicht DIN IEC) im Titel steht, stammen die textlichen Quellen zunehmend von IEC. Wie schon gesagt wirken die VDE-Fachleute bei der europäischen und der internationalen Normengestaltung mit und haben wie alle anderen Mitarbeiter ein Stimmrecht, aber kein Vetorecht. Seit einiger Zeit entstehen die Normen auf internationaler Ebene, also bei IEC, werden mit CENELEC abgestimmt und müssen in der bestätigten Fassung von den Mitgliedsländern unverändert übernommen werden. Anstelle einer Norm mit direktem Zuschnitt auf deutsche oder europäische Gepflogenheiten hat sich der Anwender mit wortgetreu übersetzten IEC-Formulierungen vertraut zu machen.
Das bedeutet, bei einer Norm internationalen Ursprungs

- handelt es sich nicht primär um Festlegungen nach deutschem Stand der Technik,
- sind europäisch geregelte Anforderungen an die Beschaffenheit von Ex-Betriebsmitteln prinzipiell nicht einbezogen, *daher*
- fehlt noch die Verbindung zur europäisch rechtsverbindlichen Kennzeichnung explosionsgeschützter Betriebsmittel (dazu Abschnitt 8), *außerdem*
- stellt die aktuelle Normenreihe VDE 0165 stellenweise Bedingungen, die bei Betriebsmitteln nach europäischem Recht schon durch die EXVO/RL 94/9/EG erfüllt sind.

Einerseits kann das verblüffen, wenn man sich nicht gedanklich darauf eingestellt hat, andererseits hilft es aber, wenn ein Auftrag aus einem Land außerhalb der EU abzuwickeln ist.

Frage 2.11 Wer darf die Elektroanlagen explosionsgefährdeter Betriebsstätten planen, errichten, ändern oder instandhalten?

In den Rechtsgrundlagen des Explosionsschutzes elektrischer Anlagen gibt es dafür keine unmittelbaren Festlegungen, ausgenommen für die Prüfung (hierzu Abschnitt 19). Orientiert man sich an den Vorgaben in VDE 0165 Teil 1, Abschnitt 4.1, dann müssen elektrische Anlagen in explosionsgefährdeten Bereichen auch den entsprechenden Anforderungen für Anlagen in nichtexplosionsgefährdeten Bereichen entsprechen. Folglich gelten die Grundsätze für alle elektrischen Anlagen nach

- BGV A2 (früher VBG 4, künftig wahrscheinlich BGV A3) und nach
- VDE 0100 Teil 100 *einschließlich VDE 0105 Teil 100 und VDE 1000 Teil 10,*

d.h., **das Errichten elektrischer Anlagen – in diesem Fall unter den Bedingungen des Explosionsschutzes – darf nur von geeignetem dafür qualifiziertem Fachpersonal durchgeführt werden.**
Unternehmer tragen Führungsverantwortung bei der Auswahl der Elektrofachkräfte, die sie mit solchen Arbeiten betrauen. An der Elektrofachkraft liegt es dann, verantwortlich zu entscheiden, ob auch eine „elektrotechnisch unterwiesene Person" unter Aufsicht bestimmte Arbeiten übernehmen kann, die den Explosionsschutz nicht berühren.
Persönliche Erkenntnislücken kann man in dieser Entscheidungskette nicht ausschließen. Es wird gefährlich, wenn sie sich addieren. Dass die BGV A2 es dem Personenkreis mit Führungsverantwortung zubilligt, sich auf die Fachverantwortung der Elektrofachkraft zu verlassen, macht es nicht leichter. Wenn das Risiko durch die Mitwirkung Fachfremder nicht sicher überschaubar ist, sollte man es besser vermeiden.

3 Verantwortung für die Explosionssicherheit

Frage 3.1 *Wer hat den betrieblichen Explosionsschutz insgesamt zu verantworten?*

Der Vollständigkeit halber sei zuerst gesagt, dass hier nicht die arbeitsrechtlichen Belange im Vordergrund stehen, sondern die Arbeitssicherheit und die technische Sicherheit.
Elektrischer Explosionsschutz ist ein Teilgebiet der insgesamt erforderlichen Schutzmaßnahmen gegen Explosionsgefahren. Der Explosionsschutz insgesamt ordnet sich ein in das große Gebiet des Arbeitsschutzes und der Anlagensicherheit. Hauptsächliche Ziele sind einerseits der Personenschutz, andererseits der Sachschutz. **Nach den Festlegungen im Arbeitsschutzrecht gehört der betriebliche Arbeitsschutz zu den Grundpflichten des Arbeitgebers** (Unternehmers), nachzulesen

- im Arbeitsschutzgesetz (ArbSchG) § 3,
- in der Unfallverhütungsvorschrift BGV A1 § 2,
- in der Arbeitsstättenverordnung (ArbStättV),
- in der Betriebssicherheitsverordnung (BetrSichV) Abschn. 2
- in der Gefahrstoffverordnung (GefStoffV) § 15 ff,
- in weiteren arbeitsschutzrechtlichen Grundlagen.

Das sind Führungsaufgaben. Verantwortung dafür hat die Führungskraft, der die betreffende Betriebsstätte unmittelbar untersteht. Sie trägt auch die Leitungs- und Aufsichtsverantwortung, wobei für den Explosionsschutz auf folgende Belange besonders hinzuweisen ist:

- Beurteilung der Explosionsgefahr (dazu Abschn. 4)
- Explosionsschutzdokument (dazu 2.4.9)
- sicherheitsgerechte Beschaffenheit der Anlagen (dazu Abschn. 2)
- Kennzeichnung der Ex-Bereiche (dazu 8.13)
- ordnungsgemäße Prüfung der Arbeitsmittel (dazu Abschn. 19)
- Unterweisung der Beschäftigten

– speziell erforderliche schriftliche Regelungen (Arbeitsfreigabe, sicherheitsbezogene Festlegungen für gefährliche Arbeiten, Koordinierung mit Fremdfirmen dazu Abschn. 5 und 19.5)

Auf einige dieser Pflichten wird folgend noch eingegangen.

Frage 3.2   Wer hat Verantwortung für den elektrischen Explosionsschutz?

„Elektrischer Explosionsschutz"- damit ist nicht nur die klassische Elektrotechnik angesprochen, sondern ebenso die Automatisierungstechnik und die Informatik. Das hat sich so eingeprägt, weil bis zum Jahr 2002 die ElexV aus der Sicht des Praktikers im Betrieb die unmittelbare Rechtsgrundlage aller Schutzmaßnahmen gegen elektrische Zündquellen darstellte. Inzwischen löst die BetrSichV die ElexV bis zum Jahr 2007 gleitend ab (hierzu 2.4. und 2.5).

Wie bisher die ElexV nimmt auch die BetrSichV das übergeordnete Recht auf und spricht die Verantwortung des Arbeitgebers als Betreiber an.

Das folgende Zitat gibt die Formulierungen in § 12(3) der BetrSichV wieder und stellt sie dem bisher gültigen Text gemäß § 13(1) ElexV *(in Klammer)* gegenüber:

„Wer eine überwachungsbedürftige Anlage *(elektrische Anlage in explosionsgefährdeten Bereichen)* **betreibt, hat diese in ordnungsgemäßem Zustand zu erhalten,** *(ordnungsmäßig zu betreiben, ständig ...)* **zu überwachen, notwendige Instandhaltungs- und Instandsetzungsarbeiten unverzüglich vorzunehmen und die den Umständen nach erforderlichen Sicherheitsmaßnahmen zu treffen."**

Was die ElexV hier schon seit 1980 fordert, gilt also sinngemäß auch weiterhin. Im Kern greift die BetrSichV die bisherige Formulierung wieder auf, und zwar für alle überwachungsbedürftigen Anlagen. Lediglich bei „...ständig zu überwachen, ..." ist das Wörtchen *ständig* entfallen. Allerdings fehlt nun in der BetrSichV auch das Suchwort „elektrische Anlage in explosionsgefährdeten Bereichen".

Mit dem zitierten Grundsatz verbinden sich spezielle Erfordernisse, die vor allem darin bestehen,

– die Festlegungen der Anhänge 3 und 4 zur BetrSichV zu erfüllen (Zoneneinteilung, Mindestvorschriften; vgl. Tafel 2.7 und 2.8)
– die Verantwortungsbereiche personell zu regeln (Übertragung von Unternehmerpflichten; BGV A1 § 13, BGI 507) und die sachlichen Voraussetzungen abzusichern (zuverlässige und erfahrene Personen, materielle Arbeitsfähigkeit), wobei § 7 BGV A1 den Unternehmer auch verpflichtet, da-

rauf zu achten, dass die zu beauftragende Person dazu befähigt ist, Aufgaben des Explosionsschutzes zu übernehmen,
- abzusichern, dass Auftragnehmer (Planer, Errichter, Instandhalter, Fachspezialisten) sach- und sicherheitsgerecht zur Arbeitsaufgabe eingewiesen und koordiniert werden, auch auf Baustellen (§ 6 BGV A1),
- zu veranlassen, dass der ordnungsgemäße Zustand der Anlagen entsprechend den rechtlichen Festlegungen (Paragrafen 14 bis 16 und 19 BetrSichV, § 12 ElexV) kontrolliert wird.

Es sollte nach Meinung des Verfassers auch einschließen, dass der Betreiber Kontakt hält zu den Aufsichtsorganen.
Es schließt jedoch nicht ein, dass ein Betreiber deshalb auch in die unmittelbare Verantwortung externer Auftragnehmer eingreifen darf.
Die Fachverantwortung verbleibt grundsätzlich der Fachkraft.
Dass dies natürlich nicht gilt, wenn einer Fachkraft die Qualifikation für den Explosionsschutz fehlt, bedarf keiner Begründung. Eine Führungskraft, die keine Kenntnisse im elektrischen Explosionsschutz hat, trägt dafür keine Fachverantwortung und kann einer Elektrofachkraft dafür keine Weisungen geben. Auch eine „Elektrofachkraft für festgelegte Tätigkeiten" verfügt grundsätzlich nicht über die Fähigkeiten, Fachverantwortung im Explosionsschutz zu übernehmen.

Frage 3.3   *Welche hauptsächlichen Pflichten verbinden sich mit der Verantwortung für eine explosionsgefährdete Betriebsstätte?*

Ursache möglicher Gefahren durch explosionsfähige Gemische ist der Umgang mit entzündlichen Stoffen, einem wesentlichen Thema der „Verordnung zum Schutz vor gefährlichen Stoffen" (Gefahrstoffverordnung; GefStoffV). Aus den Festlegungen

- des Arbeitsschutzgesetzes,
- des § 16 der Gefahrstoffverordnung mit Anhang V Nr.8,
- der Paragrafen 3 ff der BetrSichV mit den Anhängen 3 und 4

sowie aus weiteren zu den Fragen 3.1 und 3.2 genannten Rechtsgrundlagen ergeben sich für den Verantwortlichen folgende primäre Pflichten zur Gefahrenabwehr:

- die Gefahren und Gefährdungen, die von solchen Stoffen ausgehen, sind konkret zu beurteilen
- die erforderlichen Schutzmaßnahmen sind nach aktuellem Stand der Technik und jeweiligen betrieblichen Erfordernissen

- festzulegen und anzuwenden,
- vor der erstmaligen Inbetriebnahme insgesamt zu überprüfen,
- zu überwachen, regelmäßig zu prüfen und den aktuellen Erfordernissen anzupassen
  - die Beurteilungsergebnisse und Festlegungen sind im betrieblichen Explosionsschutzdokument nachzuweisen.

Dazu gehört auch das Abstimmen der Verantwortungsbereiche und der Unterweisungspflichten mit den Auftragnehmern.
Logischerweise schließt das alles die Pflicht ein, sich mit den einschlägigen rechtlichen und technischen Normativen vertraut zu machen.

Frage 3.4 Welche Pflichten des Arbeitgebers spricht die Gefahrstoffverordnung im Anhang V besonders an?

Gemessen an der vergleichsweise unspektakulären Überschrift „Anhang V Nr. 8 Brand- und Explosionsgefahren", dem bescheidenen Umfang von etwa 2 Druckseiten und der Platzierung am Ende der gemeinsamen Artikelverordnung nimmt es nicht Wunder, dass Elektrofachkräfte mitunter gar nicht bis dahin vordringen.
Statt dessen entsteht eher der Eindruck, es wäre die BetrSichV, die nun – nach Ablösung der ElexV – alle grundlegenden Pflichten des Arbeitgebers im Umgang mit entzündlichen Stoffen umfassend regelt, und das stimmt nicht.
Die GefStoffV regelt im Anhang V unter Nr. 8 insgesamt **„den Schutz der Arbeitnehmer und Anderer vor Brand- oder Explosionsgefahren beim Umgang mit Gefahrstoffen"** und bindet dabei die BetrSichV mit ein (hierzu weiteres unter 2.5.2). **Mit ihren über die BetrSichV hinaus reichenden Zielen bildet die GefStoffV den zentralen Angelpunkt der Pflichten des Arbeitgebers für die Verhütung von Bränden und Explosionen.**
Im Vordergrund steht hier die Gruppe von Schutzmaßnahmen mit dem prinzipiell besten Ergebnis. Das sind die als „primärer Explosionsschutz" bekannten Maßnahmen, das Vermeiden explosionsfähiger Gemische mit technologischen Mitteln. Lassen der Stand der Technik und die verfahrenstechnische Situation es zu, das zu verwirklichen, wozu die Automatisierungstechnik wesentlich beitragen kann, dann wird konventioneller elektrischer Explosionsschutz überflüssig.
Mit diesen grundsätzlichen Pflichten des Arbeitgebers knüpft die GefStoffV an § 7 ElexV und an RL 1999/92/EG an und stellt die Schutzmaßnahmen in folgende Rangordnung:

a) **Verhinderung der Bildung gefährlicher explosionsfähiger Gemische**

b) **Vermeidung der Entzündung gefährlicher explosionsfähiger Atmosphäre**
c) **Abschwächung der schädlichen Auswirkungen einer Explosion auf ein unbedenkliches Maß**

Wo sich keine Möglichkeiten für a) bieten, sind Maßnahmen nach b) und/oder c) anzuwenden, und dazu verweist die GefStoffV auf die BetrSichV. **Gleichbedeutend verpflichtet die GefStoffV an dieser Stelle, den Brandgefahren durch geeignete Maßnahmen zu begegnen.** Dazu schreibt die Verordnung ebenfalls gestaffelte Maßnahmen vor,

- beginnend mit dem sicheren Einschluss der gefährlichen Stoffe,
- ergänzt durch das gefahrlose Erfassen oder Beseitigen und das Vermeiden von Zündquellen,
- komplettiert durch Maßnahmen zur effektiven Brandbekämpfung und durch weitere Bedingungen für den Brand- und Explosionsschutz in Arbeitsbereichen und Lagereinrichtungen.

Auch wenn das Wort „Brandschutzdokument" in der GefStoffV nicht vor kommt, stellt die Verordnung an das Beurteilen und Dokumentieren der Gefährdungen und Schutzmaßnahmen grundsätzlich die gleichen Bedingungen wie die BetrSichV.

Elektrofachkräfte stießen bisher oft auf Unverständnis, wenn sie vom Auftraggeber schriftliche Angaben zur Brandgefährdung haben wollten. Nun gibt es dafür eine berufbare Rechtsgrundlage.

Frage 3.5 *Welche Verantwortung tragen die Auftragnehmer für den Explosionsschutz betrieblicher Anlagen?*

Wenn Planer, Errichter, Instandhalter und andere Auftragnehmer Teilaufgaben des Explosionsschutzes übernehmen, tragen sie die Verantwortung für die sachgerechte Umsetzung der Vorgaben der Hersteller und Betreiber sowie für die sicherheitsgerechte Ausführung ihrer jeweiligen Leistungen (Qualitätssicherung, Gewährleistung, Haftung nach einschlägigen Rechtsgrundlagen und vertraglichen Festlegungen).

- **Als Auftragnehmer für Arbeitsverfahren oder technologische Leistungen** haben sie alles aufzubereiten und zu dokumentieren, was der Betreiber wissen muss, um die unter 3.3 und 3.4 angesprochenen Pflichten erfüllen zu können. Sind sie selbst der Auftraggeber für EMR-Leistungen und nicht der Betreiber, dann haben sie die dort erläuterten Pflichten allein wahrzunehmen, bis ein Betreiber sie übernimmt.

- **Als Auftragnehmer für EMR-Leistungen** haben sie sich nach den Vorgaben des Betreibers oder Auftraggebers zu richten, die Auftragsdokumentation fachlich zu prüfen – auch mit Blick auf die Schnittstellen zu anderen Fachbereichen – und erkannte Mängel oder Abstimmungslücken dem Auftraggeber mitzuteilen. Als Errichter oder Instandhalter sind sie verantwortlich für den Brand- und Explosionsschutz beim Umgang mit entzündlichen Arbeitsstoffen (z.b. Brenngase, Lösemittel). Dazu müssen sie die gesetzlichen Bestimmungen und das Vorschriftenwerk des Brand- und des Explosionsschutzes beachten.

- **Als Hersteller oder Lieferer von Geräten** (Betriebsmittel, fabrikfertige Anlagen) sind sie verantwortlich für die vorschriftsmäßige Beschaffenheit der Lieferung. Dazu gehört gemäß EXVO auch eine ausführliche Betriebsanleitung mit allen Angaben und Daten, die für Explosionssicherheit beim Errichten und Betreiben erforderlich sind.

Tafel 3.1 fasst zusammen, was Auftraggeber und Auftragnehmer gegenseitig zu verantworten haben.

Tafel 3.1   *Abgrenzung von Verantwortungsbereichen beim Errichten von Ex-Elektroanlagen*

1	**Grundsatz** Für die Arbeitssicherheit einschließlich der technischen Sicherheit ist der Unternehmer (Betreiber) verantwortlich.
2	**Verantwortungsbereich des Auftragnehmers** – Prüfung der Auftragsvorgaben auf Vollständigkeit und Übereinstimmung mit den zutreffenden Rechtsgrundlagen und Regeln der Technik – Abstimmung mit dem Auftraggeber zu speziellen sicherheitstechnischen Forderungen und Schnittstellen – Qualitätsgerechte sicherheitstechnisch ordnungsgemäße Ausführung anhand der Rechtsgrundlagen und der anerkannten oder speziell vereinbarten Regeln der Technik
3	**Verantwortungsbereich des Auftraggebers** – Übergabe sach- und sicherheitsgerechter Auftragsdokumente (z.B. auch schriftliches Beurteilungsergebnis der Gefahrensituation mit allen gemäß BetrSichV/EXVO/DIN VDE erforderlichen Angaben) – Konkretisierung des technischen Regelwerkes (z.B. bei Export/Import) – Angabe zusätzlich zu beachtender Festlegungen (z.B. Werknormen, Richtlinien der Schadensversicherer, Behördenauflagen) – Abstimmung des Gesamtkonzeptes der Explosionssicherheit mit weiteren Auftragnehmern – Einholen sicherheitstechnischer Entscheidungen zu Zweifelsfällen des Explosionsschutzes bei der Aufsichtsbehörde

Frage 3.6 **Nimmt das Anwenden von anerkannten Regeln der Technik weitere Verantwortung ab?**

Nein. Dazu der Standpunkt der Deutschen Elektrotechnischen Kommission im DIN und VDE (DKE), enthalten in einem Rundschreiben vom 24.02.1997:
„Die Normen bilden einen Maßstab für einwandfreies technisches Verhalten; dieser Maßstab ist auch im Rahmen der Rechtsordnung von Bedeutung. Die Anwendung einer Norm ist grundsätzlich freiwillig, eine Anwendungspflicht kann sich aufgrund von Rechts- oder Verwaltungsvorschriften ((Anm. des Verfassers: so auch im Explosionsschutz)) sowie aufgrund von Verträgen oder sonstigen Rechtsgründen ergeben. *Durch das Anwenden von Normen entzieht sich niemand der Verantwortung für eigenes Handeln. Jeder handelt insoweit auf eigene Gefahr.*"
Nicht anders ist das mit der Beratung durch Fachspezialisten. Sachkundige Beratung enthebt zwar nicht von der eigenen Verantwortung, trägt aber sehr dazu bei, die „eigene Gefahr" deutlicher zu erkennen und zu umgehen. **Beratende Hilfe können geben**

- die Fachleute bzw. befähigten Personen (bisher anerkannte Sachverständige im Sinne der ElexV)
  - der technischen Überwachungsorganisationen (TÜV)
  - der Berufsgenossenschaften
  - der Physikalisch-Technischen Bundesanstalt Braunschweig(PTB)
  - der EXAM-BBG Prüf- und Zertifizier-GmbH Bochum (BVS)
  - des Instituts für Sicherheitstechnik Freiberg (IBExU)
- die Fachleute bzw. befähigten Personen der Hersteller
- behördlich anerkannte befähigte Personen von Unternehmen (bisher anerkannte betriebliche Sachverständige bzw. Sachkundige im Sinne der ElexV)
- die Fachleute (Sachverständigen) bzw. befähigten Personen
  - der NAMUR
  - des Komitees K 235 der DKE, Stresemannallee 15, 60596 Frankfurt
  - der Schadensversicherer
  - des Arbeitskreises „Elektrische Anlagen in explosionsgefährdeten Betriebsstätten" im VDE-Bezirksverein Leipzig/Halle

Frage 3.7 **Wofür sind Elektroauftragnehmer grundsätzlich nicht verantwortlich?**

Verantwortung ist auch an fachliche Voraussetzungen gebunden. Der Verantwortliche muss dazu fähig sein, Gefahrensituationen in seinem Verantwortungsbereich zu erkennen und sachgerecht zu beurteilen, um ihnen wirksam zu begegnen. Trägt jemand Führungsverantwortung und muss feststellen, dass ihm diese Fähigkeiten im speziellen Fall fehlen, dann hat er die Pflicht, seinen Vorgesetzten sofort zu informieren.

Um Explosionsgefahren real zu beurteilen und eine effektive Sicherheitskonzeption zu entwickeln, sind Kenntnisse erforderlich, über die Elektrofachleute berufsbedingt nicht verfügen. Deshalb können sie im Grunde dafür auch nicht verantwortlich gemacht werden.

Im Zusammenwirken mehrerer Auftragnehmer verpflichtet nicht nur die BGV A1 (§ 6) zur gegenseitigen Abstimmung. Hier liegt das Ziel im Vermeiden zeitlich und örtlich bedingter gegenseitiger Gefährdungen auf Baustellen. Eine Pflicht für Auftragnehmer, sich auf kurzem Weg unmittelbar über Probleme des anlagetechnischen Explosionsschutzes abzustimmen, ist daraus weder abzuleiten noch wäre sie vertragsrechtlich zulässig – im Gegensatz zur Notwendigkeit, spezielle Probleme des Arbeitsschutzes auf der Baustelle gemeinsam zu klären.

Um Betriebsmittel einer umfassenden Gefahrenanalyse über potentielle oder akute Zündgefahren zu unterziehen, sind ebenfalls spezielle Kenntnisse erforderlich, die nur über eine besondere Ausbildung erworben werden können. Das gilt sowohl für elektrische als auch für nichtelektrische Betriebsmittel. Wer eine solche Ausbildung für elektrische Betriebsmittel schon hat, wird zustimmen, dass das Bewerten des Explosionsschutzes nicht elektrischer Betriebsmittel in dieser Hinsicht manche Klippe birgt, so z.B. das Bewerten von Kupplungen oder störungsbedingten Erwärmungen in Pumpen (dazu auch Frage 2.9). Elektroauftragnehmer können grundsätzlich keine Verantwortung übernehmen für die Zündgefahrenanalyse beigestellter nicht baumustergeprüfter Betriebsmittel, es sei denn, sie sind dafür besonders befähigt.

In diesem Zusammenhang soll nochmals auf die Gesamtprüfung der Arbeitsstätten hingewiesen werden, die neuerdings gemäß BetrSichV vor der erstmaligen Nutzung vorzunehmen ist. Wer sich als Auftraggeber erst kurz vor der Inbetriebnahme daran erinnert und meint, das noch schnell seiner elektrisch befähigten Person abverlangen zu können, übersieht, dass nicht nur der elektrische Explosionsschutz zu überprüfen ist, sondern das Zusammenspiel aller Maßnahmen des betrieblichen Explosionsschutzes (dazu auch Frage 3.3).

Über Zweifelsfälle zur sicherheitsgerechten Gestaltung und zum Betreiben explosionsgefährdeter Betriebsstätten entscheidet die örtlich zuständige Aufsichtsbehörde. Ganz gleich, wer sich davon einen Vorteil verspricht, bleibt es auch hier in der Verantwortung des Betreibers, sich mit seiner Berufsgenossenschaft abzustimmen und den Behördenentscheid einzuholen.

Ex-Ventilatoren nach neuem EU-Recht

Mit Baumusterprüfung nach Richtlinie 94/9/EG

Safety first – das gilt insbesondere dann, wenn es um die Sicherheit in explosionsgefährdeten Bereichen geht. Und diese bietet MAICO als Spezialist mit seiner neuen Generation an Ex-Ventilatoren, die ganz im Zeichen europaweiter Sicherheit nach Richtlinie 94/9/EG (ATEX) steht.

MAICO bietet das große Spezialprogramm an Ex-Ventilatoren
- für Wand-, Rohr- und Dacheinbau
- in Drehstrom oder Wechselstrom
- Zündschutzart "e" (erhöhte Sicherheit)

NEU: Der MAICO Ex-Leitfaden –
Expertenwissen zum Thema Explosionsschutz

Gleich Info anfordern:

MAICO
VENTILATOREN
www.maico.de · Service-Hotline: 01805/694-110

Frage 3.8 *Welche Verhaltensweise wird von einer Elektrofachkraft erwartet, wenn Arbeiten in einem Ex-Bereich durchzuführen sind?*

In einem explosionsgefährdeten Bereiche muss jeder Beschäftigte sein Verhalten so einrichten, wie es die jeweilige betriebliche Situation erfordert.

Die Verpflichtung der Elektrofachkraft zu arbeitsschutz- und sicherheitsgerechtem Verhalten schließt eine bewusste Vorgehensweise ein:

- Arbeiten sicherheitsgerecht vorbereiten, umsichtig durchführen, ordnungsgemäß beenden,
- Einrichtungen nur bestimmungsgemäß verwenden,
- Mängel sofort abstellen oder melden,
- Sicherheitsanweisungen konsequent befolgen,
- Sicherheitsmaßnahmen zielgerecht unterstützen.

4 Ursachen und Arten von Explosionsgefahren, explosionsgefährdete Bereiche

Frage 4.1 Wie kommen Explosionsgefahren zustande?

Natürlich durch gefährliche Stoffe, die explosionsgefährdend sind, also zumeist durch **Gefahrstoffe** im Sinne der Gefahrstoffverordnung. Oder durch „explosionsgefährliche" oder „explosionsfähige" Stoffe, wie es gemäß GefStoffV (RL 67/548/EWG) heißt? Beides ist möglich, aber nicht dasselbe. **Explosionsgefahren können die unterschiedlichsten stofflichen und technischen Ursachen haben.** Deswegen findet man in den Rechtsgrundlagen anstelle einer fassbaren Definition der „Explosionsgefahr" immer Umschreibungen.
Im rechtlichen Sinn sind nur solche Gefahrstoffe als „explosionsgefährlich" einzuordnen, die dem Sprengstoffgesetz unterliegen. Auch als „Explosivstoffe" bekannt haben sie aber mit explosionsgefährdeten Bereichen im Sinne der BetrSichV (bisher der ElexV) nichts zu tun, gehören also hier nicht zum Thema und für elektrische Anlagen gilt dann die DIN VDE 0166.
Daneben unterscheidet die GefStoffV verschiedenartig „entzündliche" (jedoch nicht „explosionsgefährliche") Gefahrstoffe. **Tafel 4.1** (auf Seite 112) **informiert über die Gruppierung der Entzündlichkeit nach R-Sätzen als vorgeschriebene Kennzeichnung für den Handel.**

Diese Stoffe bilden

- ein „explosionsfähiges Gemisch" (GefStoffV)
- das in Arbeitsstätten als **„explosionsfähige Atmosphäre"** (BetrSichV und GefStoffV) auftreten kann,

wenn sie

- **in fein verteilter Form vorliegen (Gas, Dampf, Nebel, Staub) und die Konzentration innerhalb der Explosionsgrenzen liegt** (untere/obere Explosionsgrenze, auch als Zündgrenzen bezeichnet, abgekürzt UEG/OEG bzw. UZG/OZG, Maßeinheit Vol.-% oder g/m^3) und wenn noch

Tafel 4.1 Einstufung und Kennzeichnung gefährlicher Stoffe nach ihrer Entzündlichkeit (R-Sätze gemäß GefStoffV mit RL 67/548/EWG)

Einstufung	Definition der Stoffe und Zubereitungen	Kennzeichnung
entzündlich	**flüssig** mit Flammpunkt 21 bis 55 °C 1)	R 10
leichtentzündlich	**flüssig,** Flammpunkt < 21°C, aber nicht hochentzündlich; oder **fest,** 2) wenn bei kurzzeitig einwirkender Zündquelle leicht entzündbar und dann selbständig weiterbrennend	R 11 F und Flammensymbol (Warnschild W01 nach BGV A8)
hochentzündlich	**flüssig** mit Flammpunkt < 0°C und Siedepunkt (-beginn) ≤ 35 °C, aber nicht leichtentzündlich; oder **gasförmig** entzündlich in Luft bei normalen Druck- und Temperaturwerten	R 12 F+ und Flammensymbol (Warnschild W01 nach BGV A8)

1) Bei Flammpunkten > 40°C ohne zusätzliche Erwärmung in der Regel keine explosionsfähige Atmosphäre möglich; Entzündung auch möglich bei Flammpunkten > 55°C und zusätzlicher Erwärmung (z.B. Dieselkraftstoffe, leichte Heizöle), Möglichkeit explosionsfähiger Gemische prüfen, erhöhte Entzündungsgefahr bei Zumischung von Stoffen mit niedrigen Flammpunkten

2) auch bei dispergierten Feststoffen (Stäube)!

Bei explosionsgefährdeten Bereichen im Sinne der BetrSichV (bisher ElexV) nicht unmittelbar zu betrachten, aber beim Beurteilen technologischer Zündgefahren einzubeziehen:

R1 in trockenem Zustand explosionsgefährlich
R2 durch Schlag, Reibung, Feuer oder andere Zündquellen explosionsgefährlich
R3 durch Schlag, Reibung oder andere Zündquellen besonders explosionsgefährlich
R4 bildet hochempfindliche explosionsgefährliche Metallverbindungen
R5 beim Erwärmen explosionsfähig
R6 mit und ohne Luft explosionsfähig
R7 kann Brand verursachen
R8 Feuergefahr bei Berührung mit brennbaren Stoffen
R9 Explosionsgefahr bei Mischung mit brennbaren Stoffen
R14 reagiert heftig mit Wasser
R16 explosionsgefährlich in Mischung mit brandfördernden Stoffen
R17 selbstentzündlich an der Luft
R18 bei Gebrauch Bildung explosionsfähiger leichtentzündlicher Dampf/Luft-Gemische möglich
R19 kann explosionsfähige Peroxide bilden
R30 kann bei Gebrauch leichtentzündlich werden
R44 explosionsgefährlich bei Erhitzen unter Einschluss

- **ein Reaktionspartner dazu kommt** (bei „explosionsfähiger Atmosphäre" ist das der Sauerstoffanteil der Luft).

Eine solche Explosion in der Gasphase, die man auch als Deflagration bezeichnet, verläuft

- etwas weniger heftig als eine Sprengstoffexplosion (Detonation), aber
- wesentlich heftiger als eine Verpuffung

Die Reaktionsgeschwindigkeit bleibt unterhalb der Schallgeschwindigkeit, wobei der maximale Explosionsdruck nur selten 10 bar übersteigt.
Dabei kann eine Explosion *mit gefährlichen Auswirkungen* nur eintreten, wenn gleichzeitig

- eine *gefahrdrohende Menge* an explosionsfähigem Gemisch und
- eine *wirksame Zündquelle* aufeinander treffen.

Umgekehrt betrachtet ergibt sich daraus die prinzipielle Wirkungsweise aller Maßnahmen des Explosionsschutzes. Schadensereignisse durch Explosionen werden verhindert, wenn es gelingt, eine der Voraussetzungen zu beseitigen. Diesen Sachverhalt demonstriert das sogenannte Explosionsdreieck. Das Problem dabei: nicht jede der drei Bedingungen (Stoff, Reaktionspartner, Zündquelle) ist mit gleicher Elle zu messen.

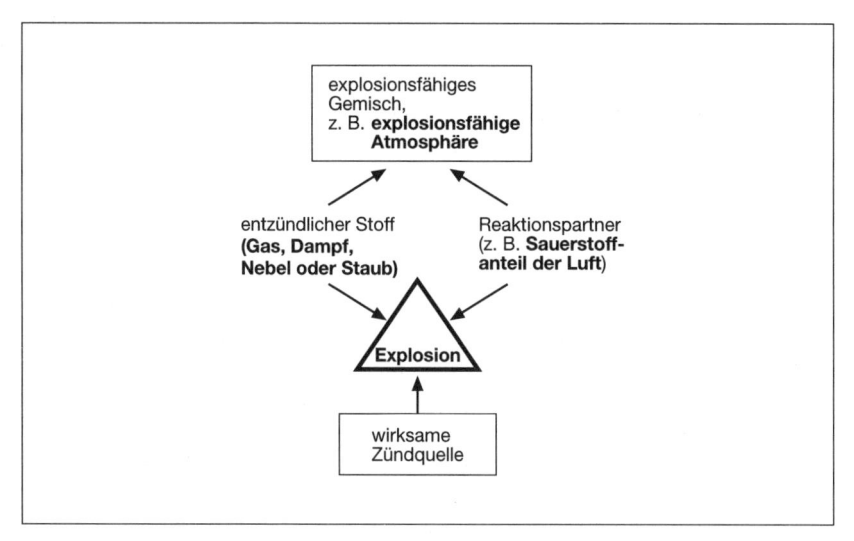

Bild 4.1   *Voraussetzung für eine Explosion (Gasphase)*

Frage 4.2   Welche Arten von Explosionsgefahren gibt es?

Auf den Geltungsbereich der hier maßgebenden Rechtsgrundlagen (GefStoffV und BetrSichV, bisher ElexV) bezogen bestimmt der jeweils maßgebende entzündliche Stoff, wovon man zu sprechen hat, ob von einer

– **Gasexplosionsgefahr**
  - durch Gase (die sich mehr oder minder spontan mit Luft vermischen)
  - durch Dämpfe von Flüssigkeiten (Flüssigkeiten müssen erst in den gasförmigen Zustand übergehen, bevor sie sich mit Luft vermischen können)
  - durch Flüssigkeitsnebel, oder (selten) auch
  - durch Feststoffe, die sublimieren können

– **Staubexplosionsgefahr** durch aufgewirbelte Feststoffe in Korngrößen < 0,4 mm (die sich in der Luft verteilen, zumeist durch Aufwirbeln, und unterschiedlich schnell wieder absetzen)
– Explosionsgefahr durch hybride Gemische (gas- und staubförmig; gefährlicher als die Gemische der einzelnen Gas- und Staubkomponenten!)

Nicht einbezogen in die Betrachtung explosionsgefährdeter Bereiche nach BetrSichV ebenso wie bisher nach ElexV sind die

– Schlagwetter-Explosionsgefahr (untertägiger Bergbau, ElBergVO), die
– Explosionsgefahr durch explosionsgefährliche Stoffe (Explosivstoff-Bereich) sowie die
– Explosionsgefahren durch chemische Reaktionen
– physikalisch bedingte Explosionsgefahren, z.B. durch Überdruck in Dampferzeugern, Druckbehältern)

Frage 4.3   Was ist gefährliche explosionsfähige Atmosphäre?

„Explosionsfähige Atmosphäre" definieren die einschlägigen Rechtsverordnungen (vgl. Abschn. 2) als *ein Gemisch aus Luft und brennbaren Gasen, Dämpfen, Nebeln oder Stäuben unter atmosphärischen Bedingungen, in dem sich der Verbrennungsvorgang nach erfolgter Entzündung auf das gesamte unverbrannte Gemisch überträgt.* Das trifft auch zu auf das Gas-Luft-Gemisch an der Düse eines Taschenfeuerzeuges, aber es wäre mehr als schlimm, wenn man damit bei normalem Gebrauch Explosionsschäden verursachen könnte. Dabei umfassen die „atmosphärischen Bedingungen" Gesamtdrücke von 0,8 bis 1,1 bar und Gemischtemperaturen von – 20°C bis + 60°C (EX-RL, Abschnitt B 8).

Ob gefährliche Druckwirkungen auftreten, ist sehr wesentlich vom Gemischvolumen abhängig (neben den Diffusions- und den Verbrennungseigenschaften des jeweiligen Stoffes, der wirksamen Zündenergie, dem Ort der Zündquelle und weiteren Einflussfaktoren). **Rechtlich gesehen besteht eine allgemeine Schutzpflicht erst dann, wenn ein „gefährliches explosionsfähiges Gemisch" auftreten kann.** Aus diesem Grund knüpfen die Rechtsverordnungen und technischen Regeln ihre Forderungen zum Explosionsschutz an das Kriterium der **„gefahrdrohenden Menge"** eines explosionsfähigen Gemisches.

Dazu heißt es in der GefStoffV (Anhang V Nr. 8, 8.2 (1)):

Ein gefährliches explosionsfähiges Gemisch ist ein explosionsfähiges Gemisch, dass in solcher Menge auftritt, dass besondere Schutzmaßnahmen für die Aufrechterhaltung des Schutzes der Sicherheit und Gesundheit der Arbeitnehmer oder Anderen erforderlich werden (gefahrdrohende Menge).

Sinngemäß gleichlautend wird dort sowie in der BetrSichV (§ 2 (9)) auch die „gefährliche explosionsfähige Atmosphäre" definiert.

„Gefährliche explosionsfähige Atmosphäre" (abgekürzt mit geA) bedeutet also

- explosionsfähige Atmosphäre
- in gefahrdrohender Menge.

Bei explosionsgefährdeten Betriebsstätten geht man vom Vorhandensein einer gefahrdrohenden Menge aus, wenn

- in geschlossenen Räumen mehr als 10 l oder
- in Räumen < 100 m³ mehr als 1/10000 des Raumvolumens

an explosionsfähiger Atmosphäre zusammenhängend auftreten kann (EX-RL, Abschnitt D 2.3)

Frage 4.4   *Was ist ein explosionsgefährdeter Bereich?*

Ein „explosionsgefährdeter Bereich" im Sinne der BetrSichV (§ 2 (10)) ist *„ein Bereich, in dem gefährliche explosionsfähige Atmosphäre auftreten kann. Ein Bereich, in dem explosionsfähige Atmosphäre nicht in einer solchen Menge zu erwarten ist, gilt nicht als explosionsgefährdeter Bereich".*

Diese Definition, die RL 1999/92/EG entstammt, knüpft den Ex-Bereich ausdrücklich an eine *gefährliche* explosionsfähige Atmosphäre, d.h., an eine gefahrdrohende Menge (erklärt unter 4.3). Das entspricht zwar der gän-

gigen Praxis, unterscheidet sich jedoch markant von den Definitionen in der RL 94/9/EG (EXVO) und in der ElexV.
Wo übergangsweise noch die ElexV gilt, bleibt die gefahrdrohende Menge auch deshalb wesentlich, weil § 7 ElexV fordert, explosionsfähige Atmosphäre in gefahrdrohender Menge zu verhindern oder einzuschränken. Beim Beurteilen explosionsgefährdeter Betriebsstätten werden

– die primären Schutzmaßnahmen diskutiert, um explosionsgefährdete Bereiche möglichst zu vermeiden oder einzuschränken, dazu
– die explosionsgefährdeten Bereiche festgelegt und in „Zonen" eingeordnet sowie ergänzend
– die außerdem erforderlichen technischen und organisatorischen Schutzmaßnahmen in Verbindung mit den explosionsgefährdeten Bereichen festgelegt.

Bild 4.2 (auf Seite 115) informiert über die prinzipielle Vorgehensweise. Wie unterschiedlich der Einfluss durch die örtlichen und betrieblichen Verhältnisse sein kann, zeigt die Tafel 4.2. (auf Seite 116) Damit wird nochmals deutlich, dass hier wesentlich mehr gefragt ist als nur der elektrotechnische Sachverstand.

Frage 4.5 *Wozu dient die Einteilung in „Zonen"?*

Im § 5 – Explosionsgefährdete Bereiche – verpflichtet die BetrSichV den Arbeitgeber, **explosionsgefährdete Bereiche in Zonen einzuteilen.**
Die Gasexplosionsgefahr staffelt sich in die Zonen 0, 1 und 2, wogegen sich die Staubexplosionsgefahr in die Zonen 20, 21 und 22 unterteilt (*bis 1996 gemäß ElexV in 10 und 11*).
Dazu ist die Gefährdungsbeurteilung gemäß § 3 zusammen mit der **Zoneneinteilung im Anhang 3 der BetrSichV** zu berücksichtigen.
Für diese Bereiche gelten **die Mindestvorschriften gemäß Anhang 4** (hierzu Tafel 2.8).
Als ein Vorläufer der BetrSichV legt die ElexV (1996) im § 2(4) fest:
„Explosionsgefährdete Bereiche werden nach der Wahrscheinlichkeit des Auftretens explosionsfähiger Atmosphäre in folgende Zonen eingeteilt:..."
(es folgt die gleiche Staffelung wie in der BetrSichV).
Folglich ist die „Zone" eine Abstufung für die zeitliche Intensität der Explosionsgefahr. Es gibt prinzipiell drei mit Ziffern bezeichnete Stufen, wobei jeweils die Stufe mit der kleinsten Ziffer die höchste Intensität bezeichnet, während die größte Ziffer das Minimum darstellt.
Bild 4.3 (auf Seite 116) fasst das Zonen-Prinzip am praktischen Beispiel zusammen.

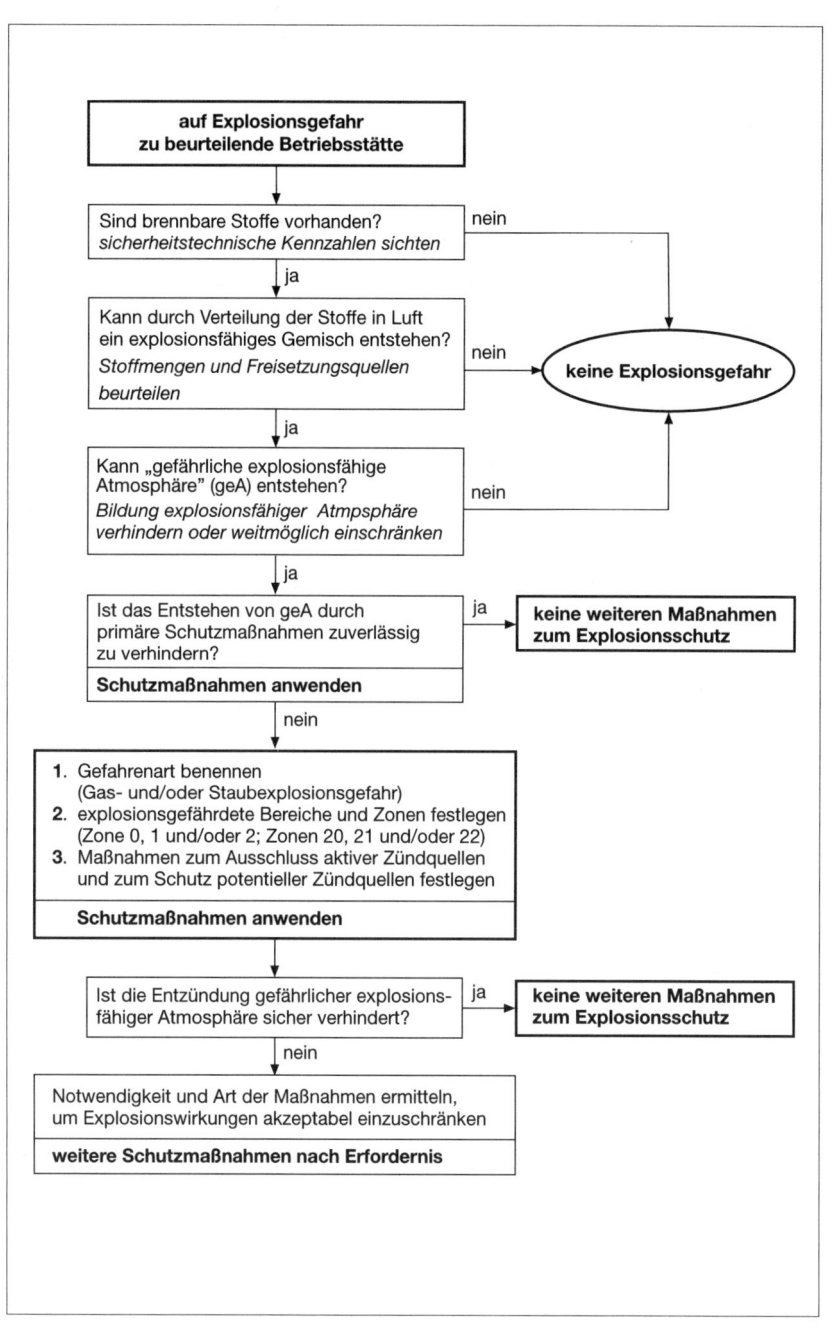

```
┌─────────────────────────────────┐
│   auf Explosionsgefahr          │
│   zu beurteilende Betriebsstätte│
└─────────────────────────────────┘
                │
                ▼
┌─────────────────────────────────┐       nein
│ Sind brennbare Stoffe vorhanden?│──────────────┐
│ sicherheitstechnische Kennzahlen sichten│      │
└─────────────────────────────────┘              │
                │ ja                             │
                ▼                                │
┌─────────────────────────────────┐              │
│ Kann durch Verteilung der Stoffe in Luft│      │
│ ein explosionsfähiges Gemisch entstehen?│ nein │      ╭────────────────────╮
│ Stoffmengen und Freisetzungsquellen     │──────┼─────▶│ keine Explosionsgefahr │
│ beurteilen                              │      │      ╰────────────────────╯
└─────────────────────────────────┘              │
                │ ja                             │
                ▼                                │
┌─────────────────────────────────┐              │
│ Kann „gefährliche explosionsfähige│   nein     │
│ Atmosphäre" (geA) entstehen?    │──────────────┘
│ Bildung explosionsfähiger Atmpsphäre│
│ verhindern oder weitmöglich einschränken│
└─────────────────────────────────┘
                │ ja
                ▼
┌─────────────────────────────────┐   ja    ┌──────────────────────────┐
│ Ist das Entstehen von geA durch │────────▶│ keine weiteren Maßnahmen │
│ primäre Schutzmaßnahmen zuverlässig│      │ zum Explosionsschutz     │
│ zu verhindern?                  │         └──────────────────────────┘
│ Schutzmaßnahmen anwenden        │
└─────────────────────────────────┘
                │ nein
                ▼
┌─────────────────────────────────────────────────┐
│ 1. Gefahrenart benennen                         │
│    (Gas- und/oder Staubexplosionsgefahr)        │
│ 2. explosionsgefährdete Bereiche und Zonen festlegen│
│    (Zone 0, 1 und/oder 2; Zonen 20, 21 und/oder 22)│
│ 3. Maßnahmen zum Ausschluss aktiver Zündquellen │
│    und zum Schutz potentieller Zündquellen festlegen│
│ Schutzmaßnahmen anwenden                        │
└─────────────────────────────────────────────────┘
                │
                ▼
┌─────────────────────────────────┐   ja    ┌──────────────────────────┐
│ Ist die Entzündung gefährlicher explosions-│───▶│ keine weiteren Maßnahmen │
│ fähiger Atmosphäre sicher verhindert?      │    │ zum Explosionsschutz     │
└─────────────────────────────────┘              └──────────────────────────┘
                │ nein
                ▼
┌─────────────────────────────────────────────────┐
│ Notwendigkeit und Art der Maßnahmen ermitteln,  │
│ um Explosionswirkungen akzeptabel einzuschränken│
│ weitere Schutzmaßnahmen nach Erfordernis        │
└─────────────────────────────────────────────────┘
```

Bild 4.2   *Beurteilung von Explosionsgefahren, Explosionsschutz*

Tafel 4.2 Wesentliche Einflussfaktoren auf die Ausdehnung und die Einstufung explosionsgefährdeter Bereiche

1. **Einflüsse speziell auf die örtliche Ausdehnung (Bereich)**
   - Massen- bzw. Volumenströme der Freisetzungsquellen (Mengen je Zeiteinheit)
   - Aggregatzustände der freigesetzten Stoffe
   - Druck in den Prozesseinrichtungen (Apparate, Rohrleitungen, Behälter)
   - Geländeform
   - bauliche Gegebenheiten
   - Hindernisse für die freie Gemischbildung
   - Überschreitung des unteren Explosionspunktes nur innerhalb oder auch außerhalb der Prozesseinrichtung
   - Störungsbedingt größere Freisetzungsmengen

2. **Einflüsse speziell auf die „Zone" (Intensität)**
   - Freisetzungszyklen (Häufigkeit, Dauer)
   - Neigung der freigesetzten Stoffe zur Gemischbildung
   - Verweilzeiten explosionsfähiger Gemische

3. **Einflüsse auf die örtliche Ausdehnung und die „Zone"**
   - Dichtheitsgrad der Anlage
   - Lage der Freisetzungsquellen
   - sicherheitstechnische Kennzahlen
   - Temperaturverhältnisse
   - Wahrscheinlichkeit stärkerer Freisetzungen bei Störungen
   - Möglichkeit der Ansammlung explosionsfähiger Gemische
   - Möglichkeit zur Beseitigung explosionsfähiger Gemische
   - Lüftung (Wind, Sogwirkungen)
   - Intensität der Überwachung
   - Bedingungen des Umweltschutzes

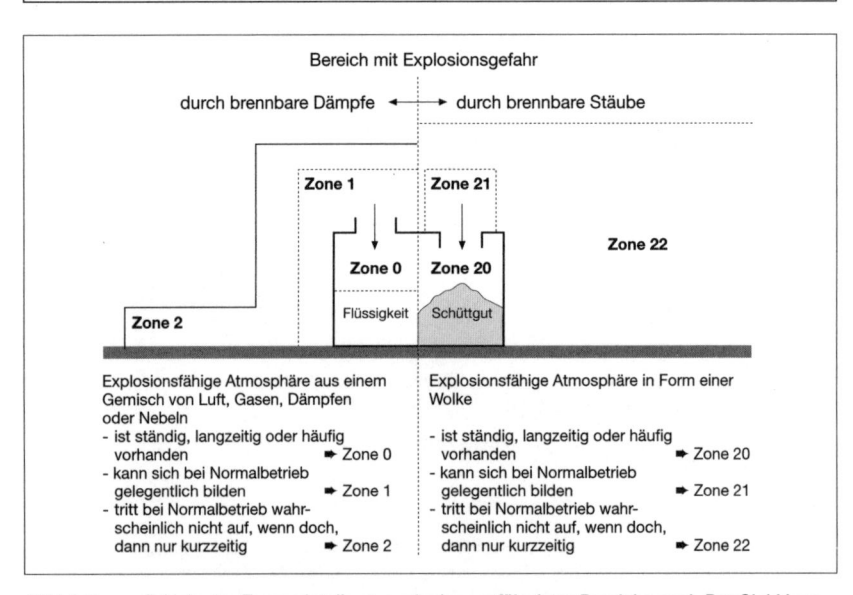

Bild 4.3 Prinzip der Zoneneinteilung explosionsgefährdeter Bereiche nach BetrSichV am Beispiel von Behältern, die von oben befüllt werden.

Maßstab beim Einstufen sind die Häufigkeit und die Dauer des Auftretens explosionsfähiger Atmosphäre. Wer die Explosionsgefahr durch Gase oder durch Stäube in einem Raum oder örtlichen Bereich zu beurteilen hat, muss feststellen oder gewissenhaft abschätzen,

- wie oft explosionsfähige Atmosphäre auftreten kann,
- in welchen zeitlichen Abständen das geschieht und
- wie lange es jeweils dauert, bis die Explosionsfähigkeit wieder abgeklungen ist.

Die Einstufung dient unmittelbar zur Auswahl angemessener Schutzmaßnahmen. In der EXVO wird der apparative Aufwand für explosionsgeschützte Geräte nach dem Sicherheitsniveau in drei Kategorien untergliedert. Bild 4.4 (dazu auch Tafel 2.3) demonstriert den Zusammenhang. Mit gleichem Hintergrund staffelt die VDE 0165 die Anforderungen für den Explosionsschutz elektrischer Anlagen nach Zonen.

Verglichen mit den verhältnismäßig eindeutig gestaffelten Anforderungen an die Schutzmaßnahmen bei den Gerätekategorien lässt die unscharfe gegenseitige Abgrenzung der „Zonen" es zu, einen Beurteilungsfall subjektiv unterschiedlich einzuschätzen. Über die oft erwünschte Beurteilungshilfe in Form gestaffelter Zahlenwerte für die Häufigkeit und Dauer explosionsfähiger Gemische, angegeben in Bild 4.4, konnte man sich aber bisher nicht einigen.

Schutzaufwand für das erforderliche Sicherheitsniveau potentieller Zündquellen:		
• sehr hoher Aufwand • hoher Aufwand • normaler Aufwand		geA – gefährliche explosionsfähige Atmosphäre
Zone		geA (=) besteht
2 22		bei Störung, kurzzeitig
1 21		im Normalbetrieb gelegentlich
0 20		häufig langzeitig ständig
	Normalbetrieb	
	Auftreten gefährlicher explosionsfähiger Atmosphäre nach Häufigkeit und Dauer	

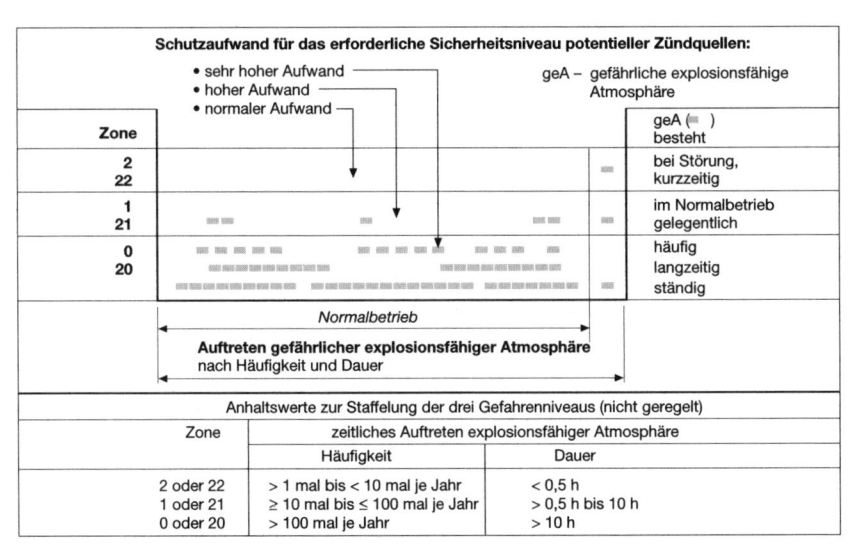

Anhaltswerte zur Staffelung der drei Gefahrenniveaus (nicht geregelt)		
Zone	zeitliches Auftreten explosionsfähiger Atmosphäre	
	Häufigkeit	Dauer
2 oder 22 1 oder 21 0 oder 20	> 1 mal bis < 10 mal je Jahr ≥ 10 mal bis ≤ 100 mal je Jahr > 100 mal je Jahr	< 0,5 h > 0,5 h bis 10 h > 10 h

Bild 4.4 Ex-Zoneneinteilung gemäß BetrSichV und erforderlicher Schutzaufwand für Zündquellen gemäß EXVO/RL 94/9/EG.

Frage 4.6 **Was geschieht bei mehreren Arten von Gefahren?**

Einerseits haben Explosionen oft Brände zur Folge. Anderseits kann ein Brand zur Zündquelle einer Explosion werden, und rechtzeitiges Löschen des Brandes kann das Sekundärereignis verhindern. **Es kommt öfter vor, dass neben einer bestimmten Explosionsgefahr eine erhöhte Brandgefahr auftritt.**
Für unsere Belange interessiert vor allem das Zusammentreffen von

– unterschiedlichen Explosionsgefahren (Gase und Stäube) oder
– Explosionsgefahren mit Brandgefahren

Allgemeingültige Schutzziele sind oft so abstrakt formuliert, dass sie für mehrere Arten von Gefahren zutreffen. Aber wenn es konkret wird, hat jede Gefahrenart doch ihre spezifische Eigenheiten und speziellen sicherheitstechnischen Erfordernisse. Brände und Explosionen haben zwar den gleichen physikalischen Ursprung, entwickeln sich jedoch auf unterschiedliche Weise. So kann z.B. das Anwenden von Wasser, wie es im abwehrenden Brandschutz üblich ist, bei akuter Explosionsgefahr mitunter den Schaden noch vergrößern.

Wie vielfältig die Konstellationen durch die unterschiedlichen Eigenschaften der reaktionsfähigen Gefahrstoffe in einer Produktionsanlage sein können, kann man sich vorstellen anhand der Übersicht in Tafel 4.1. Nicht immer genügt es, die Schutzmaßnahmen nach den Bedingungen des gefährlichsten Stoffes auszuwählen. **Bei einigen Stoffen ergeben sich durch das Zusammentreffen höhere Explosionswirkungen als durch die schärfste Komponente,** z. B. bei hybriden Gemischen aus Gasen und Stäuben. Darauf können die Regelwerke verständlicherweise nicht umfassend eingehen. Wenn überhaupt findet man dazu bestenfalls punktuelle Hinweise.

Auch die vorbeugend angelegten elektrischen Schutzmaßnahmen im Normenwerk sind zunächst nur für den Anwendungsbereich gedacht, den die jeweilige Norm angibt. **Wenn neben den Maßnahmen des Explosionsschutzes nach VDE 0165 auch spezielle Maßnahmen des elektrotechnischen Brandschutzes angewendet werden sollen, z.B. nach VDE 0100 Teil 482, dann muss dieser Sachverhalt ausdrücklich festgelegt werden.**

Dazu gehört auch die dort vorausgesetzte Einstufung nach der Art der gefährdenden Stoffe.
Wo solche Fragen aufkommen, kann sie der Elektrofachmann zumeist nicht allein klären, denn Sachverstand beim Beurteilen der Gefahrensituation ist dann besonders gefragt.

Es muss herausgefunden werden

- ob unvermeidliche Überschneidungen unterschiedlich gefährdeter Bereiche auftreten und
- ob eine Art der Gefahr als primär oder vorherrschend zu betrachten ist

Es muss dementsprechend festgelegt werden,

- welche Art von Schutzmaßnahmen anzuwenden ist (abhängig von der als primär zu behandelnden Art der Gefahr)
- welche Besonderheiten ergänzend einbezogen werden müssen.

Frage 4.7   Wie beeinflusst das Vorhandensein von Zündquellen die Explosionsgefahr?

Selbst wenn es manchen vielleicht verwundert: überhaupt nicht, wenn die Frage im Zusammenhang mit der BetrSichV (oder ElexV) gestellt wird. **Ob eine Explosionsgefahr vorliegt und mit welcher Zone oder ob keine Explosionsgefahr besteht, hängt nicht vom Vorhandensein irgend einer Zündquelle ab.** Und dabei bleibt es auch, obwohl immer wieder einmal zu hören ist, ohne Zündquelle gäbe es keine Explosionsgefahr. Zur Frage 4.1 wurde erklärt, wie eine Explosionsgefahr zustande kommt. Wie auch aus den Explosionsschutz-Regeln (EX-RL, BGR 104) hervorgeht, beantwortet sich die Frage nach der Explosionsgefahr aus der Möglichkeit des Auftretens „gefährlicher explosionsfähiger Atmosphäre" (s. Bild 4.2). Anders als bei der Brandgefährdung ist die Zündquelle hier nicht das Kriterium für eine Gefahr im Sinne der Vorschrift.

Elektrofachleute interessiert diese Frage nicht nur deshalb, weil sich ihre Tätigkeit im Explosionsschutz darauf konzentriert, Zündquellen zu vermeiden. Dank der BetrSichV müssen sie sich aber nun nicht mehr – wie noch zu Zeiten der ElexV – gegen Meinungen wehren, dass es hauptsächlich die elektrischen Geräte und Anlagen seien, von denen die Gefahr ausgeht. *Das Sicherheitskonzept einer explosionsgefährdeten Betriebsanlage wäre unbrauchbar, wenn es nur elektrische Zündquellen erfassen würde. Auch wenn es in diesem Punkt der BetrSichV entspricht und komplett ist, heben die Zündschutzmaßnahmen den explosionsgefährdeten Bereich nicht auf.*

Frage 4.8   Welche Bedeutung haben Zündquellen für den Explosionsschutz?

Schutzmaßnahmen gegen Zündquellen sind unumgänglich, wenn es nicht gelingt, gefährliche explosionsfähige Gemische mit technologischen Maßnahmen auszuschließen. Wie Bild 4.1 schon zeigt, wird eine Explosion dann nur durch Zündschutzmaßnahmen vermeidbar. Tafel 4.3 enthält eine Übersicht über die Vielzahl möglicher Zündquellen, die im Explosionsschutz zu bedenken bzw. unwirksam zu machen sind.

Tafel 4.3   Beispiele für Zündquellen

1. Offene Flammen	
Alle Arten gewollter und ungewollter Flammen mit freiem Luftzutritt (Verbrennung, Brand, Flammendurchschlag)	
z.B. an oder in Feuerungsanlagen, Verbrennungsmotoren (schadhafte Abgasanlage), flammenanwendenden Arbeitsmitteln (Schweißen, Schneiden, Erwärmen), Gasfackeln, speziellen MSR-Analysengeräten; einschließlich der heißen Verbrennungsprodukte	
2. Heiße Oberflächen	
Alle Oberflächen mit zur Entzündung ausreichender Wärmeenergie	
z.B. Heizkörper und -anlagen, Anlagen zur Verarbeitung, Lagerung oder zum Transport erhitzter Stoffe, Wasserdampfanlagen, Verbrennungsmotoren (Auspuff, Zylinder), Verdichter, wärmeanwendende Arbeitsmittel; konkave Oberflächen (z.B. innerhalb von Chemieapparaten oder Rohrleitungen) können die Zündtemperatur unter die Normalwerte vermindern	
3. Elektrische Anlagen	
Alle elektrotechnischen Betriebsmittel, die sich im bestimmungsgemäßen Betrieb (Normalbetrieb) oder bei Abweichungen davon bis zur Zündfähigkeit erwärmen oder Funken verursachen	
Betriebsmäßig z.B. an bzw. durch Lichtbögen, Ausgleichsströme, vagabundierende Ströme, induktive oder kapazitive Beeinflussung, Heizungen, Leuchten, Lampen, Schaltgeräte, Schmelzsicherungen, Elektrowerkzeuge, Schleif- oder Rollenkontakte (z.B. an Motoren, Schleifleitungen), drahtlose Kommunikationstechnik; bei Störzuständen z.B. an bzw. durch Erdschlussströme, Entladungserscheinungen an Hochspannungsanlagen, Implosion von Lampen oder Röhren, elektrische Leiter aller Art, Kurzschlussläufermotoren, Transformatoren, Kondensatoren, Magnetspulen, Akkumulatoren, Klemmstellen, Anschlussräume, Anlagen für kathodischen Korrosionsschutz	
4. Elektrostatische Aufladungen	
Durch mechanische Trennvorgänge entstandene Ladungen, bei deren Ausgleich über Luft zündfähige Funken auftreten, wobei mindestens einer der getrennten Stoffe elektrisch isolierende Eigenschaften hat (spez. Widerstand $\geq 10^9 \, \Omega m$, Oberflächenwiderstand $\geq 10^9 \, \Omega$),	
durch Stoffströme aus Öffnungen, z.B. durch Rohrleitungen in isolierende Behälter; durch Abhebungsvorgänge; z.B. an Riementrieben, durch isolierendes Schuhwerk und isolierende Fußböden (allgemein > $10^6 \, \Omega$); durch Reibung; z.B. beim Ausströmen Fremdteilchen mitführender Gase und Dämpfe, Vernebeln isolierender Flüssigkeiten, Strömen oder Aufwirbeln von Stäuben, Tragen von Kunstfaserbekleidung, Kondensation oder Sublimation reiner Gase	
5. Heiße Gase und Flüssigkeiten	
Gase und Dämpfe aller Art (besonders unbrennbare) und hochsiedende Flüssigkeiten, die durch Aufheizung zur Zündquelle werden können	
z.B. überhitzter Wasserdampf, Verbrennungsabgase, glühende Feststoffpartikel, flüssige Wärmeträger, Hochtemperatur-Prozessanlagen	

Tafel 4.3   (Fortsetzung)

6. Mechanisch erzeugte Funken *Durch mechanische Reibungs- oder Verformungsarbeit entstehende Funken mit zur Entzündung ausreichender Wärmeenergie* Schlag-, Reibschlag und/oder Reibfunken, unter Beteiligung von Stein/Stahl/Rost, begünstigt auch durch Leichtmetalle, spezielle Edelstähle und/oder starke Oxidationsmittel; z.B. durch gegen Stahl, Rost oder Stein schlagende Arbeitsmittel; Schleifen als spanabhebendes Verformen oder Trennen (Stahl, Stein); schleifende Maschinenteile (z.B. an schadhaften Ventilatoren); mechanische Bremsen
7. Transportmittel, Maschinenelemente *Transportanlagen, Fahrzeuge oder Betriebsmittel mit Zündquellen* z.B. Fahrzeug- oder Geräteelektrik, Abgasanlage, schadhafte Lager, heiße Motoren- oder Maschinenteile, lose Ketten, anderweitige Energiepotentiale
8. Atmosphärische Entladungen *Blitz (kurzzeitige starke Gleichstromentladung)* Unvermeidliche Zündgefahr an der Einschlagstelle sowie bei unzureichender oder unkontrollierter Ableitung durch fehlenden oder unzureichenden äußeren und/oder inneren Blitzschutz
9. Strahlung, Schall – *Hochfrequenz; elektromagnetische Wellen von 9 kHz bis 300 GHz* z.B. Funksender (auch Handy), HF-Generatoren für Erwärmen, Trocknen, Härten, Schweißen, Schneiden; – *optische Strahlung; elektromagnetische Wellen von $3 \cdot 10^{11}$ Hz bis $3 \cdot 10^{15}$ Hz bzw. Wellenlängen von 1000 μm bis 0,1 μm,* z.B. fokussiertes Sonnenlicht, von Staubpartikeln absorbiertes Blitzlicht, Laser (> 5 mW/mm² bei Dauerstrichlaser, 0,1 mJ/mm² bei Impulslaser oder Lichtquellen mit 5 s Impulsabstand) – *ionisierende Strahlung,* Energieabsorption; z.B. aus UV-Strahlern, Röntgentechnik, Lasern, radioaktiven Stoffen, Beschleunigern oder Kernreaktoren; außerdem Bildung weiterer explosionsgefährdender Stoffe möglich – *Ultraschall,* Energieabsorption aus Schallwandlern (z.B. Prüfgeräten) in festen oder flüssigen Stoffen
10. Stoßwellen, Kompression *Stoßwellen und adiabatische Kompression* Schlagartige Gasentspannung, Temperaturentwicklung ist abhängig vom Druckverhältnis; z.B. plötzliche Entspannung von Gashochdruckeinrichtungen (Freisetzung mit Überschallgeschwindigkeit), Bruch von Leuchtstofflampen
11. Chemische Reaktionen *Exotherme Vorgänge, bei denen zündgefährliche Energien freigesetzt werden* z.B. durch – selbstentzündliche Stoffe wie veröltе Putzwolle, falsch gelagerte Braunkohle, Kupferacetylid 1), Metallalkyle, Peroxide; – Chemikalien, die mit Wasser Wärme entwickeln (Calziumcarbid, einige Säuren u.a.m.) – Polymerisation, Crackvorgänge und andere chemische Prozesse

Tafel 4.3 *(Fortsetzung)*

– pyrophore Stoffe und Verbindungen (z.B. Eisen-Schwefel-Verbindungen in Behältern chemischer Prozessanlagen)   – durchgehende Reaktionen und anderweitige Zerfallsreaktionen (einschließlich der Explosivstoff-Reaktionen)
12. Strömende Gase   *Exotherme Vorgänge bei speziellen chemisch-physikalischen Zuständen*   z.B. Entzündung   – komprimierten Wasserstoffes bei Entspannungsvorgängen (Joule-Kelvin-Effekt; druck-, temperatur- und stoffabhängig),   – mitgerissener Teilchen im komprimierten Sauerstoffstrom (Rost; Schieber und Ventile)
[1] Kupferazetylid: Für normgerecht installierte elektrische Kabel und Leitungen mit Cu-Leitern in Ex-Bereichen (Acetylen) nicht kritisch

Die Entzündbarkeit eines gefährlichen Stoffes und die Intensität einer Zündquelle (Zündfähigkeit und Dauer) bestimmen den Umfang der erforderlichen Zündschutzmaßnahmen. Wie gefährlich eine Zündquelle werden kann, hängt von der Qualität des Wärmeübergangs auf das explosionsfähige Gemisch ab. Einfluss darauf haben vor allem die

– Temperatur- und Energiewerte sowie die
– Häufigkeit und Wirkungsdauer.

Das wird deutlich am Unterschied der freigesetzten Energien eines Schweißbrenners im Gegensatz zum Schaltfunken eines Solartaschenrechners, beispielhaft dargestellt in Bild 4.5.
Wärmequellen erreichen schon bei Temperaturen ab 85 °C die genormten Zündtemperatur-Bereiche (Temperaturklassen). Vergleichsweise noch viel niedriger liegen die Energiewerte, um ein explosionsfähiges Brennstoff/Luft-Gemisch (explosionsfähige Atmosphäre) unter Prüfbedingungen zu entzünden. DIN EN 13237 definiert die „Mindestzündenergie" als kleinste ermittelte Energie, die unter vorgeschriebenen Prüfbedingungen ausreicht, die zündwilligste explosionsfähige Atmosphäre zu entzünden.
Für Gase und Dämpfe wird die Mindestzündenergie MZE oder E_{min} als Funkenenergie eines kapazitiven Prüfstromkreises ermittelt. Die MZE-Werte betragen z.B. für sehr zündwillige Gase wie Wasserstoff und Schwefelkohlenstoff < 0,02 mJ, für Vergaserkraftstoffe und Propan/Butan-Gemische > 0,2 mJ oder etwa 20 mJ für den als besonders zündwillig bekannten Magnesiumstaub.

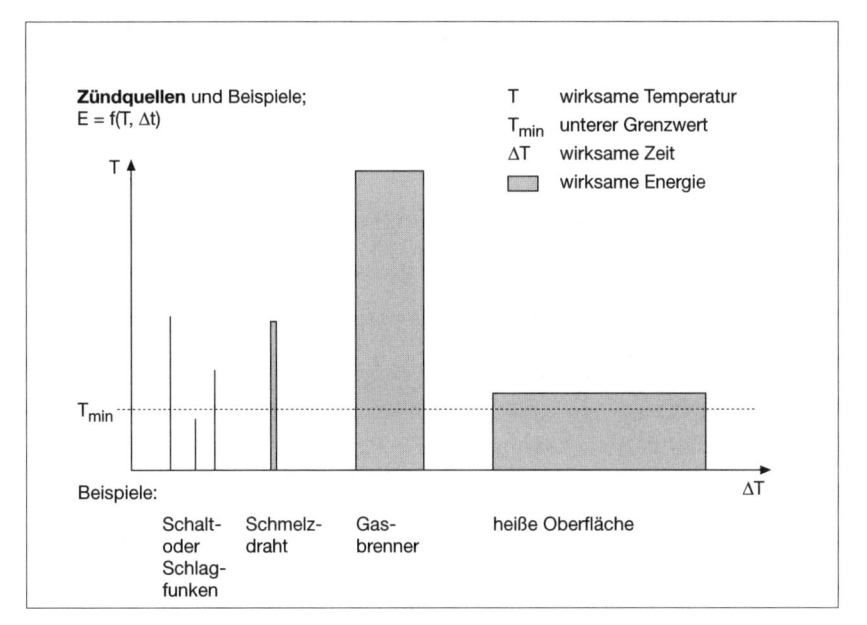

Bild 4.5 Zündquellen; Einfluss von Temperatur und Zeitdauer

Diese Werte zeigen, dass man in elektrischen Anlagen naturgemäß nicht ohne Zündschutzmaßnahmen auskommt. Und trotzdem sind nicht alle elektrischen Betriebsmittel unbesehen als aktive Zündquellen zu betrachten (hierzu Abschnitt 9).

Frage 4.9   Wo findet man verbindliche Angaben über explosionsgefährdete Bereiche?

Hinweise über die Ausdehnung und Einstufung explosionsgefährdeter Bereiche sind enthalten

- **als Grundsätze mit Beispielsammlung in den Explosionsschutz-Regeln** (EX-RL, BGR 104 – früher ZH1/10),
- **in Technischen Regeln für spezielle überwachungsbedürftige Anlagen,** z.B. in den vorerst noch anwendbaren Regeln TRbF 20 ff für brennbare Flüssigkeiten und TRB 610 (Anlage 4) oder TRB 801 (Anlagen) für Druckbehälter. Die Angaben haben zumeist modellhaften Charakter (Beispiele) und sind dann nur bei Kenntnis der speziellen örtlichen und betrieblichen Bedingungen sachgerecht einzuordnen. Auch bauliche Gegebenheiten können dazu veranlassen, die Mindestangaben einer Vorschrift

zur Ausdehnung eines explosionsgefährdeten Bereiches betrieblich anzupassen.
- in einigen **Unfallverhütungsvorschriften der gewerblichen Berufsgenossenschaften,** z.B. der BGV D 34 (Flüssiggas), BGV D 25 (Farbgebung), BGV B 6 (Gase), soweit sie noch gültig sind.

Verbindlich im rechtlichen Sinne sind für die Belange der Elektrofachkraft

- zunächst nur die **Festlegungen des verantwortlichen Betreibers** (bzw. des Auftraggebers),
- danach die Festlegungen in **Technischen Regeln zur BetrSichV (Arbeitsmittel in explosionsgefährdeten Bereichen) oder berufsgenossenschaftlichen Vorschriften und Regeln,** soweit sie nicht lediglich als Beispiele deklariert sind. Die laufende Aktualisierung der Regelwerke ist insgesamt nur schwer zu verfolgen. Aufsichtsorgane und Fachspezialisten arbeiten teilweise mit Vorabunterlagen oder anderen als quasirechtlich betrachteten Materialien, wodurch der „außenstehenden" Elektrofachkraft die Möglichkeit zur rechtssicheren Selbsthilfe weitgehend verschlossen bleibt.

Weitere Hinweise gibt die Antwort zur Frage 5.3.2.

Frage 4.10   Was versteht man unter „integrierter Explosionssicherheit"?

Ein erheblicher Vorteil der neuen Betrachtungsweise im EG-Maßstab liegt in ihrer sachlichen Logik von Ursache und Wirkung, die aus den deutschen Explosionsschutz-Regeln (EX-RL, BGR 104) bekannt ist. Maßnahmen des Explosionsschutzes müssen sich zuerst damit befassen, das Freisetzen gefährdender Stoffe zu unterbinden. Erst, wenn auch weitere Schutzmaßnahmen (u.a. elektrische) das Risiko nicht akzeptabel einschränken, müssen schadensbegrenzende Maßnahmen den Explosionsschutz entsprechend ergänzen.

Dafür gibt die **Richtlinie 94/9/EG** (Anhang II der Richtlinie, grundlegende Sicherheits- und Gesundheitsanforderungen ...) als grundsätzliche Anforderungen für Geräte und Schutzsysteme die

- **„Prinzipien der integrierten Explosionssicherheit"** vor. Dazu ist
- eine 3fach gestaffelte Rangordnung der apparativen Schutzmaßnahmen festgelegt.

Die RL 1999/92/EG und dementsprechend die BetrSichV greifen die Prinzi-

pien auf mit ergänzenden Maßnahmen für die betrieblichen Belange.
Tafel 4.4 gibt die Rangordnung in Kurzfassung wieder und bringt sie mit den betrieblichen Maßnahmen in Zusammenhang.

Tafel 4.4 Grundsätze des anlagetechnischen Explosionsschutzes gemäß RL 1999/92/EG für den Gesundheits- und Arbeitsschutz in explosionsgefährdeten Arbeitsstätten (ATEX 137) und RL 94/9/EG für die Explosionssicherheit von Geräten und Schutzsystemen (ATEX 95)

Arbeitsstätten	Geräte und Schutzsysteme
Prinzip der ganzheitlichen Beurteilung	*Prinzip der integrierten Explosionssicherheit*
Vermeiden von Explosionen durch – Beurteilung sämtlicher Gefahrenpotentiale, die explosionsfähige Atmosphäre und Explosionsrisiken verursachen können (Anlage, Stoff, Verfahren, Wechselwirkungen, Nachbarschaft) – Auswahl, Errichtung, Installation und Zusammenbau von geeigneten Arbeitsmitteln und geeignetem Installationsmaterial – Abstimmung organisatorischer Maßnahmen auf die sicherheitstechnische Problemstellung und die Prüfungserfordernisse	Vermeiden von Explosionen durch – Ausschluss des Entstehens explosionsfähiger Atmosphäre oder – Ausschluss des Entzündens explosionsfähiger Atmosphäre durch Zündquellen beliebiger Art (elektrisch als auch nicht elektrisch) – Ausschluss von Gefährdungen für Personen, Tiere oder Güter, falls es dennoch zu einer Explosion kommen sollte

Frage 4.11   Was bedeutet „primärer Explosionsschutz"?

Diese Frage zielt ebenfalls auf eine Rangordnung der Schutzmaßnahmen und berührt den gleichen Sachverhalt wie die vorhergehende Frage.
Als primärer Explosionsschutz bezeichnet man solche Maßnahmen, die sich unmittelbar gegen die Explosionsgefahr richten, weil sie das Auftreten explosionsgefährdender Gemische in einem örtlichen Bereich entweder

a) *total verhindern, z.B. durch*

– Ersatz entzündlicher Stoffe durch nicht entzündliche
– technisch dichte Ausführung von technologischen Behältern, Apparaten und Rohrleitungen (auf Dauer dichte Konstruktion),

- Inertisierung, Unterdruck (Sauerstoffentzug, kombiniert mit MSR-Sicherheitsmaßnahmen)
- Sicherheitsabstand zu externen explosionsgefährdeten Bereichen; oder

b) *auf ungefährliche Mengen einschränken, z.B. durch*

- technische Lüftungsmaßnahmen (Konzentrationsminderung, kombiniert mit Gaswarntechnik)
- Umhüllung der Freisetzungsquelle (Verhindern des Ausbreitens)
- natürliche Lüftung, Abschrägung von Staubablagerungsflächen (Verhindern des Ansammelns).

Sekundärer Explosionsschutz ist die Bezeichnung für eine zweite Gruppe von Maßnahmen, mit denen verhindert wird, dass eine Zündquelle zur Explosion führt. Dazu gehören alle technischen Maßnahmen, die bewirken, dass potentielle Zündenergie nicht freigesetzt werden kann. „Sekundär" ist hierbei keineswegs im Sinne von nebensächlich zu verstehen, sondern soll den Vorrang primärer Maßnahmen hervorheben.
In der Fachliteratur wird ab und an auch von **tertiären Schutzmaßnahmen** gesprochen, wenn es darum geht, Schadenswirkungen durch Explosionsdruck zu vermeiden oder zu begrenzen, z.B. durch baulichen Explosionsschutz mit Druckentlastungsflächen.
Schließlich gibt es noch die **organisatorischen Schutzmaßnahmen,** womit hauptsächlich Verhaltensforderungen für Beschäftigte zur Arbeits- und Betriebssicherheit angesprochen sind. Je weniger es gelingt, eine Gefahr mit technischen Schutzmaßnahmen zu entschärfen, um so mehr Aufmerksamkeit erfordern die organisatorischen Maßnahmen. Bei der Instandhaltung müssen hier alle erforderlichen technischen Schutzmaßnahmen einbezogen werden. Immer wieder wird menschliches Fehlverhalten als eigentlicher Anlass für Brände und Explosionen erkannt, weil organisatorische Schutzmaßnahmen unzureichend waren.
Nach dieser Betrachtungsweise besteht elektrotechnischer Explosionsschutz überwiegend aus sekundären Schutzmaßnahmen.

Frage 4.12 **Was sind sicherheitstechnische Kennzahlen?**

Um die Gefahrenursachen eindeutig zu beschreiben, bedient man sich sicherheitstechnischer Kennzahlen (SKZ). Im Unterschied zu physikalischen Stoffkonstanten, z.B. der Molekularmasse oder dem Molekularvolumen, handelt es sich bei den SKZ um sogenannte konventionelle Größen, deren Aussagekraft und Wiederholbarkeit an spezielle Prüfmethoden gebunden sind. Die SKZ beziehen sich in der Regel auf 20°C und normalen Luftdruck (1013 mbar). Sicherheit in der Beurteilung von Explosionsgefahren wird erst dadurch möglich, dass man mit diesem Wissen die charakteristischen physikalischen und chemischen Kennzahlen gefährdender Stoffe abwägend gegenüber stellt. Auch zur Definition bestimmter Eigenschaften des Explosionsschutzes werden derartige Kennzahlen oder -ziffern verwendet, um Soll/Ist-Vergleiche vorzunehmen, z.B. beim Nachweis der sachgerecht ausgewählten Temperaturklasse und Explosionsgruppe eines Betriebsmittels. Tafel 4.5 gibt die wichtigsten SKZ an.

Tafel 4.5   Bedeutung von sicherheitstechnischen Kennzahlen (Auswahl)

Sicherheitstechnische Kennzahl (SKZ)	Einheit	Anwendungsbereich, Bedeutung, Interpretation
1. Zur Beurteilung der Explosionsgefahr		
Flammpunkt	°C	Nur für Flüssigkeiten; liegt der Flammpunkt niedriger als die Flüssigkeits- oder Umgebungstemperatur + 15 K, dann ist mit explosionsgefährdenden Dampf/Luft-Gemischen zu rechnen
Gefahrklasse und der nach VbF (nur bis 2002 geregelt)	–	Nur für Flüssigkeiten; Gruppierung nach dem Flammpunkt Mischbarkeit mit Wasser: AI – Flammpunkt < 21°C, nicht wassermischbar AII – Flammpunkt zwischen 21°C und 55 °C, nicht wassermischbar AIII – Flammpunkt > 55°C, nicht wassermischbar B – Flammpunkt < 21°C, wassermischbar; explosionsgefährdend bei Umgebungstemperatur: AI, B, AII mit Flammpunkt bis 40°C
ab 2003 nur noch:		*Flp. < 0 °C: hochentzündlich (Siedepkt. $\leq$ 35°), Flp. 0°C bis 21 °C: leichtentzündlich, Flp. > 21 °C bis 55 °C: entzündlich, Flp. > 55 °C: nicht deklariert*
Explosionsgrenzen (Zündgrenzen)	Vol.-% g/m^3	Für alle brennbaren Stoffe, die mit Luft explosionsfähige Gemische bilden können; zwischen den Konzentrationswerten untere und obere Explosionsgrenze (UEG, OEG bzw. UZG, OZG) besteht Explosionsfähigkeit, für Beurteilung von Betriebsstätten nur UEG (bzw. UZG) interessant, bei Stäuben stark abhängig von Feinheit und Feuchte; sicherheitstechnischer Grenzwert allgemein: 50 % UEG
Explosionspunkte	°C	Nur für Flüssigkeiten; zu den Explosionsgrenzen korrespondierende Temperaturwerte (Flüssigkeitstemperatur, bei der sich die UEG bzw. OEG einstellen; die Temperatur des unteren Explosionspunktes entspricht in der Dampfdruckkurve theoretisch dem Flammpunkt)

Tafel 4.5 *(Fortsetzung)*

Sicherheits-technische Kennzahl (SKZ)	Einheit	Anwendungsbereich, Bedeutung, Interpretation
Dichteverhältnis Dichte (Luft =1)	–	Nur bei Gasen und Flüssigkeiten (Dämpfen); Verhältniszahl der im gasförmigen Zustand zur Dichte von Luft bei 20°C; schwere Gase oder Dämpfe (Dichteverhältnis > 1) breiten sich bodennah aus und sammeln sich in Vertiefungen
Verdunstungszahl (Diethylether =1)	–	Nur für Flüssigkeiten; Vergleichszahl zur Abschätzung der Flüchtigkeit (Diethylether verdunstet sehr schnell);
Diffusionskoeffizient	cm^2/s	Für Gase und Flüssigkeiten (Dämpfe); kennzeichnet die Diffusionsneigung der Stoffe in die Luft (Wasserstoff hat einen sehr hohen Diffusionskoeffizient)
2. Zur Festlegung von Schutzmaßnahmen und zur Auswahl explosionssicherer Betriebsmittel		
Zündtemperatur	°C	Für alle brennbaren Stoffen, die mit Luft explosionsfähige Gemische bilden können; niedrigste Temperatur einer erhitzten Oberfläche, an der sich ein definiertes Brennstoff/Luft-Gemisch unter festgelegten Prüfbedingungen entzündet; zündgefährliche Oberflächen eines Betriebsmittels dürfen die Zündtemperatur nicht erreichen (bei Stäuben: 2/3 der Zündtemperatur darf nicht überschritten werden)
Temperaturklasse [1]	–	Nur für Gase und Flüssigkeiten (Dämpfe, Nebel); genormte Gruppierung in T1 bis T6 nach der Höhe der Zündtemperatur
Glimmtemperatur (Mindestzündtemperatur einer Staubschicht)	°C	Entzündungstemperatur einer 5 mm dicken Schicht auf einer offenen Wärmeplatte unter festgelegten Prüfbedingungen; äußere Oberflächen eines Betriebsmittels dürfen diesen Wert vermindert um 75 K nicht überschreiten, weitere Verminderung erforderlich, wenn sich dickere Schichten ablagern können
Spezifischer elektr. stand	Ωm	Nur für Stäube; bei Werten " 10^3 Ωm gilt der jeweilige Widerstaub als „leitfähiger Staub" (VDE 0170/0171 Teil 15-1-1)
Grenzspaltweite	mm	Bisher nur für Gase und Flüssigkeiten (Dämpfe, Nebel); Maß für die Zünddurchschlagfähigkeit einer Explosion aus dem Gehäusespalt eines Prüfgefäßes heraus unter festgelegten Prüfbedingungen (maximale experimentelle Grenzspaltweite MESG)
Mindestzündstrom	mA	Kleinste Stromstärke, die unter festgelegten Prüfbedingungen ein definiertes Brennstoff/Luft-Gemisch durch Entladungsfunken entzündet; Bemessungsgrundlage der Zündschutzart „i" und Basis für das Mindestzündstromverhältnis im Vergleich zu Methan (MIC-Verhältnis), das zur Einordnung in die Explosionsgruppe dient
Explosionsgruppe [1]	–	Bisher nur für Gase und Flüssigkeiten (Dämpfe, Nebel); Gruppierung in IIA, IIB und IIC nach der experimentellen Grenzspaltweite und/ oder dem MIC-Verhältnis

Individual Drive Solutions

Unser technisches Büro ist mit hoch qualifizierten Ingenieuren besetzt und leistet für Kunden:

- Anlagenprojektierung
- Systemlösungen
- Projektabwicklung
- Produkt- und Service-Seminare
- **Beratung in allen Ex-Fragen durch eigenen Ex-Sachverständigen**

Ihr Bedarf bestimmt unsere Lagerhaltung

Fabrikneue Siemens-Motoren in „Helmke-Spezifikation" der Reihen H-compact/plus bis 5 MW mit Modifikationsmöglichkeiten von EExn… und in EExpe… **ab Lager** lieferbar.

Fabrikneue EExd Motoren in Hoch- und Niederspannung bis 500 kW **ab Lager** lieferbar.

Service ist unser Antrieb

Unsere Fertigungsstätten in Hannover und Pulversheim und unser international einsetzbares Serviceteam garantieren Ihnen **kürzeste Reaktionszeiten**.

Der Bereich Produktion von Ex-Betriebsmitteln ist nach EN 13980 zertifiziert. ⟨Ex⟩

Hauptniederlassung:
J. Helmke & Co.
Garvensstr. 5
30519 Hannover
+49(0)511 / 87 03-0
helmke@helmke.de

HELMKE

ELEKTROPRAKTIKER
sind besser auf Draht!

Fachzeitschrift

1× monatlich praxisnah und kompetent aus allen Bereichen der Elektrotechnik

ep-Archiv

CD-ROM der Jahrgänge seit 1996 plus CD-ROM „Praxisfragen": 800 Antworten zu Fragen der täglichen Elektropraxis

ELEKTROPRAKTIKER FORUM

die Vortragsreihe auf Elektrofachmessen

Branchenplattform im Internet

News, Fachbeiträge, EIB-Service, Buchshop, Software-Service, Seminartermine, Adressen, Datenbank „Praxisfragen"

www.elektropraktiker.de

HUSS-MEDIEN GmbH
Verlag Technik
10400 Berlin

ep-ELEKTROPRAKTIKER
Tel. 030/42 151-274, 030/42 151-232
e-Mail: redaktion@elektropraktiker.de

Tafel 4.5 *(Fortsetzung)*

Sicherheitstechnische Kennzahl (SKZ)	Einheit	Anwendungsbereich, Bedeutung, Interpretation
Mindestzündenergie	mJ	Kleinste Energie eines kapazitiven elektrischen Stromkreises, dessen Entladungsfunken ein definiertes Brennstoff/Luft-Gemisch entzünden; verwendet vor allem zur Beurteilung elektrostatischer Zündgefahren
3. Zur Minderung von Explosionswirkungen und für die Festigkeit von Apparaturen		
maximaler Explosionsdruck	bar	Größter Druckwert, der bei der Explosion eines definierten Brennstoff/Luft-Gemisches nach dem festgelegten Prüfverfahren gemessen wird (allgemein $\leq$ 10 bar im Unterschied zur wesentlich höheren Druckentwicklung bei einer Detonation)
maximaler Druckanstieg	bar · m/s	Maximalwert des Differentialquotienten der Druck-Zeit-Kurve, die bei der Messung des maximalen Explosionsdruckes erhalten wird (größte Schnelligkeit der Druckzunahme; Werte stark volumenabhängig und umrechenbar mit dem „kubischen Gesetz", Ausgangswert zur Bestimmung der Explosions konstanten K_g und K_{st})
Staubexplosionsklasse	–	Gruppierung der Brisanz nach Bereichen des K_{st}-Wertes (bar · m/s), St1, St2, St3; (St1 repräsentiert die höchste Brisanz)

[1] weiteres im Abschnitt 6

Als anerkannte Quellen für Zahlenwerte sind zu nennen:

- Das EG-Sicherheitsdatenblatt gemäß TRGS 220 (bezogen auf RL 91/115/EWG mit RL 2001/58/EG), *beizugeben vom Hersteller eines Stoffes oder einer Zubereitung; leider sind aber nicht alle für den Explosionsschutz erforderlichen Werte dort auch inhaltlich vorgeschrieben*
- Ergebnisse von Prüfinstituten wie z.B. der Physikalisch-Technischen Bundesanstalt Braunschweig/Berlin (PTB), der Fachstelle für Sicherheit elektrischer Betriebsmittel der EXAM Bochum oder des Instituts für Sicherheitstechnik Freiberg (IBExU)
- Tabellenwerke zum schnellen Nachschlagen, beispielsweise:
  - „Sicherheitstechnische Kennzahlen brennbarer Gase und Dämpfe" von Nabert/Schön/Redeker (Deutscher Eichverlag Hamburg)
  - „Sicherheitstechnische Kenngrößen"; Band 1 herausgegeben von der PTB, Band 2 (Gasgemische) herausgegeben von der BAM, Wirtschaftsverlag NW Bremerhaven)
  - „Brenn- und Explosions-Kenngrößen von Stäuben" im BIA-Handbuch oder im BIA-Report 12/97

- CD-ROM-Dateien: z.B. CHEMSAFE (Dechema, auch online), Chemdat (Fa. Merck) oder auch zu den genannten Tabellenwerken.

Elektrofachleute sollen sich die jeweils erforderlichen SKZ gefährdender Stoffe aber nicht selbst aussuchen, sondern sie sich vom Betreiber oder Auftraggeber schriftlich übermitteln lassen. Dann gibt es später keinen Streit bei Unsicherheiten.

Frage 4.13   Wie kann eine Elektrofachkraft Explosionsgefahren verhindern?

Juristen würden der folgenden Formulierung wohl zustimmen: „Um die von einer Explosion ausgehenden Gefahren zu vermeiden, hat sich die Elektrofachkraft

a)   an die dafür geltende Rechtsverordnung BetrSichV zu halten,
b)   das zugehörige Vorschriften- und Regelwerk zu beachten und
c)   ihre Tätigkeit in Kenntnis der Gefahren sicherheitsgerecht auszuführen und jeglichen Fehlgebrauch zu vermeiden."

Elektrofachleute sehen das etwas konkreter. **Sicherheitsgerechter Explosionsschutz soll gemäß GefStoffV** wie auch schon gemäß ElexV **dort beginnen, wo die Gefahr durch explosionsfähige Atmosphäre verursacht wird. Und das geschieht nicht in der elektrischen Anlage** – ausgenommen vielleicht in einer normwidrig betriebenen Batterieanlage. **Die wesentlichen Aufgaben der EMR-Fachleute beim Vermeiden von Explosionsgefahren bestehen** (nach Meinung des Verfassers) **darin,**

- *auffällige Unregelmäßigkeiten an betriebstechnischen Einrichtungen dem verantwortlichen Betreiber unverzüglich mitzuteilen und im eigenen Verantwortungsbereich sofort sicherheitsgerecht zu handeln,*
- *mit arbeitsbedingt erforderlichen leicht entzündlichen Arbeitsstoffen, z.B. mit technischen Gasen, Lösemitteln usw., bestimmungsgemäß umzugehen und die dafür maßgebenden Vorschriften zu beachten,*
- *den verantwortlichen Betreiber oder den Auftraggeber darauf hinzuweisen, wo und wie sich die Qualität der technologischen Schutzmaßnahmen auf den Bedarf an elektrotechnischen Maßnahmen auswirkt und*
- *Vorschläge zu unterbreiten, auf welche Weise elektrischer Explosionsschutz unter den betrieblichen Bedingungen sicherer oder effektiver gestaltet werden kann, z.B. durch darauf abgestimmte Prozessleittechnik (PLT).*

5 Hinweise zur Planung und zur Auftragsannahme

Frage 5.1 *Weshalb müssen sich die Vertragspartner im Explosionsschutz abstimmen?*

Je höher die Anforderungen an das Sicherheitsniveau sind, um so eher müssen die Beteiligten ihre Mitwirkungs- und Verantwortungsbereiche zweifelsfrei regeln.
Aus der Sicht eines Elektro- oder MSR-Auftragnehmers gibt es dafür elementare Gründe:

- Rechtssicherheit (Beweissicherung im Sinne der Produkt- und der Produzentenhaftung)
- Erkennen verdeckter Risiken
- eigene Handlungssicherheit

Die Bedingungen für das Planen, Errichten und Prüfen elektrischer Anlagen, die in VDE 0100 Teil 100 und in den VDE-Normen der Gruppe 300 zu finden sind, erfassen zwar nur die allgemeingültigen Grundsätze, aber gerade deshalb dürfen sie nicht unbeachtet bleiben.
Als Bestandteil des Sicherheitsmanagements betrieblicher Anlagen ist der Explosionsschutz interdisziplinär. **Um das Ziel der Explosionssicherheit insgesamt zu erreichen, müssen die jeweils effektiven Schutzmaßnahmen herausgefunden und aufeinander abgestimmt werden. Eine schriftliche Sicherheitskonzeption eignet sich am besten, das Ergebnis für alle Beteiligten zusammenfassend darzustellen.**
Bild 5.1 (auf Seite 134) verdeut1icht die Wechselwirkungen zwischen Explosionsgefahr und Explosionsschutz.
EMR-Schutzsysteme – nicht zu verwechseln mit „Schutzsystemen" im Sinne der EXVO / RL 94/9/EG – sind eine tragende Säule im Gesamtkonzept des betrieblichen Explosionsschutzes. Wenn der Auftrag nicht nur ein paar Handgriffe umfasst wie das Auswechseln einiger Leuchten, dann macht sich das schon bei der Planung deutlich bemerkbar. Bild 5.1 lässt erkennen, dass

```
┌─────────────────────────────────────────────────────────────┐
│                    Explosionsgefahr                         │
│                     Beurteilung                             │
│                                                             │
│      Schutzmaßnahmen              Schutzsysteme             │
│    Auswahl und Koordinierung   Auswahl und Koordinierung    │
│                                                             │
│   1.                              Verfahrenstechnik         │
│   Vermeiden des Entstehens        Apparatetechnik           │
│   gefährdender Stoffe oder                                  │
│   explosionsfähiger Gemische                                │
│                                                             │
│   oder 2.                                                   │
│   Verhindern oder Ein-                                      │
│   schränken des Ausbreitens                                 │
│   gefährdender Stoffe oder        EMR                       │
│   explposionsfähiger              Elektrotechnik            │
│   Gemische                        MSR-Technik, Informatik,  │
│                                   Prozessleittechnik        │
│   und 3.                          Blitzschutz               │
│   Verhindern der Zündung                                    │
│   explosionsfähiger Gemische                                │
│                                                             │
│   ergänzend 4.                    Bautechnik, Heizungs-     │
│   Verhindern oder Beschränken     und Lüftungstechnik       │
│   der Explosionswirkungen         …weitere Fachdisziplinen  │
└─────────────────────────────────────────────────────────────┘
```

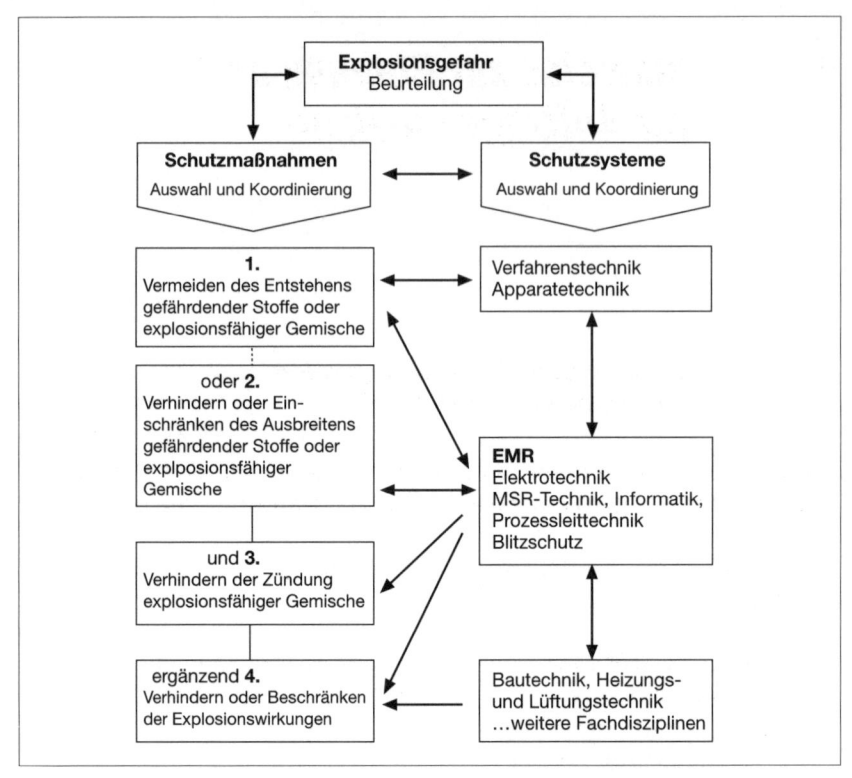

Bild 5.1   Wechselbeziehung zwischen Explosionsgefahr und Explosionsschutz

es auch innerhalb der EMR-Bereiche noch Wechselbeziehungen gibt mit Abstimmungsbedarf. Und haben die Techniker sich schließlich geeinigt, dann entscheiden Kaufleute später wieder ganz anders.

Wendet sich ein Auftragnehmer an einen Fachbetrieb, dann tut er das in der Erwartung, dass dieser seine fachspezifischen Vorschriften und Regeln souverän beherrscht. Der Fachbetrieb wird aber nicht effektiv und sicherheitsgerecht arbeiten können, wenn der Auftraggeber in seinem Verantwortungsbereich nicht die gleichen Voraussetzungen erfüllt. Dazwischen liegt eine Grauzone, über die sich die Partner verständigen müssen.

Gegenseitige Verlässlichkeit kann man selbst bei bestem Willen nicht einfach voraussetzen. Was der eine als Geschäftsgrundlage betrachtet, hält vielleicht der andere für nebensächlich.

Selbst wer den Betrieb des Auftraggebers schon kennt, kann nicht sicher davor sein, überraschend Veränderungen vorzufinden.

Tafel 5.1 fasst zusammen, worüber man sich Klarheit verschaffen sollte.

Tafel 5.1   *Abstimmungsbedarf zum Explosionsschutz für Auftragnehmer*

1. Wer hat die erforderlichen Festlegungen zu verantworten?
2. Handelt es sich zweifelsfrei um explosionsgefährdete Bereiche?
3. Sind nach Art der Anlage spezielle Bedingungen zu beachten?
4. Gibt es spezifische sicherheitsgerichtete Forderungen des Betreibers?
5. Bestehen spezielle Festlegungen von behördlichen Stellen?
6. Bestehen Einflüsse durch Bestandsschutz oder durch außerstaatliches Recht?
7. Sind die erforderlichen Vorgaben zur Auswahl der Schutzmaßnahmen ausreichend dokumentiert?
8. Sind alle Koordinierungen gewährleistet?
9. Sind alle wesentlichen Leistungstermine fixiert?

Weiteres wurde schon im Abschnitt 3 erläutert oder folgt anschließend. Wer sich davor scheut, Mitwirkungspflichten vertraglich festzulegen und auf Zuruf arbeitet, zahlt letztlich für die Nachlässigkeiten anderer.

Frage 5.2   *Welche Vorgaben sind unbedingt nötig?*

Das hängt unmittelbar davon ab, was gerade zu tun ist. Allein ein Zuruf „Explosionsgefahr" befähigt bestenfalls dazu, sofort den Evakuierungsweg zu suchen, aber nicht eine technische Lösung. **In jedem Fall, ob bei der Planung, Projektabwicklung oder Instandhaltung, braucht man präzisierende Angaben über die**

– jeweiligen speziellen Merkmale der Explosionsgefahr,
  zusammengestellt in Tafel 5.2 (auf Seite 136), und die
– Bedingungen für das Ausführen des anlagetechnischen Auftrages,
  d.h., für das Errichten, Instandhalten oder Instandsetzen

Mitunter können in Tafel 5.2 aus der vorletzten Zeile „Grundlegende Mindestforderungen" einige spezielle Vorgaben kostenorientiert zurückgestellt werden, z.B. für ein Angebot mit Preis-Modifikationen. Auf welche Vorgaben es vielleicht nicht oder nicht sofort ankommt, ergibt sich aus der jeweiligen Situation.

Tafel 5.2 Beurteilung explosionsgefährdeter Bereiche gemäß § 5 BetrSichV, Mindestinhalt als Arbeitsgrundlage für den anlagetechnischen Explosionsschutz

	Erforderliche Aussagen für explosionsgefährdete Bereiche	
	bei Gasexplosionsgefahr (brennbare Gase, Dämpfe oder Nebel)	bei Staubexplosionsgefahr (brennbare Stäube)
Gefahr, Art und Ursache	• Art der festgestellten Gefahr (Gas- oder Staubexplosionsgefahr) • Ursache der Gefahr – maßgebende gefährliche Stoffe – Freisetzungsquellen in der Anlage bei Normalbetrieb / wahrscheinlichen Störungen	
Gefahrbereich	explosionsgefährdete Bereiche [1] (Räume oder Außenbereiche mit eindeutiger örtlicher Begrenzung) Einstufung für jeden Bereich:	
	Zonen 2, 1, oder 0	Zonen 22, 21 oder 20 (bzw. Zonen 11 oder 10 nach alter Ordnung)
Maßgebende Kennzahlen [2]	Zündtemperatur, Temperaturklasse, Explosionsgruppe	Zündtemperatur, Glimmtemperatur; leitfähiger Staub?
Grundlegende Mindestforderungen	• speziell anzuwendende Bestimmungen z.B. DIN EN / VDE mit anlagebezogenen Festlegungen, Technische Regeln, BGV, BGR, Werknormen Forderungen der Schadensversicherer • Forderungen spezieller Gewerke (z.B. Technologie, Bau , Heizung und Lüftung,) • Verhaltensforderungen zum Ausschluss von Zündquellen, Nachbarschaftseinflüsse • Auflagen von Behörden • Koordinierung mit Dritten	
Bestätigung	Unterschrift des Verantwortlichen für die Beurteilung der betreffenden Betriebsstätte, Datum	

[1] zeichnerisch und / oder mit schriftlichen Maßangaben (dreidimensional)
[2] für jeden explosionsgefährdeten Bereich, wenn nicht überall der gleiche gefährliche Stoff maßgebend ist

Früher galten derartige Vorgaben, die darauf zielen, den anlagetechnischen Explosionsschutz optimal zu gestalten und zu erhalten, in den Errichtungsnormen ungenannt als selbstverständliche Voraussetzung. Auch weil das Arbeitsschutzrecht darauf nicht eingeht und eine Projektdokumentation rechtlich nicht vorgeschrieben ist, gibt es seit 1998 die Abschnitte *Dokumentation* in den Normen VDE 0165. Darin sind ergänzend zum Inhalt der Tafel 5.2 weitere Arten von Dokumenten angegeben, die „üblicherweise erforderlich sind", so z.B.

– Errichtungsanweisungen
– Installations- und Schaltpläne
– Dokumente und Bescheinigungen für die Betriebsmittel
– Bemessungsnachweise für spezielle Einsatzbedingungen
– Beschreibungen für „i"- oder „p"-Systeme
– Instandhaltungsdokumente.

Frage 5.3   Was sollte grundsätzlich schriftlich vereinbart werden?

Alle Bedingungen, die über die gesetzliche Arbeitsgrundlage hinaus für erforderlich gehalten werden, sind speziell zu vereinbaren.
Deutsche Rechtsgrundlagen (Gesetze, Verordnungen, staatliche Mitteilungen) gelten grundsätzlich auch ohne vertragliche Vereinbarung. Aber nicht im Ausland. Sie enthalten zumeist nur Schutzziele oder, wie im Regelwerk, Mindestforderungen. Abweichungen, die das Schutzziel anderweitig erreichen, sind möglich, doch darüber sollte man sich eingehend vergewissern und verständigen. Dazu gehören einige Sachverhalte, die man nicht nur im Explosionsschutz bedenken sollte, so z.B.

– Besonderheiten beim Eingriff in bestehende Anlagen
– Zusammenarbeit mit weiteren (dritten) Partnern
– Abweichungen von anerkannten Regeln der Technik
– zusätzliche Forderungen (Werknormen, Beistellungen usw.)
– behördliche Auflagen
– Arbeitsschutz auf der Baustelle
– gesetzliche und technische Grundlagen bei Anlagenexporten
– Anwendung völlig neuer Technik
– Erprobung vor Inbetriebnahme, Probebetrieb
– besondere Prüfbedingungen

Erfahrene Elektroauftragnehmer prüfen die Vollständigkeit der erforderlichen Vorgaben gründlich nach, weil sie wissen, dass sie sich damit spätere Ungelegenheiten ersparen können.

Bevor ein Installationskonzept zusammengestellt wird, sollten folgende Fragen geklärt sein:

Frage 5.3.1   Handelt es sich zweifelsfrei um eine explosionsgefährdete Betriebsstätte?

Wozu die Frage? Wenn ein Auftraggeber Explosionsschutz bestellt, soll er das auch bekommen, und zwar in bester Qualität. Aber was ist damit gemeint, wenn er weiter nichts verlangt als eine möglichst preiswerte Elektroanlage mit der erforderlichen Sicherheitstechnik?
Effektiver Explosionsschutz ist Maßarbeit. Etwas mehr kann durchaus gut sein, aber dann an der richtigen Stelle, also vor allem dort, wo man Maßnahmen anwenden kann, um explosionsfähige Atmosphäre zu verhindern oder einzuschränken. Solche verfahrenstechnischen und technologischen Schutzmaßnahmen können, wenn sie gut sind, den elektrischen Explosionsschutz wesentlich entlasten oder sogar verzichtbar machen.
Sache der Elektrofachleute ist es, den Auftraggeber danach zu fragen. Ein Hinweis auf die Rechtspflichten gemäß BetrSichV (Anhang 4 Abschn. 3.3) und GefStoffV (Anhang V Nr. 8 Abschn. 8.4.1) kann dem Nachdruck verleihen. **MSR-Fachleute dagegen können automatisierungstechnisch unmittelbar dazu beitragen, Explosionsgefahren zu vermeiden oder einzuschränken.**

Frage 5.3.2   Welche Dokumente mit Angaben zur Explosionsgefahr kann man grundsätzlich anerkennen?

Von einer sachgerechten Beurteilung der Gefahrensituation kann man ausgehen, wenn der Auftraggeber eine der folgend genannten Nachweise vorlegt:

– einen *Auszug aus dem betrieblichen Explosionsschutzdokument* (erläutert unter 2.5.9) oder, falls es das noch nicht gibt,
– ein *Beurteilungsdokument* mit Bezug auf die
  • Explosionsschutz-Regeln (BGR 104, EX-RL),
    VDE 0165 (Teile 101 und/oder 102), EN 1127-1 oder auf eine
  • speziell zutreffende Regel der Technik oder Vorschrift (z.B. eine TR, BGV/BGR, VDI-Richtlinie),

wobei das Dokument auch in einem sogenannten „Ex-Zonen-Plan" zusammengefasst sein kann;
datiert und mit Unterschrift des Betreibers bzw. Auftraggebers.

- ein *Sachverständigen-Gutachten* zum Explosionsschutz oder eine dementsprechende *Sicherheitsbetrachtung im Sinne der TRGS 300* (Technische Regel Gefahrstoffe *Sicherheitstechnik*), ausgearbeitet im Auftrag des Betreibers von Fachleuten des Brand- und Explosionsschutzes aus der Industrie, von Fachinstitutionen, Prüforganisationen, Fachgremien, Beraterfirmen – mit datierter Bestätigung des Auftraggebers;
- ein *Dokument des Technischen Dienstes der jeweiligen Berufsgenossenschaft.*

Skepsis ist angebracht, wenn

- übergebene Schriftstücke weder ein Datum noch eine Unterschrift tragen,
- die schriftlichen Angaben zur Gefahrensituation mangelhaft sind oder für später angekündigt werden,
- die Beurteilung der Brand- und/oder Explosionsgefahr in einer Betriebsstätte dem Elektro- oder MSR-Fachmann abverlangt wird,
- Dokumente einbezogen werden sollen, deren Bestätigungsdatum 3 Jahre und mehr zurückliegt oder
- als Begründung einer Explosionsgefahr nur ein lapidarer Hinweis auf Regelwerke gegeben wird, z.B. auf die Beispielsammlung zur EX-RL, eine technische Regel (TR) zu überwachungsbedürftigen Anlagen, eine BGI, eine ausländische Norm oder gar nur auf die Fachliteratur, ohne dazu ein Schriftstück mit konkretisierenden Angaben zu übermitteln.

Beispielsammlungen beziehen sich auf ausgewählte typische Beurteilungsfälle, die auf ihre Anwendbarkeit unter den jeweiligen technologischen Bedingungen zu überprüfen sind. Für Einstufungen in Regelwerken (Mindestfestlegungen) gilt das zwar nicht, aber damit hat man noch nicht alles Notwendige beisammen.

Frage 5.3.3 Sind die erforderlichen Vorgaben zur Auswahl der Schutzmaßnahmen auch ausreichend dokumentiert?

Maßgebend für die Schutzmaßnahmen in explosionsgefährdeten Betriebsstätten sind die Grundsätze im Anhang 4 der BetrSichV sowie im Anhang V Nr. 8 der GefStoffV und die dazu erlassenen Regeln der Technik.
Bezogen auf die ElexV gelten die dazu benannten (bezeichneten) Normen, angegeben im Abschnitt 20.
Diese Technischen Regeln und auch die Normen, so z.B. die VDE 0165 (Teile 1 und 2) für das Errichten und – darauf bezogen – die VDE 0105 für das Betreiben, setzen nicht nur die Zonen-Einstufung voraus.

Was muss mindestens bekannt sein? Dazu gehören (s. Tafel 5.2)

- ***die Art der Explosionsgefahr*** (Gas- oder Staubexplosionsgefahr; das ist durch die Ziffer der Zoneneinteilung schon definiert)
- ***die Größe und Lage der gefährdeten Bereiche*** (Länge/Breite/Höhe; das ist allein mit der Ziffer der Zoneneinteilung noch nicht festgelegt)
- ***die maßgebenden sicherheitstechnischen Kennzahlen*** (Zündkennwerte; Unterschiede je nach Art der Explosionsgefahr)
- ***die speziell maßgebenden Vorschriften*** und Regeln (je nach Art der technologischen Anlage, z.b. bei brennbaren Flüssigkeiten die TRbF, für Farbgebung die BGV D 25; ferner
- ***speziell anzuwendende Richtlinien*** (BGI, VdS-Richtlinien, VDI-VDE-Richtlinien, NAMUR-Empfehlungen u.a.m.)
- ***spezielle Forderungen zur Ausführung***

Um alles sachgerecht zu bedenken und mit dem Auftraggeber zu klären, kann man sich eine Checkliste anlegen, z.B. nach dem Muster von Tafel 5.3

Tafel 5.3   Check-Liste für Auftragnehmer zur Überprüfung sicherheitsgerichteter Voraussetzungen zur Auftragsannahme für das Errichten in explosionsgefährdeten Bereichen

Klärungsbedürftige Fakten		Überprüfungsergebnis		Anmerkungen
		ja	nein	
1 Auftragsumfang	• Neuanlage • Vollrekonstruktion • Teilrekonstruktion [1]			*1) Eingriffe in alte Normen?*
2 Gefahrensituation	• Explosionsgefahr (Gas-) • Explosionsgefahr (Staub-) • Feuergefahr • Überschneidungen geklärt			
3 Ex-Beurteilungsergebnis [2]	• vorhanden • aktuell • vollständig • überprüfungsbedürftig			*2) örtliche Bereiche, "Zone", Zündtemperatur, Temperaturklasse, Explosionsgruppe, Forderungen*
4 Planungsdokumentation	• vorhanden • aktuell, sachlich richtig • vollständig • überprüft 3)			*3) Ex-Prüfung rechtlich nicht gefordert*
5 Behördenauflagen	• liegen vor • Klärungsbedarf			

Tafel 5.3 *(Fortsetzung)*

Klärungsbedürftige Fakten		Überprüfungs-ergebnis		Anmerkungen
		ja	nein	
6 Koordinierung mit anderen AN	• erforderlich • lückenlos durchgeführt			AN/ AG: Auftrag-nehmer/ -geber
7 Vorschriften-werk 4)	• spezielle Bestimmungen • Bestimmungen liegen vor • Angaben lückenhaft • Angaben verbindlich zugesagt			*4) Werknormen, Landesrecht, Versicherer, BGV, Baunormen, Ausland u.a.m.*
8 Betriebsmittel-auswahl 5)	• spezielle Forderungen des AG • Angaben liegen vor • Angaben lückenhaft • Angaben verbindlich zugesagt			*5) Anordnung, Notausschaltung, EMR-Bedingungen Prozessleittechnik, Feldbussysteme, spezielle Zünd-schutzarten*
9 Montage, Installation 5)	• spezielle Forderungen des AG • Angaben liegen vor • Angaben lückenhaft • Angaben verbindlich zugesagt			
10 Anlagetechnische Zündschutz-Maßnahmen 6)	• spezielle Forderungen des AG • Angaben liegen vor • Angaben lückenhaft • Angaben verbindlich zugesagt • Koordinierung erforderlich • Überprüfung erforderlich			*6) Lüftung, Inerti-sierung, Über-spannungs- und Blitzschutz, Überdruckkapselung, Eigensicherheit u.ä.*
11 Termine 7)	• Beistellungen gesichert • Koordinierungen gesichert • Baufreiheit gesichert • Realisierungstermin real			*7) Betreiber/AG, Zulieferer, Behörden, Fremdfirmen*

Frage 5.3.4 **Gibt es spezifische sicherheitsgerichtete Forderungen des Betreibers?**

Anlass dazu kann bestehen bei komplizierten technologischen Verfahren oder problematischen Gefahrstoffen.
Je umfangreicher der Auftrag ist und je größer das Sicherheitsbedürfnis des jeweiligen Unternehmens oder des technologischen Verfahrens, um so mehr ist der Unternehmer gehalten, technische und orga-

nisatorische Einzelheiten betrieblich zu konkretisieren. Das kann durch zentrale betriebliche Regelungen geschehen, z.B. Werknormen, aber ebenso mit speziellen Dokumenten innerhalb von Betriebsabteilungen. Dann muss geklärt werden, welche betrieblichen Dokumente den jeweiligen Auftrag berühren, weil sie auch den elektrischen Explosions- oder Brandschutz betreffen, z.B. mit spezifischen Forderungen für

- die Auswahl von Geräten (Betriebsmitteln und Arbeitsmitteln) in Bezug auf Zündschutzmaßnahmen,
- die Ausschaltung im Gefahrenfall (Notausschaltung),
- den elektrischen Potentialausgleich, den äußeren und /oder inneren Blitzschutz, den Überspannungsschutz und /oder die EMV
- die Einrichtungen zur Signalisierung von Gefahren für Leben und Sachwerte,
- die funktionale Sicherheit von MSR-Schutzeinrichtungen
- die Verriegelung anlagetechnischer Komponenten,
- die Vermeidung von Gefahren aus technologisch benachbarten Anlagen,
- die Koordinierung mit weiteren Schutzmaßnahmen, die von außerhalb in den explosionsgefährdeten Bereich hinein wirken (Energietechnik, Schutztechnik, Brandschutz)
- die Maßnahmen bei technologischen Störfällen und andere spezielle Belange, z.B. wenn der Auftraggeber darauf besteht, anderweitig vorhandene Betriebsmittel zu übergeben (Beistellungen; Haftungsfrage!) oder wenn er Bedingungen seitens der Versicherer zu erfüllen hat
- die eventuell erforderlichen Maßnahmen, um Fehlbedienung unter Stress zu vermeiden (z.B. Fremdpersonal, Entriegelung von Schutzauslösern, Reihenfolge bei Notausschaltung)

Frage 5.3.5   Bestehen spezielle Festlegungen von behördlichen Stellen?

Solche behördliche und andere Stellen sind hauptsächlich

- das örtlich zuständige Staatliche Gewerbeaufsichtsamt (oder im Zuständigkeitsbereich der Bergaufsicht das Bergamt)
- die zuständige Berufsgenossenschaft und
- das Bauordnungsamt (besonders zum vorbeugenden Brandschutz),

im Sonderfall auch das Umweltamt (Sicherheitsanalyse gemäß Störfallverordnung) und weitere landesrechtlich zuständige Stellen. Ob und wie diese Stellen in betriebliche Belange oder in ein neues Projekt eingreifen, hängt von gesetzlichen und organisatorischen Gegebenheiten ab, die ein Subauftragnehmer nicht übersehen kann.

Für Anlagen aus der Zeit vor dem 1. Januar 2003 darf die Aufsichtsbehörde für überwachungsbedürftige Anlagen gemäß § 27(3) BetrSichV zusätzliche Forderungen stellen, wenn vermeidbare Gefahren für Beschäftigte oder Dritte zu befürchten sind. In der ElexV regelt das der § 4. Entscheiden wird das die Behörde entweder im Ergebnis von Ermittlungen eigener Sachverständiger oder sie fordert den Unternehmer auf, eine zugelassene Stelle zu beauftragen, z.B. einen TÜV. Aber nur die Behörde selbst kann Auflagen festlegen oder Zweifelsfälle im Explosionsschutz verbindlich entscheiden.

Schließlich ist an dieser Stelle noch auf die „besonderen Bedingungen" hinzuweisen, die sich aus der Baumusterprüfung für den Einsatz eines speziellen explosionsgeschützten Betriebsmittels ergeben können. Möglicherweise muss allein deswegen eine andere Lösung gesucht werden. Weiteres dazu enthält die Antwort zur Frage 2.3.7.

Frage 5.3.6 *Bestehen Einflüsse durch Bestandsschutz oder durch außerstaatliches Recht?*

Zum Einfluss des Bestandsschutzes:
Auch in explosionsgefährdeten Bereichen haben ältere Anlagen grundsätzlich Bestandsschutz. Vorausgesetzt wird, dass sie den zum Errichtungszeitpunkt geltenden Bestimmungen entsprechen und weiterhin sicherheitsgerecht betrieben werden können.
„Trotz anderslautender Gerüchte am Markt wird eindeutig klargestellt, dass es ab dem 1. Januar 2006 keine Pflicht zur Nachrüstung oder Veränderung bestehender Ex-Geräte oder Ex-Anlagen gibt, die die Beschaffenheit betreffen" – so sagt es die Zertifizierungsstelle PTB unter http://www.explosionsschutz.ptb.de, und dabei bezieht sie sich auf die Übergangsvorschriften gemäß § 27 BetrSichV.
Nach derzeitigen Rechtsgrundlagen besteht ein Zwang zur Anpassung nur dann,

- *wenn sich die Betriebsbedingungen ändern,*
- *wenn Gefahren für Beschäftige oder Dritte eintreten oder*
- *wenn es eine Rechtsvorschrift festlegt.*

Es darf keine nach der Art des Betriebes vermeidbare Gefahr für Leben und Gesundheit zu befürchten sein.
Schon die Änderung einer Einzelheit ist in diesem Sinn als neue Betriebsbedingung zu werten, wenn sie die Explosionssicherheit beeinflusst. Das wäre z.B. der Fall, sobald eine maßgebende sicherheitstechnischen Kennzahl höher festgelegt wird (Temperaturklasse, Explosionsgruppe und ähnliches).

Es sind also nicht nur die auffälligen Änderungen in der Technologie oder der Zonen-Einstufung, worauf man hierbei zu achten hat.
Nur teilweiser Austausch kann zu Komplikationen führen

- durch Kollisionspunkte zwischen altem und aktuellem Vorschriftenwerk, z.B. bei der Einordnung in Zonen (besonders im Staubexplosionsschutz) und andere sicherheitsgerichtete Gruppierungen,
- bei Eingriffen in definierte Sicherheitssysteme, z.B. in der Automatisierungstechnik oder bei eigensicheren Stromkreisen,
- durch den aktuellen Stand der Geräte- und Anlagentechnik, z.B. Bedingungen der funktionalen Sicherheit, intensivere Prüftechnik.

Zum Einfluss durch außerstaatliches Recht:
Beim Import aus Ländern, die nicht der EU angehören, kann man die von der EXVO vorgeschriebene Beschaffenheit nicht unbedingt voraussetzen. Bei Anlagenimporten muss sichergestellt werden, dass die Voraussetzungen der BetrSichV damit realisierbar sind. Wer Anlagen ins Ausland verkaufen will, weiß, dass er sich nach den dortigen Rechtsgrundlagen zu richten hat und die anzuwendenden Regeln der Technik vereinbaren muss. Im Bereich der Europäischen Union sind für den Explosionsschutz neben den Grundsätzen für das Inverkehrbringen von Geräten und Schutzsystemen (Betriebsmitteln) zwar auch die Grundsätze des sicheren Betreibens harmonisiert, aber nur als Mindestvorschriften. Das schließt nationale Abweichungen nicht aus. Bei Anlagenexport in exotische Länder darf eine Fremdmontage auch im Explosionsschutz keine Qualitätsmängel hinterlassen.

Frage 5.3.7   Gibt es Klärungsbedarf beim Einsatz älterer Betriebsmittel?

Kann es denn sein, dass schon allein deshalb Rechtsprobleme aufkommen, weil ein älterer Klemmenkasten eine neue Kabelverschraubung bekommen soll?
Da besteht auch ein Zusammenhang mit der vorangehenden Frage. Für die Instandhalter muss es prinzipiell möglich sein, sowohl betrieblich vorhandene intakte Betriebsmittel weiter zu verwenden als auch neue Betriebsmittel in bestehende Anlagen einzubauen, ohne dabei mit dem Recht in Konflikt zu kommen.
Für den Planer oder Errichter hingegen kommt als Angebotsbasis grundsätzlich nur eine Anlage nach dem Stand der Technik und der Sicherheitstechnik in Frage. Ältere Betriebsmittel stehen da gar nicht zur Diskussion. Grundlagen dafür sind die geltenden Errichtungsnormen und eine aktuelle Einstufung der explosionsgefährdeten Bereiche.
Nach dem Willen des Gesetzgebers sollen „altes Recht" und „neues

Recht" in der Anwendung möglichst sauber getrennt bleiben, und das muss dann wohl auch für die zugehörigen Normen gelten. Es gelingt allerdings nicht immer, das mit der realen Praxis in Einklang zu bringen.

Was ist zu beachten?
1. **Produkte nach altem Recht** (die nicht der EXVO/RL 94/9/EG entsprechen, aber die man grundsätzlich weiterhin verwenden darf, obwohl sie vor dem 1. Juli 2003 in Verkehr gebracht worden sind), müssen gemäß BetrSichV darauf überprüft werden, ob sie im speziellen Fall ohne Bedenken in die jeweilige Anlage eingebaut werden können, und das ist im Explosionsschutzdokument zu belegen. Da diese Betriebsmittel noch keine Gerätekategorie kennzeichnet, können Orientierungsprobleme auftreten bei der Zuordnung zu den Zonen, besonders bei den Zonen 2 und 22.
2. **Neue Produkte** (die seit 1. Juli 2003 der EXVO/RL 94/9/EG zu entsprechen haben), sind nach den Regelungen der BetrSichV oder übergangsweise noch der ElexV von 1996 zu behandeln. Im Normalfall treten in Verbindung mit der jeweils maßgebenden Errichtungsnorm keine Probleme auf. Schwierigkeiten kann es jedoch geben

– bei der Auswahl der Ex-Betriebsmittel nach Gerätekategorien, wenn sie
– in Altanlagen mit Staubexplosionsgefahr eingebaut werden sollen, die Bestandsschutz haben und noch die alte Zoneneinteilung aufweisen (dazu auch 2.4.7 und Abschnitt 17).

Kommt es dabei zu Komplikationen, dann helfen auch die Hersteller, eine sachgerechte Lösung zu finden. Sie werden von der Richtlinie 94/9/EG in die Pflicht genommen, Betriebsanleitungen zu liefern. Darin müssen auch alle erforderlichen Angaben zur sicheren Installation, Verwendung und Inbetriebnahme enthalten sein.

Frage 5.4   Welche Folgen hat ein Explosionsschutz „auf Verdacht"?

Was geschieht, wenn ein EMR-Auftragnehmer kurzerhand nach eigenem Ermessen festlegt, wo und wie Explosionsschutz stattfinden soll? Wenn man sich am Bild 5.1 (auf Seite 132) noch einmal verdeutlicht, mit welcher Vielfalt EMR-Systeme in den Explosionsschutz eingreifen, dann verbleiben dafür nur 2 Varianten:

1. **Die Gefahrensituation wird überschätzt,** z.B. durch

– Unkenntnis von Eigenschaften der gefährdenden Stoffe (Art, Menge, Ausbreitungsverhalten, Kennzahlen)

143

- Annahme von Freisetzungsstellen (Emissionsquellen) ohne reale Begründung
- zu groß angesetzte örtliche Gefahrbereiche
- zu hohe Zonen-Einstufung
- Wahl von Systemen und Betriebsmitteln höchster Schutzqualität

Folge: überhöhter Kosten- und Instandhaltungsaufwand

2. Die Gefahrensituation wird unterschätzt, z.B. durch

- Mangel an stofflichen Kenntnissen (wie bei 1.)
- Unkenntnis über Vorgaben in branchenfremden Vorschriften
- nicht erkannte Freisetzungsstellen
- übersehene oder zu kleine Gefahrenbereiche
- zu niedrige Zonen-Einstufung
- Einsatz veralteter Betriebsmittel
- Unkenntnis spezieller Fremdeinflüsse und Koordinierungszwänge

Folge: Die Anlage entspricht nicht dem Stand der Technik und verstößt gegen die BetrSichV. Wird das nicht noch vor der Erstinbetriebnahme offenbar, dann ist ein Schadensereignis wahrscheinlich.

Frage 5.5   *Wie kann man den Auftraggeber unterstützen, um die erforderlichen Vorgaben zu erhalten?*

Weniger sachkundige Auftraggeber wissen oft gar nicht, welche Vorgaben sie dem Fachbetrieb schulden, müssen erst überzeugt werden oder wollen beraten sein. Manche erkennen Fachkompetenz nur an, solange sie nicht unbequem wird.
Um das Verfahren abzukürzen, kann der Fachbetrieb schriftlich entweder

- **konkret anfragen oder**
- **beratend etwas vorschlagen.**

Als Arbeitsmittel dafür eignet sich z.B. ein Formblatt in der Art, wie es das Bild 5.2 darstellt. Damit hat man es selbst in der Hand, die Auftragsbasis spezifisch aufzubereiten. Außerdem hilft es dem Auftraggeber, sich festzulegen oder offene Probleme zu erkennen, und es kann die Beweislast des Errichters gerichtsfest sichern.

| (Firmenstempel) | Datum: |
| | Az.: |

Beurteilung der Explosionsgefahr für die Errichtung der elektrischen Anlage

Die Beurteilung erfolgte auf der Grundlage der Betriebssicherheitsverordnung vom 27.09.2002 (§ 5, Anhänge 3 und 4) sowie der Explosionsschutzregeln (BGR 104, EX-RL) des Hauptverbandes der gewerblichen Berufsgenossenschaften. Die Schutzmaßnahmen zur Gewährleistung des elektrischen und baulichen Brandschutzes werden hiervon nicht berührt.

1 Bezeichnung der Anlage: z.B. Farbgebungsanlage, Flaschengasabfüllung, Getreidemühle

2 Arbeitsstätte/Raum: z.B. Farbspritzraum, Abfüllraum, Sichtboden

3 Stoffe, die explosionsfähige Atmosphäre bilden

3.1 Bezeichnung und Verarbeitungszustand der Stoffe: (tabellarische Auflistung)

Bezeichnung	Verarbeitungszustand
z.B. Lösemittel Typ ABC, Propangas, Mehlstaub	z.B. flüssig, versprüht, verdampft, gasförmig, vernebelt

3.2 Örtliche und betriebliche Verhältnisse:

Angaben zum Umgang mit den gefährdenden Stoffen; z.B. Beschickung, Entleerung, Entsorgung; Vorhandensein automatischer Löschanlagen sowie weitere Angaben, zum Auftreten der Stoffe und zu den primären Schutzmaßnahmen

3.3 Be- und Entlüftungsverhältnisse:

Angaben zur natürlichen oder technischen Be-/Entlüftung, Luftwechselzahl, Luftführung - z.B. vertikal nach unten, diagonal, Ort des Lufteintrittes/-austrittes - z.B. Ansaugung und Austritt über Dach sowie weitere für die Raumdurchlüftung wesentliche Angaben

4 Beurteilung und Einstufung der explosionsgefährdeten Bereiche

Tabellarische Auflistung der Räume oder örtlichen Bereiche in folgender Weise - eventuell ergänzt durch Ex-Zonen-Plan:

Lfd. Nr.	Raumbezeichnung	örtl. Begrenzung des Bereiches in m	Zone

5 Schutzmaßnahmen bei der Errichtung:

5.1 mindestens erforderliche Temperaturklassen und Explosionsgruppen

Tabellarische Auflistung der jeweils kritischsten Temperaturklassen und Explosionsgruppen für die Auswahl der elektrischen Betriebsmittel in den unter 4 genannten Räumen bzw. örtlichen Bereichen; bei Gasexplosionsgefahr :

Lfd. Nr.	Raumbezeichnung	Temperaturklasse / Explosionsgruppe

bei Staubexplosionsgefahr:

Lfd. Nr.	Raumbezeichnung	max. Oberflächentemp. / Staub leitfähig (ja/nein)

5.2 Besondere Maßnahmen zum Explosionsschutz der elektrischen Anlage:

Vorgaben oder Besonderheiten in Ergänzung von VDE 0165, z.B. für das Innere von technologischen Apparaten mit Abweichung von atmosphärischen Verhältnissen, Bevorzugung einer bestimmten Zündschutzart für spezielle Geräte, z.B. Druckfeste Kapselung „d" für bestimmte Motoren oder Leuchten, Eigensicherheit „i" für bestimmte MSR-Systeme; Angabe ergänzender speziell zweckmäßiger Vorgaben, z.B. für eigensichere Stromkreise, Überdruckkapselung, für die Geräteauswahl in den Zonen 2 oder 22)

5.3 Notabschaltungen:

Tabellarische Auflistung der einzubeziehenden Energieabnehmer und Ort des betreffenden Notschalters, 2spaltig; links Spalte Betriebsmittel, rechts Spalte Ort des Notschalters; Grundlage dafür ist die Festlegungen in den Normen VDE 0165

5.4 Ergänzende Festlegungen des Betriebes:

(z.B. Festlegungen zum inneren Blitzschutz, Angaben zu vorhandenen Brandschutzmaßnahmen wie Brandwände und -decken, einschließlich der Forderungen an Kabel/Leitungs-Durchführungen, Bedingungen des Bestandschutzes, PLT, Angabe speziell zu beachtender Vorschriften, Auflagen, Bestellungen)

6 Sicherheitsmaßnahmen bei der Errichtung der elektrischen Anlagen

(Angabe der Sicherheitsmaßnahmen, die erforderlich sind, um während der Montagearbeiten Gefährdungen zu vermeiden, z.B. Feuererlaubnisschein, Gefahrenschein, sowie weitere Verweise, z.B. auf spezielle Regeln, Normen, Richtlinien)

....
(Unterschrift des Verantwortlichen)

Bild 5.2 *Formblatt zur Dokumentierung von Explosionsgefahren im Sinne der BetrSichV, Gliederung*

Frage 5.6   Sind Ex-Elektroanlagen erlaubnis- oder anzeigepflichtig?

Grundsätzlich nein, in bestimmten Fällen indirekt aber doch, nämlich als Bestandteil einer überwachungsbedürftigen Anlage, die einer Erlaubnis bedarf. Die BetrSichV hat den Umfang erlaubnisbedürftiger Anlagen stark verringert.
Davon betroffen sind Neuanlagen, wesentliche Veränderungen und die Sicherheit beeinflussende Bauartänderungen. Im § 13 legt die BetrSichV die betreffenden Arten überwachungsbedürftiger Anlagen fest und grenzt sie mit technischen Schwellwerten ab.

Das trifft zu auf bestimmte

– Lager, Füllstellen und Tankstellen für leicht- oder hochentzündliche Flüssigkeiten (brennbare Flüssigkeiten mit Flammpunkten < 21°C)
– Abfüllanlagen zum Abfüllen von Druckgasen in ortsbewegliche Druckgeräte oder Fahrzeuge
– Dampfkesselanlagen,
– andere Anlagen, für die eine Rechtsvorschrift die Anzeige und/oder Erlaubnis regelt.

Es trifft grundsätzlich nicht zu

– auf elektrische Anlagen in explosionsgefährdeten Betriebsstätten, die sich im Anwendungsbereich der BetrSichV oder bisher der ElexV befinden, ohne durch ihre Versorgungs- oder MSR-Aufgabe in eine der genannten Anlagenarten eingebunden zu sein.

Anzeigepflichtig sind jedoch gemäß § 18 BetrSichV

– jeder Unfall, bei dem ein Mensch verletzt oder gar getötet wurde und
– jeder Schadensfall, bei dem Bauteile oder sicherheitstechnische Einrichtungen versagt haben oder beschädigt worden sind.

Gemäß § 17 ElexV ist jede Explosion anzuzeigen, deren Ursache in der elektrischen Anlage zu suchen sein kann, ausgenommen, die Explosion hat sich nur innerhalb eines explosionsgeschützten Betriebsmittels ereignet.
Solche Fälle muss der Betreiber unverzüglich der Aufsichtsbehörde (zumeist ist das die örtlich zuständige staatliche Gewerbeaufsicht) anzeigen.
Der Vollständigkeit halber sei hier noch bemerkt, dass diese Antwort anderweitige rechtliche Anzeigepflichten, z.B. in Verbindung mit einer Bauanzeige nach dem jeweiligen Landesbaurecht, nicht ausschließt.

Frage 5.7 **Weshalb müssen zugelieferte Auftragsunterlagen überprüft werden?**

Fachbetriebe werben damit, dass sich die Auftraggeber auf ihre fachliche Zuverlässigkeit verlassen können. **Zu den Pflichten der Auftraggeber gehört es, die maßgeblichen sicherheitstechnischen Erfordernisse bei der Vergabe von Aufträgen schriftlich anzugeben (§ 5 VBG A1).** Ob man der dazu nötigen Fachkompetenz des Auftraggebers im Explosionsschutz immer voll vertrauen kann, darf im Ergebnis behördlicher Betriebsüberprüfungen bezweifelt werden. Besonders im Anfangsstadium sollte man die Mühe nicht scheuen, Auftragsunterlagen konsequent auf Vollständigkeit, sachliche Richtigkeit und Koordinierung zu prüfen.

Im Widerstreit zwischen Kostendruck und Sicherheitsbedürfnis sehen die Kaufleute des Auftraggebers das wirtschaftliche Optimum vorzugsweise am unteren Sicherheitslimit.

Das konkret zu erkennen fällt einem Subunternehmer umso schwerer, je mehr vertraglich vorgeordnete Kontraktoren den direkten Kontakt zum Betreiber unterbrechen. Dennoch hat er schließlich eine Dokumentation mitzuliefern, die den Betreiber auch befähigt, seine Instandhaltung effektiv zu organisieren. Nachbesserungen wegen verpasster Rückfragen oder selbstverschuldeter Missverständnisse – beispielsweise bei der Betriebsmittelauswahl oder den anlagetechnischen Schutzmaßnahmen – können dann zu gravierenden finanziellen Folgen führen.

Dazu soll auf folgende rechtliche Fakten hingewiesen werden:

- Im § 16 der BGV A 1 *(Besondere Unterstützungspflichten)* heißt es, dass festgestellte Mängel eines Arbeitsverfahrens dem Vorgesetzten unverzüglich zu melden sind *oder sofort zu beseitigen sind, wenn es zur Arbeitsaufgabe gehört.*
- Wie aus § 4 Nr. 3 der VOB/B hervor geht, muss der Auftragnehmer dem Auftraggeber seine Bedenken gegen die vorgesehene Art der Ausführung unverzüglich schriftlich mitteilen, und das gilt auch für Sicherheitsfragen.
- Ein Urteil des OLG Düsseldorf von 2003 besagt, dass ein Anlagenbaubetrieb voll haften muss, wenn er dem Auftraggeber fehlerhafte Dokumente übergibt – selbst wenn ein Zulieferer oder gar der Auftraggeber selbst dafür die Ursache gesetzt hat.

Seit 1991 ist ein Urteil des Bundesgerichtshofes bekannt, in dem wie folgt entschieden wurde: Erkennt der Auftragnehmer einen Planungsfehler und unterlässt es, den Bauherrn darauf hinzuweisen, so ist er in voller Höhe schadensersatzpflichtig.

- Die Sorgfaltspflicht des Errichters als Auftragnehmer gebietet es, den Auftraggeber oder Betreiber der Anlage auf erkannte Risiken und die damit verbundenen anlagetechnischen Erfordernisse hinzuweisen. Tut er dies nicht und es kommt dadurch zu einem Schadensereignis, so kann er in Regress genommen werden.

6 Merkmale und Gruppierungen elektrischer Betriebsmittel im Explosionsschutz

Frage 6.1   Wozu dienen die Gruppierungen des Explosionsschutzes?

Explosionsgefahren treten mit unterschiedlicher Intensität auf. Es ist aber weder erforderlich noch finanziell vertretbar, den technischen Schutzaufwand immer nach den höchsten Erfordernissen zu gestalten. *Damit der Betreiber bzw. der Technologe die Explosionsgefahren praktikabel beschreiben kann, sind Klassifizierungen für*

- *die gefährdenden Stoffe anhand ihrer speziellen Eigenschaften und*
- *das zeitliche Auftreten explosionsgefährdender Zustände eingeführt worden.* Erst unter dieser Voraussetzung ist es möglich, den apparativen und den anlagetechnischen Aufwand für den Explosionsschutz sicherheitsgerichtet zu begrenzen.

Die dementsprechend gestaffelten Gruppierungen von Merkmalen des Explosionsschutzes dienen dazu,

- die **Explosionssicherheit insgesamt** (apparativ bzw. konstruktiv, anlagetechnisch, organisatorisch) optimal an das jeweilige Gefahrenniveau anzupassen und
- die **Prüfung des sachgerechten Zustandes** zu erleichtern.

Frage 6.2   Welche Arten explosionsgeschützter Betriebsmittel sind hauptsächlich zu unterscheiden?

Diese Frage lässt sich nur im Zusammenhang mit dem Anwendungszweck beantworten:

- für **elektrotechnische Anwendung**

Am bekanntesten ist wohl die Art von Betriebsmitteln, an die Elektrofachleute zuerst denken, wenn sie von einem „Ex-Betriebsmittel" sprechen. Da-

149

mit meinen sie ganz allgemein ein Betriebsmittel, das den Normen für elektrische Betriebsmittel in explosionsgefährdeten Bereichen DIN EN 60079-0 (bisher DIN EN 50014 ...)/VDE 0170/0171 ff entspricht, das vorgeschriebene Ex-Kennzeichen trägt und eine Prüfbescheinigung hat. Die aktuelle Normung verwendet den Begriff „explosionsgeschütztes Betriebsmittel" nicht, sondern bedient sich weiterer Gruppierungen wie folgt:

– für **nicht elektrotechnische Anwendung**

Apparativer Explosionsschutz kann gemäß EXVO/Richtlinie 94/9/EG (s. Abschnitt 2) sowohl für
elektrische Betriebsmittel als auch für
nichtelektrische Betriebsmittel („Geräte, Schutzssysteme ...) erreicht werden.
Diese Anwendungsarten können auch kombiniert vorliegen.

– nach dem **industriellen Verwendungszweck**

unterscheidet man die

Gerätegruppe I (nur für den Explosionsschutz in Bergbaubetrieben)
und die
Gerätegruppe II für den Explosionsschutz in explosionsgefährdeten Bereichen außerhalb des Bergbaues.

– nach dem **gerätetechnischen Anwendungsbereich** definiert die EXVO mit Bezug auf die Richtlinie 94/9/EG (Zitat EXVO):

1. Als **„Geräte"** gelten Maschinen, *Betriebsmittel,* stationäre oder ortsbewegliche Vorrichtungen, Steuerungs- und Ausrüstungsteile sowie Warn- und Vorbeugungssysteme, die *einzeln oder kombiniert* Energien erzeugen, übertragen, speichern, messen, regeln, umwandeln oder verbrauchen oder zur Verarbeitung von Werkstoffen bestimmt sind *und die eigene potentielle Zündquellen aufweisen und dadurch eine Explosion verursachen können.*
2. Als **„Schutzsysteme"** werden alle Vorrichtungen *mit Ausnahme der Komponenten der vorstehend definierten Geräte* bezeichnet, die anlaufende Explosionen umgehend stoppen oder den von einer Explosion betroffenen Bereich begrenzen *und als autonome Systeme gesondert in den Verkehr gebracht werden.*
3. Als **„Komponenten"** gelten *Bauteile,* die für den sicheren Betrieb von Geräten und Schutzsystemen erforderlich sind, *ohne jedoch selbst eine*

autonome Funktion zu erfüllen. (Zitatende, Hervorhebungen durch den Verfasser)

- für das **Niveau des apparativen Explosionsschutzes**

legt die EXVO mit Bezug auf die Richtlinie 94/9/EG die schon erwähnten Gerätekategorien fest, und zwar

zur Gerätegruppe I die *Kategorien M 1 und M 2,* und
zur Gerätegruppe II die *Kategorien 1, 2 und 3.*
Die Ziffer 1 entspricht jeweils dem höchsten Sicherheitsniveau.

- **nach der Art der Explosionsgefahr**

  ob durch Gase oder Stäube wird gemäß EXVO weiterhin unterschieden
  - bei Gerätegruppe II durch die Kennbuchstaben G (Gas) oder D (Staub). Vor Inkrafttreten der EXVO gab es für den Staubexplosionsschutz keine speziellen Kennzeichen, abgesehen von der Angabe der Zone.
  - *Bei Gerätegruppe I (Schlagwetterschutz)* **durch den Kennbuchstaben M.**

Die Gruppierungen aus der EXVO mit Bezug auf die Richtlinie 94/9/EG sind in Tafel 2.3 zusammengefasst.

- **für Bereiche mit höchstem Gefahrenniveau**

Für Altanlagen gemäß ElexV (1980) mit den Zonen 10 und 11 forderte VDE 0165 (Ausgabe 02.91) jeweils speziell dafür geprüfte und bescheinigte Betriebsmittel. Neue Betriebsmittel für die Gerätekategorie 1 gemäß EXVO erfüllen diese Bedingung grundsätzlich immer.

- **für Bereiche mit niedrigstem Gefahrenniveau**

Für die Zone 2 und die Zone 22 *(oder Altanlagen der Zone 11)* kann und konnte normgerechter Explosionsschutz teilweise auch mit nicht baumustergeprüften Betriebsmitteln kostengünstig erreicht werden, z.B.

- für Zone 2 nach Maßgabe der EXVO in der Gerätekategorie 3, repräsentiert durch die Zündschutzart „n".
- künftig vielleicht auch mit „Zone-2-Betriebsmitteln" nach einer neuen Norm (erweiterte Zündschutzart „n").

- *in Altanlagen, die noch der VDE 0165 (02.91) unterliegen, anhand einiger zusätzlicher Forderungen für Betriebsmittel in einer normalen für industrielle Anwendung geeigneten Bauart.*

Bild 6.1 stellt die wesentlichen Unterscheidungsmerkmale im Zusammenhang dar.

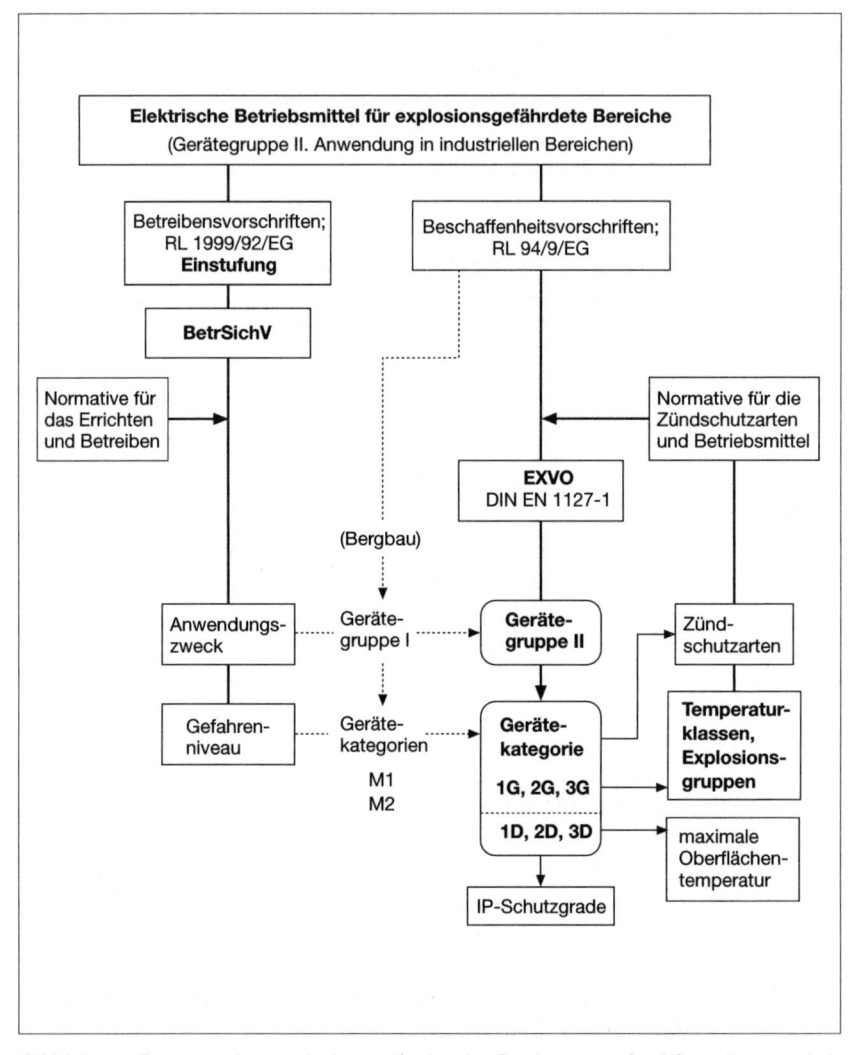

```
┌─────────────────────────────────────────────────────────────────────┐
│         Elektrische Betriebsmittel für explosionsgefährdete Bereiche │
│              (Gerätegruppe II. Anwendung in industriellen Bereichen) │
│                                                                      │
│   Betreibensvorschriften;          Beschaffenheitsvorschriften;      │
│   RL 1999/92/EG                    RL 94/9/EG                        │
│   Einstufung                                                         │
│                                                                      │
│   BetrSichV                                                          │
│                                                                      │
│  Normative für                              Normative für die       │
│  das Errichten                              Zündschutzarten         │
│  und Betreiben                              und Betriebsmittel      │
│                                                                      │
│                         EXVO                                         │
│                         DIN EN 1127-1                                │
│                                                                      │
│                    (Bergbau)                                         │
│                                                                      │
│  Anwendungs-    Geräte-         Geräte-            Zünd-            │
│  zweck          gruppe I        gruppe II          schutzarten      │
│                                                                      │
│                                                    Temperatur-     │
│  Gefahren-      Geräte-         Geräte-            klassen,         │
│  niveau         kategorien      kategorie          Explosions-      │
│                 M1              1G, 2G, 3G         gruppen          │
│                 M2                                                   │
│                                 1D, 2D, 3D         maximale         │
│                                                    Oberflächen-     │
│                                                    temperatur       │
│                                 IP-Schutzgrade                      │
└─────────────────────────────────────────────────────────────────────┘
```

Bild 6.1 *Zusammenhang zwischen maßgebenden Bestimmungen und Gruppierungen bei der Auswahl von Betriebsmitteln für explosionsgefährdete Bereiche*

Frage 6.3   Was versteht man unter einer Gerätegruppe?

Die Gerätegruppen

- sind in der Richtlinie 94/9/EG festgelegt (s. Abschn. 2) und
- kennzeichnen den industriellen Einsatzbereich wie folgt (Zitat):

„**Gerätegruppe I** gilt für Geräte zur Verwendung in Untertagebetrieben von Bergwerken sowie deren Übertageanlagen, die durch Grubengas und/oder brennbare Stäube gefährdet werden können.
Gerätegruppe II gilt für Geräte zur Verwendung in den übrigen Bereichen, die durch explosionsfähige Atmosphäre gefährdet werden können." (Zitatende)
Unter „übrige Bereiche" sind alle Arten explosionsgefährdeter Bereiche gemeint, in denen keine Grubengase (Schlagwettergefahr) auftreten können, z.B. in Chemie- oder der Nahrungsmittelindustrie, aber auch in oberirdischen Lagereinrichtungen von Bergbaubetrieben.
Ein dazu korrespondierendes und für die Betriebsmittelauswahl maßgebendes Merkmal explosionsgefährdender Stoffe ist die „Explosionsgruppe". Gase sowie Flüssigkeiten (Dämpfe, Nebel) haben die Explosionsgruppe II (II A, II B oder II C).

Frage 6.4   Was versteht man unter einer Gerätekategorie?

Die Gerätekategorien stellen Unterteilungen der Gerätegruppen nach **drei Niveaus des apparativen Explosionsschutzes dar,** die im Anhang I der Richtlinie 94/9/EG festgelegt sind.
Prinzip der Unterteilung:

- *Gerätekategorie 1, sehr hohes Maß an Sicherheit*
  - auch bei seltenen Gerätestörungen weiter betreibbar
  - mindestens zwei unabhängige apparative Zündschutzmaßnahmen
  - bei zwei unabhängigen Fehlern noch explosionssicher

- *Gerätekategorie 2,* hohes Maß an Sicherheit
  - bei häufigen oder üblichen Gerätestörungen weiter betreibbar

- *Gerätekategorie 3,* Normalmaß an Sicherheit
  - keine grundsätzlichen Festlegungen zu apparativen Zündschutzmaßnahmen und zur Fehlersicherheit.

Dazu kommen für den Bergbau unter Tage (Schlagwetterschutz) die ...

- Gerätekategorie M 1, sehr hohes Maß an Sicherheit
  • wie Kategorie 1
- Gerätekategorie M 2, hohes Maß an Sicherheit im Normalbetrieb unter erschwerten Bedingungen
  • abschaltbar beim Auftreten explosionsfähiger Atmosphäre

Ergänzend zu diesen prinzipiellen Anforderungen stellt die Richtlinie 94/9/EG zu jeder dieser Gerätekategorien spezielle „weitergehende Anforderungen" für die konstruktive Gestaltung.
Eine zusammenfassende Darstellung enthält die Tafel 2.4.
Eine zweite Art von Kategorien gab es bisher noch als spezielles Merkmal der Zündschutzart Eigensicherheit „i". Weil das zu Verwechselungen mit den Gerätekategorien führte, heißt dieses Merkmal in VDE 0170/0171 Teil 7 (08.03) nun „Schutzniveau".
Die beiden Schutzniveaus eigensicherer Betriebsmittel „ia" und „ib" korrespondieren mit den Gerätekategorien 1 und 2, sind aber grundsätzlich nicht gleichbedeutend.
Die drei Gerätekategorien stehen in unmittelbarer Relation zu den drei Stufen der Explosionsgefahr (Zonen). Dadurch wird die Auswahl der jeweils erforderlichen Betriebsmittel wesentlich erleichtert. Es besteht eine direkte Zuordnung zu den Zonen 0, 1, 2 oder 20, 21, 22, dargestellt in Tafel 2.3.

Um in der Schreibweise zwischen den Arten des Explosionsschutzes zu unterscheiden, wird die Ziffer der Gerätekategorie durch den entsprechenden Kennbuchstaben (s. Frage 6.2) ergänzt. So bezeichnet z.B. 1G ein Betriebsmittel der Gerätekategorie 1 mit Gasexplosionsschutz (also für Zone 0), 3D dagegen ein Betriebsmittel der Gerätekategorie 3 mit Staubexplosionsschutz (also für Zone 22). M bedeutet Schlagwetterschutz, *nicht zu verwechseln mit der ehemaligen Zone M für medizinische Bereiche, die gemäß ElexV von 1980 definiert war.*

Frage 6.5   *Was versteht man unter einer Explosionsgruppe?*

Die Explosionsgruppen IIA, IIB oder IIC sind

1. **ein Merkmal des gefährdenden gasförmigen Stoffes,** werden mitunter auch als „Stoffgruppe" bezeichnet und haben damit für die Auswahl elektrischer Betriebsmittel der Gerätekategorie II den Charakter eines Mindest-Sollwertes, **aber sie sind auch**
2. **ein Merkmal des Sicherheitsniveaus im Explosionsschutz elektrischer Betriebsmittel** mit dem Charakter eines Ist-Wertes, der mindestens dem Sollwert entsprechen muss und werden mitunter auch als Betriebsmittelgruppen bezeichnet.

IIA kennzeichnet das Minimum, IIC repräsentiert die höchsten Anforderungen. In früheren VDE-Normen wurde dafür die Bezeichnung „Explosionsklasse" verwendet (1 bis 3c, später I bis IVc und bei Betriebsmitteln auch IVn für universelle Eignung). Aus der jeweils voranstehenden II wird lediglich die Beziehung zur Gerätegruppe II deutlich (die schon Gegenstand der Frage 6.3 war).

Genau genommen gibt es bei gleicher Schreibweise in der „Lesart" der Explosionsgruppe einen Unterschied, je nachdem, ob sie für einen gefährdenden Stoff angegeben wird oder für ein explosionsgeschütztes Betriebsmittel. Im gerätetechnischen Explosionsschutz hat der Kennbuchstabe am Ende der Explosionsgruppe maßgebliche Bedeutung für die Zündschutzarten

- druckfeste Kapselung „d",
- Eigensicherheit „i"
- „nC" und „nL" bei Zündschutzart „n"
- bei speziellen Betriebsmitteln, und zwar aus elektrostatischen Gründen oder für die Sicherheit gegen zündfähige kapazitive Entladungen während des Öffnens.
- außerdem für diejenigen Zündschutzarten für nichtelektrische Betriebsmittel der Normenreihe DIN EN 13463, die den gleichen Wirkprinzipien folgen (Tafel 2.11).

Maßstab der Einteilung gasförmiger Stoffe in Explosionsgruppen sind die sicherheitstechnischen Kennzahlen „Normspaltweite" und/oder „Mindestzündstrom". Hier geht es um eine sehr wesentliche Eigenschaft explosionsgefährdender Stoffe, das Zünddurchschlagvermögen. Damit bezeichnet man die Fähigkeit eines Brenngas/Luft-Gemisches, während der Explosion in einer Prüfapparatur durch einen definierten Spalt so energiereich nach außen zu gelangen, dass die herausschlagende Flamme oder Gase außerhalb zur Zündquelle werden. Diese Fähigkeit ist stoffabhängig unterschiedlich ausgeprägt.

Angegeben wird die Normspaltweite NSW (DIN EN 13237) in mm, gemessen wird sie nach IEC 60079-1-1, dort bezeichnet als ***maximum experimental safe gap MESG*** (maximale experimentelle Grenzspaltweite). NSW bzw. MESG – das ist die größte Breite eines 25 mm langen Normspaltes, bei der ein Zünddurchschlag gerade noch ausbleibt. In den Normen und Tabellenwerken findet man die Werte meist unter der Bezeichnung „experimentelle Grenzspaltweite" oder MESG.

Der Mindestzündstrom (MIC) ist die kleinste Stromstärke in ohmschen oder induktiven Stromkreisen, mit der unter den Prüfbedingungen nach VDE 0170/0171 Teil 7 (08.03) ein brennbares Gas/Luft-Gemisch gerade noch ent-

zündbar ist. Dieser Wert steht mit der Normspaltweite (experimentelle Grenzspaltweite) in definierter Beziehung.
Tafel 6.1 informiert über dieses Klassifizierungssystem.

Tafel 6.1 *Explosionsgruppen brennbarer Gase und Dämpfe nach EN 60018 / VDE 0170/0171 Teil 5 (Unterteilung nach den Kriterien Normspaltweite oder Mindestzündstrom)*

Explosionsgruppe	IIA	IIB 3)	IIC
Normspaltweite in mm 1)	> 0,9	≥ 0,5 bis 0,9	< 0,5
Mindestzündstrom-Verhältnis 2)	> 0,8	≥ 0,45 bis 0,8	< 0,45
Beispiele	Propan Benzine Lösemittel Alkohole	Ethylether Ethylen Stadtgas (Alkohole)	Acetylen Wasserstoff Schwefel- kohlenstoff

1) NSW (Normspaltweite), auch bekannt als MESG (maximale experimentelle Grenzspaltweite)

2) MIC-Verhältnis; Verhältnis des Mindestzündstromes des brennbaren Stoffes zum Mindestzündstrom von Methan, ermittelt nach EN 60020 (VDE 0170/0171 Teil 7)
Zumeist genügt einer der beiden Werte, um die Explosionsgruppe zu bestimmen. Ausnahmen: bei MIC zwischen 0,45 und 0,5 oder 0,8 und 0,9 sowie bei MESG zwischen 0,5 und 0,55

3) Weitere Unterteilung der Explosionsgruppe IIB gemäß DIN EN 12874 : 2001-04 Flammendurchschlagsicherungen (möglicherweise auch wichtig für den Abschluss der Schutzgasabführung bei Zündschutzart Überdruckkapselung „p") :
II B1 – ≥ 0,85 bis 0,9 mm; II B2 – ≥ 0,75 bis < 0,85 mm, II B3 – ≥ 0,65 bis 0,5 mm

Weil es viel einfacher und zumeist auch ausreichend ist, direkt auf die Explosionsgruppe zuzugreifen anstatt über die Spaltweite oder das Mindestzündstrom-Verhältnisses, kann man sie für reine Stoffe unmittelbar aus dem Tabellenwerk entnehmen (z.B. aus Nabert/Schön/Redeker: Sicherheitstechnische Kennzahlen brennbarer Gase und Dämpfe). Ist ein Stoffgemisch die Ursache der Explosionsgefahr, dann richtet man sich am besten nach der schärfsten Komponente. Im Zweifelsfall hilft der Rat eines Fachspezialisten oder die labortechnische Ermittlung durch eine anerkannte Prüfstelle. Auf diese weder schnelle noch billige Variante wird man aber nur selten angewiesen sein, denn

- inzwischen entspricht die Explosionsgruppe IIB bei elektrischen Betriebsmitteln dem Standardangebot und vieles gibt es auch in IIC, besonders für die Automatisierungstechnik; und
- andererseits erfordert die überwiegende Anzahl der tabellierten entzündlichen Gefahrstoffe (etwa 80%) nur die Explosionsgruppe IIA. Nur ein sehr kleiner Anteil (Wasserstoff, Schwefelkohlenstoff, Acetylen und zwei Exoten; insgesamt weniger als 1% der tabellierten Stoffe) bedingen IIC.

Die sicherheitstechnische Kennzahl „Normspaltweite" NSW oder „Grenzspaltweite" MESG gibt es nur für Gase oder Dämpfe (Flüssigkeiten), aber nicht für Stäube (Feststoffe). Wenn in Verbindung mit Stäuben von den Staub-Explosionsklassen (St1, St2 oder St3) die Rede ist, dann geht es um den K_{St}-Wert in bar · m/s. Das ist eine ganz andere Klassifizierung, die den maximalen Druckanstieg einbezieht und mit der Auswahl elektrischer Betriebsmittel nichts zu tun hat.

*Frage 6.6   Was bedeuten die Begriffe
            Temperaturklasse und Zündtemperatur?*

Die Temperaturklassen T1 bis T6 sind
1. Merkmale des gefährdenden gasförmigen Stoffes als auch
2. Merkmale des Sicherheitsniveaus im Explosionsschutz.

In früheren VDE-Normen wurde dafür die Bezeichnung „Zündgruppe" verwendet (anfangs A bis D, später G1 bis G5).
Bei Stoffen sind die Temperaturklassen Einteilungen nach der Zündtemperatur brennbarer Gase und Dämpfe von entzündlichen Flüssigkeiten.
Bei Betriebsmitteln umfassen die Temperaturklassen gestaffelte Bereiche der maximalen Oberflächentemperatur. Sie sind ein Merkmal von Betriebsmitteln der Gerätekategorien mit dem Kennbuchstaben G und reflektieren die stofflichen Temperaturklassen, d.h., sie geben an, für welche stoffliche Temperaturklasse das Betriebsmittel bemessen ist.
Als *Zündtemperatur einer explosionsfähigen Atmosphäre* gilt die niedrigste Temperatur einer erwärmten Oberfläche, an der sich unter den Prüfbedingungen nach IEC 60079-4 ein brennbares Gas- oder Dampf/Luft-Gemisch entzündet. Analog dazu ist die *Zündtemperatur einer Staubwolke* die niedrigste Temperatur der heißen Innenwand eines Prüfofens, bei der sich ein Staub/Luft-Gemisch unter den Prüfbedingungen gemäß IEC 61241-20-1 entzündet. Dafür gibt es jedoch keine Temperaturklassen.
Jedes explosionsgeschützte Betriebsmittel der Gruppe II muss

- bei Explosionsgefahr durch gasförmige Stoffe
- mindestens derjenigen Temperaturklasse entsprechen, die für den explo-

sionsgefährdenden Stoff angegeben ist. Ausnahmen sind möglich, wenn ein spezielles Betriebsmittel für einen ganz bestimmten gefährdenden Stoff ausgelegt und dementsprechend mit einem Temperaturwert gekennzeichnet ist. Tafel 6.2 zeigt die Staffelung der Temperaturklassen.

Tafel 6.2 *Temperaturklassen brennbarer Gase und Dämpfe und zulässige maximale Oberflächentemperaturen der Betriebsmittel nach EN 60079-0 (DIN VDE 0170/0171 Teil 1)*

Temperatur-klasse	T1	T2	T3	T4	T5	T6
Zündtemperatur in °C	>450	>300	>200	>135	>100	>85
maximale Oberflächentemperatur [1) 2)] in °C	450	300	200	135	100	85
Beispiele	Propan Methan Ammoniak	Ethylen Alkohole Acetylen	Benzine Lösemittel	Diethylether	–	Schwefelkohlenstoff

[1)] bei Zündschutzart „e" auch als Grenztemperatur bezeichnet, auch abhängig von der thermischen Festigkeit der Isolierstoffe;
[2)] bei Betriebsmitteln mit Oberfläche ≤ 10 cm^2 gemäß Norm auch höhere Temperaturen zulässig

Es besteht also auch hier ein solches Soll/Ist-Verhältnis wie bei den Explosionsgruppen (s. Frage 6.5). Anders als dort haben die Temperaturklassen jedoch nicht nur Bedeutung für einige Zündschutzarten, sondern für alle explosionsgeschützten Betriebsmittel der Gerätekategorien mit Kennbuchstabe G (Gasexplosionsschutz) in der Gerätegruppe II.
Ausnahmen bilden

– ältere, nach den Bedingungen von VDE 0165 (02.91) für Zone 2 ausgewählte Betriebsmittel ohne geprüften Explosionsschutz und
– wie gesagt alle Betriebsmittel mit Staubexplosionsschutz, d.h., Betriebsmittel der Gerätekategorien mit Kennbuchstabe D für die Zonen 20, 21 und 22 sowie ältere gemäß VDE 0165 (02.91) ausgewählte Betriebsmittel ohne geprüften Explosionsschutz für Zone 11.

Im **Gasexplosionsschutz älterer Anlagen** darf bei den erwähnten älteren Betriebsmitteln für Zone 2, die gemäß VDE 0165 (02.91) keinen geprüften

Explosionsschutz erforderten, der Höchstwert der im Normalbetrieb auftretenden Oberflächentemperatur die Zündtemperatur des gefährdenden Stoffes nicht erreichen.
Im **Staubexplosionsschutz** sind bei der Betriebsmittelauswahl als Grenzwerte für die Oberflächentemperatur maßgebend

- entweder 2/3 der Zündtemperatur des jeweiligen Staub/Luft-Gemisches
- oder die **Mindestzündtemperatur einer Staubschicht** des jeweiligen Staubes minus 75 K,

wobei der größere Zahlenwert gewählt werden muss und die möglichen Staubablagerungen auf dem Betriebsmittel nicht dicker als 5 mm sein dürfen (VDE 0165 Teil 2).
Die Mindestzündtemperatur einer Staubschicht gemäß IEC 61241-20.1 ist – im Gegensatz zur Zündtemperatur einer Staubwolke – die niedrigste Temperatur einer heißen Oberfläche, bei der eine Staubschicht von festgelegter Dicke auf dieser heißen Oberfläche entzündet wird.

Frage 6.7 Was ist ein zugehöriges Betriebsmittel?

Als „zugehörig" im übertragenen Sinne könnte man irgend ein Gerät betrachten, das für eine explosionsgefährdete Betriebsstätte für das Instandhalten verwendbar ist, z.B. eine ortsveränderliche Pumpe, oder was dafür erforderlich ist und sich außerhalb befindet, z.B. einen Motorschutzschalter. Wie so oft deckt sich leider auch hier das landläufige Sprachverständnis nicht mit dem speziellen Begriffsinhalt.
„Zugehöriges Betriebsmittel" ist ein Begriff, der nur für die Zündschutzart Eigensicherheit „i" verwendet wird. Ab und an liest man auch den Ausdruck „verbundene Betriebsmittel". **Damit bezeichnet die Norm** (VDE 0170/0171 Teil 7) **ein Betriebsmittel, das zwei oder mehrere Stromkreise führt, von denen aber nicht alle eigensicher sind. Dadurch darf aber die Eigensicherheit nicht beeinflusst werden. Solche Betriebsmittel sind in der Regel keine regulären Ex-Betriebsmittel und dürfen sich deshalb auch nicht in Ex-Bereichen befinden.**
Beispiele dafür sind Betriebsmittel, die Netzgeräte enthalten, ebenso Potenzialtrenner oder Sicherheitsbarrieren als Trennglieder zwischen eigensicheren und nicht eigensicheren Einrichtungen. Zugehörige Betriebsmittel müssen geprüft und für den eigensicheren Teil mit den entsprechenden Kennzeichnungen versehen sein. Dass es sich um ein solches Betriebsmittel handelt, erkennt man daran, dass die Ex-Kennzeichnung eckige Klammern enthält.
In explosionsgefährdeten Bereichen dürfen sie nur dann angeordnet werden, wenn sie insgesamt einen regulären normgerechten Explosionsschutz

aufweisen. Das ist der Fall, wenn das Gehäuse eines zugehörigen Betriebsmittels einer oder mehreren anderen Zündschutzarten entspricht, z.B. „e" oder „d".
Der Begriff „zugehöriges Betriebsmittel" sollte nicht verwechselt werden mit anderen ähnlich anmutenden Begriffen:

- *„Zugehörige Einrichtungen"* im Sinne des Anhanges II der Richtlinie 94/9/EG oder des § 1(2) BetrSichV, damit sind Sicherheits-, Kontroll- und Regeleinrichtungen angesprochen, die von außen in den explosionsgefährdeten Bereich hineinwirken. Ein zugehöriges Betriebsmittel könnte aber, wie die oben genannten Beispiele zeigen, durchaus auch eine zugehörige Einrichtung sein.
- *„Einfaches Betriebsmittel"*, ein Begriff für Betriebsmittel in Normalausführung, der zur Zündschutzart Eigensicherheit „i" gehört (Abschnitt 15).

Frage 6.8 Was sind Komponenten?

Dies ist auch ein Begriff aus der Richtlinie 94/9/EG, den die EXVO wortgleich aufgenommen hat. **Als Komponenten (des apparativen Explosionsschutzes) werden solche Bauteile bezeichnet, die für den sicheren Betrieb von Geräten und Schutzsystemen erforderlich sind, ohne jedoch selbst eine autonome Funktion zu erfüllen.**

Demnach sind Komponenten einzelne Bauteile von Geräten oder Schutzsystemen im Sinne der Richtlinie bzw. der EXVO (also von Betriebsmitteln, Vorrichtungen, Maschinen, Explosionsunterdrückungssystemen), z.B. Gehäuseteile, Sensoren, Klemmen, Befestigungsteile, Kabelverschraubungen, Heizelemente. Eine Komponente erfüllt die Bedingungen des Explosionsschutzes nicht allein, sondern erst in Verbindung mit anderen Komponenten. Das spezielle Kennzeichen einer Komponente ist der Buchstabe U in der Ex-Kennzeichnung.

Komponenten dürfen nur in den Verkehr gebracht werden

- mit einer Konformitätserklärung des Herstellers (oder dessen Bevollmächtigten in der EU)
- einschließlich einer Beschreibung der Merkmale und Einbaubedingungen, aber sie dürfen keine CE-Kennzeichnung erhalten.

Frage 6.9 Was versteht man unter einem Schutzsystem?

Auch das ist ein Begriff, der neben dem „Gerät" zum Anwendungsbereich der Richtlinie 94/9/EG und damit der EXVO gehört.

Die Bezeichnung Schutzsysteme gilt für Vorrichtungen (ausgenommen Komponenten; hierzu Frage 6.8),

- die anlaufende Explosionen umgehend stoppen
- oder den von einer Explosion betroffenen Bereich begrenzen und als autonome Systeme gesondert in den Verkehr gebracht werden.

Beispiele dafür sind die Löschmittelsperren, mit denen anlaufende Explosionen in Behältern oder Rohrleitungen bekämpft werden, oder Berstscheiben, die den Anstieg des Explosionsdruckes innerhalb von Apparaten begrenzen.
Für Schutzsysteme gelten die EXVO und die Richtlinie 94/9/EG ohne Einschränkungen.
Das „Schutzsystem" hat also hier eine andere Bedeutung als die Schutzsysteme des Explosionsschutzes, wie sie sonst in der Fachliteratur beschrieben werden und im Bild 5.1 benannt worden sind. Diese Systeme des elektrischen Explosionsschutzes, z.B. eigensichere Systeme oder überdruckgekapselte Systeme, sind keine Schutzsysteme im Sinne der EXVO.

Frage 6.10   Schließen höhere Gruppierungen die niedrigeren ein?

Grundsätzlich ja. Ein Betriebsmittel der Temperaturklasse T6 eignet sich auch für die niedrigeren Temperaturklassen T5 bis T1, mit Explosionsgruppe II C erfüllt es auch die Bedingungen für IIA und IIB, und genauso kann ein Betriebsmittel der Gerätekategorie 1 ebenso in Zonen verwendet werden, wo die Gerätekategorie 2 oder 3 ausreichend wäre. Jedes höhere Sicherheitsniveau schließt die niedrigeren Niveaus ein.
Weil aber die Normensetzer manche Gruppierungen mit aufsteigender Ziffer geordnet haben und andere wieder entgegengesetzt (warum nur?), muss man sich das jeweilige Staffelungsprinzip einprägen.

Ausnahmen bilden

- *die Gerätegruppen I* (Bergbau) *und II* (Industrie). Dabei schließt keine von beiden die andere ein.
- *die IP-Schutzarten mit Wasserschutz bei Untertauchen* (IPX7, IPX8)
- *die Gesamtheit elektrischer Betriebsmittel in einer Anlage;* dann ist das Betriebsmittel mit den niedrigsten Kennwerten entscheidend, wie der elektrische Explosionsschutz insgesamt zu bewerten ist (schwächstes Kettenglied).

7 Zündschutzarten

Frage 7.1   Was versteht man unter einer Zündschutzart?

Unter dem Begriff „Zündschutzart" definiert die Norm DIN EN 60079-0 VDE 0170/0171 Teil 1 „die besonderen Maßnahmen, die bei elektrischen Betriebsmitteln angewendet werden, um die Zündung einer umgebenden explosionsfähigen Atmosphäre zu verhindern".
Mit anderen Worten: **eine Zündschutzart umfasst**

- spezielle Zündschutzmaßnahmen der konstruktiven Gestaltung,
- die an einem Betriebsmittel äußerlich und/oder innerhalb
- auf elektrische und mechanische Art sowie in der Materialauswahl getroffen werden, um ein bestimmtes Niveau der Explosionssicherheit zu erreichen.

Einige Zündschutzarten erreichen dieses Ziel erst mit komplettierenden anlagetechnischen Maßnahmen. Das gilt besonders für die Zündschutzarten Eigensicherheit „i", Überdruckkapselung „p".
Andererseits kann eine akzeptable Explosionssicherheit elektrischer Betriebsmittel auch auf andere Weise als durch die genormten Zündschutzarten zustande kommen. Beispiele dafür sind die Betriebsmittel für die Zonen 2 oder (alt) 11. In diesen Bereichen mit dem niedrigsten Niveau der Explosionsgefahr sind teilweise auch Betriebsmittel ohne Ex-Baumusterprüfbescheinigung zulässig. Welche Bedingungen dabei gelten, ist aus VDE 0165 Teil 1 zu entnehmen („alt" für Staubexplosionsgefahr Zone 11 aus VDE 0165 Ausg. 02.91). Die Norm schreibt vor, in welchen Fällen sogenannte „normale" Betriebsmittel verwendet werden dürfen und wie sie beschaffen sein müssen (dazu auch 2.4.7).

Zündschutzarten sind nunmehr auch für Betriebsmittel definiert, die bei Explosionsgefahr durch staubförmige Stoffe verwendet werden, ebenso für nichtelektrische Betriebsmittel in explosionsgefährdeten Bereichen.

Frage 7.2 **Welche physikalischen Prinzipien liegen den Zündschutzmaßnahmen für Betriebsmittel zugrunde?**

Zündschutzmaßnahmen haben das Ziel, das Zusammentreffen entzündlicher Stoffe bzw. explosionsfähiger Gemische mit zündfähigen Energiequellen zu vermeiden. Dazu bieten sich dem Konstrukteur eines Betriebsmittels prinzipiell mehrere Möglichkeiten an, die in Tafel 7.1 dargestellt sind.

Tafel 7.1 Prinzipien für Zündschutzmaßnahmen

	Prinzip	Maßnahme an Bauteilen
1	Vermeiden zündfähiger Energiepotenziale	Begrenzen der elektrischen Energie im Stromkreis, an aufladbaren Bauteilen oder durch mechanische Effekte Kriterien: Mindestzündstrom oder Mindestzündenergie
2	Verhüten direkter Berührung mit zündbaren Gemischen	Schutz durch Gehäuse, Umhüllen oder Umspülen der Bauteile mit Feststoffen, Flüssigkeiten oder nicht brennbaren Gasen
3	Verhindern der Entzündung explosionsfähiger Gemische	Vermeiden von zündgefährlichen Funken Kriterium: wie bei 1 Begrenzen innerer und äußerer Oberflächentemperaturen Kriterium: Zündtemperatur
4	Verhindern der Entzündung außerhalb des Gehäuses	Verhindern des Zünddurchschlages bei einer Explosion im Gehäuse Kriterium: Normspaltweite
5	Vermeiden äußerer zündgefährlicher Einflüsse	Mechanisch ausreichend stabile Gehäusekonstruktion, kein zündgefährliches Gehäusematerial (Elektrostatik, Reib- und Schlagfunken)

Die Reihenfolge stellt keine sicherheitsbezogene Wertung dar.

Frage 7.3 **Welche Zündschutzarten sind genormt?**

Seit 1996 stehen die Ex-Zündschutzarten in Europa unter dem gesetzlichen Dach der Richtlinie 94/9/EG. In Deutschland ist diese EG-Richtlinie mit der Explosionsschutzverordnung (11. GPSGV – EXVO) übernommen worden. Wie eben schon gesagt stellt die gewählte Reihenfolge innerhalb der Übersichten über die Zündschutzarten keine sicherheitstechnische Wertung dar.

Im Bild 7.1 entspricht sie der Häufigkeit in der Anwendungspraxis. Womit man sich eingangs vertraut machen muss:

1 Zum elektrischen Explosionsschutz

1.1 Im Gasexplosionsschutz elektrischer Betriebsmittel; Ist Teil 1 der VDE 0170/0171 für alle Zündschutzarten als Vorspann zu beachten – nach EN-Nomenklatur bisher DIN EN 50014 – Allgemeine Bestimmungen, neuerdings eingeordnet als DIN EN 60079-0 – Allgemeine Anforderungen.

Bild 7.1 informiert über die genormten Zündschutzarten elektrischer Betriebsmittel für den Gasexplosionsschutz.

Name, Kurzzeichen, Funktionsweise	Norm	Kurzbeschreibung, Anwendungsbeispiele
Erhöhte Sicherheit „e"	VDE 0170/0171 Teil 6 DIN EN 50019 künftig DIN EN 60079-7	Verhindern der Entzündung explosionsfähiger Atmosphäre infolge hoher Temperaturen, Funken oder Lichtbögen bei Betriebsmitteln, *wo diese im Normalbetrieb nicht auftreten,* durch zusätzliche Maßnahmen, die einen erhöhten Grad an Sicherheit darstellen (störungsbedingt mögliches Überschreiten der zulässigen Grenztemperatur muß durch Überwachung und Auslösung verhindert werden). Anwendung: Klemmengehäuse, Motoren (nicht für Kommutator oder Schleifringe), Leuchten, Steuerungskästen zum Einbau von Ex-Komponenten
Druckfeste Kapselung „d"	VDE 0170/0171 Teil 5 DIN EN 5018 künftig DIN EN 60079-1	Verhindern der Entzündung explosionsfähiger Atmosphäre außen am Betriebsmittel durch ein Gehäuse, das einer innen auftretenden Explosion ohne strukturellen Schaden widersteht, ohne dass durch Spalte oder Öffnungen zündgefährdende heiße Gase oder Flammen nach außen gelangen. (zünddurchschlagsicheres Gehäuse) Anwendung: universell geeignet (Motoren, Leuchten, Schaltgeräte, Steckvorrichtungen usw.); Klemmengehäuse dann zumeist in „e", auch druckfeste Installationen gemäß VDE 0165 Teil1
Eigensicherheit „i"	VDE 0170/0171 Teil 7 DIN EN 50020 künftig DIN EN 60079-11	Verhindern der Entzündung explosionsfähiger Atmosphäre im Normalbetrieb sowie bei bestimmten Fehlerbedingungen durch Begrenzung der elektrischen Parameter des Stromkreises (Energie), Niveaus ia und ib. Anwendung: vorzugsweise für Überwachung mit MSR-Technik, teilweise für Bus-Technik, Sensoren, Aktoren, Industriecomputer; elektrostat. Sprühtechnik, [1])

Bild 7.1 *(Fortsetzung)*

Name, Kurzzeichen, Funktionsweise	Norm	Kurzbeschreibung, Anwendungsbeispiele
Überdruckkapselung „p"	VDE 0170/0171 Teil 3 DIN EN 50016 künftig DIN EN 60079-2	Fernhalten explosionsfähiger Atmosphäre von der unmittelbaren Umgebung zündgefährdender Teile durch überwachten Schutzgasüberdruck innerhalb des Gehäuses; Vorspülung erforderlich. Zündschutzgas: Luft, Stickstoff, anderweitiges nicht brennbares Gas oder Gasmischung. Auf zwei Arten möglich: – ständige Schutzgasspülung (früher „f") – nur Ausgleich der Leckverluste (früher „fü") Mindestüberdruck: 0,5 mbar bzw. 50 Pa Anwendung: Motoren, Schalt- und MSR-Schränke, spezielle Leuchten, [1]
Vergußkapselung „m"	DIN VDE 0170/0171 Teil 9 EN 50028 künftig DIN EN 60079-18	Verhindern des Eindringens und der Entzündung explosionsfähiger Atmosphäre durch Einbetten elektrischer zündgefährdender Teile in Vergussmasse oder Umhüllen. Anwendung: Schaltgeräte kleiner Leistung, Befehls-, Melde- und Anzeigegeräte, Sensoren; Klemmengehäuse in „e" oder Kabelschwanzanschluss
Sandkapselung „q"	VDE 0170/0171 Teil 4 DIN EN 50017 künftig DIN EN 60079-5	Verhindern der Entzündung explosionsfähiger Atmosphäre außen am Betriebsmittel durch Füllung des Gehäuses mit feinkörnigem Füllgut vorgeschriebener Qualität. (Schutz gegen zündgefährdende Temperaturen/Lichtbogen bei bestimmungsgemäßem Gebrauch) Anwendung: Transformatoren, Kondensatoren Vorschaltgeräte für Leuchten; Heizleiteranschluss, Klemmengehäuse zumeist in „e"
Zündschutzart „n" (Zone-2-Betriebsmittel)	VDE 0170/0171 Teil 16 E DIN EN 50021 künftig DIN EN 60079-15	Verhindern der Entzündung explosionsfähiger Atmosphäre infolge hoher Temperaturen, Funken oder Lichtbögen *im normalen Betrieb und bei bestimmten nach Norm festgelegten anormalen Bedingungen*, nur für Zone 2 bestimmt, unterteilt in 4 Varianten, Anwendung möglich für umlaufende elektrische Maschinen, Leuchten, Sicherungen, Betriebsmittel niedriger Energie, Steckvorrichtungen, Stromwandler, Zellen und Batterien, Klemmengehäuse; wenig für Schaltgeräte
Eigensichere elektrische Systeme „i-SYST"	DIN VDE 0170/0171 Teil 10 DIN EN 50039 künftig DIN EN60079-25	Gesamtheit miteinander elektrisch verbundener Betriebsmittel, deren Stromkreise ganz oder teilweise in explosionsgefährdeten Bereichen benutzt werden, eigensicher sind und mit einer Systembeschreibung dokumentiert sind. (Keine Zündschutzart im eigentlichen Sinne, Schutzprinzip wie Zündschutzart „i" Besonderheiten beim Zusammenschalten) Anwendung: Meldung, Steuerung, Überwachung[1]

Bild 7.1 (Fortsetzung)

Name, Kurzzeichen, Funktionsweise	Norm	Kurzbeschreibung, Anwendungsbeispiele
Ölkapselung "o"	DIN EN 50015 VDE 0170/0171 Teil 2 	Verhinderung der Entzündung explosionsfähiger Atmosphäre durch Einschluss zündgefährdender Teile in Öl, wodurch eine explosionsfähige Atmosphäre oberhalb des Ölspiegels nicht mehr entzündet werden kann. Nur für orstfeste Betriebsmittel (z.B. Schaltgeräte, Transformatoren, Frequenzumrichter) geeignet, Klemmenkasten zumeist in „e", praktisch kaum noch anzutreffen.

[1] Zündschutzart erfordert ergänzende anlagetechnische Maßnahmen

Bild 7.1 Zündschutzarten des elektrischen Gas-Explosionsschutzes, Funktionsprinzip und Anwendung in der Reihenfolge ihrer Bedeutung gemäß Anwendungspraxis

Besonders zu erwähnen sind

– Die **Zündschutzart „n"**,

die eine Reihe von Zündschutzmaßnahmen für Zone-2-Betriebsmittel umfasst. Was man dazu unter VDE 0170/0171 Teil 16 findet (Elektrische Betriebsmittel für explosionsgefährdete Bereiche; Betriebsmittel der Zündschutzart „n"), entspricht DIN EN 50021, neuerdings DIN EN (bzw. DIN IEC) 60079-15. Die umfangreiche Norm bezieht neben dem „n"-Prinzip, das von betriebsmäßig nicht funkengebenden Betriebsmitteln ausgeht, auch Zündschutzmaßnahmen an funkengebenden Teilen ein (dazu auch Frage 7.10).

– Das **Kennzeichen „s"** als Symbol für einen Sonderschutz

ist das Kennzeichen für besondere nicht genormte Maßnahmen des apparativen Explosionsschutzes. Dennoch repräsentiert das Kennzeichen „s" vollwertigen Explosionsschutz. Es wird solchen Betriebsmitteln zugewiesen, deren Zündschutzmaßnahmen sich prüftechnisch zwar als voll wirksam erweisen, aber nicht als normgerecht. Solche nicht genormte Maßnahmen können z.B. aus einer Kombination von zwei nicht völlig normgerechten Maßnahmen bestehen, oder früher auch im Vergießen mit Kunstharzen oder eine Sandfüllung, die nun als eigenständige Zündschutzmaßnahmen genormt sind.

1.2 Im Staubexplosionsschutz befinden sich einige Zündschutzarten noch im Entwicklungsstadium.

– *Für elektrische Betriebsmittel* werden die Zündschutzmaßnahmen im Normenentwurf IEC 61241-1 unterteilt in Maßnahmen zum
- Vermeiden gefährlicher Oberflächentemperatur
- Vermeiden des Eindringens von Staub in das Gehäuse (Schutz durch Gehäuse)
- Vermeiden von Zündquellen im Gehäuse (Energiebegrenzung)
- Vermeiden von Zündquellen anderer Art (z.B. durch Schlag, Elektrostatik)

Tafel 7.2 gibt eine Übersicht über die Entwicklung der Zündschutzarten elektrischer Betriebsmittel des Staubexplosionsschutzes.

Tafel 7.2   Zündschutzarten des elektrischen Staubexplosionsschutzes (Stand 2004-01)

Name, Kurzzeichen, Norm bzw. *Normentwurf*	Kurzbeschreibung	
1 Schutz durch Gehäuse VDE 0170/0171 Teil 15-1 DIN EN 50281-1-1 künftig *VDE 0170/0171 Teil 15-1* *DIN EN 61241-1*	„tD"	Vermeiden von Zündquellen durch vorgeschriebene Temperaturbegrenzung und elektrostatische Maßnahmen, Verhindern gefährlichen Staubeintritts durch vorgeschriebene IP-Schutzarten; in Gerätekategorie 1D für energietechnische Betriebsmittel nicht zulässig
2 Überdruckkapselung künftig *VDE 0170/0171 Teil 15-4* *IEC 61241-4*	„pD"	Vergleichbar mit Zündschutzart „p" des elektrischen Gasexplosionsschutzes; Innenreinigung anstelle Vorspülung, gestaffelte Bedingungen für die Gerätekategorien 2D und 3D, für 1D nicht zulässig
3 Eigensicherheit künftig *VDE 0170/0171 Teil 15-5* *IEC 61241-11*	„iD"	Vergleichbar mit Zündschutzart „i" des elektrischen Gasexplosionsschutzes für Explosionsgruppe IIB; Verhindern gefährlichen Staubeintritts in Gehäuse durch spezielle Bedingungen (wenn funktionsbedingt ohne Gehäuse, dann Leistungsbegrenzung), im Sonderfall Begrenzung der Oberflächentemperatur
4 Vergusskapselung eingeordnet als *VDE 0170/0171 Teil 15-8* *IEC 61241-18*	„mD"	Vergleichbar mit Zündschutzart „m" des elektrischen Gasexplosionsschutzes, noch in Diskussion

2 Zum nichtelektrischen Explosionsschutz

DIN EN 13463 Teil 1 – Grundlagen und Anforderungen – bildet den Vorspann für die nachfolgenden Teile 2 bis 8 der Norm. Tafel 7.3 informiert über die einzelnen Zündschutzarten. Hier dienen die Zündschutzarten gleichermaßen dem Gas- wie dem Staubexplosionsschutz.

Tafel 7.3 Zündschutzarten des nichtelektrischen Explosionsschutzes in der Reihenfolge gemäß DIN EN 13461-1 – Grundlagen an Anforderungen (Stand 2004-06)

	Name, Kurzzeichen, Norm bzw. Normentwurf		Kurzbeschreibung
	Schutz durch ...		
1	...schwadenhemmende Kapselung DIN EN 13463-2, Entw. 2003	„fr"	Vergleichbar mit der Variante schwadensicheres Gehäuse „nR" der elektrischen Zündschutzart „n"; ein genügend dichtes Gehäuse (hier nur IP 54) mit Zusatzforderungen verhindert sowohl das Eindringen als auch und die äußere Entzündung explosionsfähiger Atmosphäre, im Gasexplosionsschutz nur für Gerätekategorie 3 geeignet
2	... druckfeste Kapselung EN 13463-3, Entw. 2002	„d"	Vergleichbar mit der elektrischen Zündschutzart „d", mit abgeminderten Bedingungen
3	... Eigensicherheit bisher kein Entwurf	(?)	Gedanke: Vermeidung von mechanischen Zündquellen durch die Funktionsweise des Betriebsmittels; Erfordernis umstritten, fällt nicht in den Geltungsbereich der RL 94/9/EG
4	... **konstruktive Sicherheit** DIN EN 13463-5, Ausg. 2004-03	„c"	Sichere Bauweise, die mechanische Zündquellen vermeidet; die Wahrscheinlichkeit von Störungen wird soweit minimiert, dass die Anforderungen der Gerätekategorien gewährleistet sind
5	... Zündquellenüberwachung DIN EN 13463-6; Entw. 2002	„b"	Sensorische Überwachung potentieller Zündquellen und Abschaltung vor ihrer Aktivierung; abhängig von der Zuverlässigkeit der Überwachungseinrichtung
6	... Überdruckkapselung bisher kein Entwurf	„p"	Vergleichbar mit der elektrischen Zündschutzart „p"; Fernhalten explosionsfähiger Gemische von Zündquellen durch überwachten Schutzgasüberdruck
7	... **Flüssigkeitskapselung** DIN EN 13463-8, Ausg. 2004-01	„k"	Ähnlich wie die elektrische Zündschutzart Ölkapselung, erweitertes Prinzip, neben dem Untertauchen der Zündquelle auch partielle Bedeckung, Kühlung, Schmierung durch Flüssigkeitsfilm

Hinweis:
Für bestimmte nichtelektrische Ex-Betriebsmittel bestehen eigenständige Normen oder sind in Vorbereitung, z.B. für explosionsgeschützte Verbrennungsmotoren, Flurförderzeuge, Ventilatoren

3 Zu allen Ex-Betriebsmitteln

Jede Zündschutzart kann ihre Aufgabe nur dann erfüllen, wenn die Errichtungs- und die Betreibensvorschriften eingehalten werden (BetrSichV und bei elektrischen Anlagen z.B. VDE 0165, DIN VDE 0105).

Frage 7.4 Bei welchen Zündschutzarten gibt es interne Gruppierungen?

Nicht alle Zündschutzarten erfüllen ihre Aufgabe bedingungslos und ohne Vorbehalt. Abhängig von ihrer Wirkungsweise haben einige Zündschutzarten aus wirtschaftlichem Grund interne Unterteilungen. Einerseits sind dafür Unterschiede in der Entzündlichkeit der gefährdenden Stoffe maßgebend, anderseits liegen die Gründe in der Staffelung des Gefahrenniveaus (Zoneneinteilung), dem man ein angepasstes Sicherheitsniveau entgegen setzt. Die Gerätekategorien gemäß EXVO bzw. Richtlinie 94/9/EG binden dieses Prinzip ein. Welche Gruppierungen in diesem Zusammenhang zu beachten sind, zeigt Tafel 7.4.

Tafel 7.4 Zündschutzarten mit internen Gruppierungen

Zündschutzart, Unterteilungen	Erläuterungen
Druckfeste Kapselung „d" Unterteilung in **A, B, C,** enthalten in den Explosionsgruppen IIA, IIB und IIC	Vorgegeben und auszuwählen nach dem gefährdenden Stoff, Beispiel: d IIC bedeutet Druckfeste Kapselung für alle Stoffe der Explosionsgruppe IIC.
Eigensicherheit „i" Unterteilung in – Schutzniveau ia (bisher Kategorie ia), – Schutzniveau ib (bisher Kategorie ib)	– Schutzniveau ia entspricht Gerätekategorie 1, d.h., volle Schutzwirkung bei zwei beliebigen voneinander unabhängigen Fehlern,
	– Schutzniveau ib entspricht Gerätekategorie 2; Schutzwirkung bei einem Fehler bleibt voll erhalten hierzu Abschnitt 15 beachten
Zündschutzart „n" „nA", „nC", „nL", „nR" und „nZ" gleiches Schutzniveau	Unterteilung nach der Art des Betriebsmittels, Gerätekategorie 3G; hierzu Abschnitt 8 beachten

Tafel 7.4 Fortsetzung

Zündschutzart, Unterteilungen	Erläuterungen
Vergusskapselung „m" Unterteilung in – Schutzniveau „ma" – Schutzniveau „mb"	– entspricht Gerätekategorie 1 – entspricht Gerätekategorie 2
Überdruckkapselung „p" *Entwurf* Unterteilung vorgesehen in – Zündschutzart „px" – Zündschutzart „py" – Zündschutzart „pz"	Kennzeichnung für die bewirkte Reduzierung explosionsfähiger Atmosphäre (eA) im p-Gehäuse: – von Zone 1 auf Ausschluss von eA – von Zone 2 auf Zone 1 – von Zone 2 auf Ausschluss von eA hierzu Abschnitt 16 beachten
Staubexplosionsschutz und nichtelektrischer Explosionsschutz	Die Normenentwürfe schließen nicht aus, dass bei den Zündschutzarten, die dem Gasexplosionsschutz entlehnt sind, ebenfalls entsprechende interne Gruppierungen vorkommen.

Frage 7.5   Sind die Zündschutzarten gleichwertig?

Ja und nein! Diese Frage lässt sich nur dann eindeutig beantworten, wenn man zwischen neuem und altem Recht unterscheidet.
Mit Bezug auf altes Recht ist dazu grundsätzlich ja zu sagen – besonders mit Blick auf VDE 0165 02.91. Als noch die klassischen Ex-Schutzarten des Gasexplosionsschutzes vorherrschten, die sämtlich den Bedingungen der Zone 1 entsprachen, hatte man sich in den VDE-Fachgremien des elektrischen Explosionsschutzes darauf verständigt, die Ex-Zündschutzarten pauschal als sicherheitstechnisch gleichrangig anzusehen.
Bei Betriebsmitteln nach „neuem Recht", die nach RL 94/9/EG einer von drei Gerätekategorien angehören, muss die Antwort logischerweise nein heißen, und das klärt auch alle gegenüber dem kategorischen Ja ehemals aufgekommenen Zweifel.
Wo noch Altbestand nach DIN VDE 0165 02.91 vorhanden ist, hat die dazu passende ehemalige Betrachtungsweise den Vorteil, dass man sich bei der Überprüfung elektrischer Betriebsmittel in gasexplosionsgefährdeten Betriebsstätten (Zone 1 und/oder Zone 2) keine Gedanken darüber zu machen braucht, ob diese oder jene Zündschutzart zulässig ist oder nicht. Für die Zonen 0 und 10 waren auch früher schon nur dafür speziell bescheinigte Betriebsmittel zulässig.

Gäbe es keine real zu definierenden Niveauunterschiede zwischen den Zündschutzarten, kein Gefälle, dann wäre es müßig gewesen, in der RL 94/9/EG Gerätekategorien festzulegen. Bei näherem Betrachten der unterschiedlichen physikalischen Wirkprinzipien einiger Zündschutzarten und der internen Gruppierungen (Tafel 7.4) stößt man auf Unterschiede, die sich die aktuelle Normung, dem Stand der Technik folgend, immer mehr zu eigen macht. Besonders deutlich wird dies beim Vergleich der Sicherheitsniveaus der Zündschutzarten des elektrischen Gasexplosionsschutzes. An der Spitze steht die Eigensicherheit „i", die sich mit Schutzniveau ia sogar für Zone 0 eignet. Den Schluss markiert die Zündschutzart „n", deren Schutzniveau nur für Zone 2 ausreicht und eine Fehlerbetrachtung nicht einbezieht. Ebenso leuchtet ein, dass z.B. der Explosionsschutz eines Motors in „d" weniger Wartungsaufwand erfordert als in „e" mit Übertemperaturschutz (t_e-Zeit) oder in „p" mit Überwachung des Schutzgasüberdruckes. Diese Sachverhalte werden nun berücksichtigt

- einerseits mit speziellen Anforderungen an die einzelnen Zündschutzarten im Normenwerk
- anderseits durch das Merkmal „Gerätekategorie" gemäß Richtlinie 94/9/EG in der EXVO.

Frage 7.6 Wovon ist die Auswahl einer Zündschutzart abhängig?

Nicht alle Zündschutzarten eignen sich auch für alle Arten elektrischer Betriebsmittel. So würden z.B. eine Leuchte oder ein Motor in Sandkapselung „q" zwar ebenso explosionssicher sein wie in Erhöhte Sicherheit „e" oder Druckfeste Kapselung „d", aber sonst wären sie zu nichts zu gebrauchen. Darüber braucht der Anwender indes nicht mehr nachzudenken.
Ob man als Planer oder Errichter gezielt überlegen muss, welche Zündschutzart sich für den jeweiligen Anwendungsfall am besten eignet,

- **hängt ab** von der speziellen Aufgabe des betreffenden Betriebsmittels und vom Angebot, vor allem
  - von den konkreten Einsatzbedingungen;
    bei Motoren z.B. von der Betriebsart („e" vorzugsweise für Dauerbetrieb, „d" bei häufigem Lastwechsel),
  - von den speziellen anlagetechnischen Anforderungen im Normenwerk oder seitens des Herstellers („i", „p", „n")
  - von eventuell zu beachtenden zusätzlichen Bedingungen (Prüfbescheinigung mit Buchstaben X nach der Nummer)
  - von der Art der Explosionsgefahr (z.B. Verwendung bei Staubexplosionsgefahr)

- von wirtschaftlichen Gesichtspunkten (Kosten, Wartungsaufwand, Reservehaltung usw.)

– **hängt prinzipiell nicht ab**
- von der Zoneneinstufung (ausgenommen bei „n", nur für Zone 2)
- von den sicherheitstechnischen Kennzahlen der gefährdenden Stoffe (Temperaturklasse und Explosionsgruppe)
- von der Gerätegruppe

Frage 7.7   Was ist zu beachten bei Betriebsmitteln mit mehreren Zündschutzarten?

Sehr oft kommt es vor, dass ein Betriebsmittel zwei Zündschutzarten in sich vereint, so z.B. Motoren, Leuchten, Schaltgeräte oder Steckvorrichtungen in „d" mit Anschlussraum in „e". Es können aber auch noch weitere Zündschutzarten vorhanden sein. Jede muss angegeben werden, und sogar auf den Bauteilen muss die spezielle Zündschutzart erkennbar sein.
Auf dem Typschild einer Leuchte für Leuchtstofflampen wurde folgende Angabe gefunden: EEx edqib IIC T4. Gemäß DIN EN 50014 VDE 0170/0171 Teil 1 steht das Zeichen für die Haupt-Zündschutzart an erster Stelle. An dieser Leuchte ist es die Zündschutzart Erhöhte Sicherheit „e".
Da einige Zündschutzarten ergänzende anlagetechnische Maßnahmen erfordern, muss man die jeweils maßgebende Zündschutzart kennen.
Bei der besagten Leuchte trifft das nicht zu, weil Zündschutzart „i" nicht am Beginn der Symbolfolge steht.
Wie hingegen aus Entwurf DIN IEC 60079-0 VDE 0170/0171 Teil 1 hervorgeht, sollen die Kurzzeichen der Zündschutzarten künftig alphabetisch aufeinander folgen. Weiteres wird unter 7.8 erklärt.

Frage 7.8   Welche Zündschutzarten erfordern anlagetechnische Maßnahmen?

Schon die ersten experimentellen Versuche zum Test von Zündschutzmaßnahmen im Bergbau ließen erkennen, dass die Art und Weise der Elektroinstallation nicht vernachlässigt werden kann. Bergassessor Carl Beyling, der sich nach der Jahrhundertwende in der berggewerkschaftlichen Versuchsstrecke Gelsenkirchen als Erster wissenschaftlich mit der Prüfung von Gehäusekapselungen für den Schlagwetterschutz befasste, empfahl bereits 1906, *„darauf zu halten, dass sich außerhalb der Kapselung keine blanken Leitungen oder Anschlussklemmen befinden"*. Heute gehört diese Erkenntnis zu den Selbstverständlichkeiten, nicht nur im Explosionsschutz.
Die spätere Entwicklung des apparativen Explosionsschutzes fand Wege,

so robuste Gehäusekonstruktionen, wie sie untertage notwendig sind (Gerätegruppe I), im industriellen Bereich (Gerätegruppe II) ohne Sicherheitseinbuße zu umgehen. Neben den oft als klassisch bezeichneten Maßnahmen Druckfeste Kapselung „d" und Ölkapselung „o" kam es zu weit weniger materialaufwändigen Zündschutzarten. **Einige Zündschutzarten bewirken den Zündschutz jedoch nicht mehr allein durch die konstruktive Gestaltung des Gehäuses und der Einbauten, sondern erst im Zusammenhang mit ergänzend genormten anlagetechnischen Maßnahmen.**

Dazu gehören
a) die **Eigensicherheit „i"**
als einzige Zündschutzart, deren Prinzip rein elektrotechnisch funktioniert und die einen gesamten Stromkreis oder ein System einbezieht (weshalb sie eigentlich „eigensicherer Stromkreis" heißen sollte). Damit das funktioniert, werden *Grenzwerte für die maximal zulässige Induktivität und/oder Kapazität* (L_0, C_0) und differenzierte Bedingungen an die Installation vorgegeben.
b) die **Überdruckkapselung „p"**
Für die Schutzgasversorgung eines „p"-Gehäuses sind Einrichtungen zur Schutzgaseinspeisung, Rohrleitungen und Überwachungseinrichtungen anzuschließen. Außerdem macht es dieses Prinzip möglich, rein anlagetechnische Lösungen anzuwenden, z.B. als Überdruckbelüftung von Betriebsräumen (Schaltanlagen, Steuerstände, Analysenmesshäuser). Dazu gehören bei p-Betriebsmitteln wie auch für überdruckbelüftete Räume die Angabe des *mindestens erforderlichen Schutzgasüberdruckes in mbar oder Pa* und weitere Anforderungen an die Schutzgasversorgung (Einspeisung, Abführung, Verriegelung)
c) die **Erhöhte Sicherheit „e"**
Das Funktionsprinzip lässt zu, dass explosionsfähiges Gemisch in das Gehäuse eindringt, aber dieses Gemisch darf sich im Normalbetrieb und bei vorhersehbaren Fehlern nicht entzünden. Es dürfen also auch bei Überlastung weder Funken noch zündgefährliche Temperaturen entstehen. Deshalb muss zündgefährlichen Überlastfällen bei funktionsbedingt überlastbaren „e"-Betriebsmitteln (z.B. Motoren) mit einem ergänzenden Schutzglied vorgebeugt werden. Ein maßgebender Grenzwert dafür ist die zulässige *Erwärmungszeit t_E,* angegeben in s.
d) die **Zündschutzart „n"**
Je nach Typ der „n"-Zündschutzmaßnahme bedarf es ergänzender anlagetechnischer Maßnahmen, wenn das schon für die klassische Zündschutzart erforderlich ist. Das trifft zu auf
−nL, Energiebegrenzung in Analogie zu „i"
−nZ, Überdruckkapselung in Analogie zu „p"

e) die Zündschutzart **Druckfeste Kapselung „d"**
Damit die Löschwirkung der d-Gehäusespalte nicht beeinträchtigt wird, müssen d-Betriebsmittel im Bereich der zünddurchschlagsicheren Spalte Abstand zu benachbarten Bauteilen haben. Mindestwerte gemäß VDE 0165 Teil 1 (Abschnitt 10.2), bezogen auf die Explosionsgruppen IIA bis IIC: IIA – 10mm, IIB – 30 mm, IIC – 40 mm.

f) **der Staubexplosionsschutz**
Schutzmaßnahmen gegen eine Entzündung von Staub/Luft-Gemischen oder Staubschichten sind noch nicht umfassend genormt. Mit dem unter 7.1 definierten Ziel stimmen sie jedoch voll überein. Die Wirksamkeit des elektrotechnischen Staubexplosionsschutzes hängt erheblich davon ab, dass sich Stäube nicht in gefährlicher Menge auf elektrischen Anlageteilen ansammeln können. Weiteres dazu erläutert Abschnitt 17.

g) Eine für Anlagen in explosionsgefährdeten Bereichen ergänzende Zündschutzmaßnahme muss immer mit bedacht werden – der **Potenzialausgleich.**

*Frage 7.9   Gilt allein die Angabe „geeignet für Zone 2"
auch als genormte Zündschutzart?*

Nein, eine genormte Zündschutzart ist das nicht, obwohl mit einer derartigen Formulierung ja eindeutig gesagt wird, dass ein so gekennzeichnetes Betriebsmittel den Anforderungen zum Einsatz in einem explosionsgefährdeten Bereich entspricht. Das gilt ebenso bei Betriebsmitteln mit einer derartigen Angabe für Zone 11. Es handelt sich um Betriebsmittel nach „altem Recht". Sie entsprechen den dafür geltenden Festlegungen zur Beschaffenheit in VDE 0165 02.91, sind also auch reguläre explosionsgeschützte Betriebsmittel. Eine Baumusterprüfbescheinigung schreibt diese Errichtungsnorm dafür nicht vor.

Solche Betriebsmittel haben keine genormte Zündschutzart im Sinne von VDE 0170/0171 bzw. EN 60079-0 ff, keine Baumusterprüfbescheinigung und auch keine EEx-Kennzeichen. Die Kennzeichnung „für Zone 2" hat der Hersteller vorgenommen, obwohl das die Norm nicht ausdrücklich verlangt. Eben so wenig gibt es eine Rechtspflicht für die zumeist mitgelieferte „Konformitätsaussage" einer Prüfstelle. Da aber die Norm einen Nachweis verlangt, wünscht der Kunde einen vorweisbaren Beleg.

Entspricht ein derartiges Betriebsmittel dem „neuen Recht", d.h., der 1996 erlassenen EXVO bzw. der Richtlinie 94/9/EG, dann hat es einen Explosionsschutz der Gerätekategorie 3G, ist damit ausgewiesen als „Zone-2-Betriebsmittel" und trägt die vorgeschriebene CE-Kennzeichnung des Explosionsschutzes. Eine Baumusterprüfung ist auch dafür nicht vorgeschrieben, aber eine „Konformitätserklärung" muss der Hersteller unbedingt beigeben.

Frage 7.10 Was hat es auf sich mit der Zündschutzart „n"?

Durch die Normung der Zündschutzart „n" ist ein Regelwerk für das niedrigste Sicherheitsniveau im Explosionsschutz elektrischer Betriebsmittel entstanden – allerdings nur für gasexplosionsgefährdete Bereiche (dazu auch Frage 3).
Die Norm ergänzt die Anforderungen für Betriebsmittel in üblicher Industriequalität nur so weit, dass sie sich auch für Zone 2 eignen – also für Gerätegruppe II und Gerätekategorie 3 gemäß RL 94/9/EG.
Dazu sind gegenüber Gerätekategorie 2G (für Zone 2) vereinfachte Zündschutzmaßnahmen festgelegt worden. Das erscheint zunächst sinnvoll. Es ist ja nicht neu, dass für Zone 2, dem niedrigsten Niveau der Explosionsgefahr, ausreichende Explosionssicherheit auch mit geringerem konstruktivem Aufwand möglich wird als für die Erfordernisse der Zone 1 oder gar der Zone 0.
Anlass dafür, Zone-2-Betriebsmittel speziell zu normieren, waren u.a. die „non sparking"-Betriebsmittel nach nordamerikanischer Praxis (Betriebsmittel, bei denen im Normalbetrieb keine zündfähigen Funken auftreten) und britischer Normungswille. Unter „n" erweitert sich die Anwendung auch auf Betriebsmittel mit solchen Teilen oder Stromkreisen, die Lichtbögen, Funken oder heiße Oberflächen hervorrufen, von denen im ungeschützten Zustand eine Zündgefahr ausgehen kann. Die Zündschutzart „n" bewirkt einen höheren Schutz als „non sparking"!
Möglichkeiten, dieses Schutzniveau gerätetechnisch zu realisieren, bestehen vor allem bei

- Gehäusevolumen < 20 cm^3,
- besonders gekapselten Gehäusen (Dichtheit),
- schwadensicheren Gehäusen (zeitlich beschränkt hinreichend dicht, ein innerer Überdruck von 30 mm Wassersäule darf sich in 80 s nur halbieren),
- eigensicheren Stromkreisen (Sicherheitsfaktor auf 1,0 verringert; definiert als „energiebegrenzt") und
- vereinfachter Überdruckkapselung (einfachere Bedingungen als für „p").

Durch ergänzende Kennbuchstaben, die nach dem „n" erscheinen, wird die spezifische Zündschutzmaßnahme angegeben:

- **nA,** für nichtfunkende Betriebsmittel
- **nC,** für funkende Betriebsmittel mit speziellem Schutz der Kontakte (anders als bei A, R oder Z, z.B. durch Einrichtungen, die umschlossen, nicht zündfähig, hermetisch dicht oder gekapselt sind)

- **nL**, für energiebegrenzte Betriebsmittel
- **nR**, für schwadensichere Gehäuse
- **nZ**, für Betriebsmittel mit vereinfachter Überdruckkapselung (bisher auch nP, inzwischen als „pz" eingegliedert im Entwurf der „p"-Norm prEN 60079-2 VDE 0170/0171 Teil 301 von 02.03)

Damit ergänzt die Norm die Anforderungen für eine breite Palette von Betriebsmitteln normaler Industriequalität, z.B. Motoren, Leuchten, Schaltgeräte, Instrumente, Wandler, kleine Batterien und Akkumulatoren. „n"-Betriebsmittel sollen jedoch auch im Fehlerzustand (1 Fehler) noch Zündschutz bieten, und dies erfordert auch entsprechende Kriech- und Luftstrecken.
Das ist mehr, als die Richtlinie 94/9/EG für Geräte der Kategorie 3 fordert. Der EG-Richtlinie zufolge ist dafür eine Konformitätserklärung des Herstellers erforderlich, eine Baumuster- bzw. Typprüfung durch eine benannte Stelle jedoch nicht. *Dennoch fordert die Norm z.B. bei „nR" eine Typprüfung, wenn das schwadensichere Gehäuse keine Vorrichtung aufweist, die das Prüfen auch nach der Installation ermöglicht.* Um auf Kundenanfrage einen Prüfschein vorweisen zu können, lassen sich manche Hersteller bei einer Prüfstelle eine „Konformitätsaussage" ausstellen.
Normale Betriebsmittel durften früher schon nach DIN VDE 0165 02.91 in beschränktem Umfang für Zone 2 verwendet werden. Mit Blick auf den Bestandsschutz fasst Tafel 7.5 (auf Seite 179) diese Bedingungen zusammen. Auf diese bewährte, preisgünstige und unkomplizierte Variante möchte man bei den Betreibern eigentlich nicht verzichten. Bisher fehlen jedoch in VDE 0170/0171 entsprechende Festlegungen, um diese Betriebsmittel gemäß RL 94/9/EG als Ex-Geräte zu deklarieren und sie der Gerätekategorie 3 zuordnen zu können. Inzwischen haben sich die „n"-Betriebsmittel als abgemagerte Form von Betriebsmitteln klassischer Zündschutzarten am Markt schon etabliert, wohl auch deshalb, weil sie eine reguläre Ex-Kennzeichnung tragen.

Frage 7.11   Welchen Einfluss haben die IP-Schutzarten?

Was unter einer „IP-Schutzart" zu verstehen ist, danach kann man jede Elektrofachkraft fragen. Zur Auffrischung: die IP-Schutzarten betreffen Gehäuse elektrischer Betriebsmittel und sind festgelegt in DIN EN 60529 VDE 0470 Teil 1 (der sogenannte IP-Code, früher nach DIN 40050). Zwei Kennziffern hinter den Buchstaben IP (z.B. IP 54) klassifizieren

a) *mit der ersten Kennziffer (0 bis 6)*
  - den Schutz von Personen gegen Berührung unter Spannung stehender oder sich bewegender Teile (Berührungsschutz) sowie

Schaltgeräte für den Einsatz in explosionsgefährdeten Bereichen von steute.

ATEX

SCHMERSAL
steute

steute
Schaltgeräte GmbH & Co. KG
Postfach 3343, D-32567 Löhne
Brückenstraße 91, D-32584 Löhne

Telefon 05731/745-0
Telefax 05731/745-200
E-Mail: info@steute.de
Internet: http://www.steute.de

Überspannungsfeste Anlagen

Veiko Raab
**Überspannungsschutz
in Verbraucheranlagen
Auswahl, Errichtung, Prüfung**
160 S., 131 Abb., Broschur
ISBN 3-341-01347-4
€ 24,80

Sorgfältig abgestimmte und ausgewählte Überspannungseinrichtungen, die bei jeder Beanspruchung zuverlässig schützen, sind die Ansprüche an die Elektroinstallation. Das Buch zeigt Ihnen, was Sie beachten müssen, um Ihren Kunden eine wirklich überspannungsfeste Anlage übergeben zu können.
Diese Auflage berücksichtigt die aktuellen Normen und Richtlinien für den Einsatz von Überspannungsschutzgeräten in Niederspannungs-Verbraucheranlagen.

Sie erfahren:
- welche Gefährdungen einer Niederspannungs-Verbraucheranlage durch kurzzeitige energiereiche Überspannungen bestehen,
- wie transiente Überspannungen durch Überspannungsschutzmaßnahmen wirkungsvoll begrenzt werden können u.v.m.

Mehr Informationen unter www.elektropraktiker.de

Direktbestellservice
HUSS-MEDIEN GmbH · Versandbuchhandlung · 10400 Berlin
Tel.: 030/4 21 51-325 · Fax: 030/4 21 51-468
e-mail: versandbuchhandlung@hussberlin.de
www.technik-fachbuch.de

HUSS-MEDIEN GmbH
Verlag Technik
10400 Berlin

Tafel 7.5 *Betriebsmittel für Zone 2 gemäß VDE 0165 02.91*

Bauarten elektrischer Betriebsmittel für Zone 2

- Betriebsmittel wie bei Zone 1
- außerdem auch Betriebsmittel, die nicht als explosionsgeschützt bescheinigt sind, wie folgt:

1. Gehäuse, allgemein
nicht isolierte aktive Teile
a) nicht enthalten
  – im Freien > IP 44
  – im geschlossenen Raum ≥ IP 20
b) enthalten
  – im Freien ≥ IP 54
  – im geschlossenen Raum ≥ IP 40
  – > 11 kV wie bei 2b)

Anschlusskästen
≥ IP 54 oder vereinfacht überdruckgekapselt nach DIN VDE 0165/2.91, Abschn. 6.3.1.4.

2. Teile, bei denen betriebsmäßig Funken, Lichtbögen oder Erwärmungen auf ≥ Zündtemperatur auftreten, allgemein
zündgefährliche Teile
a) nicht enthalten
allgemein zulässig
b) enthalten
zulässig mit Gehäuse, entweder
  – ≥ IP 54 und schwadensicher (4 mbar Überdruck darf während 30 s auf > 2 mbar abfallen) oder
  – vereinfacht überdruckgekapselt nach DIN VDE 0165 (vgl. Punkt 1.)

3. Einzelbestimmungen für Betriebsmittelarten

Klemmen
- nach DIN VDE 0609 Teil 1 (ausgenommen 3.2.4) und DIN VDE 0611 Teil 1 (ausgenommen 3.1.6)
- fest angeordnet

Maschinen
- Teile, an denen betriebsmäßig Funken, Lichtbögen oder Erwärmungen auf ≥ Zündtemperatur auftreten
  a) nicht enthalten
    – im Freien ≥ IP 44 oder ≥ IP W 24
    – im geschlossenen Raum ≥ IP 20
  b) enthalten
    – allgemein wie a)
    – für betriebmäßig funkengebende bzw. zündgefährliche Teile wie 2b)
- Belüftungssystem
  nach DIN VDE 0170/0171 Teil 1, Abschn. 16
- Überlastschutz
  erhöhte Oberflächentemperaturen sind nur bei häufigem Anlauf zu berücksichtigen

Leuchten
- ≥ IP 54 *(unabhängig vom Einsatzort):* Lampen durch Gehäuse mechanisch geschützt (Nachweis für niedrige mechanische Beanspruchung gemäß DIN VDE 0170/0171 Teil 1),
- *ortsveränderlich:* nur explosionsgeschützt bescheinigte Ausführung,
- *für Metalldampf-, Edelgasentladungs- oder Halogenlampen:* höchste Lampen-Oberflächentemperatur ≤ Zündtemperatur oder explosionsgeschützt bescheinigte Ausführung,
- *für Leuchtstofflampen (ausgenommen starterlos, Einstiftsockel):* Temperaturbegrenzung im Fehlerfall durch Vorschaltgeräte mit Temperatursicherung „TS" nach DIN VDE 0621 oder elektronisches Vorschaltgerät nach DIN VDE 0712 mit ausreichender Fehlertemperaturbegrenzung oder Starter mit Abschalteinrichtung (Leuchte mit entsprechender Aufschrift),
- *mit Allgebrauchslampen nach DIN 49 810 Teil 4 oder DIN 49 812 Teil 4, Kennzeichen* ∇ ® höchste Oberflächentemperatur der Lampe darf Zündtemperatur des maßgebenden brennbaren Stoffes bis 50 K überschreiten.

Tafel 7.5 (Fortsetzung)

Bauarten elektrischer Betriebsmittel für Zone 2
Leuchten (Fortsetzung) • im Freien oder bei mechanischer Gefährdung: bruchsicher oder mit Schutzgitter gemäß DIN VDE 0170/0171 (für hohe mechanische Beanspruchung) • für Meldestromkreise: vorgenannte Bedingungen entfallen bei Lampen ≥ 15 W und Lampentemperatur Zündtemperatur +50K

Transformatoren
• Normalausführung: Öltransformatoren, Trockentransformatoren
• Schutzarten
  ölisoliert   trocken
• 11 kV: Anschlusskasten ≥ IP 43   in geschlossenen Räumen und
• 1 kV: Anschlusskasten (nur US und durch Aufstellungsart gegen
  wenn durch Aufstellungsart gegen direktes Berühren geschützt: IP 00
  direktes Berühren geschützt) IP 00
• Stufenschalter unter Öl oder gemäß 2b)

Sicherungen • mit geschlossenem Schmelzeinsatz: Normalausführung (es gilt 2a)

Steckvorrichtungen
• Normalausführung: (Steckerbetätigung verriegelt, nur spannungslos möglich)
  Eingebaute Schalter: gemäß 2b)
  Ausnahme: Steckvorrichtungen, einem Betriebsmittel fest zugeordnet, gegen unbeabsichtigtes Trennen gesichert. Anstelle Verriegelung ist Warnschild „Nicht unter Last betätigen" ausreichend
  in Geräten: Betätigung lediglich für Instandhaltung; Normalausführung, es gilt 2a)

MSR- und Fernmeldegeräte • Normalausführung   Ausnahme: Schutzgrad ≥ IP 00, wenn Teile gemäß 2a) und 2b) mit den U- und 1-Werten im eigensicheren Bereich liegen (Sicherheitsfaktor 1,0)
Anmerkungen
Für die in Zone 2 zugelassenen nicht bescheinigten Betriebsmittel müssen folgende Herstellerangaben vorliegen: – Eignung für Einsatz in Zone 2, – betriebsmäßig maximal auftretende Oberflächentemperatur (wenn > 80 °C), – bei 2b): Art des Betriebsmittels und maximale Oberflächentemperatur des Gehäuses, – bei Leuchten: Eignung zum Einsatz im Freien und/oder bei mechanischer Gefährdung

– den Schutz gegen Eindringen fester Fremdkörper (Fremdkörperschutz) und
b) mit der zweiten Kennziffer (0 bis 8)
– den Schutz gegen Eindringen von Wasser (Wasserschutz)

Zusätzlich können ein oder zwei Buchstaben nachgesetzt sein für spezielle Kennzeichen des Personen- oder Wasserschutzes. So bedeutet die Anga-

be *IP 54* den Schutz gegen Eindringen eines Drahtes, Staubschutz und Strahlwasserschutz (5) sowie Schutz gegen starkes Strahlwasser (4). Bestehen in den Normen nur für eine dieser beiden Kennziffern Anforderungen, dann wird die andere unwesentliche mit „X" angegeben.
Eine prinzipielle Verwandtschaft mit den Zündschutzarten besteht insofern, als auch die IP-Schutzart ausdrückt, welche Sicherheit ein Gehäuse gegen definierte äußere Einflüsse zu bieten hat. **Soweit für die gerätetechnischen Erfordernisse des Explosionsschutzes eine bestimmte IP-Schutzart mindestens erforderlich ist, wird das vom Hersteller einbezogen. Planer und Errichter müssen aus drei Gründen auf die mindestens erforderliche IP-Schutzart achten:**

1. *zum Schutz gegen Umwelteinflüsse,* die dem Betriebsmittel schaden könnten (also wie sonst auch)
2. *für den Staubexplosionsschutz* nach DIN VDE 0165 Teil 2
3. *für den anlagetechnischen Explosionsschutz* mit Blick auf spezielle Forderungen in den Errichtungsnormen, z.B. ebenfalls nach DIN VDE 0165 Teil 1 und Teil 2.

Hierfür kann man sich als Grundsatz einprägen:
- IP 6X (für Staubexplosionsschutz Zone 20 sowie bei leitfähigen Stäuben)
- IP 54 (für Gehäuse mit blanken aktiven Teilen) und
- IP 44 (für Gehäuse mit isolierten aktiven Teilen).

Im Staubexplosionsschutz und in Altanlagen (DIN VDE 0165 02.91 und früher) **mit Bereichen mit niedriger Explosionsgefahr,** d.h., in den Zonen 2 und 11, **sind die vorgeschriebenen IP-Schutzarten ein tragender Sicherheitsfaktor.**
Was man dabei auch beachten sollte:
Die Dichtheit von Gehäusen höherer IP-Schutzarten verursacht mitunter Probleme durch kondensierende Feuchte, z.B. im Freien bei starkem Temperaturwechsel oder bei hoher Luftfeuchte. Abhilfe bringt ein Ex-e-Klimastutzen, der das Gehäuse atmen lässt und bei Montage an der tiefsten Stelle des Gehäuses gleichzeitig die Entwässerung übernehmen kann (Zündschutzart beachten!).

Frage 7.12   Was ist ein „energiebegrenztes Betriebsmittel"?

Dabei an Schutzgeräte zu denken, z.B. für den elektrischen Überlastungsschutz, trifft nicht das Ziel. Betriebsmittel mit dem Zusatz „energiebegrenzt" sind vorgesehen für Stromkreise mit begrenzter Energie, haben aber nichts gemein mit einem Energiebegrenzer im Sinne der Starkstromtechnik.

In den Normen VDE 0165 taucht dieser Begriff, der zur Zündschutzart „n" (Zone-2-Betriebsmittel) gehört, erstmalig auf in VDE 0165 Teil 1 von 1998, allerdings ohne dort auch erklärt zu sein.

VDE 0170/0171 Teil 16, die „n"-Norm, definiert ein solches Betriebsmittel als ein „elektrisches Betriebsmittel, in dem Stromkreise und Bauteile nach dem Konzept der Energiebegrenzung ausgelegt sind" und legt dafür das Kurzzeichen „nL" fest. Physikalisch betrachtet verbirgt sich dahinter das niedrigste Schutzniveau der Eigensicherheit „i", die ja das Prinzip der Energiebegrenzung anwendet. Aus dem Blick der Normenordnung sind energiebegrenzte Betriebsmittel (noch) eingeordnet unter „n" und stellen damit eine Vorstufe zur Eigensicherheit dar, die der Gerätekategorie 3 entspricht. Mit anderen Worten: „energiebegrenzt" oder „nL" gemäß VDE 0170/0171 Teil 16 lässt mehr Energie zu als „eigensicher" gemäß VDE 0170/0171 Teil 7 mit den Schutzniveaus „ia" und „ib". Da liegt der Gedanke nicht fern, energiebegrenzte Stromkreise anstatt bei „n" künftig bei „i" einzuordnen mit dem Schutzniveau „ic".

Angelehnt an die Begriffe der Eigensicherheit können in solchen Stromkreisen neben dem energiebegrenzten Betriebsmittel enthalten sein

- zugehörige energiebegrenzende Betriebsmittel,
  (führt auch andere als nur energiebegrenzte Stromkreise),
- selbstschützende energiebegrenzte Betriebsmittel, (enthält energiebegrenzte funkende Kontakte und Bauteile sowie die nicht begrenzte Speisequelle).

Ein weiterer Vorteil von energiebegrenzten Stromkreisen besteht darin, dass der Nachweis einfacher zu handhaben ist als bei „i"-Kreisen. Alle äußeren Kapazitäten und Induktivitäten sind jeweils in Summe mit den Werten abzugleichen, die das zugehörige (speisende) Betriebsmittel als zulässige Höchstwerte vorgibt.

8 Kennzeichnungen im Explosionsschutz

Frage 8.1 Welche Symbole kennzeichnen den Explosionsschutz elektrischer Betriebsmittel?

Das hängt davon ab, nach welcher Art von Kennzeichen gefragt wird. Die Kennzeichnung des Explosionsschutzes elektrischer Betriebsmittel umfasst Symbole für die Konformität als auch spezifische Symbole zur Qualität des Explosionsschutzes, und beides hat sich in der Vergangenheit mehrfach geändert.

1. Symbole zur Konformität

Vorgeschrieben für alle explosionsgeschützten Betriebsmittel bzw. „Geräte und Schutzsysteme" im Sinne der RL 94/9/EG (neues Recht):

1.1 Europäisches Konformitätszeichen

Als Voraussetzung, ein explosionsgeschütztes Betriebsmittel in der EU in Verkehr zu bringen, muss ein EG-Zeichen aufgebracht werden. Es besteht aus dem **CE-Symbol** (Bild 8.1), der Jahreszahl (Angabe freigestellt) und der Angabe der benannten EU-Prüfstelle (Kennnummer).

C €	*EU-Konformitätskennzeichen gemäß Richtlinie 94/9/EG, Anhang X Hersteller des Betriebsmittels bestätigt Konformität mit allen einschlägigen Rechtsnormen der EG*
⟨Ex⟩	*Spezielles Ex-Kennzeichen gemäß Richtlinie 94/9/EG (bestätigte früher die Ex-Prüfung und bescheinigt Konformität mit harmonisierten EN, stellt infolge RL 94/9/EG kein Prüfzeichen mehr da)*

Bild 8.1   Europäische Symbole für explosionsgeschützte Betriebsmittel

181

Grundlagen sind

- die Explosionsschutzverordnung (EXVO, seit 01.07.03 voll rechtskräftig) wozu
- die Ex-Richtlinie 94/9/EG gehört und auch
- die EG-Kennzeichnungsrichtlinie 93/68/EWG zu erwähnen ist.

Das CE-Symbol ist weder ein Prüfzeichen noch sagt es etwas darüber, ob europäische Normen berücksichtigt sind! Weiteres hierzu ist im Abschnitt 2 nachzulesen.

1.2 Spezielles EG-Explosionsschutzkennzeichen

Das *Sechsecksymbol* (Bild 8.1) legitimiert ein Betriebsmittel – ob elektrischer oder nichtelektrischer Art – grundsätzlich als europäisch explosionsgeschützt. Anders als früher signalisiert es dem Anwender nicht mehr, ein elektrisches Betriebsmittel mit Prüfbescheinigung einer Ex-Prüfstelle vor sich zu haben. Dass die RL 94/9/EG im Anhang II dieses Symbol als „spezielles Explosionsschutzkennzeichen" für alle Ex-Betriebsmittel deklariert, ändert für den Praktiker leider nichts an der nun abgeminderten Aussage. Das bedeutet aber nicht den grundsätzlichen Verzicht auf das Prüferfordernis, da die RL 94/9/EG unter bestimmten Voraussetzungen auch Prüfungen nur seitens des Herstellers akzeptiert.
Nach altem Recht (ElexV) galt das gemäß Richtlinie 76/117/EWG vorgeschriebene Sechsecksymbol in gleicher Gestalt als Nachweis, dass das elektrische Betriebsmittel

- *von einer benannten Prüfstelle innerhalb der EG geprüft worden ist und die damit verbundenen Auflagen erfüllt,*
- *vom Hersteller einer Stückprüfung unterzogen wurde und*
- *mit dem geprüften Baumuster übereinstimmt*

Schlagwettergeschützte elektrische Betriebsmittel (gemäß EXVO Betriebsmittel der Gerätegruppe I) wurden früher durch ein zweites rundes Symbol hinter dem Sechsecksymbol gekennzeichnet (eine römische I oder ehemals ein S im Kreis).
Das Sechsecksymbol erscheint also nun auch auf den Betriebsmitteln für die Zonen 2 und 22 (Gerätekategorie 3, untere Niveaustufe der Explosionssicherheit), die nicht von einer benannten EG-Prüfstelle bescheinigt werden müssen. Zusätzlich zu diesem Symbol fordert die Richtlinie an gleicher Stelle weitere Angaben (Hersteller, Serie und Typ, Baujahr, Gerätegruppe usw., hierzu Tafel 2.1 (Seite 36/38)).

Ältere Symbole, bevor das Sechsecksymbol verbindlich wurde, waren

- *für den Explosionsschutz die Buchstaben Ex im Kreis*
- *für den Schlagwetterschutz die Buchstaben Sch im Kreis*

(genormt nach VDE 0170/0171 und nach TGL 55037)

2. Symbole der Gerätegruppe und -kategorie

Das sind für alle explosionsgeschützten Betriebsmittel die in Tafel 2.4 erläuterten Kennzeichen

- **II** oder **I** für Explosions- oder Schlagwetterschutz (Gerätegruppen); früher (Sch) oder (Ex), gefolgt von
- **G** für Gasexplosionsschutz oder
- **D** für Staubexplosionsschutz, abgeschlossen durch die Ziffern
- **1, 2** oder **3** für die Gerätekategorie

3. Spezifische Symbole

3.1 Für elektrische Betriebsmittel des Gasexplosionsschutzes zählen dazu die Buchstaben- und Ziffernkombinationen

bisher:
- **EEx** – EN des elektrischen Gasexplosionsschutzes sind angewendet, andernfalls
- **Ex** – diese EN sind **nicht** angewendet, d.h.,
  Explosionsschutz entweder
  • gemäß RL 94/9/EG, aber nicht EN-konform
  • an Betriebsmitteln außerhalb von Ex-Bereichen, die für den sicheren Betrieb im Ex-Bereich erforderlich sind (z.B. Motorschutz),
  • nach IEC oder
  • an älteren Betriebsmitteln nach VDE- oder TGL-Normen (nur in Deutschland zulässig)

künftig:
- **Ex** (auch bei Anwendungen von EN; gemäß EN 60079-0: 2004)

3.2 Für elektrische sowie nichtelektrische Betriebsmittel des Gasexplosionsschutzes weiterhin:

- **T1 bis T6** für die Temperaturklassen (früher Zündgruppen, zuerst A bis D, dann G1 bis G5)

- **II A, IIB oder IIC** für die Explosionsgruppen (früher Explosionsklassen II, III, IVa bis IVc und IVn)
- die genormten **Kennbuchstaben der Zündschutzarten** und ihrer Unterteilungen (d, e, ia, ib usw.) sowie
- weitere genormte Kennbuchstaben für besondere Eigenschaften. Verbindliche Rechtsgrundlage dafür ist
  - die EXVO mit Richtlinie 94/9/EG und war
  - bis 30.06.2003 die ElexV mit den dazu benannten Normen DIN 50014 ff VDE 0170/0171 und weiteren.

3.3 Für elektrische sowie nichtelektrische Betriebsmittel des Staubexplosionsschutzes:

- die IP-Schutzart
- die maximale Oberflächentemperatur sowie
- weitere genormte Kennbuchstaben für besondere Eigenschaften
- *künftig auch die Kennbuchstaben Ex*

Im Staubexplosionsschutz nicht genormt sind die Kennbuchstaben EEx, und die Temperaturklassen und die Explosionsgruppen. Anstelle der Temperaturklasse steht die maximale Oberflächentemperatur (vgl. Bild 8.2 b)

4. Elektrotechnische Kennzeichnung

Neben den Kennzeichen des Explosionsschutzes müssen natürlich auch die elektrischen Bemessungswerte angegeben sein, wie sie die Grundnormen für elektrische Betriebsmittel allgemein vorschreiben (Spannung, Stromstärke, IP-Schutzart usw.).
Diese Daten findet der Planer aus der Dokumentation des Herstellers. Betreiber und Prüfer müssen sie auf dem Leistungsschild oder dem Prüfschild erkennen, wobei dies auch ein zusammenfassendes Schild sein kann. Der Kürze wegen wird diese Kombination hier als Typenschild bezeichnet.
In Bild 8.2 (auf Seite 186) sind beispielhaft die Angaben auf dem Typenschild einer explosionsgeschützten Leuchte und auf einer Komponente (Schalteinsatz) dargestellt.

Frage 8.2 **Woran kann man ein explosionsgeschütztes elektrisches Betriebsmittel sofort erkennen?**

Es handelt sich eindeutig um ein explosionsgeschütztes und vorschriftsmäßig geprüftes Betriebsmittel, wenn eines dieser Symbole darauf zu sehen ist:
⟨Ex⟩ oder bei Altgeräten (Ex)

a)

CEAG	eLLK 92036/360	... 1 I 2
PTB Nr. Ex-92.C.1801	⟨Ex⟩ C€	... 3 I 4
EEx ed IIC T4	110-254 V 50-60 Hz	... 5 I 6
Lampe:G13-IEC-1305-2	110-230 V DC	... 7 I 8
Ser.-Nr.: D189115	Tu = 50 °C	... 9 I 10

b)

CEAG	eLLK 92036/360	... 1 I 2
www.ceag.de		... 11 I
S. Nr. 123456 2000	C€ 0102	... 12 I 13
PTB 96 ATEX 2144	110-254 V 50-60 Hz	... 3 I 6
II 2G EEx ed IIC T4	110-230 V DC	... 14, 15 I 8
⟨Ex⟩ II 2D T80°C IP 66	Ta = 50 °C	... 16 I 10
Lampe : G13-81-IEC-1305-2		... 8

c)
BARTEC 07-3323   ... 1
D-97980 Bad Mergentheim   ...11
Typ 07-3323-1100   ... 2
⟨Ex⟩ II 2G EEx de IIC   ...14, 15
I M2 EEx de I   ...17
PTB 99 ATEX 1043 U   ... 18
≦ 55°C ≦ Ta ≦ 40 °C I$_{the}$ 16 A   ... 6
≦ 55°C ≦ Ta ≦ 60 °C I$_{the}$ 11 A
AC-15 250 V 10 A
DC-13   24V   1A
U$_i$ 690 V

Legende zum Bild

1 – *Herstellername*
2 – *Typnummer*
3 – *Prüfstelle, Nummer der Baumusterprüf-*
    bescheinigung
4 – *Ex-Gemeinschaftskennzeichen und*
    CE-Konformitätskennzeichnung
5 – *Explosionsschutz-Kurzzeichen gemäß*
    EN-Normung
6 – *Bemessungsdaten*
7 – *Lampentyp*
8 – *Bemessungsdaten der Lampe*
9 – *Seriennummer*
10 – *maximal zulässige Umgebungstemperatur*
11 – *Herstelleradresse*

12 – *Seriennummer mit Herstellungsjahr*
13 – *CE-Konformitätskennzeichnung mit*
    Nr. der EG-Prüfstelle
    (benannte Stelle, hier PTB)
14 – *Spezielles Kennzeichen zur Verhütung*
    von Explosionsen gemäß RL 94/9/EG
15 – *Explosionsschutz-Kennzeichen gemäß*
    RL 94/9/EG, folgend wie 5;
    Gasexplosionsschutz
16 – *wie 15, jedoch Staubexplosionsschutz*
    (mit maximaler Oberflächentemperatur)
17 – *wie 15, jedoch Schlagwetterschutz*
18 – *wie 3, hier mit Kennbuchstabe U*
    (unvollständiges Betriebsmittel)

Bild 8.2   *Beispiele zur Kennzeichnung explosionsgeschützter Betriebsmittel*

Ein besonderes Merkmal aus früherer Zeit sind die auffälligen Sonderverschlüsse (Schrauben mit Dreikantkopf), die aber schon längere Zeit nicht mehr in dieser Form vorgeschrieben sind. Hersteller weisen auch in ihren Katalogseiten mitunter schon in den Kopfleisten auf den Explosionsschutz hin.

Spezielle Fälle:

1. Bauteile

Ex-Bauteile, d.h., Komponenten von Betriebsmitteln ohne autonome Funktion im Sinne der RL 94/9/EG, müssen zwar das Sechsecksymbol tragen, dürfen aber kein „CE" erhalten, es sei denn, eine andere EG-Richtlinie verlangt es (z.B. die EMV-RL).
Beispiele für Komponenten sind Schalteinsätze, Klemmsockel, Z-Dioden, Vorschaltgeräte für Leuchtstofflampen, Messwerke, Rollenlager, Keilriemen. An elektrischen Bauteilen erkennt man den EU-konformen Gas-Explosionsschutz auch an den Buchstaben EEx. Für Komponenten muss der Hersteller in der zugehörigen Dokumentation zwar ebenfalls die Konformität bescheinigen, aber eine „Konformitätserklärung", wie sie für komplette Betriebsmittel Pflicht ist, wird nicht verlangt. Bild 8.2 zeigt ein Beispiel für das Kennzeichenfeld eines Bauteils.

2. Anlagen mit Bestandsschutz

2.1 Betriebsmittel nach älteren EN-Normen

Elektrische Ex-Betriebsmittel nach früheren EN-Ausgaben – *Altprodukte,* wie sie die „ATEX-Leitlinien" 05.2000 nennen – sind ebenfalls an den EG-Symbolen (Sechsecksymbol und Kennzeichen EEx) zu erkennen, aber sie haben keine CE-Kennzeichnung.

2.2 Betriebsmittel älterer Bauart nach national gültigen Normen

Betriebsmittel, die nicht den europäischen Normen entsprechen, dürfen keine Konformitätssymbole tragen, z.B. solche nach älteren VDE-Ausgaben, zu erkennen am Buchstabensymbol Ex, auch als Kreissymbol oder in runder Klammer geschrieben.

2.3 Betriebsmittel älterer Bauart für die Zonen 2 und 11 (22)

Betriebsmittel „nach altem Recht" entsprechen formal nicht der EXVO. Das macht sich besonders bemerkbar bei Betriebsmitteln für die Zonen 2 und

11, soweit sie dafür ohne Baumusterprüfung zugelassen sind. Hierfür legt die frühere Errichtungsnorm DIN VDE 0165 02.91 fest, wie der Explosionsschutz dieser Betriebsmittel beschaffen sein muss und welche Angaben dazu erforderlich sind (hierzu auch Frage 2.4.3). Ein Symbol ist da nicht festgelegt. Eindeutig erkennbar sind solche Betriebsmittel nach altem Recht nur aus der wörtlichen Bezeichnung, z.b. „explosionsgeschützt für Zone 2" oder „explosionsgeschützt für Zone 11" und den ergänzenden Angaben, vor allem der maximalen Oberflächentemperatur.

2.4 Betriebsmittel für Zone 0 oder für Zone 10

DIN VDE 0165 02.91 lässt für diese Zonen 10 nur solche Betriebsmittel zu, die dafür besonders geprüft und bescheinigt sind. Es wird auf DIN VDE 0170/0171 Teile 12 und 13 verwiesen. Sie tragen entweder das Kennzeichen „Zone 0" oder StEx „Zone 10".

2.5 Betriebsmittel in ostdeutschen Altanlagen

Wie Prüfungen gezeigt haben, werden solche Anlagen in Kleinunternehmen wohl noch für einige Zeit unter Bestandsschutz Dienst tun. Betriebsmittel mit TGL-geprüftem Explosionsschutz tragen nach TGL 55037 ff. grundsätzlich die gleichen Ex-Symbole wie früher nach VDE, erkennbar am Ex-Kreissymbol, jedoch ohne das europäische Sechsecksymbol. Keine Ex-Kennzeichen haben die Betriebsmittel in staubexplosionsgefährdeten Arbeitsstätten nach TGL 200-0621 Teil 6. Prüfbescheinigungen waren dafür nicht vorgeschrieben. Zugelassen waren dafür aber auch Betriebsmittel mit Explosivstoffschutz, wofür es das Kennzeichen Sp gab.

Frage 8.3 Wie sind die Kennzeichen-Symbole angeordnet?

Zuerst einmal müssen sie „sichtbar, lesbar und dauerhaft" auf dem Betriebsmittel angebracht sein, heißt es in der EXVO mit Bezug auf die CE-Kennzeichnung. Das galt aber prinzipiell schon immer. In der Richtlinie 94/9/EG wird verlangt, die erforderlichen Mindestangaben „deutlich und unauslöschbar" anzubringen, was wohl gleichbedeutend zu werten ist, aber nicht nur die CE-Kennzeichnung erfasst. Wesentlich schwerer kann es sein, dies auch im Einbauzustand zu garantieren. Dazu gibt es jedoch keine unmittelbaren Festlegungen.

1. Kennzeichen nach neuem Recht

Bei neuen Betriebsmitteln, die der EXVO mit Richtlinie 94/9/EG entsprechen, stehen immer einige Symbole von grundsätzlicher Bedeutung am Beginn der Kennzeichenkette (Abschnitt 6 erläutert die Gruppierungen).

1.1 Reihenfolge der Kennzeichen

- **bei allen Betriebsmitteln** bzw. „Geräten und Schutzsystemen" beginnt die Kennzeichenkette mit folgenden Symbolen:
Sechsecksymbol – *CE-Zeichen – Typ/Serie – Gerätegruppe – Gerätekategorie, Kennbuchstabe für Gas oder Staub* – ...
und setzt sich fort mit zusätzlichen Kennzeichen
- bei **gasexplosionsgeschützten elektrischen Betriebsmitteln:**
  ... *EEx bzw. Ex – Zündschutzart(en) – Explosionsgruppe – Temperaturklasse – ergänzende Angaben*
- bei **staubexplosionsgeschützten elektrischen Betriebsmitteln:**
  ... *maximale Oberflächentemperatur – IP-Schutzart – ergänzende Angaben (Kennzeichen Ex in VDE 0170/0171 Teil 15-1-1 noch nicht enthalten)*
- bei schlagwettergeschützten elektrischen Betriebsmitteln:
  Temperaturklasse und die Explosionsgruppe entfallen, wodurch sich die Kennzeichenfolge verkürzt:
  ... *EEx bzw. Ex – Zündschutzart(en) – Explosionsgruppe*
- bei **nichtelektrischen Betriebsmitteln** (Gasexplosionsschutz):
  ... *Zündschutzart(en) – Temperaturklasse – ergänzende Angaben*
Entspricht ein Betriebsmittel mehreren voneinander unabhängigen Zündschutzarten, dann steht zwischen den entsprechenden Kennbuchstaben ein Schrägstrich, z.B. c/k für „Konstruktive Sicherheit"/„Flüssigkeitskapselung".

1.2 Beispiele

- *für Gerätegruppe II* (nicht für Bergbau):

a) Gerätekategorie 2, Gasexplosionsschutz
(für Zone 1 geeignet):
Ⓔⓧ CE 1234 HW 5678-1998 II 2G
EEx pia IIC T4
b) Gerätekategorie 1, Staubexplosionsschutz
(für Zone 20 bzw. 10 geeignet):
Ⓔⓧ CE 2345 HW 6789-1998 II 1D T 130°C
c) nichtelektrisch, z.B. eine Membranpumpe; Gerätekategorie 2, Gas- und Staubexplosionsschutz (für Zonen 1 und 21 geeignet)
Ⓔⓧ CE 4567 HW 7890-2003 II 2GD c X
d) Weitere Beispiele: Bild 8.2

- *für Gerätegruppe I* (Bergbau, Schlagwetterschutz):

⟨Ex⟩ CE 3456 HW 4567-1998 I EEx 1M d I
(früher ohne Explosionsgruppe: (Sch)de)

2. Kennzeichnung nach altem Recht

Bei älteren Betriebsmitteln, die noch nicht gemäß EXVO bzw. RL 94/9/EG in Verkehr gelangt sind, fehlen die Kennzeichen des Schutzniveaus für alle Betriebsmittel (s. 1.1). Da es für nichtelektrische Betriebsmittel noch keine Regelungen gab, gilt das Folgende nur **für elektrische Betriebsmittel:**

2.1 Betriebsmittel für die Zonen 0 und 10

Dafür durften nur speziell geprüfte und zugelassene und auf dem Typschild entsprechend gekennzeichnete Betriebsmittel verwendet werden (bei Betriebsmitteln nach neuem Recht ist dies erfüllt durch das Kennzeichen der Gerätekategorie 1).

2.2 Betriebsmittel für die Zone 1

Reihenfolge der Kennzeichen:
Sechsecksymbol – EEx – Zündschutzart(en) – Explosionsgruppe (soweit für die Zündschutzart erforderlich) – Temperaturklasse – ergänzende Angaben.
Alle als EEx oder Ex (VDE) gekennzeichneten Betriebsmittel erfüllen grundsätzlich die Bedingungen für die Zone 1 einschließlich Zone 2 gemäß ElexV.

2.3 Betriebsmittel für die Zonen 2 und 11

Soweit es sich um Betriebsmittel mit betriebsmäßig funkengebenden Teilen handelt, z.B. Schaltgeräte, gelten die Angaben für Zone 1. Für Betriebsmittel ohne solche Teile, z.B. Klemmengehäuse, Käfigläufermotoren, Glühlampen-Leuchten, enthält die maßgebende VDE 0165 (02.91 oder früher) zwar Auswahlbedingungen, aber keine Angaben zur Kennzeichnung. Seitens der Hersteller war es jedoch üblich, die Betriebsmittel mit „Zone 2" oder „Zone 11" zu kennzeichnen.

Frage 8.4   Welche Besonderheiten sind bei der Kennzeichnung zu beachten?

Besonderheiten in der Kennzeichnung und zusätzliche Kennzeichen weisen darauf hin, dass es sich um ein speziell ausgelegtes Betriebsmittel handelt.

1. Gasexplosionsschutz bzw. Gerätegruppe IIG

a) *anstelle der Temperaturklasse* oder zusätzlich kann auch die höchste Oberflächentemperatur angegeben sein, z.B.
... T1, *oder* 350°C, *oder* ... 350°C (T1)

b) *Betriebsmittel mit maximaler* Oberflächentemperatur > 450°C: anstelle der Temperaturklasse T1 braucht nur die jeweilige Oberflächentemperatur angegeben zu sein.

c) *Betriebsmittel,* die *für einen speziellen Gefahrstoff* bescheinigt sind: anstelle der Temperaturklasse oder der direkten Temperaturangabe wird der betreffende Gefahrstoff angegeben.

d) *Betriebsmittel, die für eine andere als die normal einbezogene Umgebungstemperatur* (Normbereich -20°C bis +40°C) bescheinigt sind, erkennt man an den Symbolen „Ta", oder „Tamb" zusammen mit dem speziellen Bereich der Umgebungstemperatur, z.B. -30°C ≤ Ta ≤ +60°C. Ersatzweise kann auch das allgemeine Symbol X angegeben sein als Hinweis auf besondere in der Prüfbescheinigung oder Konformitätserklärung nachzulesende Bedingungen.

e) Bei *sehr kleinen Betriebsmitteln oder Bauteilen* ist eine Kennzeichnung in Verbindung mit dem Betriebsmittel oder auf einem separatem Etikett zulässig (EN 60079-0 VDE 0170/0171 Teil 1, Abschn. 29.7).

f) *bei Betriebsmitteln für Gerätekategorie 1G (Zone 0)* sind spezielle Kennzeichnungen vorgesehen, so z.B.
 - wenn zwei unabhängige Zündschutzarten angewendet werden, um die Bedingungen für die Gerätekategorie 1 zu erfüllen, beispielsweise die Zündschutzarten d und e:
 ... II 1 G EEx d+e IIB T6
 - bei Geräten, die in eine Trennwand eingebaut sind, wobei sich außen ein niedriger eingestufter Bereich anschließt (z.B. außen die Zone 1); dabei sind die jeweils zutreffenden Kennzeichnungen durch Schrägstrich getrennt:
 ... II 1/2 G EEx ia/d IIC T6
 d.h., Das Gerät ist für Zone 0 in „ia" ausgeführt
 und hat ein Gehäuse in „d IIC" für Zone 1.
 - „ma" für „Spezielle Vergusskapselung", wozu bei Erfordernis auch Grenzwerte für U, I und P auf dem Typenschild stehen.

g) je *nach spezieller Norm für die Zündschutzart* oder einer Ex-Erzeugnisnorm können weitere spezielle Kennzeichen vorhanden sein,z.B.
 - bei Zündschutzart „n" (hierzu Frage 7.4),
 - für medizinische Verwendung (die Zonen G und M nach alter ElexV) oder

- bei Betriebsmitteln nach dem Konzept für eigensichere oder nichtzündfähige Feldbussysteme die Bezeichnungen FISCO oder FNICO.
h) Betriebsmittel mit dem Kennzeichen **„s"** – **Sonderschutz** werden nicht mit EEx bzw. Ex gekennzeichnet, weil sie den EN-Normen für die Zündschutzarten nicht entsprechen.
i) **zum Öffnen des Gehäuses:** die Kennzeichnungen
   - „Nach dem Abschalten ... Minuten warten vor dem Öffnen" Zeitangabe) oder
   - „Nicht innerhalb des explosionsgefährdeten Bereiches öffnen" weisen auf nachwirkende innere Zündquellen hin.

2. Staubexplosionsschutz bzw. bei Gruppe II D

- Maximale Oberflächentemperatur des Gehäuses im Dauerbetrieb, jeweils bezogen auf 40°C Umgebungstemperatur (wenn abweichend, besonders anzugeben)
- eventuell zusätzliche Angaben, z.b. für Staubablagerungen übermäßiger Dicke, abweichende Gebrauchslage.

3. Betriebsmittel, die nicht in Ex-Bereichen eingesetzt werden dürfen

Hat ein Betriebsmittel keinen vollständigen Explosionsschutz wie z.B. ein Netzgerät mit eigensicherem Außenkreis (zugehöriges Betriebsmittel), dann darf es nicht im explosionsgefährdeten Bereich eingesetzt werden. Zu erkennen ist dies daran, dass das Sechsecksymbol fehlt und die Kurzzeichen der Zündschutzart in eckigen Klammern stehen,
z.B. ... [EEx ia] IIC T4, oder dass die Temperaturklasse nicht angegeben ist, z.B. ... [EEx ia] IIC.

Eine derartige Angabe mit eckigen Klammern kann aber auch auf einem regulär explosionsgeschützt gekennzeichneten – also für Ex-Bereiche geeigneten – Betriebsmittel zu finden sein. Auf dem erwähnten zugehörigen Betriebsmittel findet man dann z.B. ... EEx ed [ia] IIC T4.

4. Betriebsmittel mit mehrfacher Kennzeichnung

Bisher genügte es zumeist, die Beschaffenheitsmerkmale eines explosionsgeschützten Betriebsmittels in nur einer Kennzeichenreihe anzugeben, z.B. ⟨Ex⟩ CE ... II 2G EEx ed IIC T4.
Bedingt durch den nichtelektrischen Teil eines Aggregates z.B. eines Getriebes, durch ausländische Normen oder wegen neuartiger Konstruktionen werden zusätzliche Kennzeichen notwendig.

Dazu Beispiel einer Trennstufe für eigensichere Stromkreise:

CE
⬡ II (1) GD [EEx ia] IIC/IIB
⬡ II 3G Ex nA IIC T4

Die obere Zeile gibt an, dass sich das Gerät dafür eignet, „i"-Kreise der Gerätekategorie 1 (ia, Zonen 0 und 10) zu versorgen.
Die untere Zeile besagt, das Gerät selbst genügt der Gerätekategorie 3, hat die Zündschutzart nA (nichtfunkende Betriebsmittel) und darf in gasexplosionsgefährdeten Bereichen der Zone 2 (alle Explosionsgruppen, Temperaturklassen bis T4) installiert werden.

5. Für alle Betriebsmittel

Unter dem Stichwort Besonderheiten sind auch ergänzende Kennbuchstaben zur Anwendbarkeit zu erwähnen. Hier sind unbedingt zu beachten

- **Kennbuchstabe X für besondere Anwendungsbedingungen.** Darunter zählen z.B. Betriebsmittel mit dauerhaft angeschlossenen Leitungsenden ohne Abschluss (Kabelschwanz), Leitungseinführungen ohne Verdrehungsschutz und noch vieles mehr.
- **Kennbuchstabe U** kennzeichnet das Betriebsmittel als Komponente **(unvollständiges Betriebsmittel).**

Unter 8.8 wird darauf nochmals eingegangen.
Auf **teilweise höhere Qualität** deutet es hin, wenn das Kurzzeichen einer höheren Gerätekategorie zusätzlich in Klammern steht (dazu auch schon unter 4.),
z.B. ... II **(1)** 2 G ... (Zone-0-Anforderungen teilweise erfüllt, darf in einen Behälter oder Apparat der Zone 0 hinein ragen)

Auf älteren Betriebsmitteln waren anstelle
- der Anschrift des Herstellers nur der Name oder das Logo
- der Produktionsserien-Nr. nur der Typ unbedingt anzugeben.

Betriebsmittel nach IEC-Normen

oder anderen nicht europäischen Grundlagen folgen dementsprechend anderen Kennzeichnungsgrundsätzen. Auf IEC-Ex-Betriebsmitteln, die ein Prüfverfahren gemäß RL 94/9/EG nicht durchlaufen haben, wird man das CE und das Sechseckymbol nicht finden, und anstelle von EEx steht Ex.

Frage 8.5   Wer ist für die Kennzeichnung verantwortlich?

Das ist Sache der Hersteller der Betriebsmittel. Der Hersteller kennzeichnet seine Erzeugnisse in eigener Verantwortung. Mit der vorschriftsmäßigen Kennzeichnung bestätigt er

- die sicherheitsgerechte Beschaffenheit,
- die Übereinstimmung mit dem Baumuster sowie den eingereichten Prüfunterlagen,
- das beanstandungslose Ergebnis der Stückprüfung (festgelegt in VDE 0170/0171 Teil 1).

Bei Instandsetzungen oder Änderungen, die von einer dafür anerkannten befähigten Person (bisher ElexV-Sachkundiger oder -Sachverständiger) zu prüfen sind, muss der Prüfer entscheiden, ob er den Sachverhalt mit einem Prüfzeichen oder durch eine Bescheinigung bestätigt.

Frage 8.6   Was ist ein „Prüfschein"?

Ein „Prüfungsschein" war ehemals der Beleg, dass ein Betriebsmittel die Vorschriften der VDE 0171 von 02.61 erfüllte. Inzwischen sind die Bezeichnungen „Prüfschein", „Prüfungsschein" oder „Prüfbescheinigung" umgangssprachliche Kurzformen für

- eine **Prüfbescheinigung, die von einer anerkannten Prüfstelle für explosionsgeschützte Betriebsmittel ausgestellt wird,** oder für
- **die Prüfbescheinigung einer behördlich anerkannten befähigten Person** im Sinne der BetrSichV oder eines nach ElexV anerkannten Sachverständigen.

Europäisch benannte (Prüf-)Stellen werden im Amtsblatt der EG bekannt gegeben. Arten von Prüfscheinen:

a) *nach neuem Recht* (EXVO mit Richtlinie 94/9/EG)
- die **EG-Baumusterprüfbescheinigung** einer benannten EG-Prüfstelle,
  • sie bestätigt die Konformität des Baumusters (oder im Sonderfall eines speziellen Betriebsmittels) mit der Richtlinie 94/9/EG, d.h., mit den darin enthaltenen grundsätzlichen Sicherheits- und Gesundheitsanforderungen (GSA) und den „weitergehenden Anforderungen" dieser Richtlinie. Sie kann auch die Übereinstimmung mit EN-Normen bestätigen, aber rechtsverbindlich sind nur die GSA.

- sie ist die Grundlage für die Konformitätserklärung, die der Hersteller in jedem Falle auszustellen hat.
- die **EG-Konformitätsbescheinigung** einer benannten EG-Prüfstelle, sie wird nur noch in zwei Sonderfällen ausgestellt, nämlich
  - wenn die Prüfung nach Anhang V der Richtlinie 94/9/EG erfolgt (Modul „Prüfung der Produkte", d.h., bei Prüfung der einzelnen Erzeugnisse durch die Prüfstelle). Dann wird die Prüfung der Konformität und die Übereinstimmung mit der Baumusterprüfbescheinigung durch eine Konformitätsbescheinigung bestätigt.
  - oder wenn die Prüfung nach Anhang IX der Richtlinie 94/9/EG erfolgt (Modul „Einzelprüfung", d.h., bei Prüfung eines einzelnen Erzeugnisses, für das eine Baumusterprüfbescheinigung nicht ausgestellt wird). Dann bestätigt diese Bescheinigung die Konformität mit den Anforderungen der Richtlinie 94/9/EG.
- die **Konformitätsaussage;** dieses Dokument ist rechtlich nicht geregelt, wird aber auf Antrag von den Prüfstellen ausgestellt, um die Konformität mit den GSA der RL 94/9/EG für solche Betriebsmittel zu belegen, die nicht der Baumusterprüfpflicht unterliegen bzw. früher nicht unterlegen haben. Im elektrischen Explosionsschutz kann auf diesem Weg nachgewiesen werden, dass Betriebsmittel gemäß VDE 0165 02.91 für Zonen 2 oder Zone 11 (altes Recht) auch dem neuen genügen.

Für explosionsgeschützte Betriebsmittel, die nach der Beschaffenheitsrichtlinie RL 94/9/EG in Verkehr gelangen, erhalten die Anwender eine Konformitätserklärung des Herstellers. Die Konformitätsbescheinigung (EG-Baumuster-Prüfbescheinigung) verbleibt beim Hersteller.

b) *nach altem Recht*
- die **Konformitätsbescheinigung,** sie bestätigt volle EN-Übereinstimmung für freien Warenverkehr in der EG (Normalfall)
- die **Kontrollbescheinigung,** sie bestätigt EN-gleiche Sicherheit trotz Abweichung von EN-Normen, ebenfalls für freien Warenverkehr in der EG (Sonderfall, kaum angewendet).
- der **Prüfungsschein,** wenn das Betriebsmittel lediglich nationalen Normen entspricht *und nur im Inland in Verkehr gebracht werden durfte,* ausgestellt von der Physikalisch technischen Bundesanstalt Braunschweig (PTB), der Bergbau-Versuchsstrecke Dortmund (BVS bzw. DMT) oder von einem behördlich anerkannten Sachverständigen gemäß ElexV.
- die **Teilbescheinigung,** wenn das Betriebsmittel als Bestandteil einer insgesamt zu prüfenden Baueinheit bestimmt ist (Kennzeichnung mit EEx zulässig, aber nicht mit Sechsecksymbol); *bisher teilbescheinigte Bautei-*

le sind nach Aussage der PTB im ATEX-Sinne nicht als Komponenten, sondern zumeist als Ersatzteile aufzufassen
- die Prüfbescheinigungen des ehemaligen Institutes für Bergbausicherheit, Bereich Freiberg (IfB), für Ex-Betriebsmittel nach den TGL-Normen der DDR
- *die Bauartzulassung für bestimmte Zone-0-Betriebsmittel nach Forderung in der bisherigen VbF, zusätzlich auszustellen von der Landesbehörde (ist keine Baumusterprüfbescheinigung)*

Als „pauschale" Bescheinigungen gelten Dokumente, in denen nur die Beschaffenheit der Zündschutzmaßnahmen eines Betriebsmitteltyps bestätigt wird ohne Bezug auf die elektrischen Bemessungswerte.

Frage 8.7 Was sagt die Nummer des Prüfscheines?

Die Prüfbescheinigungsnummer steht auf dem ersten Blatt des Prüfscheines unterhalb der Kopfzeilen. In dieser Kennzeichnung sind mehrere Informationen enthalten. Der Kennzeichenschlüssel hat sich in den vergangenen Jahren mehrfach geändert.

1. Nach neuem Recht

enthält die Nummer einer EG-Baumusterprüfbescheinigung nur noch die dafür harmonisierten Angaben in der Folge
Bennante Stelle – Jahreszahl – ATEX – Prüfnummer – Zusatz

Beispiel:

IBExU 01 ATEX 1007 X

Daraus geht hervor, dass das Betriebsmittel von IBExU Freiberg im Jahr 2001 gemäß RL 94/9/EG (ATEX) geprüft wurde, die Prüfnummer 1007 erhalten hat und besonderen Bedingungen unterliegt (X).

2. Nach altem Recht

a) Mindestumfang
Einbezogen sind auch in älteren Scheinen immer

- das Kurzzeichen der Prüfstelle, z.B. PTB, BVS (mitunter ergänzt durch ein Abteilungskurzzeichen, z.B. PTB III
- ein Buchstabensymbol für die Normenart oder -generation

- eine Prüfnummer, z.B. PTB Nr. III B/E-27 426 (Betriebsmittel nach VDE 0171, Ausg. 1969)

b) Konformitätsbescheinigungen
Für Baumusterprüfbescheinigungen mit Bezug auf die ab 1978 gültigen DIN EN wurde das Kennzeichen Ex einbezogen mit etwas anderer Kennzeichenfolge, z.B. PTB Nr. Ex-80/3472 (80/3 für Ausstellungsjahr/Prüflabor der PTB).

Frage 8.8   Was bedeuten die Buchstaben in der Prüfschein-Nummer?
Die Buchstaben symbolisieren weitere Sofortinformationen.

- **X** (früher B) als Zeichen für besondere Bedingungen, die der Anwender zur Sicherheit zu beachten hat, ohne dass sie auf dem Betriebsmittel unmittelbar angegeben sind (das X oder eine andere Warnung müssen aber unbedingt darauf angegeben sein).

Der Errichter und der Betreiber sind verantwortlich dafür, dass diese Bedingungen konsequent erfüllt werden!

- **U** als Zeichen für ein unvollständiges Betriebsmittel (wofür nur eine Teilbescheinigung ausgestellt werden darf; dazu Frage 8.5)

Auf älteren Prüfscheinen außerdem:

- **B, C oder D** nach der Jahreszahl und/oder am Ende Nummer als Zeichen der prüftechnisch einbezogenen Normengeneration (Ausgabe)
- **Y** als Zeichen für nationale Verwendung (wofür keine Konformitätsbescheinigung ausgestellt wurde, sondern ein Prüfungsschein; dazu Frage 8.6)

Wenn z.B. der Prüfschein nicht vorliegt, aber man kennt dessen Nummer, so kann man schon daraus erkennen, worauf zu achten oder wozu nachzufragen ist.

Frage 8.9   Woran ist die Prüfstelle zu erkennen?
Erkennungsmerkmale der jeweiligen Prüfstelle sind auf dem Typenschild eines Betriebsmittels oder in der Dokumentation

- **die europäische Kennnummer**
- **das Buchstaben-Kürzel**
- **ein Logo.**

Gemäß RL 94/9/EG ist lediglich die Kennnummer für das Typenschild vorgeschrieben. Auf dem Prüfschein steht natürlich die vollständige Identifikation. In der EG werden die Prüfstellen, die explosionsgeschützte Betriebsmittel bescheinigen dürfen, besonders benannt (Notified Bodies – ExNB), erhalten eine vierstellige Kennnummer und werden im Amtsblatt der EG mitgeteilt. Unter Weltmarktbedingungen muss der Anwender beim Einkauf mehr als bisher darauf achten, ordnungsgemäß geprüfte Betriebsmittel zu erhalten. Kennt man die Kennnummer oder das Kurzzeichen der ausländischen Prüfstelle, dann führen eventuell notwendige Recherchen schneller zum Ziel.Tafel 8.1 enthält Beispiele für bis zum Jahr 2000 benannte Prüfstellen mit Akkreditierung für elektrischen Explosionsschutz und gibt dazu die Kennnummer an – auf dem Typschild jeweils hinter dem „CE" zu finden (vgl. Bild 8.2 b). Vollständig kann eine solche Liste nicht sein, weil die Akkreditierungen nicht nur in Deutschland, sondern auch im Zuge der Osterweiterung der EG zunehmen (Tschechien, Polen u.a).

Tafel 8.1   *EG-Prüfstellen für Ex-Betriebsmittel (Benannte Stellen) mit Kennnummer, aus ATEX-Leitlinien 2000*

Benannte Stelle	Kennnummer	Kürzel
PHYSIKALISCH-TECHNISCHE BUNDESANSTALT BRAUNSCHWEIG (PTB) Bundesallee 100, D-38116 Braunschweig	0102	PTB
DMT ZERTIFIZIERUNGSSTELLE DER DMT-GESELLSCHAFT FÜR FORSCHUNG UND PRÜFUNG mbH [1) Franz-Fischer-Weg 61, D-45307 Essen	0185	DMT
IBExU INSTITUT FÜR SICHERHEITSTECHNIK GmbH, Institut an der Technischen Universität Bergakademie Freiberg Fuchsmühlenweg 7, D-09599 Freiberg	0637	IBExU
BUNDESANSTALT FÜR MATERIAL-FORSCHUNG UND PRÜFUNG Unter den Eichen 87, D-12205 Berlin	0589	BAM
TÜV HANNOVER/SACHSENANHALT e.V. TÜV CERTZERTIFIZIERUNGSSTELLE für Maschinen, Aufzugs- und Fördertechnik Am TÜV 1, D-30519 Hannover	0032	TÜV
TÜV PRODUCT SERVICE GmbH Ridlerstraße 31, D-80339 München	0123	TÜV
DEUTSCHE GESELLSCHAFT ZUR ZERTIFIZIERUNG VON MANAGEMENTSYSTEMEN mbH QUALITÄTS- UND UMWELTGUTACHTER August-Schanz-Straße 21, D-60433 Frankfurt/Main	0297	DQS
[1) seit 01.06.2003: EXAM BBG Zertifizier GmbH Dinnendahlstraße 9, D 44809 Bochum	0158	BVS

Tafel 8.1 (Fortsetzung)

Benannte Stelle	Kennnummer	Kürzel
ZELM EX PRÜF- UND ZERTIFIZIERUNGSSTELLE Siekgraben 56, D-38124 Braunschweig	0820	ZELM
INSTITUT NATIONAL DE L'ENVIRONNEMENT INDUSTRIEL ET DES RISQUES Parc technique ALATABP 2, F-60550 Verneuil en Halatte	0080	INERIS
LABORATOIRE CENTRAL DES INDUSTRIES ÉLECTRIQUES (LCIE) Avenue du Général-Leclerc 33, F-92266 Fontenay-aux-Roses	0081	LCIE
LABORATORIO OFICIAL JOSÉ MARÍA DE MADARIAGA c/Alenza 1-2, E-28003 Madrid	0163	LOM
KEMA REGISTERED QUALITY BV Utrechtseweg 310, Postbus 9035, NL- 6800 ET Arnhem	0344	KEMA
ITS Testing and Certification Ltd, ITS House Cleeve Road, Leatherhead, UK-KT22 7SB Surrey	0359	ITS
SVERIGES PROVNINGS- OCH FORSKINGSINSTITUT Box 857, S-501 15 Borås	0402	SP
TÜV-ÖSTERREICH, TÜV-A Krugerstraße 16, A-1015 Wien	0408	TÜV-A
NEMKO AS Gaustadalleen 30, PO Box 73 – Blindern, N-01314 Oslo	0470	NEMKO
INSTITUT SCIENTIFIQUE DES SERVICES PUBLIC - SIÈGE DE COLFONTAINE Rue Grande 60, B-7340 Colfontaine	0492	ISSEP
SERVICE DE L'ÉNERGIE DE L'ÉTAT BP 10L-2010, Luxembourg	0499	
SIRA CERTIFICATION SERVICE, Sira Test & Certification Limited South Hill, UK-BR7 5EH Chislehurst Kent	0518	SIRA
VTT AUTOMAATION VTT MDTPL 13071 FIN-02044, VTT Espoo	0537	VVT Auto-mation
DEMKO A/S Lyskær 8, Postboks 514, DK-2730, Herlev	0539	DEMKO
DET NORSKE VERITAS CLASSIFICATION AS Veritasveien 1, N-1322 Høvik	0575	
FORSCHUNGSGESELLSCHAFT FÜR ANGEWANDTE SYSTEMSICHERHEIT UND ARBEITSMEDIZIN mbH (FSA) Dynamostraße 7-11, D-68165 Mannheim	0588	FSA
ELECTRICAL EQUIPMENT CERTIFICATION SERVICE HEALTH AND SAFETY EXECUTIVE Harpur Hill, UK-SK17 9JN Buxton,Derbyshire	0600	
CESI - CENTRO ELETTROTECNICO SPERIMENTALE ITALIANO GIACINTO. MOTTA SpA Via Rubattino, 54, I-20134 Milano	0722	CESI

Frage 8.10   Was enthält die EG-Konformitätserklärung?

Mit der **Konformitätserklärung** – einem Dokument nach „neuem Recht", nicht zu verwechseln mit einer Konformitätsbescheinigung – **erklärt der Hersteller, dass das explosionsgeschützte Betriebsmittel mit den grundlegenden Anforderungen der RL 94/9/EG überein stimmt.**
Damit dokumentiert der Hersteller dem Kunden den Explosionsschutz seines Produktes.

Was darin anzugeben ist, bestimmt die RL 94/9/EG im Anhang X wie folgt:

- der **Hersteller**, mit Namen oder Erkennungszeichen und Anschrift oder seines in der EG ansässigen Bevollmächtigten
- das **Betriebsmittel** (Bezeichnung des Gerätes, Schutzsystems oder der Vorrichtung im Sinne der RL)
- die **Vorschriften** (sämtliche einschlägigen Bestimmungen, denen das Betriebsmittel entspricht)
- eine rechtsverbindliche **Unterschrift** des Ausstellers der Konformitätserklärung.

Wenn das Betriebsmittel der Prüfpflicht durch eine benannte Stelle unterliegt oder dort vorgelegen hat und wenn es speziellen Regeln entspricht, muss weiterhin in der Konformitätserklärung enthalten sein

- die **benannte Stelle** (Name, Kennnummer und Anschrift),
- die **EG-Baumusterprüfbescheinigung** (Nummer) und darin enthaltene Anwendungsbedingungen,
- der Bezug auf die **harmonisierten Normen** bzw. die verwendeten Normen und technischen Spezifikationen,
- weitere angewendete EG-Richtlinien.

Frage 8.11   Darf von den Festlegungen in einer Ex-Prüfbescheinigung abgewichen werden?

Geht im Einzelfall aus der Dokumentation eines Betriebmittels nicht zweifelsfrei hervor, ob es die speziellen Anforderungen erfüllt, so kann man dazu die Prüfbescheinigung zu Rate ziehen. Aber ist damit das letzte Wort darüber gesprochen, ob sich dieses Betriebsmittel eignet oder nicht?
EG-Prüfbescheinigungen weisen nach, dass der Prüfling den Normativen des europäischen Rechts entspricht. Sie haben den Charakter eines rechtlich unverbindlichen Gutachtens. Es dürfen keine verbindlichen Auflagen enthalten sein, wohl aber Hinweise auf ergänzende Vorsorgemaßnahmen. Dabei hat sich der befugte Prüfer an die „grundlegenden Sicherheits- und

Gesundheitsanforderungen" der RL 94/9/EG zu halten und orientiert sich an den jeweils maßgebenden Technischen Regeln. Erstere sind rechtsverbindlich, letztere nicht. Liegen für Details weder harmonisierte noch anderweitig anerkannte Regeln der Technik vor, dann bildet der „technische Erkenntnisstand auf dem Gebiet des Explosionsschutzes" das Maß der Dinge. Von den EG-Prüfstellen, den benannten (notifizierten) Stellen, werden auf Antrag der Gerätehersteller Baumusterprüfbescheinigungen (Typprüfbescheinigungen) ausgestellt. Abschließende Einzelprüfungen dagegen übernehmen die TÜV-Sachverständigen oder auch behördlich anerkannte betriebliche Personen (bisher ElexV-Sachkundige). Rechtlich gesehen sind sie alle gleichrangig. **Wird von einer dazu „befähigten Person" bescheinigt, dass die Zündschutzmaßnahmen eines Betriebsmittels auch bei einer Abweichung von der EG-Baumusterprüfbescheinigung wirksam sind, dann ist das rechtlich nicht zu beanstanden.** Kommt es zu unterschiedlichen Auffassungen, die der Betreiber nicht in eigener Kompetenz auflösen kann, dann entscheidet die zuständige Aufsichtsbehörde.

Frage 8.12   Was bedeuten die Kennbuchstaben IECEx?

IECEx ist das Kurzzeichen für eine Zertifizierung des Explosionsschutzes nach IEC-Normen. Die elektrischen Betriebsmittel durchlaufen eine Prüfung und erhalten ein IEC-Konformitäts-Zertifikat. Seit August 2003 werden diese „IECEx Certificates of Conformity" ausgestellt. Damit soll erreicht werden, dass nicht jedes Land selbst IEC-Prüfungen vornehmen muss. Als Grundlage dienen zwei IEC-Regeln für die Zertifizierung elektrischer Betriebsmittel für explosionsfähige Atmosphären:

- IECEx 01 – Grundsätze (Basic Rules) und
- IECEx 02 – Regeln für die Durchführung (Rules for Procedure)

Ein mittelfristiges Ziel besteht darin, mit ATEX abgestimmte weltweit akzeptierte Festlegungen für die Ex-Zündschutzarten anzuwenden. Im Gegensatz zur rechtlich geregelten Konformitätskennzeichnung im EU-Bereich (dazu Frage 8.1) geschieht die Bestätigung der IEC-Konformität auf freiwilliger Grundlage. Es besteht weder eine rechtliche Forderung noch gibt es bisher technische Regeln, wonach IECEx-Betriebsmittel vorgeschrieben sind. Eine besondere Kennzeichnung zusätzlich genormter Ex-Kennzeichen wird nicht vorgenommen.
Auf dem Weltmarkt genießen diese Betriebsmittel eine höhere Akzeptanz als solche, die nur über eine EG-Konformitätserklärung des Herstellers verfügen. Unter den bisher beigetretenen 12 Ländern befindet sich auch Deutschland.

Frage 8.13   Wie ist eine Ex-Betriebsstätte gekennzeichnet?

Maßgebend sind die BGV A1 – Grundsätze der Prävention – und die BGV A8 – Sicherheits- und Gesundheitskennzeichnung am Arbeitsplatz.
Explosionsgefährdete Bereiche müssen gemäß BGV A1 § 21 und BGV A8 § 10 jederzeit deutlich erkennbar und dauerhaft gekennzeichnet sein. In der Regel geschieht das mit dem **Warnzeichen „Warnung vor explosionsfähiger Atmosphäre"** nach DIN 40 012 Teil 3 (auch enthalten in BGV A8, Anlage 2, Zeichen W21). Befinden sich die Warnzeichen nicht an allen Zugängen, sondern irgendwo an der Wand, dann können sie ihren Zweck nicht erfüllen. Um auf das absolute Verbot von Zündquellen hinzuweisen, wird oft noch zusätzlich das Verbotszeichen P02 gemäß BGV A8 verwendet. Bild 8.3 zeigt diese Schilder.
Elektriker wünschen sich vielleicht dazu noch die Angabe des explosionsgefährdenden Stoffes oder zumindest der Temperaturklasse. Solche Angaben unterlaufen das Ziel der Kennzeichnung und sie würden auch nicht ausreichen, um die örtlich unterschiedlichen Bedingungen des Explosionsschutzes zu dokumentieren. Deshalb wird darauf verzichtet. Ergänzende Angaben zur Zone und/oder zur Begrenzung des gefährdeten Bereiches können aber durchaus nützlich sein, denn sie entsprechen dem Ziel der Kennzeichnung, z.B. eine Raumbezeichnung oder der Vermerk „gesamtes Anlagenfeld Zone 1".
Nach den Unfallverhütungsvorschriften ist es Sache des Unternehmers, für die sachgerechte Kennzeichnung zu sorgen. Dazu gehört auch ausreichendes Licht, wenn sie bei Dunkelheit wahrgenommen werden müssen. Sollte ein Bereich, in dem explosionsfähige Atmosphäre im Sinne der ElexV mit den Schildern gemäß Bild 8.4 markiert worden sein, dann war das vielleicht gut gemeint, ist aber im Sinne der Vorschrift nicht korrekt, sondern irreführend.

Warnung vor explosionsfähiger Atmosphäre; (BGV A8 Zeichen W21)	*Verbot* Feuer, offenes Licht und Rauchen verboten (BGV A8 Zeichen P02)	*a) Warnung* für feuergefährdete Bereiche (BGV A8 Zeichen W01)	*b) Warnung* für explosivstoffgefährdete Bereiche (BGV A8 Zeichen W02)

Bild 8.3 Kennzeichnung für explosionsgefährdete Bereiche im Sinne der BetrSichV

Bild 8.4 Kennzeichen, a) feuergefährdete Bereiche, b) explosivstoffgefährdete Bereiche

9 Grundsätze für die Betriebsmittelauswahl im Explosionsschutz

Frage 9.1 *Welche Vorgaben braucht man zur Auswahl von Betriebsmitteln für Ex-Bereiche?*

Reicht es denn nicht aus, anstelle eines normalen Betriebsmittels, das man nach den Normen DIN VDE 0100 Gruppe 500 auswählt, einfach ein ähnliches zu suchen, das auch noch ein Ex-Kennzeichen hat?
Leider nein. In betrieblichen Bereichen, wo mit dem Auftreten gefährlicher explosionsfähiger Atmosphäre zu rechnen ist, bestehen immer mehr oder minder spezielle Bedingungen. Darauf muss sich der Betreiber gezielt einrichten, auch bei der Instandhaltung. Welche Einflüsse grundsätzlicher Natur dabei von Bedeutung sind, zeigt Bild 9.1. Was muss man als Elektrofachkraft unbedingt wissen, um sich im Angebot der Hersteller zweckmäßig zu orientieren?
Wer sich folgende Stichworte merkt, kann zielgerecht suchen:

- **EG-Gerätekategorie**
- **Sicherheitstechnische Kennzahlen** (Temperaturklasse und Explosionsgruppe, bei Staubgefahr Zünd- und Glimmtemperatur sowie Leitfähigkeit)
- **Betriebliche Bedingungen** (Einstufung, spezielle Vorgaben)

Bild 9.2 informiert über den prinzipiellen Sachverhalt. Weitere Hinweise sind unter 9.10 und im Abschnitt 5 zu finden.

Frage 9.2 *Welche Auswahlgrundsätze sind vorrangig zu beachten?*

Ähnlich wie in der Straßenverkehrsordnung der § 1 gibt es auch für die Betriebsmittelauswahl im Explosionsschutz einige fundamentale Grundsätze. Die Errichtungsnormen beziehen diese Sicherheitsgrundsätze direkt oder indirekt ein.

1. **Sicherheitsgrundsatz:**

   In explosionsgefährdeten Bereichen müssen Betriebsmittel und

Anlagen so beschaffen sein und betrieben werden, dass Zündgefahren unter den betrieblichen Bedingungen nicht auftreten.

```
┌─────────────────────────────────────────────────────────┐
│       Auswahl von Betriebsmitteln für explosionsgefährdete Bereiche │
│                    Einflüsse und Bedingungen            │
└─────────────────────────────────────────────────────────┘
         │                    │                   │
 funktionsbezogen      rechtsbezogen       sicherheitsbezogen
         │                    │                   │
 ┌───────────────┐   ┌──────────────────────────────────┐
 │ technologische│   │ RL 1999/92/EG - Einstufung, Betreiben │
 │ Erfordernisse │   │ GPSG ──► BetrSichV ──► Regelwerk │
 └───────────────┘   └──────────────────────────────────┘
 ┌───────────────┐   ┌──────────────────────────────────┐
 │ Bemessungs-   │   │ RL 94/9/EG - Beschaffenheit,     │
 │ Vorgaben      │   │ Konformität, Kennzeichnung ──► EXVO │
 └───────────────┘   └──────────────────────────────────┘
 ┌───────────────┐   ┌──────────────────────────────────┐
 │ Umgebungs-    │   │ SGB ──► Berufsgenossenschaftliches│
 │ einflüsse     │   │ Vorschriften und Regelwerk       │
 └───────────────┘   └──────────────────────────────────┘
 ┌───────────────┐   ┌──────────────┐  ┌───────────────┐
 │ Koordinierung │   │ behördliche  │  │ Sicherheits-  │
 │ Anlagetechnik │   │ Auflagen     │  │ technische    │
 │               │   │              │  │ Kennzahlen    │
 └───────────────┘   └──────────────┘  └───────────────┘
 ┌───────────────┐   ┌──────────────┐  ┌───────────────┐
 │ Bedingungen   │   │ Funktions-   │  │ Notfunktionen,│
 │ des Betreibers,│  │ erhalt       │  │ Brandschutz   │
 │ Instandhaltung│   │              │  │               │
 └───────────────┘   └──────────────┘  └───────────────┘
```

Prinzip der ganzheitlichen Beurteilung (RL 1999/92 EG)
Prinzip der integrierten Explosionssicherheit (RL 94/9/EG)

Technisches Regelwerk für die Auswahl von Betriebsmitteln zur Verwendung in explosionsgefährdeten Bereichen

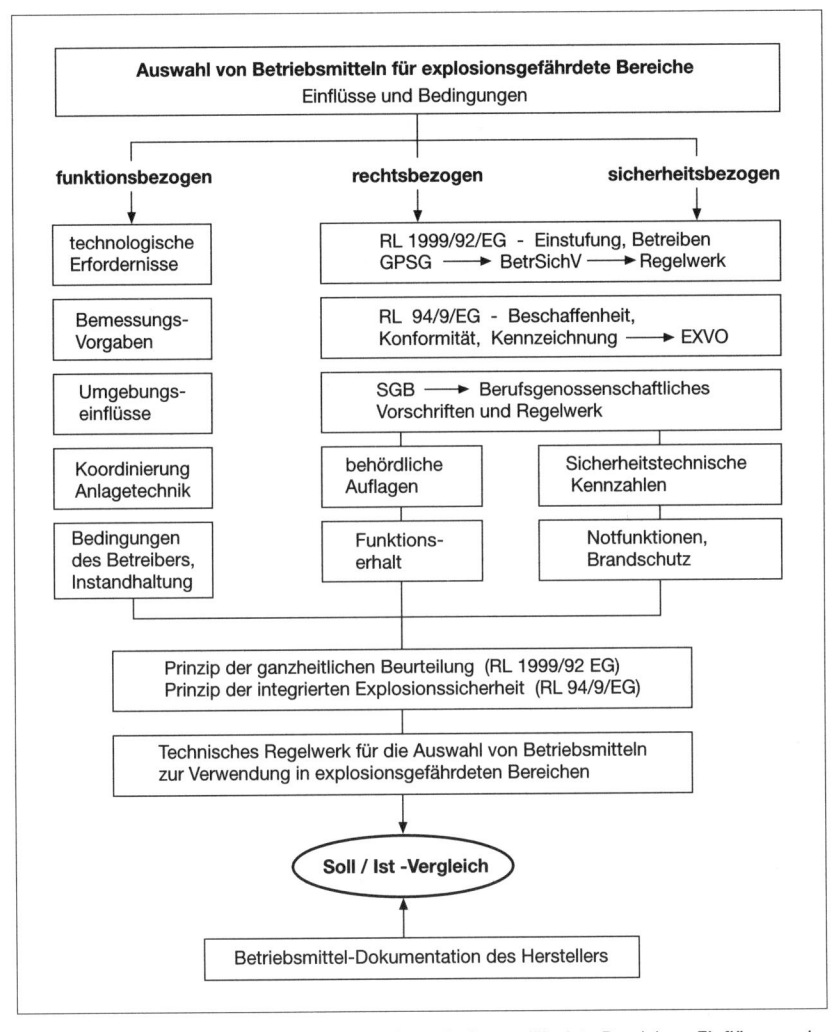

(Soll / Ist -Vergleich)

Betriebsmittel-Dokumentation des Herstellers

Bild 9.1   *Auswahl von Betriebsmitteln für explosionsgefährdete Bereiche – Einflüsse und Bedingungen*

Davon kann man immer ausgehen, wenn die Werte 1,2 V, 0,1 A, 20 µJ oder 25 mWs auch bei Störzuständen nicht überschritten werden – früher auch nachzulesen in § 11 ElexV. Lässt sich mindestens einer dieser Werte konkret nachweisen, z.B. bei bestimmten Betriebsmitteln der Automatisierungstechnik, dann bedarf es grundsätzlich keiner weiteren Zündschutzmaßnahmen. Wie die Werte schon erahnen lassen, kommt das in der Energietechnik aber nur selten vor. Auch deswegen gilt als

```
┌─────────────────────────────────────────────┐
│     Explosionsgefährdete Betriebsstätte,    │
│       Bedingungen für die sachgerechte      │
│      Auswahl elektrischer Betriebsmittel    │
└─────────────────────────────────────────────┘
                      │
                      ▼
         Beurteilung der Explosionsgefahr
              (BetrSichV, EX-RL)
```

- Wahrscheinlichkeit des Auftretens von g.e.A. [1)]
- betriebliche und örtliche Verhältnisse
- maßgebende gefährliche Stoffe, Eigenschaften

Explosionsgefährdeter Bereich (Ex-Bereich)	Einstufung mit Abgrenzung		Sicherheitstechnische Kennzahlen
	Zonen 0, 1 und/oder 2	Zonen 20, 21 und/oder 22	
örtliche Lage und Größe	Gerätekategorien		Zündtemperatur Glimmtemperatur Leitfähigkeit
	1G, 2G, 3G	1D, 2D, 3D	
			Temperaturklasse Explosionsgruppe

DIN VDE 0165 Teil 1 und Teil 2 mit ergänzenden Normen und Richtlinien

Explosionsschutzverordnung 11. GPSGV - EXVO	DIN **EN 60079-0 ff / EN 61241-0 ff** VDE 0170/0171 Teile 1 ff

DIN VDE 0105 Teil 100

Wechselwirkung
zwischen den Niveaus der Explosionsgefahr und des Explosionsschutzes
Prüfung - Optimierung - Abgleich

[1)] gefährliche explosionsfähige Atmosphäre

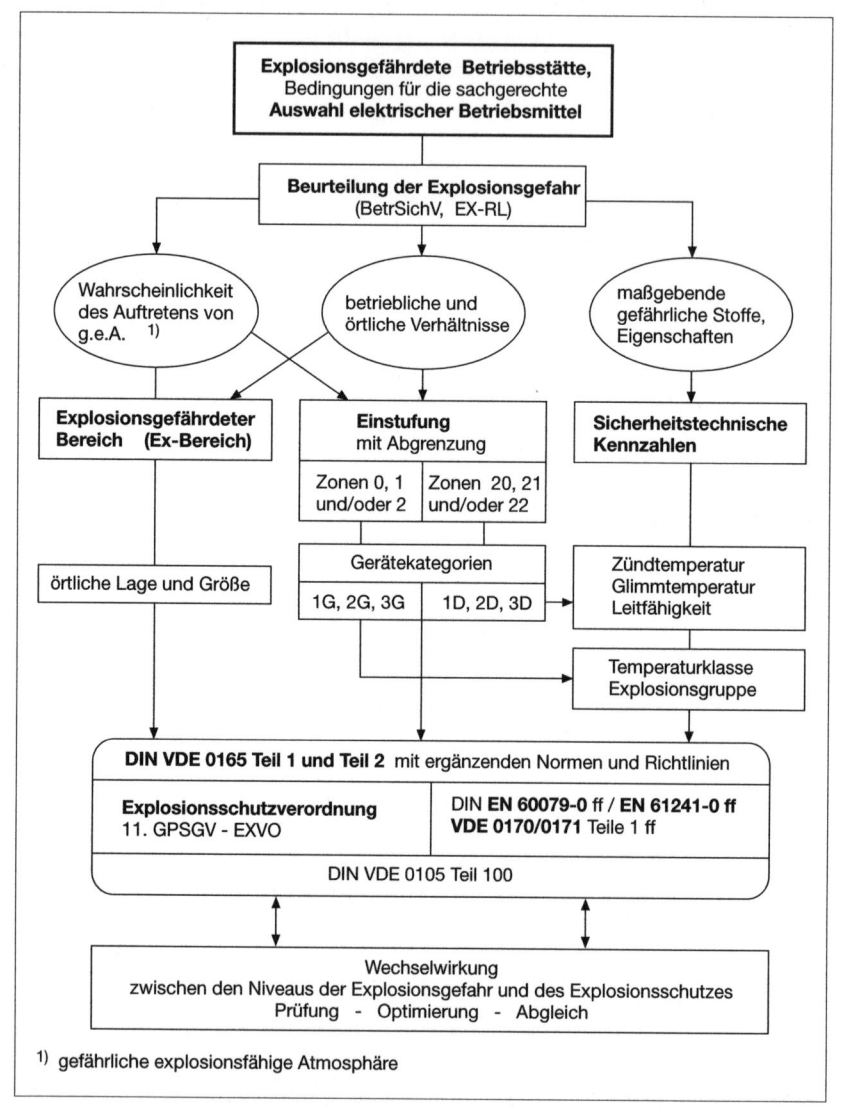

Bild 9.2 *Auswahl elektrischer Betriebsmittel für explosionsgefährdete Bereiche – spezielle Bedingungen*

2. **Sicherheitsgrundsatz:**

Der Einsatz von Betriebsmitteln in explosionsgefährdeten Bereichen ist auf den unbedingt erforderlichen Umfang zu beschränken.
Was wird unbedingt gebraucht? Das kann nur beurteilen, wer dafür kompetent ist (dazu mehr unter Frage 10.1 und im Abschnitt 3). Deshalb lautet der

3. **Sicherheitsgrundsatz:**

Der verantwortliche Betreiber oder Auftraggeber hat die Pflicht, die Arbeitsstätten einschließlich des Inneren der darin zu betreibenden technologischen Einrichtungen auf Gefahren durch entzündliche Stoffe zu beurteilen und das Einstufungsergebnis schriftlich zu fixieren.

Das Vorliegen einer aktuellen Einstufung ist eine grundlegende Voraussetzung für die Auswahl der Betriebsmittel und die Instandhaltung der Betriebsmittel und Anlagen in explosionsgefährdeten Bereichen (dazu auch Abschnitt 5). Gemäß BetrSichV gehört diese Einstufung zum dort geforderten betrieblichen Explosionsschutzdokument (dazu auch Frage 2.5.9).

Frage 9.3   Welchen Einfluss haben die Umgebungsbedingungen auf den Explosionsschutz?

Explosionsgefahren entstehen durch gefährliche Stoffe, die in die Atmosphäre gelangen. Dieselben oder andere gefährliche Stoffe mit unterschiedlichsten Eigenschaften können auch die Betriebsmittel schädigen. Witterungseinflüsse und andere negative Umwelteffekte begünstigen diese Schäden.
Damit die Explosionssicherheit erhalten bleibt, verlangen die Normen VDE 0165, **die Betriebsmittel gegen schädigende Einflüsse zu schützen,** nämlich

– gegen Wasser und Einflüsse elektrischer, chemischer, thermischer oder mechanischer Art, und das wird erreicht
– durch Auswahl einer zweckmäßigen Bauart, schützende Anordnung oder andere zusätzliche Maßnahmen.

Ex-Betriebsmittel vertragen nach VDE 0170/0171 Teil 1 Umgebungstemperaturen von -20°C bis +40°C, ausgenommen bei anderer Kennzeichnung (hierzu Frage 8.4). Mehr ist in den Grundnormen für Ex-Betriebsmittel nicht

zu finden, denn alles weitere zur sachgerechten Installation muss der Hersteller in der Betriebsanleitung angeben. Dazu verpflichten ihn die EXVO mit Richtlinie 94/9/EG seit 1. Juli 2003.
Und was ist zu tun, wenn eine solche Orientierungshilfe nicht zur Verfügung steht? Dann sind erst einmal die gleichen Maßnahmen notwendig, die in chemischen und anderen industriellen Anlagen sowieso bedacht werden müssen, nämlich

- Witterungsschutz (allein durch eine hohe IP-Schutzart nicht immer zu schaffen) und zusätzlich
- spezielle Schutzmaßnahmen, die dem Schutzbedürfnis am Aufstellungsort entsprechen. Tafel 9.1 fasst dies zusammen.

Tafel 9.1 Schutz gegen schädliche Umgebungseinflüsse in explosionsgefährdeten Betriebsstätten

Schutzmaßnahme	Ausführungsbeispiele
Witterungsschutz (erhöhte Feuchte? Beregnung? Überflutung?)	geschützte Aufstellung, angemessene IP-Schutzart, Überdachung, Schutzschrank
mechanischer Schutz mit Schwingungsschutz	Abstand, Abweiser, Abdeckung; robustes Gehäuse; flexibler Anschluss
Schutz gegen aggressive Flüssigkeiten	Abstand, widerstandsfähige Überdachung, chemikalienbeständige Kabel, Leitungen, Gehäuse, Schutzschränke
Schutz gegen Wärmequellen	Wärmeisolierung der Quelle, Abstand oder Auswahl spezieller Betriebsmittel
Schutz gegen gefährliche Staubablagerungen	Gehäuse mit stark geneigter Oberfläche, Schutz gegen das Eindringen leitfähiger Stäube
Blitzschutz	normgerechter äußerer und innerer Blitzschutz
EMV-Schutz	Abschirmung und weitere Maßnahmen nach Rücksprache mit dem Hersteller
Schutz gegen Strahlung oder Ultraschall	ausreichenden Abstand von Strahlungsquellen (hierzu Tafel 4.3)
Klimaschutz	Auswahl spezieller Betriebsmittel für Klimazonen, Schutz gegen Kälte unter -20°C

Frage 9.4   Was entnimmt man aus der Betriebsanleitung?

Zum Inhalt der Betriebsanleitung für explosionsgeschützte Betriebsmittel (Geräte und Schutzsysteme) heißt es zusammenfassend in der Richtlinie 94/9/EG, Anhang II, unter 1.0.6. c)

„Die Betriebsanleitung beinhaltet die für die Inbetriebnahme, Wartung, Inspektion, Überprüfung der Funktionsfähigkeit und gegebenenfalls Reparatur des Geräts oder Schutzsystems notwendigen Pläne und Schemata sowie alle zweckdienlichen Angaben insbesondere im Hinblick auf die Sicherheit."
Als **Mindestinhalt** wird gefordert (an gleicher Stelle unter 1.0.6.a, hier sinngemäß gekürzt):

- **Kennzeichnung des Betriebsmittels** (ausgenommen die Seriennummer)
- **elektrische Kenngrößen, höchste Oberflächentemperaturen, Drücke** sowie andere **Grenzwerte;**
- **Angaben, um zweifelsfrei zu entscheiden, ob das Betriebsmittel unter den zu erwartenden Bedingungen gefahrlos verwendbar ist;**
- **Angaben zum sicheren Verwenden, Montieren und Demontieren, Installieren, Inbetriebnehmen, Instandhalten** (Anleitung für Wartung und Störungsbeseitigung), **Rüsten;**

Außerdem, soweit erforderlich

- **besondere Bedingungen für das Verwenden** (signalisiert durch das Kennzeichen X in der Prüfbescheinigung) mit Hinweisen auf erfahrungsgemäß mögliche sachwidrige Verwendung
- **Angaben über Werkzeuge**
- **spezielle Angaben** (zur Einarbeitung, zu gefährdeten Bereichen vor Druckentlastungsöffnungen u.ä.).

Die Betriebsanleitungen enthalten vieles, was man zur sachgerechten Auswahl eines Betriebsmittels unbedingt wissen muss.

Frage 9.5   Ist die Funktionssicherheit besonders zu berücksichtigen?

Ist es denn nicht selbstverständlich, dass ein elektrisches Betriebsmittel bei bestimmungsgemäßem Betrieb anstandslos funktioniert? Weshalb sonst werben die Hersteller mit zertifizierter Qualitätssicherung?
Ein effektiver anlagetechnischer Explosionsschutz entsteht erst aus dem zuverlässigen Zusammenwirken aller Betriebsmittel, vor allem in der Automatisierungstechnik. **Wenn die Anlagensicherheit vom Funktionserhalt bestimmter Teilsysteme abhängig ist, muss darüber besonders nachgedacht werden.** Um das zu erkennen, darf sich der Blick aber nicht nur auf den Explosionsschutz richten (vgl. Bild 5.1).
Zunächst wäre auf etwas an sich Selbstverständliches hinzuweisen:

1. Funktionsgerechte Anordnung

Die Funktionssicherheit darf nicht in Frage stehen, weil z.B. die Wärmeabfuhr behindert ist, eine Klappe anschlägt oder anderweitige vermeidbare Beeinträchtigungen übersehen worden sind. In gleichem Maße zu berücksichtigen ist die

2. Sichere Funktion

In der BetrSichV kommen die Worte „**sichere Funktion**" mehrfach vor. Gemäß § 10(1) sind Arbeitsmittel und gemäß § 14(1) überwachungsbedürftige Anlagen darauf hin zu prüfen. **Das sichere Funktionieren von Betriebsmitteln setzt man im Explosionsschutz voraus wie sonst auch, und es ist durch regelmäßige Prüfung oder ständige Überwachung des ordnungsgemäßen Betriebszustandes der Anlagen nachzuweisen.** Das war auch bisher nicht anders (§ 12 ElexV). Die Explosionsschutz-Richtlinien (EX-RL, BGR 104) verweisen dazu noch auf die Normen für den Betrieb von explosionsgeschützten Starkstromanlagen VDE 0105.
Insgesamt zielt diese Frage auf die Verlässlichkeit technischer Systeme im Sinne einer umfassenden Betriebssicherheit. Verlässliches Funktionieren einer Anlage erfordert zuverlässig funktionierende Anlageteile, entsteht aber nicht allein aus Arbeitssicherheit plus Ausfallsicherheit. Sicherheit und Verfügbarkeit haben nicht die gleiche Bedeutung. Man kann die Teilgebiete normieren, jedoch nicht insgesamt rechtlich regeln.
Wo die **Verordnungen und Normen des Explosionsschutzes** die Funktionssicherheit einbeziehen, sprechen sie grundsätzlich nicht die allgemeine Zuverlässigkeit an, sondern regeln die

3. Funktionssicherheit des Explosionsschutzes,

d.h., das zuverlässige Wirken von

- Zündschutzmaßnahmen und/oder von
- zugehörigen Sicherheits-, Kontroll- oder Regelvorrichtungen gemäß Art. 1 Abs. 2 RL 94/9/EG, z.B. Motorschutzeinrichtungen, zugehörige Betriebsmittel bei „i", Schutzgasmanagement bei „p", oder Gaswarneinrichtungen.

Muss man sich bei der Auswahl solcher Betriebsmittel auf spezielle sicherheitsgerichtete Normen stützen?
Bei einem einfachen für den Explosionsschutz erforderlichen Betriebsmittel wie z.B. einem Motorschutzrelais, einer „i"-Trennstufe oder einem Schal-

ter für die Notabschaltung eines Betriebsmittels gemäß VDE 0165 ist das nach vorherrschender Fachmeinung nicht erforderlich. Bei komplexen Sicherheitseinrichtungen hingegen, von denen die Explosionssicherheit anlagetechnischer Einheiten abhängt, muss man sehr wohl darüber nachdenken. Dazu gehören z.B.

- Gaswarnanlagen,
- die Luftstromüberwachung in Ex-Arbeitsstätten,
- das Schutzgasmanagement von „p"-Überdruckkapselungen,
- das Inertgas- oder Unterdruckmanagement für Prozesseinrichtungen und
- PLS- oder anderweitig gesteuerte Sicherheitsfunktionen mit Einfluss auf den Explosionsschutz.

Unter 10.14 (PLT) wird dazu noch einiges angemerkt. Außerdem könnte die Funktionssicherheit weiteres Nachdenken erfordern über

4. Funktionserhalt

Beispiele für Beeinträchtigungen, die dann zu bedenken sind:

a) Brände (Hitze, Trümmer, Gefahrstoffe) und ihre Schadenswirkung auf
   - Baugruppen zur Energieversorgung und Steuerung sicherheitsgerichteter Einrichtungen
   - Kabel und Leitungen
b) Die Wirkungsweise der Zündschutzarten;
   - die Druckfeste Kapselung „d" lässt eine Explosion in der Kapselung zu, aber bleiben die Einbauteile intakt?
   - die Überdruckkapselung „p" hängt entscheidend davon ab, dass die Schutzgaszuführung nicht ausfällt; dient die Luftspülung auch zur Kühlung der elektrischen Einbauten?
   - Motoren in Erhöhte Sicherheit „e" kommen bei Übertemperatur selbsttätig zum Stillstand
c) Persönliches Versagen unter Stress (dazu auch 10.13)

Frage 9.6   Was ist mit Betriebsmitteln älteren Datums?

Eine Notreserve hält man sich ja immer, aber ein Museum soll daraus nicht werden. Im echten Notfall könnte man jedoch unversehens darauf angewiesen sein. Was sagt die BetrSichV für solche Fälle? Wo es wie hier um Beschaffenheitsprobleme geht, ist grundsätzlich die EXVO (11. GPSGV) zuständig, und da mag es sehr trösten:

209

Auch ein Altgerät berechtigt zur tätigen Hilfe, wenn man weiß,

- vorhandene **normgerechte Betriebsmittel haben grundsätzlich Bestandsschutz,** sofern sie vorschriftsmäßig instand gehalten worden sind;
- ein Konformitätsdokument (Prüfschein) muss prinzipiell vorliegen,
  • ist jedoch so erst seit 01.07.1980 durch die ElexV verbindlich vorgeschrieben worden,
  • wobei das aber gemäß VDE 0165 02.91 für Zone-11-Betriebsmittel nicht zutrifft und
  • bei Zone-2-Betriebsmitteln gemäß VDE 0165 02.91 nicht für alle Betriebsmittel gilt;
- noch vorhandene Ex-Betriebsmittel nach TGL-Normen aus der Zeit bis etwa 1990 (TGL 19491, später TGL 55037 ff.) mit Prüfbescheinigung vom Institut für Bergbausicherheit Freiberg (IfB) haben auch Bestandsschutz, heißt es im Einigungsvertrag; dazu kann speziell nachgefragt werden beim Institut für Sicherheitstechnik Freiberg/Sachsen (IBExU)

Zum eindeutigen Verständnis ist noch zu erklären:

- Es ist nicht so, dass hier die BetrSichV völlig außen vor bleibt. Im Zuge der darin vorgeschriebenen Risikoanalyse für die Gesamtanlage kann sich auch ergeben, dass ein älteres Betriebsmittel den aktuellen Anforderungen nicht oder nicht mehr entspricht.
- „Normgerecht" heißt, dass die Betriebsmittel den Beschaffenheitsnormen entsprechen, die bei zum Zeitpunkt der Herstellung gültig waren.
- „Vorhanden" bedeutet, dass die Betriebsmittel entweder installiert oder vom Hersteller schon in Verkehr gebracht worden sind und betrieblich auf Lager liegen.
- Eine generelle Forderung, ältere Betriebsmittel durch sogenannte „atexgerechte Geräte" zu ersetzen, um nur noch Betriebsmittel nach neuem Recht in der Anlage zu haben, besteht nicht. Mitunter wird dabei eine rechtliche Bedingung übersehen: Artikel 2(1) RL 94/9/EG legt fest, dass seit dem 30. 06. 2003 Geräte oder Schutzsysteme alten Rechts nur in Betrieb genommen werden dürfen, wenn sie Personen nicht gefährden können. Demzufolge muss das betriebliche Ex-Dokument dazu eine Aussage enthalten.

Sachverständige wissen zu dieser Frage noch einiges mehr, und natürlich die Prüfstellen, bei denen vorbeugend nachgefragt werden kann.

Anlass zur Überprüfung kann es z.B. geben bei Betriebsmitteln

- *mit Staubexplosionsschutz* (Zone 21 vor 2003 und alt Zone 10),

- *die für 380 V bemessen sind, aber mit der neuen Normspannung 400 V betrieben werden sollen* (Motoren in Erhöhter Sicherheit „e")
- **für Zone 0** unter ehemaligen VbF-Bedingungen,
- in Anlagen mit wasserlöslichen brennbaren Flüssigkeiten, deren Flammpunkte zwischen 21°C und 55°C liegen (neuerdings wieder überwachungsbedürftig)

Aber wie schon gesagt: Museumspflege in Ex-Betriebsstätten lohnt nicht.

Frage 9.7 Macht ein Schutzschrank Ex-Betriebsmittel vermeidbar?

Eigentlich eine bestechende Idee – ein normaler Schutzschrank als Insel im explosionsgefährdeten Bereich, um nicht explosionsgeschützte Betriebsmittel einsetzen zu können. Kann man nicht ganz einfach das Schrankinnere als Bereich ohne Explosionsgefahr deklarieren und dies in der Zonen-Einstufung der Betriebsstätte nach ElexV schriftlich festlegen?
So einfach geht es aber nicht. Der Haken an der Sache: Ein solcher Schrank müsste auf Dauer technisch dicht sein, damit brennbare gas- oder staubförmige Stoffe nicht eindringen können, dürfte innen solche Stoffe nicht führen und könnte nur unter besonderen Schutzmaßnahmen geöffnet werden. Auch Lüftungsöffnungen, Beheizung und andere der Dichtheit entgegenstehende Einrichtungen wären nicht möglich. Abgesehen von ausgesprochenen Sonderfällen macht es daher keinen Sinn, auf diese Weise das Problem zu umgehen.
Es gibt aber auch eine reguläre Lösung für Fälle, wo die Kapselung in einem Schrank betriebliche Vorteile bietet. Sind spezielle Betriebsmittel in explosionsgeschützter Ausführung nicht beschaffbar oder nicht zweckmäßig, z. B. für spezielle Aufgaben der Automatisierungstechnik, dann ist der Explosionsschutz erreichbar **mit einem Schrank in der Zündschutzart Überdruckkapselung „p"** (auch als p-System möglich, früher bekannt als „Fremdluftschrank", hierzu Abschnitt 16).

Frage 9.8 Müssen es immer „Ex-Betriebsmittel" sein?

Elektrofachleute antworten darauf grundsätzlich mit ja. Wieso?
Weil sie voraussetzen,

- dass es sich um einen betrieblichen Bereich handelt, für den die BetrSichV oder bisher die ElexV gelten,
- dass die elektrischen Betriebsmittel eine betrieblich unbedingt erforderliche Funktion haben.

Dabei unterscheiden sie zwischen

a) sogenannten „regulären" Ex-Betriebsmitteln, die eine Konformitätserklärung oder einen Prüfschein haben, und
b) „normalen" Betriebsmitteln für die Zonen 2 und früher 11 nach Bedingungen in VDE 0165 ohne Prüfpflicht, wofür mitunter eine „Konformitätsaussage" vorliegt.

Fragt man Fachleute für nichtelektrische Betriebsmittel, für die es bisher nur vereinzelte Ex-Normative gab, dann steht dieses grundsätzliche „Ja" allerdings in Zweifel. Schließlich verrichten ja beispielsweise Kreiselpumpen, Rohrleitungsventile, Rührwerke oder Zentrifugen bisher auch schon ihren Dienst, ohne Anlass für besondere Zündschutzmaßnahmen zu geben.
Zuerst sollte man diese Frage an Fachleute aus dem technologischen Bereich richten. Sie haben die besseren Möglichkeiten, den Aufwand an Ex-Betriebsmitteln zu verringern. Ist eine Ex-Einstufung für den betreffenden Raum oder örtlichen Bereich tatsächlich unvermeidlich? Wenn ja, könnte es durch primäre Schutzmaßnahmen vielleicht eine Stufe (Zone) niedriger sein?
In der ElexV von 1980 („altes Recht") regelte der § 8, Inbetriebnahme von elektrischen Betriebsmitteln in explosionsgefährdeten Räumen, dass die Betriebsmittel Baumusterprüfbescheinigungen von deutschen oder EG-Prüfstellen haben müssen.
In der ElexV von 1996 (schon „neues Recht") stellt der § 3, Allgemeine Anforderungen ..., den Bezug auf die EXVO her.
In der BetrSichV geben die Paragrafen 7 sowie 4 und 12 die Grundsätze zur Beantwortung dieser Frage an: Es dürfen nur solche Arbeitsmittel bereitgestellt werden, die den EG-Richtlinien entsprechen und die erforderliche Arbeitssicherheit in vollem Umfang gewährleisten. Das gilt für nichtelektrische Betriebsmittel genau so wie für die elektrischen.
In explosionsgefährdeten Bereichen sind Zündschutzmaßnahmen grundsätzlich vorgeschrieben. Wenn aus zwingenden Gründen Betriebsmittel ohne Nachweis einer Zündschutzart eingesetzt werden sollen, dann muss der Explosionsschutz auf andere Art und Weise gewährleistet werden, am besten mit primären Schutzmaßnahmen zur Verhütung explosionsfähiger Atmosphäre.
VDE 0165 Teil 1 geht auch in der neuen Ausgabe 07.04 darauf ein und **lässt „nicht zertifizierte Betriebsmittel" wie folgt zu** (dazu auch Tafel 2.9 und Frage 9.12):

– in eigensicheren Stromkreisen, wenn es „einfache elektrische Betriebsmittel" sind (erfordert gewissenhafte Prüfung anhand von VDE 0170/171 Teil 7, für Zone 0 ist Schutzniveau ia zu erfüllen!)

- Betriebsmittel mit dem Kennzeichen „s"
- Betriebsmittel in Zone 2,
  • wenn die Oberflächentemperatur nicht die Zündtemperatur erreicht und keine Lichtbögen oder Funken auftreten
  • wenn bei bestimmungsgemäßem Betrieb zwar Lichtbögen oder Funken auftreten, das Betriebsmittel aber einem „energiebegrenzten Betriebsmittel" im Sinne der Zündschutzart „n" gleich kommt und
  • wenn eine dazu befähigte Person das Betriebsmittel als geeignet für Zone 2 bestätigt hat.

Außerdem wird der Einsatz nicht zertifizierter Betriebsmittel in Sonderfällen, wo reguläre Ex-Betriebsmittel nicht verfügbar sind, befristet als möglich erklärt. Das kann z.B. eintreten in Objekten für Forschung und Entwicklung oder in Pilotanlagen. Zulässig wird das aber nur mit ergänzenden speziell festzulegenden organisatorischen Bedingungen.

Nach altem Recht zulässige Ausnahmen haben Bestand. Darauf geht die Antwort zur Frage 9.6 ein.

In jedem der genannten Fälle ist mit zu bedenken:

- Grundsätzlich müssen alle in Ex-Bereichen zu verwendende Betriebsmittel die europäisch vorgeschriebene Ex-Kennzeichnung tragen.
- Die Sicherheit von der Norm abweichender spezieller Schutzmaßnahmen muss im betrieblichen Explosionsschutzdokument anhand der RL 94/9/EG begründet werden.

Frage 9.9   Welchen Einfluss haben die „atmosphärischen Bedingungen"?

Das fragen sich die MSR-Fachleute, wenn sie Betriebsmittel auszuwählen haben, die unmittelbar in Chemieapparate und Druckbehälter eingreifen, z.B. Sensoren. **Betriebsmittel für explosionsgefährdete Bereiche werden geprüft für den Einsatz in „explosionsfähiger Atmosphäre".** Atmosphärische Bedingungen umfassen einen Druckbereich von 0,8 bis 1,1 bar und Gemischtemperaturen von -20 bis +60°C. Sicherheitstechnische Kennzahlen werden zumeist unter atmosphärischen Bedingungen ermittelt. Andere Voraussetzungen führen mitunter zu erheblichen Abweichungen vom „atmosphärisch" ermittelten Tabellenwert.
Abweichungen vom geregelten Bereich kann die Prüfstelle nicht immer pauschal bescheinigen. Deshalb enthalten die früheren Konformitätsbescheinigungen der PTB von Betriebsmitteln für Zone 0 oft einen lapidaren Hinweis auf diese Anwendungsgrenzen. *Es wäre aber falsch, allein daraus abzuleiten, dass sich das betreffende Gerät für Drücke und/oder Temperaturen außerhalb atmosphärischer Bedingungen nicht eignet.*

Wenn die Bemessungsdaten des Gerätes dem beabsichtigten Einsatz entsprechen, empfiehlt es sich, beim Hersteller oder bei der Prüfstelle dazu konkret nachzufragen. Neuere Prüfungsscheine gehen auf die möglichen Abweichungen ein. Infolge des neuen Rechts gehört dies zu den Belangen des sicheren Betreibens und ist damit auch ein Thema der Betriebsanleitung.

Frage 9.10   Was verlangt die Instandhaltung?

In Großbetrieben gehört es zur vorbeugenden Routine, besonderes Augenmerk darauf zu richten, dass Betriebsmittel für explosionsgefährdete Bereiche instandhaltungsgerecht ausgewählt werden. Externe Auftragnehmer müssen darüber erst nachdenken oder dazu nachfragen.
Planer, soweit sie es beeinflussen können, sollten ihre Konzeption auf

- **wartungsarme Betriebsmittel** ausrichten und auf
- **zugängliche Anordnung** besonders achten.

Errichter und Betreiber müssen sich rechtzeitig verständigen, damit der Anlagenbau zur effektiven Instandhaltung beitragen kann. **Da die betriebsorganisatorische Situation die Instandhaltung erheblich beeinflusst, können die folgenden Stichworte nur Anregungen geben.**

- **Zündschutzart:** wenig beeinflussbar;
  - Leuchten in „e" sind zumeist einfacher zu öffnen als solche in „d"
  - bei Gehäusen in „d" in korrosiver oder verschmutzender Umgebung auf Kontrollmöglichkeit der Spaltflächen achten
  - bei eigensicheren Systemen auf Verständlichkeit der Systembeschreibung achten
  - bei Gehäusen in „p" elektrotechnische Randbedingungen beachten (welche Folgen hat die Störungsautomatik?)
  - Spezialwerkzeug erforderlich? (kann bindend vorgeschrieben sein!)
- **Einbaulage:** teilweise ausdrücklich vorgeschrieben, z.B. für
  - bestimmte Leuchtenarten
  - Gehäuse in „o" oder mit Entwässerungsöffnung
- **Anschlusstechnik:** externer Anschlusspunkt sinnvoll?
  - Betriebsmittel mit fest angeschlossenem freiem Leitungsende (Kabelschwanz)
  - Vorteile moderner Klemmtechnik nutzen (z.B. Käfig- oder Schneidklemmen)
  - Einsatz vorkonfektionierter Leitungen?
  - Anschluss über Steckvorrichtung?

- **Bustechnik:**
  - Eingriffe unter Spannung erforderlich? (Online-Gerätetausch)
  - Software-Stabilität, Kompatibilität zu tangierenden Systemen?
  - Diagnosemöglichkeiten?
- **Befestigungsart:** Vorteile durch werkzeugfreie Schnapp- und Stecktechnik nutzen
- **Korrosionsschutz:** Gehäusematerialien ohne Erfordernis von Anstrichstoffen bevorzugen
- **Reinigungsmöglichkeiten;** dabei besonders zu beachten:
  - Leuchtengläser
  - staubbelastete Betriebsmittel (besonders bei Motoren)
  - reinigungsfreundliche Beschaffenheit bedienungswichtiger Symbole
- **Bedienungsanleitung;** gewissenhaft prüfen:
  - Instandhaltung einbezogen?
  - Forderungen realisierbar?
- **Lagerhaltung**
  - unbedingt erforderlich?
  - Typenvielfalt einschränken? (höhere Beschaffungskosten)
  - Kompatibilität (MSR, Bussysteme)
- **Hersteller**
  - ausländische Erzeugnisse?
  - Service?
- **Freischalten:** zweckmäßige Anordnung der Einrichtungen für sicheres Trennen (Außenleiter einschließlich Neutralleiter)
  - bezogen auf Betriebsmittel, Stromkreise oder Gruppen
  - mit eindeutiger Kennzeichnung und Zuordnung (auch zum Verhindern des Wiedereinschaltens vor der Freigabe)

Frage 9.11   Wie wirkt sich die „Zone" aus auf die Wahl der Betriebsmittel?

Von der Einstufung eines explosionsgefährdeten Bereiches hängt es ab, in welchem Umfang Zündschutzmaßnahmen erforderlich sind bzw. welcher Gerätekategorie ein Betriebsmittel genügen muss.

Dazu ist in den vorangegangenen Abschnitten schon vieles gesagt worden (Abschnitt 6 und Tafel 2.5). Weiteres mit Bezug auf die Arten elektrischer Betriebsmittel erläutern die folgenden Abschnitte.

Zusätzlich zur Auswahl nach Gerätekategorien legen die Normen VDE 0165 Teil 1 für den Gasexplosionsschutz und VDE 0165 Teil 2 für den Staubexplosionsschutz Bedingungen fest mit Bezug auf die Zoneneinteilung

- für den Einsatz von Betriebsmitteln unterschiedlicher Zündschutzarten
- und für Kabel und Leitungen.

Bei Altanlagen unter Bestandsschutz, die nach VDE 0165 02.91 errichtet worden sind und noch Betriebsmittel nach altem Recht (ohne Angabe einer Gerätekategorie) enthalten, war die Zoneneinteilung der Maßstab für die insgesamt anzuwendenden elektrischen Schutzmaßnahmen.

Aus der Norm ist zu entnehmen, nach welchen Bedingungen die einzelnen Arten von elektrischen Betriebsmitteln wie Maschinen, Leuchten, Schaltgeräte usw. in Abhängigkeit von der „Zone" jeweils ausgewählt worden sind. Nicht immer wird daran gedacht, dass Betriebsmittel für die Zonen 2 oder 22 später möglicherweise auch in Zone 1 oder 21 Dienst tun sollen, z.B. ortsveränderliche Leuchten, oder dass die für den Einsatzort festgelegte Zone vorhersehbaren Änderungen unterliegt.

Frage 9.12   *Wo kann es unerwartete Probleme geben bei der Betriebsmittelauswahl?*

Wer Anlagen vom ersten Entwurf bis zum Detail-Engineering betreut, kennt das zur Genüge – irgendwann wird ein Problem akut, das man schon viel eher hätte lösen sollen. Einige Denkanstöße dazu gibt die Tafel 9.2.

Ein unvermutetes Interpretationsproblem kann in den Normen VDE 0165 auftreten bei denjenigen Abschnitten, wo es um „zertifizierte" Betriebsmittel geht. In VDE 0165 – wörtlich übernommen von IEC – bedeutet „zertifiziert", dass eine Prüfbescheinigung die Normenkonformität bestätigt. Ein derart zertifiziertes Betriebsmittel muss nicht zwangsläufig auch der RL 94/9/EG (EXVO) entsprechen. Anders gesagt: Wenn mit Bezug auf VDE 0165 in bestimmten Fällen nicht zertifizierte Betriebsmittel verwendet werden sollen, ist zu prüfen, ob dies mit den Forderungen der BetrSichV (speziell im Anhang 4) im Einklang steht und es ist im betrieblichen Ex-Dokument nachzuweisen (weiteres dazu unter 9.8).

Tafel 9.2 Hinweise auf besondere Sachverhalte bei der Auswahl von Betriebsmitteln für explosionsgefährdete Bereiche

Speziell zu beachtende Fakten	Bemerkungen und Hinweise
Betriebsanleitung	Bedingungen für Montage und Betrieb beachten
Zündschutzart (kann zusätzliche anlagetechnische Maßnahmen erfordern)	Erhöhte Sicherheit „e", Überdruckbelüftung „p", Eigensicherheit „i"
Zone-2-Betriebsmittel	Zündschutzart „n", Anwendungsbedingungen beachten
Zone 21 Zone 22, leitfähiger Staub?	Zone-11-Betriebsmittel neu nicht mehr einsetzbar, alt prüfen $"\ 10^3\ \Omega m : \geq$ IP 6X
Konformitätserklärung bzw. Prüfbescheinigung	z.B. mit Kennbuchstabe X, einschränkende Anwendungsbedingungen
spezielle örtliche und betriebliche Verhältnisse am Einsatzort	mechanische, chemische, elektrische und andere Einflüsse sowie Blitzschutz/Überspannungsschutz
temporäre Explosionsgefahr	Abminderung des Explosionsschutzes? (nur nach sachkundiger Prüfung)
„atmosphärische Bedingungen" am Einsatzort nicht gewährleistet (-20 °C/+60 °C, normaler Luftdruck 0,8 bar bis 1,1 bar)	Ex-Betriebsmittel in der Regel nur für -20 °C bis +40 °C und normalen Luftdruck geprüft
automatisierungstechnische Betriebsmittel, die unter Inertgas- oder Vakuum-Bedingungen arbeiten	Anwendungsbedingungen konkret überprüfen
Erfordernis einer erhöhten Funktionssicherheit	z.B. für Gefahrenbegrenzung, Redundanz?
PLS – Remote I/O – Feldbussysteme	Optimale Topologie?
Bedingungen des Brandschutzes	erhöhter Feuerwiderstand erforderlich?
Wechselwirkungen mit anderen Anlagenteilen (auch von außerhalb des explosionsgefährdeten Bereiches)	Umfeldeinflüsse prüfen – technologisch, elektrisch u.a.
anlagetechnische Kombination eines elektrischen Betriebsmittels mit einem nichtelektrischen Betriebsmittel ohne prüftechnischen Nachweis für die Kombination	Schutzmaßnahmen entsprechend erforderlicher Gerätekategorie überprüfen
ortsveränderlicher Einsatz	Beanspruchungen überprüfen (Regelwerk)
sehr niedriger nicht zündgefährlicher Energieumsatz (Armbanduhren, Hörgeräte, implantierte Elektronik,	bei Zonen 1,2, bzw. 21, 22 (alt:11)
Bedingungen des Bestandsschutzes (Einsatz noch vorhandener Betriebsmittel nach altem Recht)	Eignung sachkundig überprüfen
betriebsorganisatorische Erfordernisse (Bedienung, Instandhaltung)	z.B. Notausschaltung, Art des Anschlusses
behördliche Auflagen	z.B. bei Rekonstruktionen, erhöhten Gefährdungen

10 Einfluss des Explosionsschutzes auf die Gestaltung elektrischer Anlagen

Frage 10.1 Weshalb sollen in Ex-Bereichen nur unbedingt erforderliche Betriebsmittel vorhanden sein?

Welchen Aufwand der Konstrukteur eines elektrischen Betriebsmittels auch betrieben haben mag, absolute Explosionssicherheit ist real nicht zu erreichen. Selbst explosionsgeschützte Betriebsmittel schließen den Verdacht nicht völlig aus, dass Abweichungen vom bestimmungsgemäßen Betrieb ihre Schutzwirkung verringern oder sogar aufheben. Also bleiben sie im Grunde potenzielle Zündquellen.

Das ist auch einer der Gründe, weshalb es bei der Einstufung explosionsgefährdeter Bereiche in Zonen zunächst keine Rolle spielt, ob Zündquellen vorhanden sind oder nicht (mehr dazu unter 4.7).

Weil es technologisch bedingt oftmals nicht gelingt, explosionsfähige Gemische sicher zu vermeiden, muss sich der Explosionsschutz vor allem auf den Ausschluss von Zündquellen konzentrieren. Für solche Situationen fordert die GefStoffV im Anhang V Nr. 8 unter 8.4.1 b).:

„Vermeidung der Entzündung gefährlicher explosionsfähiger Gemische – soweit dies nach dem Stand der Technik möglich ist".

Bisher legte die ElexV von 1996 im Anhang 3 dazu fest: *„Soweit es betriebstechnisch möglich ist, sollen in explosionsgefährdeten Räumen Maßnahmen getroffen werden, durch die verhindert wird, dass gefährliche explosionsfähige Atmosphäre mit elektrischen Betriebsmitteln in Berührung kommt ..."*

Die Errichtungsnorm für elektrische Anlagen in explosionsgefährdeten Bereichen setzte dies in früheren Ausgaben ebenfalls unmittelbar um. Im Abschnitt 5 der VDE 0165 02.91, „Auswahl der Betriebsmittel", liest man als ersten Grundsatz:

„In explosionsgefährdeten Bereichen sollen nur die für den Betrieb der elektrischen Anlage dort unbedingt erforderlichen elektrischen Betriebsmittel angeordnet werden."

Dass dieser VDE-orientierte Passus in den internationalen aktuellen Normentexten nicht mehr an erster Stelle steht, heißt nicht, dass man das vergessen sollte. Hier geht es um eines der Prinzipien in der Sicherheitsphilo-

sophie des Explosionsschutzes. Es besagt, eine Explosion kommt nicht zustande, wenn keine Zündquelle vorhanden ist (vgl. Bild 4.1).
Was zunächst als eine Binsenweisheit abseits der Praxis erscheint, rückt in ein anderes Licht, wenn das Unterdrücken explosionsfähiger Atmosphäre an der technologischen Realität scheitert.
Dementsprechend wird der Planer zuerst überlegen, welche Möglichkeiten es gibt, die Versorgungsaufgaben mit vertretbarem Aufwand

- ganz oder teilweise außerhalb von explosionsgefährdeten Bereichen durchzuführen,
- in die am wenigsten gefährdeten örtlichen Bereiche zu verlagern, oder – bei Realisierungsproblemen
- darauf hinzuweisen, dass eine vorgegebene elektrische Schutzkonzeption ergänzende primäre Schutzmaßnahmen erfordert.

Betreiber werden aus diesem Blickwinkel darüber nachdenken, ob der Einsatz ortsveränderlicher Geräte reduziert werden kann.

Frage 10.2 **Wie müssen elektrische Anlagen in Ex-Betriebsstätten grundsätzlich beschaffen sein?**

So nahtlos lässt sich das nicht in Worte fassen. Man muss hier unterscheiden zwischen Rechtsgrundsätzen und sicherheitstechnischen Anforderungen. Mit Hinweis auf Abschnitt 5 soll sich die Antwort an dieser Stelle auf den technischen Hintergrund der Frage beschränken.

1. Rechtsgrundsätze

1.1 *BetrSichV als neues Recht*

Anlagen im Sinne von § 2(1) BetrSichV „setzen sich aus mehreren Funktionseinheiten zusammen, die zueinander in Wechselwirkung stehen und deren sicherer Betrieb wesentlich von diesen Wechselwirkungen bestimmt wird; hierzu gehören insbesondere überwachungsbedürftige Anlagen ...".
Elektrische Anlagen in explosionsgefährdeten Bereichen im Sinne der BetrSichV sind

- überwachungsbedürftige Anlagen, und sie sind
- Arbeitsmittel, wenn sie zur Arbeit benutzt werden.

Dafür hat der Arbeitgeber gemäß § 4 BetrSichV den sicheren Zustand zu gewährleisten, die dazu staatlich veröffentlichten Regeln und Erkenntnisse sowie den Stand der Technik zu berücksichtigen, Gefährdungen so gering als möglich zu halten und die Bedingungen des Abschnittes 3 für überwachungsbedürftige Anlagen zu erfüllen. „Bereitstellung" gemäß § 2 umfasst auch Montage und Installation, aber die BetrSichV regelt lediglich die Prüfgrundsätze. Abgesehen von den allgemeingültigen Grundsätzen des Anhanges 4 liegen Regeln zur Errichtung gemäß BetrSichV bisher nicht vor.

1.2 ElexV im Übergang auf das neue Recht

Lange Zeit war die Beschaffenheit elektrischer Anlagen im Anhang der ElexV abschließend geregelt. In der novellierten ElexV vom 13.12.1996 fehlen diese Festlegungen, weil diese Verordnung nach europäischem Recht nur noch für das Betreiben gelten darf. Dennoch hat man in der ElexV nicht nur festgelegt, unter welchen Voraussetzungen elektrische Anlagen in explosionsgefährdeten Bereichen betrieben werden darf, sondern auch, wie sie zu montieren und zu installieren sind, damit sie die rechtlichen Voraussetzungen für das Betreiben erfüllen. Dass man das in der BetrSichV konkret so nicht mehr finden kann, ist für die Belange des Planens und Errichtens zunächst irritierend, wird aber wohl noch in einer Technischen Regel erfasst. Die ElexV bezeichnet für elektrische Anlagen als maßgebend

1. *in § 3 (1), Allgemeine Anforderungen ...,:*
   - die Vorschriften des *Anhanges,*
   - *den Stand der Technik,*
   - *die Explosionsschutzverordnung (EXVO; Bedingungen für die Beschaffenheit als Voraussetzung für die Inbetriebnahme)*
   - *die Zuordnung zwischen den Zonen und den Gerätegruppierungen gemäß EXVO*

2. *in § 4, Weitergehende Anforderungen*
   - *über § 3(1) hinausgehende Anforderungen der zuständigen Behörde im Einzelfall, um besondere Gefahren abzuwenden.*

Abgesehen von einigen Verständnisproblemen für den juristisch nicht so einfühlsamen Sachverstand eines Technikers ist das zumindest eine Festlegung. Wie ist es denn nun mit dem Installieren und Montieren?
Solange eine Technische Regel zur BetrSichV noch aussteht, kann man nach Meinung des Verfassers den Sachverhalt folgendermaßen sehen:

- Planer und Errichter müssen sich an den Grundsätzen der BetrSichV orientieren, um den Nutzer zu befähigen, die Anlage dementsprechend zu betreiben.

- Um das Sicherheitsniveau nach dem Stand der Technik zu wahren, können sich die Planer und Errichter elektrischer Anlagen vorerst weiter daran halten, was der Anhang zur ElexV von 1980 festlegt.

Tafel 10.1 fasst dies in Stichworten zusammen und gibt dazu das technische Regelwerk an.

Tafel 10.1 *Grundsätze für die Beschaffenheit elektrischer Anlagen in explosionsgefährdeten Bereichen (Bezug: ElexV Fassung 1980, Anhang zu § 3 Abs.1 und aktuelle Normen)*

Grundsätze der Beschaffenheit	Norm
1. Bei Explosionsgefahr durch Gase, Dämpfe oder Nebel	
1.1 bei ordnungsgemäßem Betrieb – keine zündfähigen Funken, Lichtbögen oder Temperaturen, oder – Ausschluss einer Explosion, wenn 1. nicht erfüllt ist, oder – kein Fortsetzen der Explosionswirkung aus der Anlage heraus in den Raum	1) 2) 3) 2) 5)
1.2 Werkstoffauswahl für die Anlageteile: muss zu erwartenden Beanspruchungen standhalten (elektrisch, mechanisch, thermisch oder chemisch, Alterung)	1) 2)
1.3 Außerhalb des Ex-Bereiches angeordnete mit der Anlage zusammenwirkende Betriebsmittel: Explosionsschutz darf nicht beeinträchtigt werden	1)
1.4 Gehäuse, in denen bei ordnungsgemäßem Betrieb zündfähige Funken, Lichtbögen oder Temperaturen entstehen können: mit Sonderverschluss (soweit in Normen gefordert)	2)
2. Bei Explosionsgefahr durch Stäube	
Kapselung für Anlageteile, bei denen im ordnungsgemäßen Betrieb zündfähige Funken, Lichtbögen oder Temperaturen entstehen können: – Dichtheit; innerhalb darf sich keine explosionsfähige Atmosphäre bilden – Temperaturbegrenzung; keine zündfähigen Oberflächentemperaturen	1) 4)
3. Bei 1. und 2.	
Sicherheitsgerechte Gestaltung (Stand der Technik/Sicherheitstechnik) erforderlich mit besonderem Hinweis auf die – Einrichtungen für sicheres Freischalten, – Einrichtungen(en) zur unverzüglichen Ausschaltung (Gefahrbegrenzung) von nicht explosionsgefährdeter Stelle – Umgebungseinflüsse	1) 1) 1)

1) VDE 0165 Teil 1 und Teil 2 Errichten elektrischer Anlagen in explosionsgefährdeten Bereichen
2) VDE 0170/0171 Teile 1 ff. Gasexplosionsschutz, Elektrische Betriebsmittel für explosionsgefährdete Bereiche
3) Explosionsschutz-Regeln (BGR 104)
4) VDE 0170/0171 Teile 15-1 bis 15-8 Staubexplosionsschutz, Allgemeine Anforderungen für elektrische Betriebsmittel und Zündschutzarten
5) Explosionsfeste Bauweise für Anlagen (z.B. in Schränken) in Elektro-Errichtungsnormen nicht geregelt, nicht üblich

2. Sicherheitstechnische Anforderungen

Das regeln die aktuellen VDE-Normen (Tafel 2.10), also

- die Errichtungsnorm VDE 0165, zusammen mit den Normen und technischen Regeln, auf die dort verwiesen wird, besonders
- die Normen VDE 0170/0171 Teile 1 ff (DIN EN 60079-0, bisher DIN EN 50014 ff.),
- die Grundnormen DIN VDE 0100 in den Gruppen 300 bis 800 und
- weitere privatrechtliche Regeln der Technik, z.B. betriebliche Regeln, Namur-Empfehlungen, VdS-Richtlinien,

und sie tun das als Repräsentanten des Standes der Technik, insofern also auch im Sinne der BetrSichV, aber grundsätzlich nicht mit staatlich rechtsverbindlichem Status.

Frage 10.3 Hat die Art der Explosionsgefahr Einfluss auf die anlagetechnische Gestaltung?

Diese Frage erhebt sich zwangsläufig schon mit der Auswahl der Betriebsmittel, wenn es um die Umgebungsbedingungen geht. Staubexplosionsgefahr erfordert daher erhöhte Aufmerksamkeit, denn **durch Staubansammlungen kann sich nicht nur die Belastbarkeit von Kabeln und Leitungen drastisch vermindern, sondern auch die Temperatur wärmeabgebender Betriebsmittel gefährlich erhöhen.** Deshalb reicht es bei Belastung durch Staub nicht aus, nur an den Explosionsschutz der Betriebsmittel nach Zonen oder Gerätekategorien zu denken. Brennbare Stäube erfordern angemessene anlagetechnische Zündschutzmaßnahmen (und darauf wird später noch besonders eingegangen).
Bei Gasexplosionsgefahr muss man sich als Elektriker in dieser Hinsicht keine weiteren Gedanken machen, wenn die unter 9.3 gegebenen Hinweise gründlich bedacht worden sind.
Explosionsgefährdete Bereiche mit unterschiedlichen Zonen führen zwangsläufig zu Überlegungen, wie die ökonomischen Vorteile von Betriebsmitteln für niedrigere Zonen sinnvoll angewendet werden können. Schließlich war das ja der Anlass, eine Zonen-Staffelung nach drei Gefährdungsniveaus einzuführen und drei Schutzniveaus zuzuordnen (Tafel 2.3).
Typisch für solche Situationen sind Bereiche mit Zone 1 und anschließend Zone 2 oder Bereiche der Zone 22 im Anschluss an Zone 21.
Da bei einem höheren Gefährdungsniveau der Wechsel zu einer niedrigeren Gerätekategorie nicht zur Diskussion steht, konzentriert sich die Frage letztlich darauf, ob man Teilbereiche mit der niedrigsten Zone durchgängig mit

Betriebsmitteln der Gerätekategorie 3 ausrüsten kann. Grundgedanke: je niedriger die Gerätekategorie, umso kleiner der Preis. Dem Bestreben, allein auf diese Weise zur insgesamt günstigsten Kostenvariante zu gelangen, kann jedoch in der konkreten anlagetechnischen Situation einiges entgegen stehen, z.B.:

- Zonenübergreifende Installationen (sinnvoll trennbar?)
- Reservehaltung (Betriebsmittelarten in zwei Gerätekategorien)
- Instandhaltung (einfacher bei weniger Vielfalt).

Frage 10.4 Wonach richtet sich die Konzeption der Energieversorgung für Ex-Bereiche?

Darauf zu antworten übersteigt die Möglichkeiten einer Norm bei weitem. Dafür hat das DIN-VDE-Regelwerk verständlicherweise keine Anleitung parat. Der Vollständigkeit wegen darf jedoch an dieser Stelle die DIN VDE 0100 Teil 560 nicht verschwiegen werden (Elektrische Anlagen für Sicherheitszwecke, mit Regeln für die Gestaltung von Stromkreisen).
Welche anlagetechnischen Schutzmaßnahmen prinzipiell zur Verfügung stehen, um Einrichtungen zur Energieversorgung den Belangen einer explosionsgefährdeten Betriebsanlage anzupassen, zeigt das Bild 10.1 (Seite 226). Sind die Auftraggeber betriebserfahrene Elektrofachleute, dann legen sie selbst fest, worauf unter den produktionstechnischen Gegebenheiten der jeweiligen Anlage besonderer Wert gelegt werden soll. Wenn dem nicht so ist, empfiehlt es sich, zu folgenden Stichpunkten gezielt nachzufragen oder sie nach eigenem Ermessen sachgerecht aufzugreifen:

- **Anordnung der Schalt- und Verteilungsanlage:** außerhalb des Ex-Bereiches oder im Lastschwerpunkt? (weiteres unter 10.5)
- **Versorgungssicherheit** (Erfordernis des Netzersatzes in welchen Spannungsebenen, Umschaltbedingungen, Versorgungsausfälle durch Instandhaltungsarbeiten) einschließlich
- **Funktionserhalt** (Einspeisung, Schaltanlagen, MSR, Meldung, Steuerung, Alarmierung, Umschaltung für Netzersatz, Sicherheitsbeleuchtung, Schutzgasversorgung bei Zündschutzart „p", Wechsel auf Reserveaggregate; Forderungen aus dem Baurecht, z.B. aus den brandschutztechnischen Anforderungen für Leitungsanlagen – MLAR, VdS)
- **Vermeiden gefährlicher elektrischer Beeinflussung** (Kabel, Leitungen; Abschirmung oder Abstand)
- **Einflüsse durch funktionales Zusammenwirken** mit Anlageteilen außerhalb des Ex-Bereiches (Automatisierungstechnik)

- **Konzeption für Alarme und sicherheitsgerichtete Signale** (kann das Personal rechtzeitig reagieren?)
- **Konzeption für den schnellen Austausch von Betriebsmitteln** (Anschluss über Steckverbinder, Austausch ohne Freigabeschein; „hot swapping")
- **Anschlusspunkte für Instandsetzungsaufgaben** (Reparaturverteilungen; entweder a) explosionsgeschützt oder b) in Normalausführung unter Verschluss, nur vom Verantwortlichen einschaltbar? Variante a) nicht empfehlenswert, da Elektrowerkzeuge normaler Bauart keine Ex-Stecker haben dürfen.

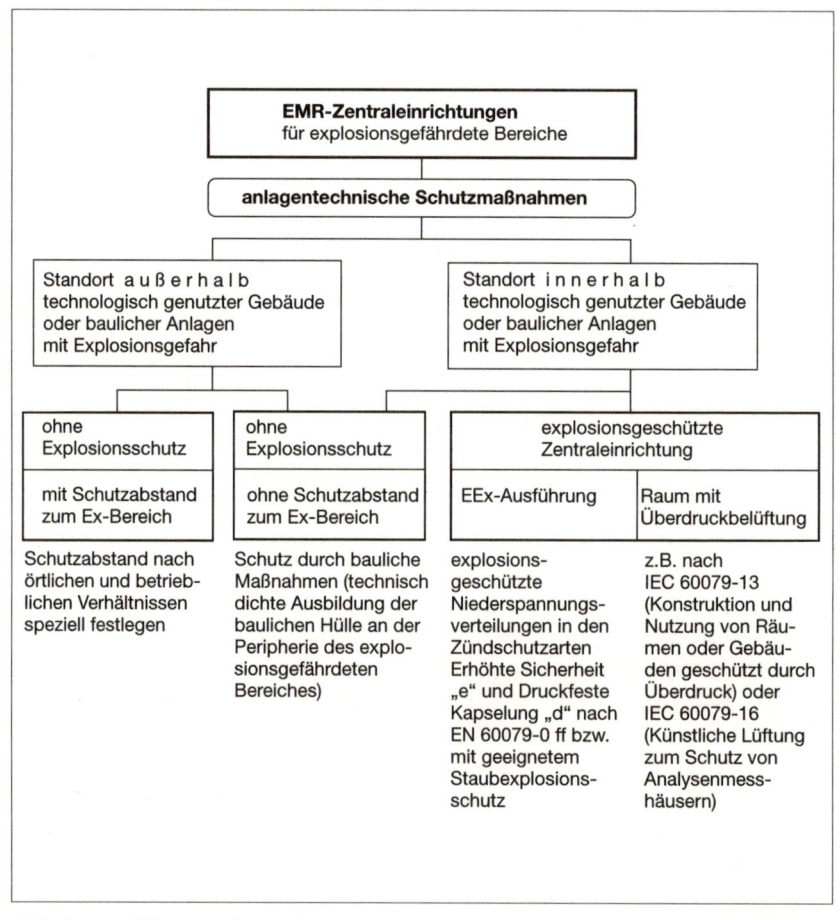

EMR-Zentraleinrichtungen für explosionsgefährdete Bereiche			
anlagentechnische Schutzmaßnahmen			
Standort außerhalb technologisch genutzter Gebäude oder baulicher Anlagen mit Explosionsgefahr		Standort innerhalb technologisch genutzter Gebäude oder baulicher Anlagen mit Explosionsgefahr	
ohne Explosionsschutz	ohne Explosionsschutz	explosionsgeschützte Zentraleinrichtung	
mit Schutzabstand zum Ex-Bereich	ohne Schutzabstand zum Ex-Bereich	EEx-Ausführung	Raum mit Überdruckbelüftung
Schutzabstand nach örtlichen und betrieblichen Verhältnissen speziell festlegen	Schutz durch bauliche Maßnahmen (technisch dichte Ausbildung der baulichen Hülle an der Peripherie des explosionsgefährdeten Bereiches)	explosionsgeschützte Niederspannungsverteilungen in den Zündschutzarten Erhöhte Sicherheit „e" und Druckfeste Kapselung „d" nach EN 60079-0 ff bzw. mit geeignetem Staubexplosionsschutz	z.B. nach IEC 60079-13 (Konstruktion und Nutzung von Räumen oder Gebäuden geschützt durch Überdruck) oder IEC 60079-16 (Künstliche Lüftung zum Schutz von Analysenmesshäusern)

Bild 10.1   EMR-Zentraleinrichtungen für explosionsgefährdete Bereiche, prinzipiell mögliche Schutzmaßnahmen

BARTEC

Sicherheitstechnik

BARTEC entwickelt und produziert sichere Komponenten und Systemlösungen für die Zulieferer im Maschinen- und Apparatebau und die Errichter und Betreiber von Anlagen, für die Bereiche Chemie, Petrochemie, Pharmazie, Energie und Umwelt. Dabei hat sich BARTEC im Laufe von fast 30 Jahren einen Spitzenplatz unter den Anbietern von Sicherheitstechnik erobert. Unser Fachwissen vermitteln wir gerne unseren Kunden in den **BARTEC safe.t® Seminaren.**

- Steuer- und Verbindungstechnik
- Automatisierungstechnik
- Wärmetechnik
- Messtechnik und Sensorik

ATEX zertifiziert

BARTEC GmbH Max-Eyth-Straße 16 Tel.: 07931 597-0 info@bartec.de
D-97980 Bad Mergentheim Fax: 07931 597-119 www.bartec.de

ep-Sonderheft
Blitz- und Überspannungsschutz

Die jährlich durch Überspannungen entstehenden Schäden in dreistelliger Millionenhöhe erfordern vom Elektro-Profi umfangreiche Kenntnisse zur praktischen Umsetzung des veränderten Normenwerkes.

Das **Sonderheft Blitz- und Überspannungsschutz** ist eine umfassende Erfahrungssammlung von Praktikern für Praktiker. Es berücksichtigt aktuelle Entwicklungen und enthält zusätzlich Planungssoftware führender Hersteller auf CD-ROM. Bei der Tätigkeit in diesem Bereich muss sich die Elektrofachkraft permanent mit neuen Normen, Vorschriften und Produkten auseinandersetzen.

Das **ep-Sonderheft „Blitz- und Überspannungsschutz"** unterstützt Sie bei der täglichen Arbeit und bietet vor allem eines:
Gebündeltes Fachwissen zum Blitz- und Überspannungsschutz!

Folgende Themenbereiche sind die fachliche Basis für unser Sonderheft:
- Planung von Blitz- und Überspannungsschutz im Gebäude
- neue Normen und Vorschriften
- Schutzkonzepte
- Erder und Potentialausgleich
- Prüfung von Blitzschutzsystemen
- Überspannungsschutz in der Daten-, Kommunikations- und Sicherheitstechnik
- Oberschwingungen in NS-Anlagen
- Einsatz der isolierten Ableitung
- Verkaufsförderung und Kundenberatung

Weitere Infos sowie Bestellmöglichkeit unter: www.elektropraktiker.de

HUSS-MEDIEN GmbH
Verlag Technik
10400 Berlin

ep-ELEKTROPRAKTIKER
Tel. 030/42 151-274, 030/42 151-232
E-Mail: redaktion@elektropraktiker.de

Ein Beispiel für Variante b) zeigt das
Bild 10.2)

Bild 10.2 Reparatur- und Wartungs-Steckdosenverteilung für die Zonen 1 und 2, mit abschließbarem Hauptschalter, in EEx de IIC T6, 4polig, 400 V AC, bis 80 A, bis zu 4 Steckdosen in Industriestandard bis 63 A mit FI-Schutzschalter (Fa. Cooper Crouse-Hinds)

– Spezielle Bedingungen aus der Sicht der Störfallverordnung (12. Verordnung zum Bundesimissionsschutzgesetz – BImSchG)

Frage 10.5 Was ist für die Wahl des Standortes von Zentralen zu beachten?

Als „Zentralen" sollen an dieser Stelle alle Einrichtungen verstanden werden, die der Energieverteilung, Steuerung und Anlagensicherheit in Gefahrenfällen dienen, z.B. elektrische Betriebsräume wie Transformatoren- und Schaltstationen, zentrale Verteilungsanlagen mit oder ohne bauliche Hülle, Messwarten und MSR-Schränke.
Mit Blick auf die allgemeingültigen Grundnormen für elektrische Betriebsräume darf hier ein Hinweis auf die Normen DIN VDE 0108 einschließlich ihrer Beiblätter, die EltBauV0, diverse Bauordnungen (Muster-, Landes- und Sonderbauordnungen) und die Muster-Industriebaurichtlinie (MIndBauR) nicht fehlen. Darin geht es zwar nicht konkret um den elektrischen Explosionsschutz, aber die baulichen Berührungspunkte können den Standort und die technische Konzeption von Zentralen erheblich beeinflussen.

Empfehlungen für die Standortwahl:

- Anordnung von Transformatorenstationen, Hauptschaltanlagen, Messwarten usw. außerhalb von Ex-Bereichen,
- Meiden von Bodensenken
- Belange des vorbeugenden/abwehrenden Brandschutzes und des Katastrophenschutzes beachten

Der jeweils erforderliche Schutz- bzw. Sicherheitsabstand hängt entscheidend von den betrieblichen und den baulichen Verhältnissen ab. Maßgebenden Einfluss haben

- die Art und die Intensität der Explosionsgefahr (Einstufung),
- das Ausbreitungsverhalten der explosionsgefährdenden Stoffe parallel zum Erdboden bzw. in Richtung der Zentrale
- die Schutzqualität der Zentrale gegen das Eindringen explosionsfähiger Atmosphäre (bauliche Hülle, Türen, Fenster, Durchführungen, Kapselung usw.) und gegen Brandlasten.

Unter günstigen Voraussetzungen wäre es möglich, dass das betreffende Gebäude teilweise sogar in den Ex-Bereich eintaucht (technisch dichte baulich massive Hülle mit ausreichendem Feuerwiderstand). Bei ungünstigen Verhältnissen hingegen kann auch ein Sicherheitsabstand von 15 m zur Grenzlinie eines Ex-Bereiches noch bedenklich sein.
Selbst wer sich im Ausbreitungsverhalten explosionsgefährdender Stoffe auskennt, wird ohne Kenntnis der aktuellen Regelwerke für die betreffenden Anlagen und der baulichen Rechtsnormen das Optimum nicht finden. **Wenn der Auftraggeber oder Betreiber über den Standort von Zentralen nicht selbst entscheidet, muss man sich von Sachverständigen beraten lassen.**

Frage 10.6   Ist es zweckmäßig, Schalt- und Verteilungsanlagen frei im Ex-Bereich zu stationieren?

Beim heutigen Stand der Technik ist das zumeist keine Frage der technischen Möglichkeit, sondern der betrieblichen Erfordernisse und Bedingungen. Die Angebote der Hersteller gekapselter explosionsgeschützter Niederspannungsschalt- und Verteilungsanlagen für die Zonen 1 und 2, Temperaturklassen bis T 5, reichen bei Sammelschienen und Schaltern bis 690 V /630 A, optional auch höher und bis T 6.
Wie solche Verteilungen gestaltet sind und wie sie sich in die Prozessanlage einfügen, sieht man auf den Bildern 10.3, 10.4 und 10.5.

Bild 10.3 Beispiel einer explosionsgeschützten Unterverteileranlage in einem Chemiebetrieb, Ausführung in EEx de IIC T 6 (Gehäuse mit rundem Deckel in "d", weitere Gehäuse in "e", seitlich: "e"-Gehäuse mit eingebauten EEx-Schaltern und Sicherungsautomaten hinter Klappfenster) (Fa. R. Stahl Schaltgeräte)

Bild 10.5 Beispiel einer explosionsgeschützten Unterverteilungsanlage in EEx de IIB T4 mit "e"-Kunststoffgehäusen, darin oben ein "d"-Flachspaltgehäuse mit einem Leistungsschalter normaler Bauart und "d"-Leitungsdurchführungen zur Klemmenleiste (Fa. R. Stahl Schaltgeräte)

Bild 10.4 Beispiel einer explosionsgeschützten Steuerungsanlage in einem Chemiebetrieb, Ausführung in EEx de IIC T6 (geöffnetes Gehäuse in "d", Gehäuse darunter in "e") (Fa. R. Stahl Schaltgeräte)

Motorstarter gibt es allgemein für Bemessungsleistungen bis 63 A und 690 V und speziell auch noch höher. Bild 10.6 zeigt als Beispiel einen EEx-Motorschutzschalter mit Polyestergehäuse.

Je nach Erfordernis werden die Einzelgehäuse in Zündschutzart „d" ausgeführt mit Anschlusskästen in „e". Dann können Einbaugeräte normaler Ausführung verwendet werden.

Durch die Möglichkeiten der sogenannten Modulbauweise müssen funktionsbedingt funkengebende Betriebsmittel nicht mehr in Gehäuse der Zündschutzart „d" eingebaut werden. Als Einbau-Komponente sind sie selbst in „d" ausgeführt, haben „e"-Klemmen, können daher in einem leichten „e"-Gehäuse Platz finden und sind problemlos auswechselbar. Anschlussfertige Lieferung wird angeboten.

Bild 10.6 *Beispiel eines Leistungs- und Motorschutzschalters 25 A in EEx ed IIC T6, bis 690 V AC (Schaltereinsatz in EEx d IIC, Polyestergehäuse in EEx e IP 66) (Fa. Cooper Crouse-Hinds)*

Preislich muss dafür merklich mehr aufgewendet werden wie für elektrisch gleichartige gekapselte Verteilung normaler Bauart. Andererseits entfallen die Kosten für einen elektrischen Betriebsraum und der Aufwand an Kabeln und Leitungen verringert sich im Lastschwerpunkt erheblich.
Explosionsgeschützte Schalt- und Verteilungsanlagen muss eine dazu befähigte Person vor Inbetriebnahme prüfen. Errichter, die alles selbst montieren wollen, ohne darin erfahren zu sein, gehen ein mehrfaches Kostenrisiko ein.

Frage 10.7   Was ist bei Schutz- und Überwachungseinrichtungen besonders zu beachten?

Schutzeinrichtungen müssen verlässlich wirksam sein. Das wäre nicht so, wenn sie ein Eigenleben entwickeln können, das die sicherheitsgerichtete Absicht ins Gegenteil verkehrt.
Deshalb legt die EXVO nach Maßgabe der RL 94/9/EG Art. 1 Abs. 2 fest, dass Sicherheits-, Kontroll- oder Regelvorrichtungen, die den Explosionsschutz sichern, dementsprechend zu prüfen und zu kennzeichnen sind. Die BetrSichV deklariert diese Einrichtungen als Teil der überwachungsbedürftigen Anlage.
Überstromauslöser, Temperatur- oder Druckbegrenzer und andere **sicherheitsgerichtete Geräte, die grenzwertabhängig ein Betriebsmittel oder Anlageteile stillsetzen, dürfen nicht selbsttätig wieder einschalten. Es muss eine Wiedereinschaltsperre vorhanden sein.** Beim Wiedereinschalten oder Entriegeln muss die Überwachungsfunktion der Schutzeinrichtung erhalten bleiben. Rechtsgrundlage dieser Bedingungen ist die BetrSichV (Anhang 1, Abschnitt 2.2).
Neben diesen Schutz- und Überwachungseinrichtungen für EMR-Anlagen sind an dieser Stelle die *Gaswarneinrichtungen* zu erwähnen. Anleitung zur sachgerechten Gestaltung des Explosionsschutzes dieser Anlagen geben

- VDE 0400 Teil 6 (DIN EN 50073) „Leitfaden für Auswahl, Installation, Einsatz und Wartung von Geräten für das Aufspüren und die Messung brennbarer Gase" und
- BGI 518 „Gaswarneinrichtungen für den Explosionsschutz, Einsatz und Betrieb" sowie die Spezialliteratur.

Frage 10.8   Welche Grundsätze gelten für die Ausschaltbarkeit in besonderen Fällen?

Wesentlich und in die Normen einbezogen sind drei Situationen, die bei der elektrotechnischen Konzeption einer explosionsgefährdeten Betriebsstätte zu berücksichtigen sind.

1. Ausschaltbarkeit im Gefahrenfall

Den Einstieg dazu gibt die BetrSichV im Anhang 1 Abschnitt 2 mit den allgemeinen Forderungen an Befehlseinrichtungen und das sichere Stillsetzen von Arbeitsmitteln, einerseits für das einzelne kraftbetriebene Arbeitsmittel, andererseits für das „gesamte Arbeitsmittel" oder den Arbeitsplatz.
VDE 0165 Teil 1 greift in den Ausgaben ab 1998 unter *Notabschaltung* diese Grundsätze auf mit dem lapidaren Satz
„Für Notfälle müssen an einer oder an mehreren geeigneten Stellen außerhalb des explosionsgefährdeten Bereiches eine oder mehrere Einrichtungen zur Abschaltung der Versorgung des explosionsgefährdeten Bereiches vorhanden sein."
VDE 0165 Teil 2 enthält dazu bisher keine Festlegungen. Nach Übernahme von IEC 61241-14 wird die Festlegung zur Notabschaltung auch für den Staubexplosionsschutz wieder nachzulesen sein.
In der vorangehenden Ausgabe 02.91 von DIN VDE 0165 werden unter 5.5 *„elektrische Betriebsmittel, deren Weiterbetrieb zu Gefahren, z.B. Ausweitung von Bränden, Anlass gibt",* angesprochen – einschließlich des Staubexplosionsschutzes. Diese Betriebsmittel müssen ausschaltbar sein

- von *(mindestens) einer nicht gefährdeten Stelle,* und zwar
- *unverzüglich* (also schnell und unbehindert erreichbar),
- wobei dafür anstelle eines zusätzlichen „Notschalters" *auch das betriebsübliche Schaltorgan verwendbar* ist.

Damit – meint der Verfasser – kommt das Ziel einer Notabschaltung im Sinne der BetrSichV deutlicher zum Ausdruck. Wie auch immer,

Unbedingt davon auszunehmen sind
- Betriebsmittel, die bei Störungen schadensbegrenzend weiter betrieben werden müssen (getrennte Stromkreise erforderlich, z.B. für gesteuerte Stillsetzung, Notentleerung, Havarielüftung),

Woran man außerdem denken sollte:
- Notschalter müssen in jedem Fall als solche erkennbar und dementsprechend gekennzeichnet sein,
- die Zuverlässigkeit der Energieversorgung muss gesichert sein; dazu DIN VDE 0100 Teil 560 (07.95), Elektrische Anlagen für Sicherheitszwecke: ist nur eine Stromquelle für Sicherheitszwecke vorhanden, darf diese nicht für andere Zwecke benutzt werden.
- DIN VDE 0100 Teil 725 regelt die elektrotechnische Gestaltung von Hilfsstromkreisen.

- VDE 0113 Teil 1 (EN 60204, Elektrische Ausrüstung von Maschinen) erlaubt schon seit Ende der 90iger Jahre, sicherheitsgerichtete Signale auch logisch zu generieren und elektronisch zu übertragen. Nach vorherrschender Fachmeinung sind die Normen VDE 0113 jedoch für Anlagen in explosionsgefährdeten Bereichen nicht maßgebend.
- Gemäß EXVO mit RL 94/9/EG (Anhang II, Abschnitt 1.5 – Anforderungen an Sicherheitsvorrichtungen) müssen sicherheitstechnische Schalthandlungen grundsätzlich direkt ohne Softwaresteuerung funktionieren. Abgesehen davon, dass dies nicht dem Stand der Technik von 2004, sondern dem Entwicklungsstand der 90iger Jahre entspricht, ist es auf die Notabschaltung von Betriebsmitteln bzw. Anlageteilen im Sinne von VDE 0165 – so meinen der Verfasser und das K 235 der DKE – nicht anzuwenden.
- Für Rechner in Sicherheitssystemen gilt die DIN V VDE 0801. Weiteres über das Erfordernis, Normen für Sicherheitssysteme anzuwenden, wird unter 9.5 gesagt.
- Ein Forschungsbericht der Physikalisch-Technischen Bundesanstalt Braunschweig (PTB) von 1997 weist auf die Verlässlichkeitsprobleme komplexer Elektronik für Sicherheitsschaltungen hin.
- Die Steuerung zentraler Not-Aus-Befehle über das PLS oder über SPS sollte mit TÜV-geprüften sicherheitsgerichteten Einrichtungen bzw. Systemen erfolgen. Für einfache sicherheitsgerichtete Steuerungen, z.B. für einzelne Antriebe, wird empfohlen, bei zweifelhafter Verlässlichkeit die Notabschaltung besser konventionell vorzunehmen.
- Auf Notabschaltung verzichtet werden durfte bis 1998
  - in Bereichen der Zone 2 (Gasexplosionsgefahr) und auch
  - in Bereichen der Zone 11 (Staubexplosionsgefahr; wurde auch auf Zone 22 bezogen)

2. Freischalten

Unter den Bedingungen in explosionsgefährdeten Betriebsstätten ist besonders darauf zu achten, dass die dafür bestimmten Schaltgeräte zweckmäßig ausgewählt, eingesetzt, angeordnet, gekennzeichnet und auch arbeitsschutzgerecht benutzt werden.

3. Instandhaltung

Beim Öffnen von Betriebsmitteln werden alle Zündschutzarten unwirksam, die das Prinzip „Schutz durch Gehäuse" anwenden.
Das betrifft hauptsächlich die Zündschutzarten „d", „p" und den Staubexplosionsschutz. Gefahrenzustände durch Fernschaltung müssen vermieden werden.

Oft ist dies schon durch die Bauart des Betriebsmittels berücksichtigt, z.B. für den Lampenwechsel bei Leuchten.
Ist das nicht so, z.B. bei Schaltgeräten, dann bedarf es entsprechender Sicherheitsmaßnahmen. Geeignet sind das

- Freischalten oder Abklemmen vor dem Öffnen (vor Ort Hinweisschild erforderlich) oder
- Sicherungsmaßnahmen an der Fernsteuerung

Das Abschalten allein bringt noch keine Sicherheit gegen Zündgefahren. Vorzeitiges Öffnen ist gefährlich, wenn im Gehäuse funktionsbedingt zündgefährliche Temperaturen oder elektrische Ladungen vorhanden sind, die erst abklingen müssen. Solche Betriebsmittel, die erst nach einer Sicherheitszeit geöffnet werden dürfen, hat aber der Hersteller entsprechend zu kennzeichnen.

Frage 10.9 Wer bestimmt, welche Stromkreise nicht in die Notausschaltung einbezogen werden dürfen?

Diese Entscheidung liegt nicht im Verantwortungsbereich der Elektrofachkraft. Der Betreiber hat zu entscheiden, welche anlagetechnischen Einheiten im Notfall weiter betrieben werden müssen, unter welchen Bedingungen dies geschehen soll und über welchen Zeitraum. Vom Verfahrenstechniker oder vom Auftraggeber sind diese Belange für die Planer und Errichter von Elektro- und/oder MSR-Anlagen zu koordinieren und festzulegen.

Frage 10.10 Muss für die Ausschaltung von Betriebsmitteln im Gefahrenfall unbedingt ein spezielles Betätigungsorgan vorhanden sein?

Kraftbetriebene Arbeitsmittel müssen am Aufstellungsort zumindest ein Trenn- und Notschaltorgan haben.
Das ergibt sich aus Anhang 1 der BetrSichV, aber auch aus betrieblichen Gründen. Bei Betriebsmitteln mit mehrfachen Steuerstellen und in automatisierten Anlagen ist das unabdingbar.
Noch bis 1998 war aus VDE 0165 zu entnehmen, „es können gegebenenfalls auch die für den üblichen Betrieb erforderlichen Schalter benutzt werden". Auch wenn diese Aussage in VDE 0165 seither der internationalen Normenrenovierung zum Opfer gefallen ist, darf man nach vorherrschender Fachmeinung auch weiterhin davon ausgehen, sofern es im Einzelfall keine plausiblen Einwände gibt.

Frage 10.11 **Wie beeinflusst der Explosionsschutz die Auswahl von Bussystemen?**

IPC und Ex-Feldbusse verändern zunehmend die Prozessautomation. Dennoch kann es vorkommen, dass jemand, der damit noch nichts zu tun hatte, die Worte „Feldbus" und „Fieldbus" kurzerhand als sprachliches Phänomen abtut.
Die Unsicherheit bei der Auswahl von Bussystemen hat zumeist andere Gründe als den Explosionsschutz. **Ein Bussystem unterliegt prinzipiell den gleichen Bedingungen für den Explosionsschutz wie jede andere Installation.**
Wenn das so einfach ist, wieso sind dann Feldbusse in Ex-Anlagen nicht schon lange üblich?

1. Erfordernisse und Realität

Angesichts der Vielfalt angebotener Systeme in kontinuierlicher Innovation – begleitet von verkaufsgerichteter Argumentation – steht der interessierte Anwender vor der Aufgabe, seine Auswahl vor dem Kauf zu überprüfen und umfassend zu durchdenken. Die Normen VDE 0165 gehen darauf nicht besonders ein. Noch immer gibt es nicht einmal für normale Anwendung einen einheitlichen Feldbusstandard. Was ein Feldbus im Verfahrensmanagement chemischer Prozesse leisten soll, sagt die NAMUR-Empfehlung

– NE 74 NAMUR-Anforderungen an den Feldbus, wogegen aus den Normen
– DIN EN 61158 (IEC 61158) Feldbus für industrielle Leitsysteme

den Planern und Betreibern explosionsgefährdeter Prozessanlagen praktischer Rat kaum erwächst. Für Ex-Bereiche ideal wäre ein explosionsgeschützter schneller Bus, der den Anschluss von Feldgeräten im Ex-Bereich begünstigt, nach Wunsch Redundanz einräumt und eine Vielzahl unterschiedlicher Geräte herstellerunabhängig bedient. Dazu gibt es inzwischen reale Ansätze, z.B. das eigensichere FISCO-Konzept (DIN IEC 60079-27 VDE 0170/0171 Teil 27, Entw. 2004-03) und die leistungserweiternde Konzeption „Eigensicherer Feldbus" (ES-Bus; bearbeitet von PTB und TU Braunschweig), deren Ergebnisse bereits in die Praxis einfließen.
Wie NAMUR-Fachleute schon länger errechnet haben, macht die Bustechnik Kostenminderungen von insgesamt mehr als 40% gegenüber konventioneller Technik (4 bis 20 mA) möglich. Dabei liegt das Sparpotenzial hauptsächlich im Engineering und in der Instrumentierung. Obwohl aktuelle Untersuchungen für intelligente umfassend feldbustaugliche Geräte einen

Mehrpreis von 30 ... 50% gegenüber konventionellen Ausführungen nachweisen, steht der wirtschaftliche Vorteil insgesamt außer Frage.

2. Varianten

Das Prozessleitsystem (PLS) im exfreien Wartenbereich und die Feldgeräte, die sich in den Ex-Bereichen befinden, können auf verschiedene Art analog oder digital an einen Bus angekoppelt werden. Bei Ex-Anwendungen dominieren zwei konkurrierende Bussysteme, Profibus PA/DP und Foundation Fieldbus H1. Ihre Vorzüge werden von den Anbietern unterschiedlich kombiniert, dokumentiert und interpretiert. Anstelle ausführlicher Darstellungen einer kaum übersehbaren Variantenvielfalt kann hier nur auf Prinzipien eingegangen und ansonsten auf die Dokumentationen der Hersteller und die spezielle Fachliteratur verwiesen werden.

Bild 10.7 zeigt am Beispiel eigensicherer Stromkreise, wie stark die Anwendung der Bustechnik (mit Remote I/O oder als Feldbus) den Aufwand für Kabel und Leitungen verringert gegenüber dem konventionellen Anschluss der Feldgeräte. Das Angebot von Bussystemen hat sich in mehreren Varianten entwickelt:

a) Frei wählbares Standardbussystem, das den Ex-Bereich gar nicht berührt, mit Ankopplung außerhalb des Ex-Bereiches und konventionellem Explosionsschutz im Feld; oder
b) Normaler Bus, im System variabel, der in den Ex-Bereich führt und über „e"-Klemmenkästen den Anschluss von explosionsgeschützten Feldgeräten in den üblichen Zündschutzarten ermöglicht (z.B. in „e", „d", „m")
c) Eigensicheres „i"-Bussystem, neuerdings auch mit Mehrfachtrennern in Zone 1, die eine durchgeschleifte „e"-Einspeisung haben, wodurch der Bus bis zu 32 Teilnehmern aufnimmt.

Für eigensichere Prozess-Interfaces gibt es nach NAMUR vier Varianten:

- konventionell in Punkt-zu-Punkt-Verdrahtung,
- Rackbus (Digitalisierung außerhalb des Ex- Bereiches)
- Remote I/O-System (Orte der Digitalisierung und i-Trennung variabel, über Bus verbunden mit dem PLS)
- Feldbus; mit Digitalisierung im Feldgerät, Wegfall der i-Barrieren, voller Kommunikation in beiden Richtungen, bestmöglicher Funktionalität und Diagnose, Selbstüberwachung, bestem Preis-Leistungs-Verhältnis.

Intelligente Netzwerke sollen künftig als autonome Einheiten das zentrale Prozessmanagement von Regelungs- und Überwachungsaufgaben weitgehend entlasten.

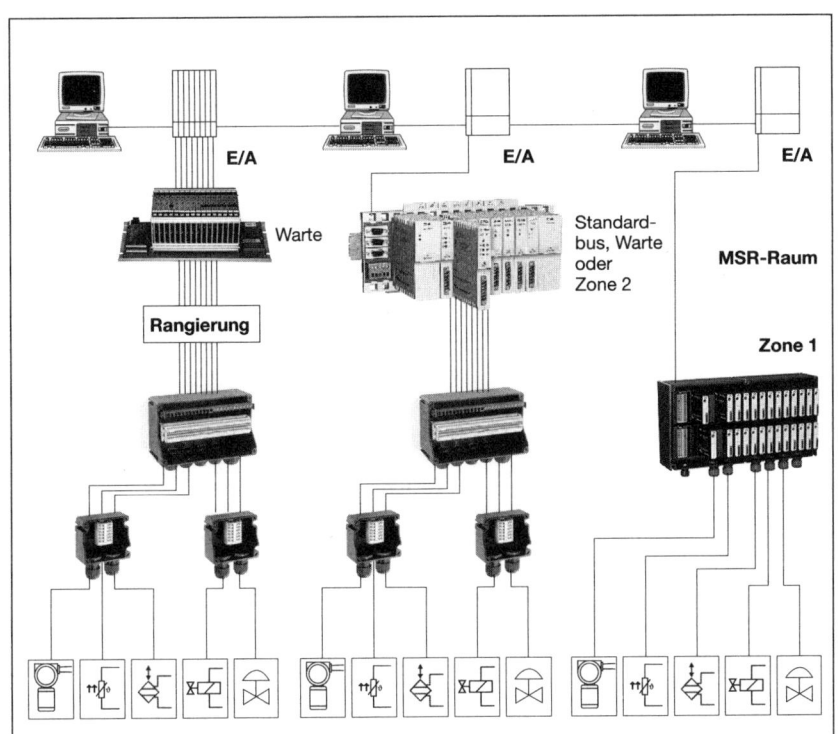

ZONE 1
Konventionell
Die Leitungen analoger und binärer Ein- und Ausgänge werden in Klemmenkästen (Abzweigdosen) zu mehradrigen Stammkabeln zusammengefaßt und zum Rangierverteiler geführt. Vom Rangierverteiler erfolgt eine Einzelverdrahtung zur Ex-i-Signalanpassungsebene. Diese besteht aus Sicherheitsbarrieren, aus galvanisch getrennten DIN-Schienen-Geräten oder aus Europakarten.
Von der Signalanpassungsebene werden die Standardsignale wiederum über Einzeladern zu den E/A-Baugruppen der SPS oder des PLS verdrahtet.

ZONE 1
LOCAL BUS
Die Leitungen analoger und binärer Ein- und Ausgänge werden in Klemmenkästen (Abzweigdosen) zu mehradrigen Stammkabeln zusammengefaßt und zum Feldverteiler geführt. Vom Feldverteiler erfolgt eine Einzelverdrahtung zur Ex-i-Signalanpassungsebene. Diese besteht aus galvanisch getrennten BUS-Modulen zur DIN-Schienenmontage. Vom Buskoppler werden die Signale des Normbusses über eine serielle Schnittstelle zur SPS oder zum PLS verdrahtet.
Einsparung bei Planung, Ein-/Ausgabemodulen, Rangierverteilern und Verdrahtung.

ZONE 1
FIELD BUS
Die Leitungen analoger und binärer Ein- und Ausgänge werden zur Ex-i-Signalanpassungsebene geführt, die in ZONE 1 montiert ist. Sie besteht aus galvanisch getrennten, steckbaren BUS-Modulen. Vom Buskoppler werden die Signale des Normbusses über eine serielle Schnittstelle zur SPS oder zum PLS verdrahtet.
Einsparung bei Planung, Ein-/Ausgabemodulen, Rangierverteilern, Klemmenkästen, Abzweigdosen und Verdrahtung.

Bild 10.7 *Bustechnologien im Vergleich (Fa. CEAG Apparatebau)*

Aber welche dieser Varianten bietet die jeweils günstigsten Bedingungen? Die Antwort darauf hängt ab von der Kompatibilität zum vorgeordneten PLS, dem Umfang des Datendurchsatzes, der nötigen Übertragungsgeschwindigkeit, der bevorzugten Gerätetechnik und weiterer anlage- und betriebstechnischer Belange wie z.B. den Vernetzungsbedingungen, dem Netzwerkprotokoll, der Softwarestabilität u.a.m. Bei diesen Entscheidungen steht der Explosionsschutz nicht im Vordergrund.

In der Automatisierungstechnik bedient man sich gern der Zündschutzart Eigensicherheit „i". Dem Vorzug von busfähigen „i"-Feldgeräten, im Ex-Bereich ohne Freigabeschein für Eingriffe zugänglich zu sein, unter Spannung und rückwirkungsfrei (hot swapping), stehen am Bus die Nachteile der begrenzten Leistung (im Mittel 2 W für etwa 10 Teilnehmer) und eine geringere Übertragungsgeschwindigkeit (31,25 kBit/s) gegenüber.

Komponenten mit höherem Leistungsbedarf, wie es vor allem bei Aktoren der Fall sein kann, benötigen dann eine separate eigensichere Stromversorgung (Energiebus) und entsprechend mehr Adern im Kabel. Werden solche Komponenten aus energetischem Grund in einer anderen Zündschutzart als „i" eingesetzt, so gibt es neuerdings auch dabei Möglichkeiten für einen schnellen Gerätewechsel. Neuartige „d"-Steckverbinder bis maximal 10 A machen es möglich, MSR-Betriebsmittel im Ex-Bereich spannungsfrei zu schalten und sicher zu trennen, ohne dass es eines Freigabescheines bedarf.

Tafel 10.2 gibt einen Überblick über die Entwicklungstendenz eigensicherer Bustechnik.

Tafel 10.2 Entwicklungstendenz eigensicherer Feldbusse (Stand 2004)

Variante	Spannung U_0	Leistung (je Segment)	Datentransfer
Normal	f(I,R); DC	$\leq 2,0$ W	31,25 kBit/s
FISCO (Zone 1) FNICO (Zone 2)	14 V bis 17,5 V DC	$\leq 5,32$ W $\leq 7,25$ W	31,25 kBit/s
ES-Bus[*]	z.B. 50 V AC bei 80 kHz	≥ 10 W bei 100 m	1,5 MBit/s

[*] in Entwicklung; Busleitungslänge bis 400 m (≥ 5 W)

Durch die Anforderungen der Eigensicherheit wird nicht die mögliche Länge einer Bus-Leitung beschränkt, sondern die Übertragungsgeschwindigkeit. Mit Lichtwellenleiter-Verbindungen (LWL-Technik, mit LWL-Trennübertragern) lässt sich dieser Nachteil vermeiden und es treten auch keine Beeinflussungsprobleme auf. Konventionelle Kabelverbindungen mit Kupferleitern kann man jedoch nicht einfach durch die absolut fremdspannungssichere LWL-Technik ersetzen.

3. Zur Anwendungspraxis

- **Bevorzugtes Bussystem** ist der Profibus PA (H1). Nach derzeitigem Stand hat dieser Bus in Europa einen Bekanntheitsgrad von > 80%. Zur Anbindung an das PLS dient der Profibus DP (H2). Das Profibus-System entspricht den Anforderungen der NAMUR-Empfehlung NE 74. Besondere Merkmale sind bei Variante DP die hohe Übertragungsgeschwindigkeit bis zu 12 Mbit/s. Bei Variante PA sind es die Eigensicherheit, aber auch die noch nicht ganz abgeschlossene Normung. Dennoch bietet der Profibus PA wegen seiner vergleichsweise einfachen Handhabung als Feldbus günstige Voraussetzungen für Messumformer, Regelventile u.a.m.

Unter bestimmten Voraussetzungen werden jedoch auch andere Bussysteme mit dem Explosionsschutz kombiniert, besonders der Foundation Fieldbus H1. CAN- und Interbus eignen sich mit einer speziellen Technik für den Anschluss leistungsstärkerer Feldkomponenten in konventionellen Zündschutzarten, werden aber selten angewendet.

- **Remote I/O-Systeme** passen Signale von Feldgeräten an Prozessleitsysteme an, erweitern den Einsatzbereich von Feldbussen beträchtlich und sind eine bewährte Alternative zum echten Feldbus. Prinzipiell betrachtet funktionieren Remote I/O aber auch busunabhängig.

Auch unter dem Kürzel RIO bekannt nutzen sie Vorteile der Parallelinstallation und der Bustechnik dadurch, dass sie die vielen Signalleitungen konventioneller Art vor Ort zusammenfassen und über einen Bus der übergeordneten Auswerteeinheit zuführen. Als kostensenkende Zwischenlösung auf dem Weg von klassischer Automatisierungstechnik zu kompletten Feldbuslösungen übernimmt ein RIO auch analoge Signale von Geräten, die in beliebigen Ex-Zündschutzarten ausgeführt sind.

Eigensichere Geräte werden über „i"-Koppler an den nicht explosionsgeschützten Feldbus angeschlossen. Ein Segment erfasst bis zu 16 Teilnehmer. Segmentkoppler verknüpfen mehrere Segmente zu einem Bus-Netzwerk. Neuere RIOs lassen sich unterschiedlichen Bussystemen anpassen, verfügen über verschiedenartige komfortable Ausgabesysteme, binden auch Zone-0-Teilnehmer ein und ermöglichen abgestufte Redundanz.

Hersteller gestalten Remote I/O-Lösungen zunehmend als offene Systeme und modifizieren sie so, dass sie der betrieblichen Aufgabe optimal entsprechen. Damit eignen sie sich sehr gut für anlagetechnische Modernisierungen.

– **Feldbussysteme** in reiner Form setzen sich bisher nur zögerlich durch. Über die prinzipiellen Vorteile besteht kein Zweifel. Um durchgängig zu überzeugen, auch für das Asset-Management, sind jedoch noch Hürden zu überwinden in der Kompatibilität der Komponenten und ihrer Software.

Üblich sind Bussysteme entweder in „i" oder mit Hauptbus in „e" und „i"-Segmenten vor Ort, um unter Spannung klemmen zu können. Feldbustechnologie mit Remote I/O am gleichen Objekt zu kombinieren erscheint problematisch. Für komplett mit Feldbustechnik ausgerüstete Neuanlagen liegen positive Betriebserfahrungen schon vor. Beratung durch spezialisierte Fachleute bei der Planung vermeidet Ärgernisse bei der Inbetriebnahme.
In einem 1:1-Vergleich von Remote I/O und Feldbustechnik unter Praxisbedingungen der Pharmaproduktion konnten zugunsten der Feldbustechnik sowohl eine stabile Fahrweise als auch Kostenvorteile nachgewiesen werden.
Für sicherheitsgerichtete Einrichtungen über Bussysteme, z.B. Profisafe, gibt es noch keine repräsentativen Anwendungserfahrungen unter Ex-Bedingungen.
Richtungweisend ist das eingangs erwähnte **FISCO-Konzept** in den Varianten FISCO (Fieldbus intrinsically safe concept) für Zone 1 und FNICO (Fieldbus non-incendive concept) für Zone 2.
Es eignet sich sowohl für den Profibus als auch für den Foundation Fieldbus. Tafel 10.2 informiert über das Leistungsangebot.
FISCO, konzipiert für Zündschutzart „i", benötigt ein außerhalb des Ex-Bereiches angeordnetes Speisegerät, das ohne spezielle Konfiguration auskommt und die Daten sowie die Hilfsenergie für die Feldgeräte im Ex-Bereich bereit stellt. Das Netzwerkkabel verbindet die Busteilnehmer mit dem Speisegerät. C und L der Busteilnehmer sind auf 5 nF bzw. 10 µH begrenzt.
FNICO, ausgerichtet auf die Zündschutzart „n", ist nur für Zone 2 geeignet und wird daher (noch) nicht als eigensicher bezeichnet. FNICO nutzt den mit analoger Technik verbundenen 1,5fachen Leistungsvorteil und lässt Geräte mit 20 µH zu.

Frage 10.12   Muss der anlagetechnische Explosionsschutz auch außergewöhnliche Vorkommnisse berücksichtigen?

In der Regel ist die Wirksamkeit des Explosionsschutzes elektrischer Betriebsmittel gebunden

- an den bestimmungsgemäßen Betrieb der Betriebsmittel und
- an den Normalbetrieb der technologischen Einrichtungen, von denen die Explosionsgefahr ausgeht.

Störungen des elektrischen Normalbetriebes, mit denen man bei bestimmungsgemäßem Betrieb erfahrungsgemäß zu rechnen hat, sind in den Normen des elektrischen Explosionsschutzes einbezogen, so z.B. die Überlastung von Antrieben oder das Blockieren einer Pumpe. Der Einfluss von Störungen auf technologischer Seite muss bei der Beurteilung und Einstufung der explosionsgefährdeten Bereiche berücksichtigt werden. Kommt es irgendwann zu einer vorhersehbaren Abweichung vom Normalbetrieb, dann ist das kein außergewöhnliches Vorkommnis. Die Anlagensicherheit wird nicht wesentlich beeinträchtigt.

Anders ist das bei sicherheitstechnischen bedeutenden Störungen. Wenn die Anlage dem Stand der Technik entspricht, sind derartige Störungen nicht mehr „vernünftigerweise vorhersehbar", ebensowenig sind sie ein „Störfall" im Sinne der Störfallverordnung (12. BImschV). Tritt dieser Fall dennoch ein, dann betrachtet das der Verantwortliche im wörtlichen Sinn bestimmt als katastrophal, auch wenn es noch keine „Katastrophe" in rechtlichem Sinne ist.

Normgerechter Explosionsschutz trägt natürlich auch dazu bei, Störfälle und Katastrophen zu vermeiden. Unmittelbar wirksam ist er aber nur innerhalb der als explosionsgefährdet festgelegten örtlichen Bereiche und unter den genormten Bedingungen.

Sollen genormte oder andere Schutzmaßnahmen darüber hinaus wirksam sein, dann müssen das zu erreichende Ziel und die dazu erforderlichen Maßnahmen besonders festgelegt werden. Naheliegend wäre es zum Beispiel, besondere Forderungen an den Funktionserhalt im Brandfall zu erwägen.

Schutzmaßnahmen gegen Störfälle erfordern ein anlagetechnisches Gesamtkonzept. Allein durch elektrischen Explosionsschutz ist das nicht zu bewerkstelligen.

Frage 10.13 **Muss der anlagetechnische Explosionsschutz auch Fehlanwendungen ausschließen?**

Nach dem Willen der Richtlinie 94/9/EG ist auch die Möglichkeit sachwidriger Verwendung, der „vernünftigerweise vorhersehbare Missbrauch" (Anhang II der Richtlinie, Ziffer 1.0.2) zu bedenken. Damit wendet sich die Richtlinie an den Hersteller.

In etwas anderer Wortwahl definiert § 2 GPSG: *Vorhersehbare Fehlanwendung ist die Verwendung eines Produkts in einer Weise, die von demjenigen, der es in Verkehr bringt, nicht vorgesehen ist, sich jedoch aus dem vernünftigerweise vorhersehbaren Verhalten des jeweiligen zu erwartenden Verwenders ergeben kann.*

In Ex-Anlagen, zu denen nur unterwiesene Fachpersonen Zutritt haben, muss man ein Fehlverhalten nach Meinung des Verfassers allgemein nicht als „vernünftigerweise vorhersehbar" betrachten.

Vernünftigerweise vorhersehbares Fehlverhalten auch bei Ex-Elektroanlagen einzubeziehen ist jedoch notwendig, wenn Handlungsfehler zu unterbinden sind, die auch einem Fachmann mit Ex-Kenntnissen unterlaufen können. Das könnte beispielsweise der Fall sein innerhalb von Gehäusen mit eigensicheren und nichteigensicheren Stromkreisen, wo Fehlhandlungen durch gleichartige nicht kodierte bzw. anderweitig verwechselbare Steckverbinder ausgeschlossen werden müssen.

Ebenso ist die Sicherheit gegen Fehlbedienung infolge Gefahrenstress ein wesentlicher Gestaltungsfaktor.

Frage 10.14 Welche Bedingungen für den Explosionsschutz muss die Prozessleittechnik erfüllen?

Eine wesentliche Aufgabe von PLT-Einrichtungen (folgend kurz PLT) besteht darin, einzelne Prozessleitsysteme (PLS) für das anlagetechnische Sicherheitsmanagement optimal zu verknüpfen. Einerseits kann das dadurch geschehen, dass sie tragende Schutzfunktionen gewährleisten, in dem sie den primären Explosionsschutz sichern. Andererseits haben das PLT und die PLS anlagetechnische Maßnahmen des Explosionsschutzes zu überwachen. Bild 5.1 zeigt die Wechselbeziehungen.

Zunehmend geht die Prozessleittechnik von zentral organisierten Strukturen über zu autonomen intelligenten Systemen, die miteinander kooperieren. Wie auch immer – **die Einrichtungen der Prozessleittechnik müssen in der Lage sein, die festgelegten Schutzmaßnahmen insgesamt aufrecht zu erhalten und/oder einzelne Maßnahmen zu aktivieren,** beispielsweise als

- Schaltfunktion „Ein" (z.B. Ventilator oder Schutzgaszufuhr zur Unterdrückung gefährlicher explosionsfähiger Atmosphäre),
- Schaltfunktion „Aus" (z.B. einzelne potenzielle Zündquellen, gesteuertes Stillsetzen),
- Schaltfunktion „Wechsel" (z.B. Umschalten von gestörten explosionsgefährdenden Anlageteilen auf Reserveeinheiten)
- Alarme, *sowie durch*
- Selbstdiagnose und das Fail-Safe-Prinzip (selbsttätige Rückkehr in den einen sicheren Zustand).

Im Ergebnis einer gezielten Risikoanalyse stellt sich heraus, welche Maßnahmen mit PLT zu steuern sind. Um die Aufgabestellung festzulegen bedarf es der Zusammenarbeit erfahrener Fachleute der Verfahrens- und der Automatisierungstechnik.

Die „Grundlegenden Sicherheits- und Gesundheitsanforderungen" im Anhang II der RL 94/9/EG bilden mit ihrer Staffelung nach Gerätekategorien einen wesentlichen Maßstab dafür, welche Anforderungen die Zoneneinteilung jeweils an die Verlässlichkeit der PLT stellt. Bei vernetzten zonenübergreifenden PLT-Strukturen ist das Zuverlässigkeitsdesign aber allein damit nicht abgrenzbar.

Ob und wie man neben EN 1127-1 Teil 1 (Grundlagen des Explosionsschutzes, mit Grundsätzen für Mess- und Regeleinrichtungen) weitere vertiefende einschlägige Normen oder Regeln anwendet, z.B.

- VDI/VDE 2180 (Blatt 1 bis 5) Sicherung von Anlagen der Verfahrenstechnik mit Mitteln der Prozessleittechnik (PLT),
- EN 61508 für die funktionale Sicherheit programmierbarer Systeme (Safety Integrated Levels – SIL),
- IEC 61511 Teil 1 bis 3 (Entwurf 2004) für die funktionale Sicherheit sicherheitstechnischer Systeme in der Prozessindustrie
- NAMUR-Empfehlung NE 31 Anlagensicherung mit Mitteln der Prozessleittechnik
- VdTÜV-Leitlinie für die Prüfung sicherheitsrelevanter MSR-Einrichtungen in Anlagen, oder
- bisher auch DIN V 19250 /19251 (seit 01.07.2004 zurückgezogen),

muss das Bearbeitungsteam speziell entscheiden. Daraus ergibt sich auch die Variante der anzuwendenden Risikoanalyse. Es kommt immer auf das sicherheitstechnische Ziel an. Das Angebot an SIL-klassifizierten MSR-Geräten nimmt zu. Weiteres zur Funktionssicherheit wird unter 9.5 erläutert. Wirtschaftliche Überlegungen gehen dahin, anstelle kostenintensiver redundanter Sicherheits-Loops auf eine Sicherheitsinstrumentierung (SIS) überzugehen, die definierte abnormale Betriebsbedingungen selbsttätig korrigiert.
Aus der Sicht des Explosionsschutzes gibt es noch Diskussionsbedarf darüber, wie die Sicherheitsniveaus der RL 94/9/EG (Gerätekategorien) für die *Zuverlässigkeit sicherheitsbezogener Einrichtungen* sachgerecht einbezogen werden können. Bevor sich die Fachmeinung stabilisiert hat, macht es keinen Sinn, mehr dazu zu sagen.

11 Einfluss der Schutzmaßnahmen gegen elektrischen Schlag

Frage 11.1 *Gibt es Schutzmaßnahmen gegen elektrischen Schlag, die Zündgefahren durch Fehlerströme sicher verhindern?*

In der neuen VDE 0165 Teil 1 07.04 stehen diese Schutzmaßnahmen im Abschnitt 6 – *Schutz gegen das Auftreten gefährlicher zündfähiger Funken*. Darüber verwundert könnte man nun überspitzen: „Ist es damit etwa schon getan?"
Gemeint sind Maßnahmen nach den Normen DIN VDE 0100, die früher als „Schutz gegen zu hohe Berührungsspannung" oder als „Schutz gegen gefährliche Körperströme" bekannt waren, einbegriffen die Erdung und der Potenzialausgleich.
In industriellen Anlagen zielen die Schutzmaßnahmen gegen elektrischen Schlag nicht nur auf den physiologischen Schutz der Beschäftigten. In explosionsgefährdeten Bereichen dienen sie sowohl dem Personenschutz als auch der technischen Sicherheit.
Die Grenzwerte des Explosionsschutzes, bei deren Überschreiten elektrische Stromkreise zündgefährlich werden (1,2 V, 0,1 A, 25 mW, 20 mJ; vgl. Frage 9.2), liegen jedoch deutlich niedriger als die physiologischen Grenzwerte. Wo sich Fehlerströme über frei zugängliche Metallteile verzweigen, z.B. über Tragkonstruktionen, Rohrleitungen, Geländer, können an losen Kontaktstellen zündfähige Funken auftreten.
Die Suche richtet sich daher auf eine universell anwendbare Maßnahme, die zuverlässig einen Isolationsfehler ausschließt oder den Fehlerstromkreis auf eigensichere Verhältnisse begrenzt. Leider kommt man dabei nicht zu einem befriedigenden Ergebnis. Keine der genormten Maßnahmen kann diese Bedingungen für alle Anwendungsfälle erfüllen.
Maßnahmen des „Schutzes durch automatische Abschaltung der Stromversorgung" nach DIN VDE 0100 Teil 410 entschärfen fehlerbedingte elektrische Zündquellen. Abschaltzeiten < 0,4 s kommen zuerst dem Brandschutz zugute, machen sich aber auch im Explosionsschutz bemerkbar.

Frage 11.2   Wie begünstigen die Schutzmaßnahmen gegen elektrischen Schlag den Explosionsschutz?

Nicht alle Schutzmaßnahmen unterstützen auch den Explosionsschutz. Das wird schon aus der Antwort zur Frage 11.1 deutlich. Einige sind davon in dieser Hinsicht so bedenklich, dass man sie in explosionsgefährdeten Bereichen nicht anwenden kann.
Tafel 11.1 fasst zusammen, auf welche Weise die Schutzmaßnahmen in den Explosionsschutz eingreifen.

Tafel 11.1   Schutzmaßnahmen gegen elektrischen Schlag in explosionsgefährdeten Bereichen

1. Prinzip
Verhindern von zündfähigen Funken durch
– Begrenzung von Erdschlussströmen (Größe und/oder Dauer) in Konstruktionsteilen oder Umhüllungen und
– Potenzialausgleich; Verhindern von Potenzialanhebungen auf Potenzialausgleichsleitungen
– Vermeiden der Berührung blanker aktiver Teile
– Vermeiden zufälliger Kontaktstellen bei PE und PA

2. Eignung von Maßnahmen nach DIN VDE 0100 Teil 410		
Schutzmaßnahme	ungünstige Eigenschaften	Bemerkungen
Schutz gegen direktes Berühren		
– Isolierung	im Fehlerfall wie bei Abdeckung oder Umhüllung	grundsätzlich erforderlich
– Abdeckung oder Umhüllung, Hindernisse, Abstand	kein Schutz gegenden Zutritt explosionsgefährdender Stoffe	allein nicht geeignet
– RCD zusätzlich (FI-Schutz)	Bedingungen an den Erdungswiderstand	geeignet
Schutz bei indirektem Berühren		
– TN-Systeme; TN-C	stromführender PEN	nicht geeignet
TN-S	Abschaltbedingungen	günstiger mit RCD
TT-System	Abschaltbedingungen	RCD gefordert
IT-System	Zweitfehler(vermeidbar)	wird bevorzugt, Isolationsüberwachung gefordert
– SELV-System	aktive Teile nur isoliert zulässig	beschränkt nutzbar,
– PELV-Systeme	nur mit Schutz gegen direktes Berühren	bedingt geeignet, Zusatzforderungen
Schutz durch Verwenden von Betriebsmitteln der Schutzklasse II		
– Schutztrennung	nur für einzelne Betriebsmittel zulässig	beschränkt nutzbar
– FELV-Systeme	ohne sichere Trennung	nicht geeignet
– FU-Überwachung	hoher Erdungswiderstand	nicht geeignet
– Erdung (> 1 kV)	mögliche Leckströme	nicht günstig, jedoch zulässig

Die aktuellen Normen für elektrische Schutzmaßnahmen, z.B. DIN VDE 0100 Teil 410 (01.97), verwenden eine aus dem EG-Harmonisierungsdokument entnommene Gliederung. Sie sind in der umschreibenden Denkweise internationaler Normungsergebnisse formuliert und werden dem Anwender mit einem nationalen Vorwort sachgerecht nahegebracht. Darauf einzeln einzugehen ist an dieser Stelle aussichtslos.

Für die Belange des Explosionsschutzes bewirken die europäischen und internationalen Einflüsse auf die Normen DIN VDE 0100 (Teile 410, 470, 482, 540 und 700) – soweit bisher erkennbar – keine grundsätzlichen Änderungen. Zumindest diese Feststellung ist möglich, weil die Normen VDE 0165 auch unmittelbar auf die Netzsysteme eingehen. Was sich aber merklich ändert, das ist der Zeitaufwand für den Anwender, um das Schutzziel zweifelsfrei zu erfassen.

Frage 11.3 **Welche Schutzmaßnahmen gegen elektrischen Schlag dürfen in Ex-Anlagen angewendet werden?**

Für Anlagen in den Zonen 1 und 2 regelt das die VDE 0165 Teil 1 (ab 08.98) im Abschnitt 6 *Schutz gegen das Auftreten gefährlicher (zündfähiger) Funken.*

Für staubexplosionsgefährdete Betriebsstätten enthält VDE 0165 Teil 2 (11.99) dazu noch keine ausdrücklichen Festlegungen, wird aber nach der Übernahme von IEC 61241-14 angeglichen sein.

  Bei Betriebsmitteln in den Zonen 0 sowie 20 (früher 10) gelten besondere Bedingungen, die jeweils aus der Konformitätserklärung bzw. der Baumusterprüfbescheinigung und/oder der Betriebsanleitung der jeweiligen Betriebsmittel zu entnehmen sind.

Grundlage aller Maßnahmen gegen elektrischen Schlag in Ex-Betriebsstätten sind Teile von IEC 60364-4, europäisch harmonisiert durch HD 384.4 – auf deutsch: VDE 0100 Teil 410.

Für die elektrischen Anlagen in den Zonen 1, 2 sowie 21 oder 22 (früher Zone 11) bestehen zusätzliche Bedingungen wie folgt:

1. Für alle Spannungsbereiche

Es muss immer eine Schutzmaßnahme „gegen elektrischen Schlag unter normalen Bedingungen" wirksam sein (Schutz gegen direktes Berühren aktiver Teile, auch als Basisschutz bezeichnet). Ausgenommen sind lediglich

- eigensichere Stromkreise
- baumustergeprüfte elektrostatische Betriebsmittel, z.B. Sprüheinrichtungen

- örtliche Bereiche, in denen die Art des Errichtens das direkte Berühren verhindert (z.b. Schutz durch Abstand oder durch Hindernisse bzw. Umhüllungen, mitunter erforderlich in Anlagen über 1 kV)

Außerdem müssen Schutzmaßnahmen „gegen elektrischen Schlag unter Fehlerbedingungen" angewendet werden (Schutz bei indirektem Berühren, auch als Fehlerschutz bezeichnet).

Auch dafür sind spezielle Bedingungen zu beachten:

2. Anlagen bis 1000 V

- **TN-C-System;** früher als klassische Nullung bekannt: nicht zulässig (auch nicht bei Leiterquerschnitten > 10 mm^2)
- **TN-C-S-System**
  - Übergang auf TN-S-System im Ex-Bereich verboten, N/PE-Verbindungen nur außerhalb von Ex-Bereichen vornehmen
  - PE an jeder Übergangsstelle auf TN-S mit dem Potenzialausgleichsystem verbinden
  - N im Ex-Bereich als aktiven Leiter behandeln (isoliert vom PE)
  - Stromkreise außerhalb von Schalt- und Verteilungsanlagen mit Leitern < 10 mm^2: Isolationsmessung aller N-Leiter gegen Erde muss ohne Abklemmen möglich sein (Trennklemme, möglichst separat für jeden Stromkreis)
  - Ableitströme auf Grenzwertüberschreitung überprüfen, im Zweifelsfall überwachen
- **TT-System**
  - zusätzlich Fehlerstrom-Schutzeinrichtung (RCD) vorsehen (für Zone 2 in VDE 0165 Teil 1 nicht mehr gefordert); Hinweis: Erdungswiderstand überprüfen
- **IT-System**
  - Isolationsüberwachungseinrichtung erforderlich (Meldung des ersten Erdschlusses; Fehler möglichst schon beseitigen bevor ein zweiter Erdschluss dazu kommt)
  - für Zone 0 früher (VDE 0165 02.91) vorgeschrieben mit selbsttätiger Abschaltung bei < 100 Ω je V gegen Erde/Schirm; Abschaltung bei Erd- und bei Kurzschluss innerhalb 0,25 s
- **SELV-System** (Schutzkleinspannung)
  - keine zusätzlichen Forderungen
- **PELV-System** (Funktionskleinspannung mit sicherer Trennung)
  - mit Erdung: Potenzialausgleichsystem erforderlich (Anschluss aller Körper und Erdverbindung)

- potenzialfrei: Erdung (z.B. für EMV) zulässig
– *Schutztrennung*
  - nur für einzelne Betriebsmittel zulässig
– *Schutz durch Verwendung von Betriebsmitteln der Schutzklasse II* (früher „Schutzisolierung"):
  - hier nicht speziell geregelt (allgemein nur bei Handgeräten kleiner Leistung zu finden, vom Hersteller nachzuweisen)

3. **Anlagen über 1000 V**

– *Erdung* nach DIN VDE 0141
  - Empfehlung: Erdschlussüberwachung mit selbsttätiger unverzögerter Abschaltung bei Doppelfehler
– Normen für spezielle Einrichtungen und Anlagen beachten, z.B. für elektrostatisches Sprühen

Frage 11.4   *Wo kann man auch unter Fehlerbedingungen auf Schutzmaßnahmen gegen elektrischen Schlag verzichten?*

Das lässt sich schnell beantworten. Die wenigen Fälle, wo auch Maßnahmen bei indirektem Berühren für den Explosionsschutz bedeutungslos bleiben, sind die gleichen wie beim Schutz gegen elektrischen Schlag unter normalen Bedingungen (Frage 11.3, unter 1.)

Frage 11.5   *Muss der Neutralleiter gemeinsam mit den Außenleitern geschaltet werden?*

Ein Neutralleiter ist bestimmungsgemäß dafür geeignet, zum Transport elektrischer Energie beizutragen. Sobald irgendwo etwas gewollt oder ungewollt die elektrische Symmetrie in den Außenleitern stört, und das kommt recht oft vor, wird er aktiv.
Elektronische Vorschaltgeräte können das sogar bei symmetrischer Lastaufteilung bewirken, wobei sich im Neutralleiter eines Drehstromsystems eine höhere Stromstärke einstellt als in den Außenleitern. Neutralleiter sind als aktive Leiter zu behandeln. **Der Neutralleiter muss zusammen mit den Außenleitern schaltbar sein** (voreilend ein, nacheilend aus).

Frage 11.6   *Dürfen Schutzleiter auch separat und blank verlegt werden?*

Ja. DIN VDE 0100 Teil 540 lässt das zu und enthält die Bedingungen für die Auswahl. Die Errichtungsnormen für elektrische Anlagen in explosionsgefährdeten Bereichen gehen darauf nicht ein. Trotzdem ist es besser, den

Schutzleiter mit den Außenleitern in gemeinsamer Umhüllung zu führen, weil er bei Erdschluss stromführend wird.

Frage 11.7 Was ist beim Potenzialausgleich zusätzlich zu beachten?

Der Potenzialausgleich trägt sehr dazu bei, zündfähige Funken zu verhindern. Begleitend zum gerätetechnischen Explosionsschutz stellt der Potenzialausgleich eine vordringliche Schutzmaßnahme in allen explosionsgefährdeten Bereichen dar. Maßgebend für die Beschaffenheit sind

- die Festlegungen in DIN VDE 0100, Teil 410 (Schutz gegen elektrischen Schlag) und Teil 540 (Erdung, Schutzleiter, Potenzialausgleichsleiter),
- die zusätzlichen Festlegungen für den Explosionsschutz in den Normen VDE 0165,
- die Hinweise in den EX-RL (BGR 104), wonach auf den Potenzialausgleich in den Zonen 0, 20 und 21 besonders zu achten ist, wenn leitfähige Anlagenteile eingebracht werden, z.B. Lüftungs- oder Saugrohre in Tanks, Behälter usw.

Wie alle anderen Schutzmaßnahmen kann auch diese Zündschutzmaßnahme ihre Aufgabe nur erfüllen, wenn sie nicht nur den tatsächlichen Erfordernissen entsprechend dimensioniert ist, sondern auch auf Dauer funktionsfähig bleibt.
Zu wissen, dass Potenzialdifferenzen schon ab 1,2 V zündgefährlich sein können (vgl. Frage 9.2), nützt hier leider wenig. Selbst wenn es unter realen Bedingungen möglich wäre, repräsentativ zu messen, müsste man vorher einen definierten Fehlerzustand herstellen und könnte sich damit in ein zündgefährliches Abseits begeben.

Besonders zu achten ist auf

- das Potenzialausgleichsystem bei TN-, TT- und IT-Systemen für alle Körper von Betriebsmitteln sowie fremde leitfähige Teile (Konstruktionsteile, Schutzrohre, Bewehrungen, Schirme usw.)
- gegen Selbstlockern gesicherte Schraubverbindungen (z.B. durch Federring oder Zahnscheibe)
- das Erfordernis eines zusätzlichen örtlichen Potenzialausgleichs (früher gemäß VDE 0165 02.91 für die Zonen 0 und 20 ausdrücklich gefordert)
- die unterschiedlich formulierten Erfordernisse zum Potenzialausgleich in den technischen Regeln. Gemäß Basisnorm EN 1127-1 (08.97, Abschnitt 6.4.6) darf man bei Kategorie 3 (Zonen 2 und 22) in der Regel

auf Potenzialausgleich verzichten. Aus VDE 0165 Teil 1 ist das hingegen nicht zu entnehmen.
- die Koordinierung des Potenzialausgleichssystems mit den Erfordernissen des Blitzschutz- und des elektrostatischen Potenzialausgleichs
- die Besonderheiten in fremdbestimmten Anlagen, z.b. nach amerikanischen Bedingungen

Ein besonderer Anschluss wird nicht verlangt für

– Betriebsmittel mit gesichertem metallischem Kontakt zu Konstruktionsteilen oder Rohrleitungen, die zuverlässig in den Potenzialausgleich einbezogen sind, (Hinweis: schraubenlose Klemmbefestigungen, z.b. auf Profilstege aufzusetzende Federstahlklammern, bieten nicht die Zuverlässigkeit einer gesicherten Schraubverbindung)
– leitfähige Teile, die nicht zur elektrischen Anlage gehören, wenn keine Spannungsverschleppung zu befürchten ist (z.b. Tür- oder Fensterrahmen)
– Betriebsmittel in eigensicheren Stromkreisen, sofern nicht speziell gefordert

Wird auf Maßnahmen des Potenzialausgleichs im Ergebnis einer Gefährdungsanalyse verzichtet, ohne dass das Regelwerk dies ausdrücklich zulässt, dann muss es im betrieblichen Explosionsschutzdokument begründet werden.
Das kann beispielsweise der Fall sein bei einzelnen Schutzrohren für Kabel und Leitungen, wenn eine Potenzialverschleppung über diese Rohre oder EMV-Probleme ausgeschlossen werden können, nicht jedoch bei längeren Schutzrohren oder Pritschen, die unterschiedlich genutzte örtliche Bereiche durchlaufen sowie bei Pritschen bzw. Tragkonstruktionen ohne durchgängig leitfähige Verbindung.

Was man nicht tun soll: Es ist gefährlich,

– N-Leiter an das Potenzialausgleichsystem anzuschließen
– am Potenzialausgleich beteiligte Leiter oder Metallteile zu lösen oder gelöste wieder anzuschließen, ohne sicher zu sein, dass dies gefahrlos möglich ist (z. B. beim Auftrennen einer Rohrleitung durch elektrisches Überbrücken)
– das Potenzialausgleichsystem als aktiven Leiter zu benutzen (auch nicht als Hilfsleiter für Prüfzwecke, ausgenommen unter sicherheitsgerechten Bedingungen)

- Anlagen für kathodischen Schutz an ein Ausgleichsystem anzuschließen (ausgenommen bei funktionalem Erfordernis).
- Nicht im Potenzialausgleich unterwiesenen Personen unkontrolliert Eingriffe in das Potenzialausgleichsystem zu gestatten, z.B. bei technologischen Instandsetzungsarbeiten.

Feldinstallierbare Beheizungssteuerung

- Regler, Begrenzer, Leistungsteil (5,7 kW) und Anschlussraum in einem Gehäuse (IP65)
- Im Feld konfigurierbar
- Heizleitungslänge frei wählbar
- Spezifische Heizleistung (W/m) anpassbar
- Leistungselektronik rückwirkungsfrei
- Preisgünstige Komplettlösung

⟨Ex⟩ Zone 1

II 2 G EEx e ib m [ib] IIC T4
TÜV 03 ATEX 2078

blau
schwarz

Böhm Feinmechanik und Elektrotechnik Betriebsgesellschaft mbH
Tel. 05384/216 Fax 05384/296
www.winter-ex.de

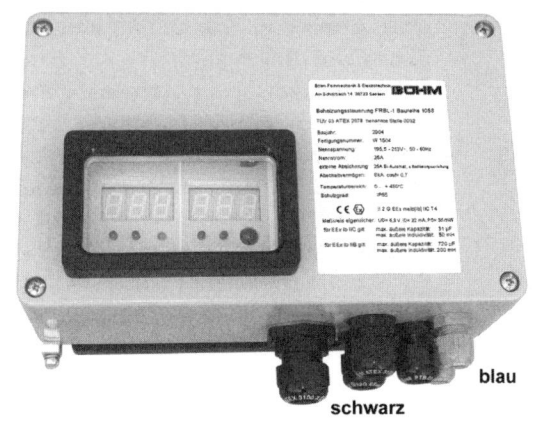

12 Kabel und Leitungen

Frage 12.1 *Stellt der Explosionsschutz Bedingungen an das Material der Leiter, der Isolierung oder der Ummantelung?*

Kabel und Leitungen können die Explosionssicherheit einer elektrischen Anlage erheblich beeinflussen. Die genormten Zündschutzarten für elektrische Betriebsmittel sind dafür aber nicht anwendbar, und deshalb unterliegen Kabel und Leitungen grundsätzlich auch nicht der Baumusterprüfung im Sinne des Explosionsschutzes (wohl aber die dafür benötigen Einführungen in explosionsgeschützte Gehäuse und die dort vorhandenen Anschlussteile). Was man bei der Auswahl und Installation von Kabeln und Leitungen für Ex-Bereiche zu beachten hat, ist in den Normen DIN VDE 0165 festgelegt.

Für explosionsgefährdete Bereiche verwendet man allgemein die gleichen Arten von Kabeln und Leitungen, wie sie in anderen industriellen Bereichen üblich sind.

Industrielle Anwendung schließt immer einen gewissen Schutz gegen Umgebungseinflüsse ein. Für den Explosionsschutz bedeutet dies zunächst die Bedingung $\geq$ IP 54 bis IP 6X, also das Verwenden von entsprechenden Gehäuseeinführungen sowie von Kabeln und Leitungen mit rundem Querschnitt. Bei Gasexplosionsgefährdung ist bei Betriebsmitteln, von denen nur eine verhältnismäßig niedrige Zündgefahr ausgeht, auch eine geringere IP-Schutzart ausreichend, z.B. IP 44 für Käfigläufermotoren in Zone 2 oder IP 20 bei eigensicheren Betriebsmitteln – vorausgesetzt, die Umgebungsbedingungen gestatten es.

Wie sonst auch müssen Kabel und Leitungen für die jeweils zu erwartenden mechanischen, chemischen und thermischen Beanspruchungen geeignet sein. Dafür hat man zwei Möglichkeiten:

a) die Wahl angepasster Typen und/oder
b) das Anwenden von Maßnahmen, um schädlichen Einwirkungen aus dem Wege zu gehen (Abstand, Schutzrohr, Abdeckung usw.)

Konsequenz: ohne genaue Kenntnis der Anforderungen, z.B. durch aggressive Lösemittel, ist Variante b) günstiger. Gemäß VDE 0165 ist an besonders gefährdeten Stellen immer auch nach b) vorzugehen.
Außerdem bringt der Explosionsschutz einige Einschränkungen in der Materialauswahl mit sich. Die zulässigen Mindestquerschnitte sind im Gegensatz zu früher der VDE 0100 Teil 520 (Basisnorm) und Teil 725 (Hilfsstromkreise) weitgehend angeglichen. Das gilt auch für die Schutzmaßnahmen gegen gefährliche elektrostatische Aufladung von Isolierstoffen (BGR 132 – Vermeidung von Zündgefahren infolge elektrostatischer Aufladungen, früher ZH1/200).
Tafel 12.1 (auf Seite 254) fasst die Bedingungen zusammen. Dazu ein Hinweis zur Ziffer 5 der Tafel: Den unvermeidlichen Zweifelsfällen beim Beurteilen elektrostatischer Gefahren geht man am besten damit aus dem Wege, Aufladungsvorgänge konsequent zu vermeiden – auch in staubgefährdeten Bereichen.

Gedichtete Rohrsysteme nach britisch-amerikanischer Praxis (Conduit-Systeme, Prinzip der druckfesten Kapselung) sollten in VDE-orientierten Ex-Anlagen weitmöglich vermieden werden, denn die Errichtungsqualität ist an der fertig montierten Anlage kaum prüfbar, nachträgliche Änderungen haben ihre Tücken und es gibt dafür auch keine IEC-Normen. Bei Explosionsversuchen sind in solchen Rohren Spitzendrücke > 180 bar gemessen worden. Eine Abnahme durch Sachverständige wird schon seit längerer Zeit nicht mehr verlangt. Nach Meinung des Verfassers bietet diese schwere Technik hierzulande keine Vorzüge gegenüber der allgemein üblichen Installationspraxis.
In staubexplosionsgefährdeten Bereichen hingegen können gedichtete Rohrsysteme zweckmäßig sein. Dafür verwendet man jedoch keine „Conduits".

Frage 12.2 Welche Installationsart ist zu bevorzugen?

Wie soeben schon klar geworden ist, muss die Art und Weise der Verlegung von Kabeln und Leitungen in explosionsgefährdeten Bereichen neben den Witterungseinflüssen hauptsächlich folgendes berücksichtigen:

1. **Einflüsse durch den bestimmungsgemäßen Betrieb technologischer und anderer elektrischer Einrichtungen**
2. **Einflüsse durch Abweichungen vom Normalbetrieb**
3. **Einflüsse durch die entzündbaren Stoffe (Ursachen der Explosionsgefahr)**

Die Einflüsse nach 1. und 2. wirken überall, wo ein Weg für Kabel und Leitungen zu finden ist. Sie sind nicht typisch für den Explosionsschutz, können ihn aber beeinträchtigen.

Tafel 12.1 Bedingungen für Kabel und Leitungen in explosionsgefährdeten Bereichen
(VDE 0165 Teil 1/Teil 2)

Merkmale und Bedingungen
1. Brandschutz   Schutz gegen Brandausbreitung   – entweder durch die Verlegungsart (z.B. in Erde, im Sandbett, in Kanälen mit definiertem Feuerwiderstand)   – oder durch flammwidrige Beschaffenheit des Mantels (nach IEC 60332-1; Feuerwiderstandsfähigkeit bis E90 möglich, auch nötig?)

2. Äußere Hülle
 • Mantelmaterial bei fester Verlegung: Thermoplast, Duroplast, Elastomer
 • Nicht ummantelte Adern oder Leitungen spannungsführend nur zulässig in Schalt- und Verteilungsanlagen, in eigensicheren Stromkreisen sowie in geschlossenen Rohrsystemen besonderer Bauart (Conduit-Systeme)
 – Früher gemäß VDE 0165 (02.91):
   – Äußere Schutzhülle nichtleitend oder anderweitig geschützt gegen zufälligen Kontakt mit Rohrleitungen für brennbare Flüssigkeiten oder Gase
   – zusätzlich für Zone 0 unter der äußeren Schutzhülle: Metallschirm, Kupfergeflecht

3. Leitermaterial, allgemein   • Kupfer   • Aluminium (mit dafür geeigneter Anschlusstechnik)
4. Mindestquerschnitte   • Aluminium   – ab 16 mm² (für eigensichere Stromkreise nicht festgelegt)   – Früher gemäß VDE 0165 (02.91): einadrig ab 35 mm² oder mehradrig ab 25 mm²   • Kupfer; Mindestquerschnitt in mm²:

	eindrähtig	feindrähtig
– VDE 0100 Teil 520		
– Leistungs- und Lichtstromkreise	1,5	1,5
– Melde- und Steuerstromkreise	0,5	0,5
– Vieladrige flexible Leitungen mit mehr als 7 Adern	–	0,75 [1]
– VDE 0165 Teil 1		
– eigensichere Stromkreise (gilt auch für den Einzeldraht)	0,1	0,1
Erdung/Potenzialausgleich	1,5	1,5
– Früher gemäß VDE 0165 (02.91):		
– einadrig	1,5	1,0
– bis 5 Adern	1,5	0,75
– vieladrig oder mit Tragorgan	1,0	0,5
– Informationstechnik/MSR bis AC 60 V/DC 120 V	0,5	0,5

[1] In Melde- und Steuerstromkreisen für elektronische Betriebsmittel: 0,1 mm²

Tafel 12.1   (Fortsetzung)

– Fernmelde-/Fernwirktechnik (ohne eigensichere Stromkreise)		
– 2adrig ohne Schirm	0,5	(0,8 mm ⌀)
– 2adrig mit Schirm	0,28	(0,6 mm ⌀)
– mehradrig mit dafür geeigneter Anschlusstechnik	0,28	(0,6 mm ⌀)

5. Isolierung
- Oberflächentemperatur: Einhaltung der Grenzwerte prüfen
- Mineralisolierte Leitungen zulässig
- Eigensichere Stromkreise:
  - Prüfspannung ≥ 500 V
  - Mehrere Stromkreise in gleicher Umhüllung: radiale Dicke der Leiterisolierung ≥ 0,2 mm
- Übernormale Erwärmung im Betriebsmittel: Temperaturen > 70 °C an der Einführung oder > 80 °C an der Aderverzweigung erfordern dafür geeignetes Material (muss außen am Betriebsmittel erkennbar sein, z.B. durch ein X in der Kennzeichnung)
- Elektrostatik gemäß BGR 132: Durchmesser ≤ 20 mm bei Explosionsgruppe IIC, sonst ≤ 30 mm (gilt nur, wenn durch betriebliche Vorgänge gefährliche Aufladung zu erwarten ist)
- Früher gemäß VDE 0165 (02.91):
  - Mineralisolierte Leitungen: Anschlusspunkte entweder mit bescheinigtem Zubehör (Anschlussmaterial) zur Verwendung für die betreffende Zone oder mit normaler Anschlusstechnik: nicht zulässig in den Zonen 0, 1, 10
- Früher gemäß ZH1/200, Elektrostatik-Richtlinien:
  - bei Zone 0: Schutzmaßnahmen erforderlich, z.B. leitfähige geerdete Abdeckung
  - bei Zone 1: Schutzmaßnahmen allgemein nur erforderlich bei betriebsmäßig unvermeidlicher gefährlicher Aufladung (Sonderfall), nicht erforderlich bei > 4 mm Dicke des aufladbaren Materials über den äußeren Leitern (> 0,4 mm bei Explosionsgruppe IIC) oder bei Einzelkabeln bzw. -leitungen mit ≤ 30 mm ⌀ (≤ 20 mm ⌀ bei Explosionsgruppe IIC); Schutzmaßnahmen: Abschirmung oder Abdeckung
  - bei Zone 2 und 11: Schutzmaßnahmen dürfen entfallen

6. Für ortsveränderliche Betriebsmittel
ausgenommen in eigensicheren Stromkreisen
- bis 750 V: schwere Schlauchleitungen, z.B. Typ 07RN oder gleichwertig, Leiterquerschnitt ≥ 1 mm² (z.B. an Handleuchten, Fußschaltern, Fasspumpen)
- bis 250 V gegen Erde /6 A, mechanisch nicht stark beansprucht: auch mittlere Schlauchleitungen, z.B. Typ 05RN oder gleichwertig, Leiterquerschnitt ≥ 1 mm² (z.B. für Steuergeräte) nicht für höhere Beanspruchung
- Schutzleiter: mit den Außenleitern gemeinsam umhüllt, Metallbewehrung oder -mantel allein dafür nicht zulässig
- Gehäuseeinführungen: mit Schutz gegen Abknicken (z.B. Trompete)
- Früher gemäß VDE 0165 (02.91): für MSR, Informationstechnik, Fernmelde-/Fernwirktechnik: auch Kunststoffschlauchleitungen H05VV-F oder Leitungen mit Litzenleitern für erhöhte mechanische Beanspruchung (VDE 0817), ≥ 1 mm²

Unter 3. darf nicht vergessen werden, auch an das Ausbreitungsverhalten der gefährdenden Stoffe zu denken.
Kanäle, Schutzrohre, Durchführungen und andere Hohlräume sind so zu gestalten, dass

– entzündliche Stoffe nicht in einen anderen Raum oder örtlichen Bereich übertragen werden und dass
– schädigende Stoffe oder Wasser sich weder ansammeln noch auf die Kabel oder Leitungen einwirken.

Das lässt sich beispielsweise erreichen durch Sandfüllung, Abschotten oder einseitiges Abdichten von Schutzrohren und durch Entwässerungsöffnungen. Schädigende Einflüsse können von der chemischen Aggressivität gefährlicher Stoffe ausgehen, so bei speziellen Lösemitteln gegenüber bestimmten Isolierstoffen. Bekommt blankes Kupfer Kontakt mit Acetylen, dann kann sich zündgefährliches Kupferacetylid bilden. Fachleute der BAM haben jedoch festgestellt, dass diese Gefahr – anders als in Chemieapparaten – für elektrische Anlagen nicht kritisch werden kann.
Es muss immer speziell untersucht und entschieden werden, wie man aus der Sicht des Explosionsschutzes Kabel oder Leitungen zweckmäßig anzuordnen oder zusätzlich zu schützen hat.
Tafel 12.2 informiert darüber, welche Einflüsse anhand von Merkmalen der Explosionsgefahr zu beachten sind und gibt Hinweise zur Verlegung.
Für staubexplosionsgefährdete Bereiche gestattet VDE 0165 Teil 2 *(Entwurf Teil 2/A2 Okt.02)* bei Schutzrohrsystemen neben Metall auch Kunststoff, fordert Staubdichtheit und stellt differenzierte konstruktive Bedingungen. Auch Aluminium-Schutzrohre dürfen in diesen Bereichen verwendet werden, nicht aber bei Gasexplosionsgefahr, denn mechanische Schlageinwirkung unter Beteiligung von Rost bedeutet Zündgefahr für explosionsfähige Gas/Luft-Gemische.
Nicht isolierstoffumhüllte Leiter, also Freileitungen, Schleifleitungen, offene Sammelschienensysteme usw., sind in Ex-Bereichen nicht zulässig und sollen sie auch nicht überqueren.

Frage 12.3   *Was gilt für Kabel und Leitungen speziell für die Zonen 0 und 20 bzw. 10?*

Diese Einstufungen kennzeichnen die höchste Intensität einer gefährlichen explosionsfähigen Atmosphäre. Für Arbeitsstätten kann das kaum zutreffen, sondern nur für das Innere technologischer Einrichtungen. Folgend wird zusammengefasst, welche einschränkenden Bedingungen hierbei für Kabel und Leitungen zu beachten sind:

Tafel 12.2 Einflüsse auf die Anordnung von Kabeln und Leitungen in explosionsgefährdeten Bereichen

1. Prinzip

Verhindern äußerer Einflüsse in Form von
- schädigenden physikalischen oder chemischen Einwirkungen oder
- gefährlicher Berührung mit entzündlichen Stoffen

durch zweckmäßige Anordnung und spezielle Schutzmaßnahmen

2. Einflüsse und Hinweise auf Schutzmaßnahmen bei der Verlegung

Einfluss	Maßnahme
– **Verlustwärme, Schwingungen**	Abstand von Quelle
– **mechanische Belastung**	Schutzrohr (grundsätzlich beidseitig offen)
– **Flammen** (Brände)[1]	Verlegung in Erde, in Kanälen mit Feuerwiderstand oder Auftrag von Dämmschichtbildner, brandschutzgerechte Ausführung von Wand- und Deckendurchführungen
– **Elektromagnetische Strahlung**	Verlegung in Erde oder in Umhüllung mit schirmender Wirkung (Metallrohr, -kanal)
– **Induktion, Fremdspannungen**	Abstand oder Umhüllung mit schirmender Wirkung (Erdung, Potentialausgleich)
– **aggressive Flüssigkeiten**	Meiden von Tropfstellen und möglichen Ansammlungen, Unterflur-Verlegung (Fußboden) vermeiden, unvermeidliche Einzelanschlüsse in gedichtetem Schutzrohr
– **schwere Gase** (Dichteverhältnis bezogen auf Luft >1, z.B. Propan, Butan)	Unterflur-Verlegung (Fußboden) möglichst vermeiden, tiefliegende Kanäle gegen Verschleppung von Gasen sichern (z.B. durch Sandfüllung, Schottung),
– **leichte Gase** (Dichteverhältnis bezogen auf Luft <1, z.B. Wasserstoff, Methan, Erdgas)	Deckennahe Stauräume, in denen sich aufsteigende Gase ansammeln können, möglichst meiden oder Entlüftungsmaßnahmen anwenden
– **Stäube** [1]	gegen Staubablagerungen weitmöglich geschützt anordnen, reinigungsfreundlich gestalten und anordnen, waagerechte Ablagerungsflächen vermeiden, Pritschen vertikal montieren
– **Prozessleittechnik, Notbetrieb**	redundante Verlegung (zwei Kabel mit gleicher Aufgabe, getrennte Trassen)
– **Instandhaltung**	eindeutige und zweckmäßige Markierung (Anschlusspunkte, Trassen), Zugänglichkeit

[1] Weiteres im Band „Brandschutz in der Elektroinstallation" der Fachbuchreihe Elektropraktiker-Bibliothek (Schmidt, F.)

für Zone 0
nach DIN VDE 0165 Teil 1

a) bei eigensicheren Stromkreisen: Überspannungsschutz gegen Blitzschutzschäden erforderlich, sonst wie in Tafel 12.1 angegeben
b) bei Anwendung anderer Zündschutzarten: Verwendung national zugelassener Kabel und/oder Leitungstypen – wofür es aber keine europäischen Regeln gibt. Man kann den Gerätehersteller fragen oder sich an frühere Festlegungen halten.

Früher gemäß VDE 0165 02.91:

a) direkter Anschluss; keine Abzweige, keine Verbindungen
b) für feste Verlegung: nur Typen mit
  – flammwidriger äußerer Schutzhülle aus Gummi oder Kunststoff (IEC 60332-1)
  – Metallmantel, Kupfergeflecht oder mit Schirm
c) Überwachung des Isolationswiderstandes; selbsttätige Abschaltung bei < 100 Ω/V mit überprüfbarer Funktion, Wiedereinschaltsperre und Messkreis in Zündschutzart Eigensicherheit „ia"
d) Abschaltzeit bei Kurz- oder Erdschluss ≤ 5 s

Die Bedingungen a) bis d) gelten nicht für eigensichere Stromkreise. Dafür wird nur gefordert:

– geschützt gegen mechanische Beschädigung
– Anschluss für funktionsbedingte Erdung/Potentialausgleich: außerhalb der Zone 0, aber so nahe als möglich

für Zone 20 bzw. 10
bestehen dazu in DIN VDE 0165 bisher keine konkreten Festlegungen, auch nicht im Entwurf DIN EN 60079-14 VDE 0165 Teil 2 für die Zone 20.
Nach Meinung des Verfassers ist es empfehlenswert, im Blick auf unvermeidliche Staubablagerungen in Zone 20 bzw. 10 ein Kabel oder eine Leitung mit den gleichen Maßnahmen zu schützen wie früher schon bei Zone 0, ebenso bei eigensicheren Stromkreisen.

Frage 12.4 Wie müssen Durchführungen durch Wände und Decken beschaffen sein?

Darauf wird oft spontan geantwortet: natürlich gasdicht, das ist selbstverständlich für den Explosionsschutz. Gasdichtheit in physikalischem Sinn ist

aber mit vertretbarem Aufwand gar nicht erreichbar und auch nicht erforderlich. In DIN VDE 0165 (02.91) heißt es dazu: **„Durchführungsöffnungen zu nicht explosionsgefährdeten Bereichen müssen ausreichend dicht verschlossen sein, z.B. durch Sandtaschen, Mörtelverschluss".** Im Gegensatz zu den Prüf- und Zertifizierungsverfahren des baulichen Brandschutzes gibt es im Explosionsschutz für Wand- oder Deckendurchführungen von Kabeln und Leitungen weder eine Prüfnorm noch ein Zulassungsverfahren. Was soll erreicht werden?
Kabel- und Leitungsdurchführungen durch Baukonstruktionen genügen den Forderungen des Explosionsschutzes, wenn sie „technisch dicht" sind. Es muss verhindert sein, dass *der jeweils maßgebende Stoff* (Gas, Flüssigkeit, Dampf, Nebel, Staub) die Durchführung in einer Menge durchdringt, die auf der anderen Seite eine gefährliche explosionsfähige Atmosphäre bilden kann. **Speziell für den Explosionsschutz hängt der erforderliche konstruktive Aufwand ab von**

– der Intensität der Explosionsgefahr (Zone)
– den unterschiedlichen Gefahrensituationen im unmittelbaren örtlichen Bereich der Durchführung (Einstufung; Lüftungseinfluss) beiderseits der betreffenden Wand bzw. von Fußboden und Decke
– dem Aggregatzustand des gefahrbringenden Stoffes, der an die Durchführung gelangen kann (Hinweis: genügend Abstand von Stellen, wo sich Flüssigkeiten oder Stäube ansammeln!)
– eventuell zusätzlich zu beachtenden Forderungen des bautechnischen Explosionsschutzes (Hinweis: Durchführung möglichst vermeiden, wo bautechnischer Explosionsschutz bzw. definierte Druckresistenz verlangt wird, andernfalls entsprechend druckbeständige Art der Durchführung auswählen)

Außerdem sind Forderungen des baulichen Brandschutzes zu beachten.
Im Normalfall reicht es aus, eine Wand- oder Deckenöffnung in voller Dicke mit nichtbrennbaren Baustoffen wieder so zu verschließen, dass der ursprüngliche Feuerwiderstand erhalten bleibt. Dazu müssen die jeweiligen Erfordernisse ermittelt werden. Für höhere Ansprüche bietet die Baustoffbranche differenzierte Lösungen an. Besser ist es, das Durchqueren von Brandschutzkonstruktionen möglichst zu vermeiden.
Weiteres dazu enthält der Band „Brandschutz in der Elektroinstallation".

Frage 12.5   Ist das Verlegen unter Putz erlaubt?

Diese Frage taucht immer wieder auf, wenn über den Funktionserhalt im Brandfall oder über die Ansichtsgüte nachgedacht wird. Die Normen VDE

0165 gehen darauf nicht unmittelbar ein. Funktionserhalt ist aber auf diesem Wege gar nicht zu erreichen.
Eine Unter-Putz-Verlegung verbietet sich schon deshalb, weil die bestimmungsgemäße Verwendung vorschriftsmäßiger Betriebsmittel zum Einsatz in explosionsgefährdeten Betriebsstätten diese Installationsart nicht einschließt.
Die im ostdeutschen Bestandsschutz ab und an noch interessierenden TGL-Normen erklären die Verlegung in und unter Putz für unzulässig (TGL 200-0621 Teil 2, Elektrotechnische Anlagen in explosionsgefährdeten Arbeitsstätten, Allgemeine sicherheitstechnische Forderungen, Abschnitt 4.5).

Frage 12.6   Was ist für die Einführungen von Kabeln und Leitungen in Gehäuse besonders zu beachten?

Einführungsteile für Gehäuse zählen im Elektrohandwerk normalerweise zum Kleinmaterial. Im Explosionsschutz hingegen führen die Kabel- und Leitungseinführungen (abgekürzt KLE) – auch Kabelverschraubungen genannt – kein Schattendasein, denn es bestehen zusätzliche Anforderungen.
Die Normen VDE 0170/0171 enthalten auch Bestimmungen für Einführungen von Kabeln, Leitungen und Rohrleitungen (im Teil 1 für Betriebsmittel des Gasexplosionsschutzes, im Teil 15-1-1 für Staubexplosionsschutz). Wie normalerweise auch dürfen nur solche KLE verwendet werden, die sich für den Kabel- oder Leitungstyp eignen, aber im Explosionsschutz kommt es dabei auch auf die Zündschutzart des Betriebsmittels an.
Befestigt sein können die KLE

– in der Gehäusewand, dort auch auf einer Anschlussplatte,
– in Gewindebohrungen oder in glatten Bohrungen
– sowohl als einzelnes Bauteil als auch als fester Bestandteil eines Gehäuses.

Für Conduit-Rohreinführungen gelten besondere Bedingungen (Zündsperre). **Im installierten Zustand dürfen die Einführungen nur mit Werkzeug lösbar sein.** KLE sind unmittelbarer Bestandteil der Zündschutzmaßnahmen

– erhöhte Sicherheit „e",
– druckfeste Kapselung „d"

und können auch im Staubexplosionsschutz fester Bestandteil von Gehäusen sein. Die Aufgabe der KLE besteht darin, das hindurchführende Kabel oder die Leitung

- mit der dem Betriebsmittel entsprechenden IP-Schutzart abzudichten und
- Zug- oder Verdrehungskräfte von den Leitungsadern im Betriebsmittel fern zu halten.

Daraufhin werden sie geprüft, bescheinigt und gekennzeichnet. Für feste Installation sind auch KLE ohne voll wirksamen Zug- und Verdrehungsschutz zulässig, gekennzeichnet mit dem X. Dann muss diese Bedingung mit Mitteln der Installation erfüllt werden. Bei „d"-Gehäusen haben KLE außerdem die Druckfestigkeit der Einführungsstelle herzustellen und müssen dementsprechend beschaffen und geprüft sein. Eine KLE mit der Kennzeichnung „e" ist dafür nicht zulässig. Allgemein betrachtet richtet sich die Auswahl einer KLE wie immer nach

- den Beanspruchungen des Gehäuses (Einsatzort),
- Art und Aufbau des Kabels oder der Leitung (Durchmesser, äußere Beschaffenheit, Mantel)
- der Beweglichkeit des anzuschließenden Betriebsmittels.
- dem erforderlichen Einschraubgewinde (metrisch oder früher noch als Pg-Gewinde)

Dem gemäß hat man im Material die Wahl zwischen Kunststoff- oder Metallausführungen. **Im Einflussbereich der VDE-Normen ist die „e"- Einführungstechnik traditionell bewährt und vorherrschend.**
Bild 12.1 zeigt eine Ex-e-KLE, wie man sie für Kabel- und Leitungsdurchmesser zwischen 4 und 48 mm nach Katalog auswählen kann, in ihren Einzelteilen. In dieser Art gibt es auch Mehrfach-Einführungen, z.B. für bis zu 4 Leitungen mit kleinem Durchmesser.
Bei beweglicher Leitung ist immer auf Knickschutz zu achten und für ortsveränderliche Betriebsmittel eine dafür geeignete Einführung zu verwenden („Trompeteneinführung"), z.B. gemäß Bild 12.2 (auf Seite 262). Unbenutzte Einführungsöffnungen von Gehäusen müssen mit Verschlussteilen abgedichtet werden, die der Zündschutzart entsprechen, dafür geprüft sind und die sich nur mit einem Werkzeug lösen lassen (z.B. Gewinde-Verschlussstopfen wie in Bild 12.3 oder Stifte wie in Bild 12.1(auf Seite 262)). Andere Länder bevorzugen die „d"-Technik. Das europäische Vorschriftenwerk für Ex-Betriebsmittel des Gasexplosionsschutzes, EN 60079-0 ff (früher EN 50014 ff), bezieht diese Installationstechnik ein und lässt für die KLE bei druckfesten Gehäusen zwei Möglichkeiten zu:

- Systeme mit indirekter Einführung in das „d"-Gehäuse; dazu gehören
    - ein „e"-Anschlussgehäuse mit eingebauten druckfesten Durchführungen zum „d"-Gehäuse mit

259

Bild 12.1 *Beispiel einer Kabel- und Leitungseinführung aus Polyamid, EEx e II, IP 66, mit Verschlussstopfen (Fa. Cooper Crouse-Hinds)*

- KLE in „e"-Technik,
- Systeme mit direkter Einführung; dazu müssen entweder
  - KLE in Ex-d-Ausführung verwendet werden oder
  - druckfeste Rohrleitungen (Conduit-System) werden eingeschraubt.

Bild 12.4 stellt diese Varianten gegenüber. Bild 12.5 demonstriert am Beispiel einer gekapselten Verteilung in „d"-Technik, welchen Aufwand eine Rohrinstallation erfordert.

Bild 12.2 *Beispiel einer Kabel- und Leitungseinführung aus Polyamid oder Aluminium für ortsveränderliche explosionsgeschützte Betriebsmittel (Trompetenverschraubung), EEx e II, IP 68, M 16 x 1,5 bis M 63 x 1,5; Klemmbereiche zwischen 4 bis 8 mm und 37 bis 44 mm (Fa. Stahl Schaltgeräte)*

Bild 12.3 Beispiel einer Abzweigdose aus Polyesterharz in EEx de IIC, bis T6; hier mit 7 Mantelklemmen, einer Geräteschutzsicherung auf dem Klemmensockel, Leitungseinführungen und Verschlussstopfen (Fa. R. Stahl Schaltgeräte)

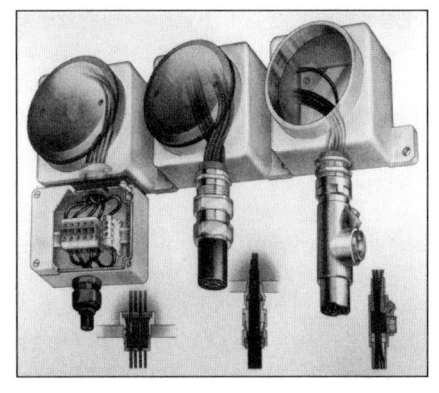

Bild 12.4 Kabel- und Leitungseinführung in explosionsgeschützte Betriebsmittel der Zündschutzart Druckfeste Kapselung "d"; Links: Übliche indirekte Einführung über ein "e"-Klemmgehäuse mit "e"-Einführungsstutzen; Mitte: Direkte Einführung mit "d"-Einführungsstutzen; Rechts: Direkte Einführung (Conduit-System, Einzeladern in "d"-Leitungsrohr, mit Zündsperre vergossen) (Fa. R. Stahl Schaltgeräte)

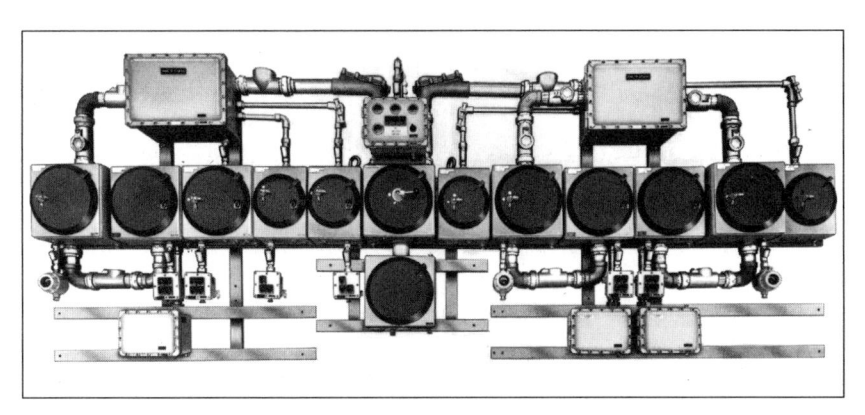

Bild 12.5 Beispiel einer Verteilungsanlage in Zündschutzart Druckfeste Kapselung "d" und "d"-Rohrinstallation (Conduit-System); Oben: Zwei Verteilerkästen mit Sammelschiene, dazwischen ein Instrumentengehäuse; Mitte: Motorabgänge, Gehäuse mit Schützen, unten angesetzt: Instrumentengehäuse (rund), Tastergehäuse (quadratisch), Klemmengehäuse (rechteckig) (Fa. R. Stahl Schaltgeräte)

VDE 0165 bezieht diese Installationstechnik bei gasexplosionsgefährdeten Bereichen ein. Wenn Betriebsmittel mit dafür geeigneten KLE nicht zur Verfügung stehen, darf der Übergang auf das Rohrsystem mit Adaptern erfolgen. Es müssen geprüfte und bescheinigte Adapter verwendet werden, ausgenommen für die Zone 2.
VDE O165 Teil 1 geht besonders darauf ein, wie die KLE für druckfeste Gehäuse auszuwählen und auszuführen sind und wie Conduit-Systeme beschaffen sein müssen. Anstelle weiterer Erläuterungen kann hier nur darauf aufmerksam gemacht werden, dass die Hersteller in den Betriebsanleitungen auch dazu Angaben zu machen haben.
Das gilt ebenso für mineralisolierte Leitungen (z.B. für Heizung) und die dafür notwendigen speziell geprüften Abschlüsse.
Nicht alle Kabel oder Leitungen bleiben unter dem Druck von Befestigungselementen oder Gehäuseeinführungen formstabil. Bekannt für dieses Verhalten sind die brandschutztechnisch günstigen rauchgasarmen Typen, z.B. halogenfreie Kabel und Leitungen. Gewährleistet die KLE keinen sicheren Halt, so muss anderweitig für sichere Befestigung gesorgt werden.

Frage 12.7   Welche Leiterverbindungen sind zulässig?

Bei Klemmstellen, die sich innerhalb von serienmäßigen Ex-Betriebsmitteln befinden, braucht man danach nicht zu fragen. Die Zulässigkeit der Verbindungsmittel ist in den Normen über elektrische Betriebsmittel für explosionsgefährdete Bereiche VDE 0170/0171 geregelt, ist für die Kategorien 1 und 2 durch Baumusterprüfung nachzuweisen und liegt in der Verantwortung des Herstellers. Seit einiger Zeit haben auch moderne schraubenlose Klemmen den Eignungstest unter Ex-Bedingungen bestanden.
Für Ex-Klemmen schreiben die Normen besondere **Kriech- und Luftstrecken** vor. Das sind Maße zwischen blanken Teilen, die beim Verdrahten nicht beeinträchtigt werden dürfen. Kriechströme oder Stromfluss infolge eines abgespleißten Drähtchens können zündgefährlich sein. Deswegen wird grundsätzlich vorausgesetzt, dass die Leiterenden so herzurichten oder von der Klemme insgesamt zu fassen sind, dass sie nicht aufspleißen. Das kann auf gewohnte Weise mit Endhülsen oder Kabelschuhen geschehen oder auch durch entsprechend beschaffene Klemmen. Weichlöten war früher nach DIN VDE 0165 (02.91) nicht zulässig, ist jetzt zwar wieder erlaubt, wenn die Leiterenden vorher mechanisch fixiert werden, aber man sollte es möglichst vermeiden.
Für **das Verbinden von Leitern innerhalb von Betriebsmitteln** eignen sich **gesicherte Schraub-, Press-, Schweiß- und Hartlötverbindungen.**
Für **Leiterverbindungen außerhalb von Betriebsmitteln,** also für Muffenverbindungen, legt DIN VDE 0165 folgendes fest:

- nur als Pressverbindung erlaubt,
- mit ausreichendem Schutz gegen Berühren und Umgebungseinflüsse, erreichbar durch Einbettung in eine
- Gießharzmuffe oder Schrumpfschlauchmuffe in normaler VDE-gerechter Ausführung (mechanische Beanspruchung vermeiden).

Was ist außerdem noch zu beachten?
- *Allgemein:* in explosionsgefährdeten Bereichen sollen Kabel und Leitungen möglichst ohne Verbindungen (ungeschnitten) verlegt werden. Für Zone 0 war das früher in VDE 0165 02.91 bindend vorgeschrieben.
- *Für Klemmen: Lose angeordnete Klemmen* sind weder in VDE 0165 Teil 1 noch in VDE 0165 Teil 2 erwähnt, waren aber früher gemäß VDE 0165 02.91 (Abschnitt 5.6.4.3) nicht zulässig. Daran sollte man sich – meint der Verfasser – auch weiterhin halten.

Sollen zwei oder mehrere Leiter gemeinsam geklemmt werden, dann muss ein sicherer Kontaktdruck für alle Leiter gewährleistet sein, wobei zwei Leiter unterschiedlichen Querschnitts unter eine Quetschhülse gehören.

- *bei Klemmengehäusen:*
  • *Belastungs-Minderungsfaktoren* berücksichtigen, anzugeben vom Hersteller (mit steigender Klemmenanzahl und/oder Auslastung entsteht Verlustwärme, die nicht zu unzulässig hohen Temperaturen führen darf)
  • *mit Klemmen für eigensichere sowie nicht eigensichere Stromkreise:* darauf achten, dass
    ∗ die hellblaue Kennzeichnung des eigensicheren Klemmenbereiches eindeutig und auffällig erkennbar ist,
    ∗ die vorgeschriebene Trennung zwischen eigensicherem und nicht eigensicherem Bereich gewahrt bleibt (mindestens 50 mm Zwischenraum oder Steg gemäß VDE 0170/0171 Teil 7)
- *Besonderheiten:* die vorstehend genannten Bedingungen für die Beschaffenheit von Leiterverbindungen gelten
  • auch für die Zonen 2 und 22 (früher nicht unbedingt)
  • nicht für eigensichere Stromkreise
  • nicht für Conduit-Systeme
  • nicht für die LWL-Technik (Lichtwellenleiter)

In den nicht der Baumusterprüfpflicht unterliegenden Betriebsmitteln (soweit sie zugelassen sind) dürfen normale fest angeordnete Klemmen verwendet werden, die sich nicht von selbst lockern und die Leiter nicht beschädigen.

Frage 12.8 **Wie ist mit den Enden von nicht belegten Adern zu verfahren?**

Bis zum Jahre 2004 gab es dazu keine Festlegungen. Man fand sich gut damit ab, dass Normen nicht alles regeln können, woran die Fachkraft zu denken hat. Neuerdings verlangen die Normen VDE 0165 jedoch, unbenutzte Adern in explosionsgefährdeten Bereichen am Ende entweder zu erden oder ausreichend zu isolieren – aber nicht nur mit Isolierband.
Worauf kommt es an?
Die freien Enden müssen so beschaffen sein, dass über die betreffende Ader kein Potential verschleppt werden kann. Welche Maßnahmen dafür erforderlich sind, ob man die Enden z.B.

– isolieren (einseitig oder beidseitig),
– auf Klemme legen oder
– erden (einzeln oder zusammengefasst, einseitig oder beidseitig)

soll, liegt nach Auffassung der Fachleute im Komitee K 235 der Deutschen Elektrotechnischen Kommission (DKE) im Ermessen des Betreibers. Die Enden nur glatt zu schneiden und umzulegen ist neuerdings nicht mehr akzeptabel.
Ein Chemieunternehmen hat Versuchsergebnisse veröffentlicht, wonach sich mit Schrumpfendkappen nach DIN 47632 dauerhaft gute Isolationswerte ergeben.

Frage 12.9 **Wie müssen ortsveränderliche Betriebsmittel angeschlossen werden?**

Ortsveränderlicher Einsatz beansprucht das Leitungsmaterial naturgemäß viel höher, als wenn ein Betriebsmittel sich zwar bewegen kann, jedoch befestigt ist, wie z.B. eine Pendelleuchte, im Unterschied zu einer Handleuchte. Bei einem beweglich angeordneten Betriebsmittel wird man die Anschlussleitung, wenn sie mechanisch beansprucht sein sollte, in einen Metallschlauch einziehen. Ein zusätzlicher Schutz gegen Abknicken ist nicht immer vonnöten.
Ortsveränderliche Anschlussleitungen müssen jedoch so beschaffen sein, dass sie den zu erwartenden rauen Beanspruchungen bei der Instandhaltung von Betriebsanlagen widerstehen.
Kantenschutz durch eine spezielle Einführung (Bild 12.2, auch bekannt als „Trompeteneinführung") gehört dann unbedingt dazu. Den Normen VDE 0165 zufolge müssen „ortsveränderliche und transportable Betriebsmittel" grundsätzlich sogenannte „schwere" Schlauchleitungen haben. Sind die Betriebsmittel nicht schon von Haus aus verwendungsbereit angeschlos-

sen, dann ist es nicht immer selbstverständlich, dass die mitgelieferte Einführung auch dem Durchmesser von schweren Leitungstypen entspricht.
Tafel 12.1 informiert darüber, welche Bedingungen in DIN VDE 0165 an das Leitungsmaterial zum Anschluss ortsveränderlicher Betriebsmittel gestellt werden.

Frage 12.10 Worauf kommt es an bei beweglich befestigten Betriebsmitteln?

Solche Betriebsmittel zählen nicht zu den ortsveränderlichen und transportablen Betriebsmitteln. Deshalb bleibt mitunter außer Acht, was man ja eigentlich weiß:
Nicht nur bei „Pendelleuchten" haben die Gehäuse dieser Betriebsmittel mitunter keinen unverrückbaren Halt. Antriebe oder andere

- **Betriebsmittel, die selbst Schwingungen verursachen oder Vibrationen ausgesetzt sind, erfordern einen flexiblen Anschluss, und**
- **das Auswechseln von Betriebsmitteln bei Instandhaltungsmaßnahmen wird durch flexible Anschlüsse wesentlich erleichtert.**

Großbetriebe haben das für festgelegte Arten von Betriebsmitteln – z.B. für Antriebe – so geregelt, dass für den Übergang auf Schlauchleitung vor Ort ein Klemmenkasten zu setzen ist.

Frage 12.11 Was gilt für Kabel und Leitungen in eigensicheren Anlagen?

Die Besonderheiten eigensicherer Stromkreise liegen in den schaltungstechnischen Sicherheitsmaßnahmen zum Vermeiden zündgefährlicher Energiewerte, weniger im Schutzaufwand für Kabel und Leitungen. Diesem Vorteil der Zündschutzart Eigensicherheit steht eine entsprechend hohe Empfindlichkeit gegen äußere magnetische und elektrische Felder gegenüber. Als Gegenmaßnahme sind für Kabel und Leitungen gemäß VDE 0165 folgende **Auswahlbedingungen** zu beachten:

- allgemein: dazu Tafel 12.1
- speziell für eigensichere Anlagen: dazu Tafel 15.1
- außerdem erforderlich sind Herstellerangaben zu spezifischen C-, L- und L/R-Werten

Kennzeichnung: hellblau an Trassen, bei der Aderumhüllung sowie in/auf Klemmenkästen, wofür auch hellblaue Stopfbuchsverschraubungen verfügbar sind. Weiteres wird unter 15.6 erläutert.

Frage 12.12   Was ist bei Heizleitungen zu beachten?

Im Brand- und im Explosionsschutz wird viel Aufwand getrieben, um ungewollte elektrische Verlustwärme zu unterdrücken. Für Heizungsaufgaben möchte man die positiven Eigenschaften der Elektrowärme ausnutzen. Das Problem besteht darin, die Wärme so zu dosieren, dass sie effektiv wirksam wird, ohne sich zur Zündquelle zu aktivieren.
Elektrische Heizkabel, so lautet die gängige Bezeichnung oft auch bei Leitungen, lassen sich einfacher installieren als die früher üblichen Dampfbegleitheizungen. Man nutzt die Vorteile ihres geringen Platzbedarfs unter einer Wärmeisolierung und die günstigen Möglichkeiten zur Steuerung der Wärme auf vielfältige Weise, z.B. zum Frostschutz an Rohren und Rohrleitungsarmaturen (Begleitheizung), um Kondenswasser zu vermeiden, oder einfach um Temperaturwerte zu gewährleisten an Behältern, Bunkern und Silos, auch in MSR- und Analysen-Schränken, an Maschinen und für anderweitigen Bedarf.
Wie alle Kabel und Leitungen tragen auch Heizleitungen keine Ex-Kennzeichnung, wohl aber die Anschlussmittel. Ein vorschriftsmäßiger Explosionsschutz wird erst in Kombination mit dem anlagetechnischen Zubehör und durch das Bemessungsverfahren ereicht. Weitere Hinweise zur Gestaltung elektrischer Heizungsanlagen sind unter 18.3 enthalten.
Für die elektrische Begleitheizung in explosionsgefährdeten Bereichen stehen prinzipiell folgende Leitungsarten zur Verfügung:

– einadrig, in Form von kunststoff- oder mineralisolierten Widerstandsheizleitungen, *wobei der Widerstand einer Leiterschleife bzw. der Widerstand einer Drehstromschaltung (Stern oder Dreieck) maßgebend ist und die Wärmeabgabe durch Verändern der speisenden Spannung beeinflusst werden kann,* oder
– zweiadrig, in Form von kunststoffisoliertem Parallelheizband, (selbstbegrenzend oder konstantheizend), *wobei die Spannung über die gesamte Länge zweipolig anliegt und der Querwiderstand zwischen den beiden parallelen Cu- Adern zur Bemessung dient. Dadurch stehen abgestuft wählbare Heizleistungen von etwa 10 W/m bis 60 W/m zur Verfügung.*

Bild 12.6 zeigt den Aufbau selbstbegrenzender Heizleitungen.
Das Typenangebot der spezialisierten Hersteller wird nahezu allen äußeren Beanspruchungen gerecht.

Was man bei der Auswahl grundsätzlich beachten muss:

– *Beheizungsaufgabe*
Wenn die Heizleistung regelbar sein soll, eignen sich einadrige Heizkabel

Bild 12.6 *Beispiel für selbstbegrenzende Heizbänder; Leitungsaufbau (von oben nach unten)*
links:
– Versorgungsleiter (Kupferlitze 1,5 mm²)
– selbstbegrenzendes Kunststoff-Heizelement
– Isolierhülle aus Fluorpolymer-Kunststoff
– verzinntes Kupfergeflecht
– Schutzhülle aus Fluorpolymer-Kunststoff
rechts: ähnlich, jedoch Schutzisolierung an Stelle des Geflechts
(Fa. Bartec)

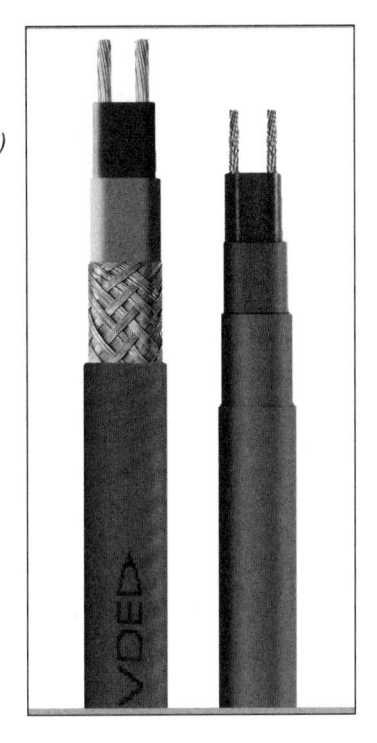

am besten. Die zweiadrigen Parallelheizbänder werden vorzugsweise zur Temperaturhaltung mit Thermostat verwendet. Nicht nur auf die Solltemperatur kommt es an, sondern auch auf die Umgebungstemperatur, die ein Heizkabel-Typ jeweils vertragen kann.

– **Temperaturbegrenzung**
Beim Entwurf der Heizeinrichtungen darf mit Blick auf den Explosionsschutz die jeweils zulässige Oberflächentemperatur nicht überschritten werden (hierzu 18.3). Der betreffende Wert muss vorgegeben sein und gehört in das betriebliche Explosionsschutzdokument. Damit liegt ein zweiter oberer Grenzwert dafür fest, wie weit mit einer elektrischen Begleitheizung der technologisch geforderten Temperatur entsprochen werden kann. Parallelheizbänder in selbstlimitierender Ausführung ermöglichen das ohne den sonst vorgeschriebenen zwangsläufigen Temperaturbegrenzer. Solche Heizbänder wirken auch bei zu hohen Umgebungstemperaturen selbstbegrenzend. Für höhere Temperaturklassen T 5 (+ 100°C) und T 6 (+ 85°C), die aber nur selten vorkommen, steht nicht mehr das volle Sortiment an Heizbändern zur Verfügung. Infolge der physikalisch

bedingten Widerstandszunahme bei ansteigender Temperatur verbindet sich eine höhere Temperatur mit einer niedrigeren Heizleistung. Technologische und witterungsbedingte Einwirkungen, beispielsweise die technologisch bedingten Temperaturänderungen des zu beheizenden Mediums oder kühlender Wind, beeinflussen die Bemessung.
Kunststoffisolierte Heizbänder erwärmen sich je nach Typ bis zu 185 °C, haben Heizleistungen von etwa 30 ... 60 W/m und dürfen sich kreuzen. Einader-Heizleitungen hingegen dürfen nicht über Kreuz liegen, und mineralisoliert erbringen sie Temperaturen bis 650 °C bei Heizleistungen bis 230 W/m. Damit verbunden ist eine entsprechende widerstandsändernde Wärmedehnung, das Isoliermaterial (Magnesiumoxid) ist sehr hygroskopisch und Muffenverbindungen gestalten sich daher entsprechend schwierig. Das alles stellt hohe Anforderungen an die Sorgfalt des Installateurs.
Die Normen VDE 0165 erlauben es, bei wärmeisolierten Heizeinrichtungen die zulässige Oberflächentemperatur auf die äußere Oberfläche zu beziehen. Liegt also die Heizleitung z.B. unter der thermischen Isolierung eines Behälters oder einer Rohrleitung, dann muss nicht die Oberfläche der Heizleitung der Messpunkt sein, sondern es darf auf dem Isoliermantel gemessen werden. Dem Planer nützt das wenig, weil er diesen Vergleichswert weder berechnen noch messen kann und die möglichen Schwachpunkte der Wärmeisolierung nicht kennt (Anschlussstellen, Flanschen; Reparaturen).
Künftig wird das umso weniger problematisch sein, je mehr zertifizierte Heizsysteme zum Einsatz kommen – ein Erfordernis infolge RL 94/9/EG. Aber nicht nur deshalb *ist es ratsam, Heizleitungen für Ex-Anwendungen nur von spezialisierten Herstellern zu beziehen, die auch den Planer oder Errichter sicherheitsgerecht beraten oder alles selbst übernehmen.*

– *Anschlussbedingungen*
Vom Leitungsaufbau und vom Anschlussort (ob innerhalb oder außerhalb des Ex-Bereiches) hängt es ab, welche Forderungen am Speisepunkt (Übergang auf normales Material) und am Leitungsende zu erfüllen sind. Danach richtet es sich, ob ein „Trockenanschluss" möglich ist, Verguss erforderlich wird oder ob eine Schrumpfkappe den Abschluss bilden darf.

– *Grundlagen, Gestaltung, Montage*
In der Publikation „VIK-Empfehlung VE 25 – Elektrische Begleitheizungen" findet man nahezu alles, was man darüber wissen sollte, einschließlich der konzeptionellen Grundlagen für explosionsgeschützte Begleitheizungssysteme.

Die spezialisierten Hersteller teilen in ihren Anwendungsinformationen, Montage- und Betriebsanleitungen mit, wofür sich ihr Material eignet, welches Zubehör gebraucht wird und fragen ab, welchen Anforderungen und Einflüssen eine elektrische Begleitheizung im jeweiligen Anwendungsfall genügen soll.

Betriebe der Chemieindustrie, die vielfach Begleitheizsysteme anwenden, haben in Werksrichtlinien festgelegt, welche Systeme in ihren Unternehmen anzuwenden und wie sie auszulegen sind.

Weitere Informationen finden sich unter Frage 18.3.

Frage 12.13 Welche Kabel eignen sich in chemisch aggressiver Umgebung?

Nicht nur Kabel und Leitungen, sondern alle elektrischen Betriebsmittel müssen gemäß VDE 0165 so ausgewählt werden und installiert sein, dass sie gegen schädigende äußere Einflüsse geschützt sind.

Kabel oder Leitungen auswählen zu müssen unter der Annahme, dass aggressive Flüssigkeiten einwirken können – das mutet zunächst an wie eine Gleichung mit mehreren Unbekannten. In den Unternehmensbereichen Chemie und Mineralöle haben die Betriebe ihre Auswahl intern festgelegt und bestehen z.b. auf Metallmantelkabel. Allgemeingültige Normen sind aber dafür nicht bekannt. Ohne genaue Kenntnis der fraglichen Chemikalien, ihrer schädigenden Eigenschaften und der örtlichen Stellen einer möglichen Beeinflussung kommt man nicht zum Ergebnis. **Elektrofachleute kennen sich normalerweise weder in der Aggressivität chemischer Stoffe hinreichend aus noch sind sie Werkstoffspezialisten. Sie müssen sich darauf verlassen können, dass ihnen der Auftraggeber Unterlagen übergibt, die klare Angaben für eine sachgerechte Materialauswahl enthalten,** entweder

a) zu den geforderten Kabel- oder Leitungstypen (bezeichnet z.B. in der Auftragsdokumentation oder in Werkstandards), oder zumindest
b) zur konkreten Beanspruchung am Einsatzort der Kabel- oder Leitungen, damit man den Kabelhersteller direkt befragen kann.

Oftmals wollen die Auftraggeber ein Kabel verlegt haben, das „ölbeständig" ist. Die harmonisierten Normen sehen einen besonderen Kennbuchstaben dafür nicht vor, obwohl VDE 0473 die Prüfung auf Ölbeständigkeit regelt. Ginge es um Leitungen dann wäre das aus dem ö(Ö) im Typ-Kurzzeichen zu erkennen (z.B. bei den Gummischlauchleitungen NSSHÖU oder NSHCÖU). Die Beständigkeit von PVC-Materialien (Polyvinylchlorid) gegenüber Vergaser- und Dieselkraftstoffen oder allgemein gegenüber aliphatischen Kohlenwasserstoffen wie Erdöl, Benzin oder Dieselkraftstoff nimmt ab, je elasti-

scher das PVC von Haus aus beschaffen ist. Aromatische Kohlenwasserstoffe, die als qualitätserhöhende Anteile im Benzin enthalten sein können, schädigen sogar alle PVC-Sorten. Im Unterschied zu NYY sind z.b. Kabel des Typs NYKY durch ihren Bleimantel dagegen geschützt.
Ohne exakte Kenntnis der örtlichen Situation sollte man sich als Elektroauftragnehmer auch bei der Kabelauswahl auf kein Risiko einlassen.

Frage 12.14 Welche Vorteile bieten Lichtwellenleiter?

Glasfaserkabel und -leitungen (LWL) haben in der Automatisierungs- und Informationstechnik schon lange einen festen Platz, weil es damit keine EMV-Probleme gibt. Im Explosionsschutz stellt die LWL-Technik oft die einzige Möglichkeit dar, um eigensichere Stromkreise zuverlässig gegen undefinierbare elektrische oder magnetische Felder zu schützen, beispielsweise auf dem langen Weg zwischen Anlagenfeld und PLS. Ein weiteres Anwendungsfeld liegt in der Bus-Technik, wenn höhere Datenraten zu transportieren sind – z.B. 1,5 Mbit/s über mehr als 200 m.
Elektrisch/optische Trennübertrager – sogenannte Optokoppler, auch als LWL-Koppler bekannt – wandeln die eigensicheren Signale in gleichwertige Lichtsignale um, die mit LWL-Leitern über relativ lange Strecken übertragen werden können. Die Koppler sind explosionsgeschützt verfügbar in ein- oder zweikanaliger Ausführung, letztere als T-Koppler oder für einen optischen Ring.
Die erreichbare Übertragungsstrecke hängt auch von der Faserqualität ab. "Low-Cost-Fibern" aus kostengünstigen Kunststoffverbindungen beschränken die Bus-Segmentlänge auf maximal 50 m. Unter günstigen Voraussetzungen bei der Konfiguration aller Einflussfaktoren können mit Glasfasern (Fasertypen G 50/125; G 62,5/125) unter Ex-Bedingungen Entfernungen bis 2600 m realisiert werden.
Ein Blick auf den leuchtenden Querschnitt eines Faserbündels legt auch nicht sofort die Vermutung eventueller Zündgefahren nahe. Versuche der PTB an Lichtwellenleitern mit Durchmessern ab 62,5 µm ergaben jedoch, dass schon bei verhältnismäßig geringer Strahlungsleistung Zündgefahren auftreten – je nach dem, welche Zündwilligkeit die explosionsfähigen Gemische aufweisen, wenn sie an den Faserquerschnitt gelangen. Als ungefährlicher Grenzwert wird 35 mW angegeben. Unter Ex-Bedingungen kann also die optisch mögliche Übertragungsleistung nicht voll ausgenutzt werden.
In den Normen VDE 0165 sucht man danach vergebens – möglicherweise deswegen, weil hier die Gerätesicherheit im Vordergrund steht, vor allem aber, weil die gerätetechnische Normung unter IEC 60079-28 noch läuft und differenzierte Festlegungen zu erwarten sind. Der Hersteller muss angeben, wie die Geräte anzuschließen und zu betreiben sind.

13 Leuchten und Lampen

Frage 13.1 Müssen Leuchten für Ex-Bereiche immer ein robustes Metallgehäuse haben?

Ganz und gar nicht, auch wenn das Bild auf dem Einband dieses Buches solche Vermutungen aufkommen lässt. Allerdings müssen Leuchten für explosionsgefährdete Bereiche stabiler sein als andere, wenn sie erhöhten Belastungen ausgesetzt sind. **Das kann erforderlich werden** durch

- die mechanische Beanspruchung am Einsatzort (Grad der mechanischen Gefährdung, ob hoch oder niedrig) und/oder
- die genormte Zündschutzart

Da ein geschlossenes Leuchtengehäuse durch Temperaturwechsel mehr oder minder atmet, kann es entzündbare Gase ansaugen. Ein „d"-Gehäuse muss dem Explosionsdruck standhalten. In einem „e"-Gehäuse hingegen darf sich das Gas/Luft-Gemisch gar nicht erst entzünden, weshalb auch die Klemmen und Fassungen besonderen Bedingungen unterliegen.
Außerdem müssen in staubbelasteten Bereichen gefährliche Ansammlungen auf dem Leuchtengehäuse vermieden werden. Die altbekannten Hängeleuchten mit kegelförmigem glattem Aluminiumguss-Gehäuse erfüllen diese Bedingung gut. Es gibt sie sowohl für Glühlampen bis 200 W als auch für moderne Lichtquellen. Im Bergbau unter Tage sind sie häufig anzutreffen, in der Industrie dagegen nur noch dort, wo die Beleuchtungsaufgabe auf andere Weise nicht zweckmäßig zu lösen ist. *Die größte Ausführung einer modernen EEx-de-Hängeleuchte schafft maximal 47000 lm (Natriumdampf-Hochdrucklampe HSE 400 W), hat ein Leichtmetallgehäuse, ist mit Zusatzgehäuse zur Kompensation etwa 780 mm hoch und belastet die Aufhängung mit 37 kg.*

Das ist nicht erforderlich
- für Montageorte, wo die Leuchten mechanisch nicht gefährdet sind wie z.B. im Deckenbereich oder an Masten und/oder

– in Bereichen der Zone 2, wo weniger aufwändige Leuchten der Zündschutzart „n" einsetzbar sind und wo VDE 0165 (02.91) auch Leuchten ohne Ex-Zündschutzart in normaler Industriequalität gestattete.

Wie das Angebot an Leuchten in leichter Bauweise für Ex-Bereiche zugenommen hat, erkennt man besonders bei den Langfeldleuchten für Zone 1. Weitere Beispiele zeigen die Bilder 13.1 bis 13.3.

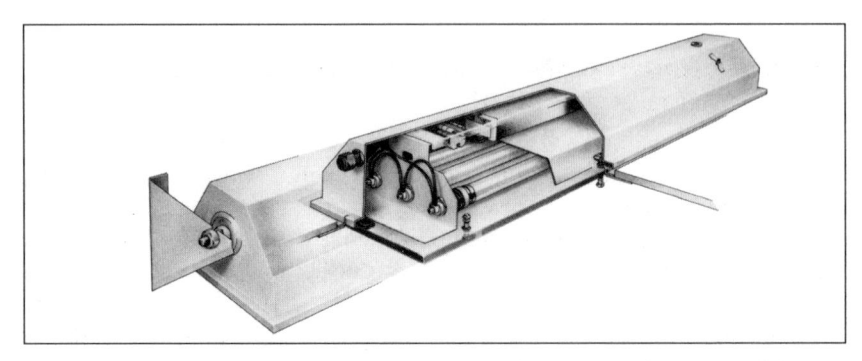

Bild 13.1 Beispiel einer Langfeldleuchte in EEx ed IIC T4, für 2 bis 4 St. Leuchtstofflampen, Stahlblechausführung, als Hänge-, Wand- oder Einbauleuchte, vorzugsweise für Farbspritzkabinen (Fa. R. Stahl Schaltgeräte)

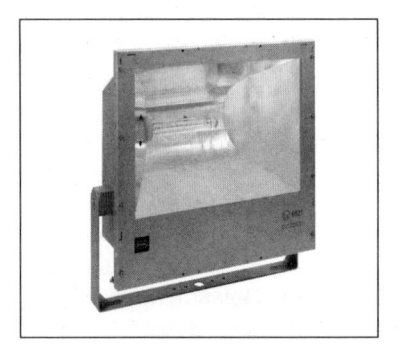

Bild 13.2 Scheinwerfer für Zone 2 in EEx nR II T2/T3/T4 IP 66 (schwadensicher) für Natriumdampf-Hochdampflampen, Halogen-Metalldampflampen oder Halogen-Glühlampen, 70 W bis 1000 W, Edelstahlgehäuse (Fa. R. Stahl Schaltgeräte)

Bild 13.3 Rettungszeichenleuchte mit LED-Technik für die Gas-Ex-Zonen 1 und 2 und für die Staub-Ex-Zonen 21 und 22, in EEx em ib IIC T6, IP 66, Kunststoffgehäuse aus Polycarbonat (Fa. Cooper Crouse-Hinds)

COOPER Crouse-Hinds
Unsere Erfahrung für Ihre Sicherheit

CEAG

Im Verbund mit Cooper Industries ist die Cooper Crouse-Hinds GmbH der weltgrößte Produzent explosionsgeschützter Leuchten und elektrischer Betriebsmittel.
Die unter der Marke CEAG produzierten Qualitätsprodukte stehen seit fast 100 Jahren für Sicherheit und Zuverlässigkeit in einem anspruchsvollen Umfeld.

Cooper Crouse-Hinds GmbH
Neuer Weg – Nord 49
D-69412 Eberbach
Tel.   +49 (0) 6271/806-500
Fax   +49 (0) 6271/806-476
Internet www.ceag.de
E-Mail   info-ex@ceag.de

3., aktualisierte und erweiterte Auflage

ELEKTRO PRAKTIKER Bibliothek

Brandschutz
in der Elektroinstallation
Schmidt

ELEKTRO PRAKTIKER Bibliothek

141 Seiten, 40 Abb.
Broschur
ISBN 3-341-01275-3
€ 24,80

Friedemann Schmidt

Brandschutz in der Elektroinstallation
– BGV A2/GUV 2.10, DIN VDE 0701/0702 –

Als Elektrofachkraft sind Sie für die Sicherheit Ihrer Anlagen verantwortlich. Wer sich dabei auf Normen und Regelwerke stützt, verhindert fahrlässiges Verhalten. Das Buch bietet alle wesentlichen aktuellen Rechtsgrundlagen und Richtlinien zum vorbeugenden Brandschutz von Elektroanlagen. Probleme werden dabei anhand von häufig auftretenden Praxisfragen erläutert, so dass Sie schnell die richtige Lösung finden.

Schwerpunkte:
- Rechtsgrundlagen, Normen, Richtlinien
- Brandschutz in ausgewählten Elektroanlagen
- Bautechnischer Brandschutz bei der Elektroinstallation in Rettungswegen
- Prüfungen der Maßnahmen des Brandschutzes

HUSS-MEDIEN GmbH
Verlag Technik
10400 Berlin

Tel.: 030/4 21 51-325 · Fax: 030/4 21 51-468
e-mail: versandbuchhandlung@hussberlin.de
www.technik-fachbuch.de

Frage 13.2   Welchen Einfluss hat die Zonen-Einstufung der Ex-Bereiche auf die Leuchtenauswahl?

Bezogen auf die Zonen-Einteilung explosionsgefährdeter Bereiche gilt:

- "Neu" gemäß EXVO bzw. ab 1. Juli 2003 in Verkehr gebrachte Leuchten müssen mindestens derjenigen Gerätekategorie entsprechen, die der jeweiligen Zone zugeordnet ist (Tafel 2.3)
- "Alt" vor dem 1. Juli 2003 gemäß ElexV in Verkehr gebrachte Leuchten, Weiterverwendung in bestehenden Anlagen nach "altem Recht":
  - Zonen 0 und 20 bzw. 10: es sind nur speziell dafür geprüfte und bescheinigte Leuchten zugelassen
  - Zone 1: es sind als explosionsgeschützt gekennzeichnete Leuchten zulässig, also jede baumustergeprüfte Leuchte.
  - Zone 21: Leuchten nach altem Recht dürfen nur eingesetzt werden, wenn sie für Zone 10 zugelassen sind
  - Zonen 2 oder 22 bzw. 11: Dafür gelten die speziellen Festlegungen in VDE 0165 (02.91), d.h., Leuchten sind in normaler Ausführung zulässig, vorausgesetzt,
  - der Hersteller bestätigt den Einsatz für die jeweilige Zone und
  - die zulässige Oberflächentemperatur wird nicht überschritten.
  Dazu auch Tafel 2.9 und Tafel 7.5

Die Bedingung, dass die zulässige Oberflächentemperatur nicht überschritten werden darf, gilt immer und für alle Zonen. Unzulässig sind Temperaturen, die den Wert der Zündtemperatur des gefährdenden Stoffes erreichen oder überschreiten. Die Grenzwerte dafür sind unter Frage 6.6 erläutert.

Wenn sich auf einer Leuchte Staubschichten in einer Dicke > 5mm einstellen können, muss die Verwendbarkeit speziell untersucht werden.

Was außerdem zu beachten ist:
– **VDE 0165 berücksichtigt keine Gerätekategorien**
Auf die neuen Merkmale "Gerätegruppe" und "Gerätekategorie", die seit 1996 durch die EXVO eingeführt worden sind, geht die VDE 0165 02.91 natürlich nicht ein, ebenso nicht auf die Zonen 20 bis 22 für staubexplosionsgefährdete Bereiche. Entgegen allen Erwartungen hat sich das in den nachfolgenden Ausgaben VDE 0165 Teil 1 und Teil 2 nicht geändert – schließlich handelt es sich dabei um übernommene IEC-Normen. Das alles ist aber über die EXVO geregelt. Tafel 2.3 enthält die dafür gültige Einteilung explosionsgeschützter Betriebsmittel und die Zuordnung zu den Zonen.

– *Zone 21 in Altanlagen*

Was beim Staubexplosionsschutz elektrischer Betriebsmittel für die neuen Zonen 20 bis 22 allgemein zu beachten ist, geht aus VDE 0165 Teil 2 hervor. Die Zone 21 ist in dieser Hinsicht ein besonderer Anwendungsfall. Dafür sind nur solche Betriebsmittel zweifelsfrei anwendbar, die mit den neuen Kennzeichen der Gerätekategorie 2D – auch 1D möglich – versehen sind (hierzu Tafel 2.3). Wird eine Betriebsstätte im Vollzug der BetrSichV neu eingestuft, dann können sich dort, wo bisher Zone 11 galt, Zone-21-Bereiche ergeben. Ob und wie ein Betriebsmittel, das den Regeln für Zone 11 entspricht, noch verwendet werden darf, muss der Prüfung durch eine dafür besonders befähigte Person (bisher Sachverständiger) oder einer zugelassenen Überwachungsstelle vorbehalten bleiben.

Frage 13.3 *Welchen Einfluss haben die Temperaturklassen T1 bis T6 auf die Leuchtenauswahl?*

Je höher die erforderliche Temperaturklasse, um so weniger Wärme darf entstehen, und dementsprechend **geringer ist die zulässige Lampenleistung.** Wie sich das auswirkt, zeigt Tafel 13.1 an drei Beispielen für die maximal zulässige Bestückung, die einem Prospekt entnommen wurden.

Tafel 13.1 Beispiele für die zulässige Lampenbestückung explosionsgeschützter Leuchten in Abhängigkeit von den Temperaturklassen T1 bis T6

Leuchtenart Lampenart	Schutzart,	Zulässige Bestückung in W bei					
		T1	T2	T3	T4	T5	T6
Wand- und Deckenleuchte (Schiffsarmatur)	EEx e Glühlampe	100	60	40	–	–	–
Hängeleuchte	EEx de IIB Mischlicht	500	500	500	250	–	–
	HM	400	400	400	250	–	–
	HS	350	350	350	350	–	–
Langfeldleuchte	EEx ed IIC Leuchtstoff	65	65	65	65		
optional	Ex sed					20	20

Geht man von einem festliegenden Beleuchtungsniveau aus, so ist prinzipiell zu sagen:

– Je höher die Temperaturklasse, um so mehr Leuchten werden je Flächen-

einheit erforderlich oder um so höher muss die Lichtausbeute sein bei gleicher Leistungsaufnahme.
- Bei Leuchten für Leuchtstofflampen bestehen praktisch keine Einschränkungen in den Temperaturklassen T1 bis T4.
- Leuchten für Glüh-, Mischlicht- und andere wärme- oder leistungsintensivere Lampen sind nur in der Zündschutzart „d" möglich, aber auch da mit zunehmenden Einschränkungen zwischen T4 und T6 sowie bei der höchsten Explosionsgruppe IIC. Wenn solche seltenen Fälle eintreten, sind sie im Entwurf der Beleuchtungsanlage immer problematisch. Dann ist zu empfehlen, zuerst die Einstufung für den Montageort zu überprüfen. Leuchten müssen sich nicht unbedingt in einem kritischen Ex-Bereich befinden.

Frage 13.4 Was muss bei der Lampenauswahl für Leuchten in Ex-Bereichen immer beachtet werden?

Falsch ausgewählte Lampen können unzulässige Temperaturen verursachen. Das ist vor allem bei Leuchten der Zündschutzart „e" bedeutsam, wo es im Gegensatz zu „d" besonders darauf ankommt, die Innentemperatur zu begrenzen. Lichtquellen werden aber weder mit einer Temperaturklasse noch mit anderen Ex-Merkmalen gekennzeichnet. **Leuchten für den Einsatz in Ex-Bereichen dürfen daher grundsätzlich nur mit solchen Lichtquellen bestückt werden, mit denen sie geprüft und bescheinigt sind.** *In Bereichen der Zonen 2 und 11 von älteren Anlagen, die gemäß VDE 0165 (02.91 oder früher) errichtet worden sind, war das etwas anders (hierzu auch Tafel 2.9).*

Maßgebende Merkmale:
- Lampenart und -typ (z.B. Glüh-, Leuchtstoff- oder Induktionslampe, Quecksilber-, Natrium- oder Halogendampflampe; auf Sonderlampen achten)
- Bemessungswerte (Spannung/Stromstärke, Leistung, AC oder DC; Glühlampen für niedrige Spannungen erwärmen sich anders als 230-V-Lampen)
- Gebrauchslage, besonders bei Glühlampen (Tendenz der Temperaturzunahme normaler Glühlampen in geschlossenen Leuchten:
   a) senkrecht/Kolben unten (= 100 %),
   b) waagerecht (≈ 120...145%)
   c) senkrecht/Kolben oben (≈ 130...150%);
   je kleiner die Lampe, um so größer der relative Temperaturanstieg
- Lichtfarbe (bei Änderung der Originalbestückung Überprüfung durch befähigte Person erforderlich)

Die benötigten Daten sind dem Typschild der Leuchte oder der Dokumentation des Herstellers zu entnehmen.

Frage 13.5 Was ist bei Glühlampen unter Ex-Bedingungen besonders zu beachten?

Glühlampen sind nicht nur energetisch unwirtschaftlich. Wie unter 13.4 schon festgestellt wurde, sind sie unter Ex-Bedingungen auch nur eingeschränkt einsetzbar. Den Vorteil eines vollen Lichtstromes gleich nach dem Einschalten bieten auch Leuchtstofflampen mit EVG.
Glühlampen wird man unter Ex-Bedingungen, wenn überhaupt, dann an Stellen einsetzen, die nur ab und an einmal für kurze Zeit beleuchtet werden müssen, z.B. ein untergeordneter Lagerraum, eine Grube, ein Schauglas; und in Handleuchten. Einiges dazu ist soeben unter 13.4 gesagt worden.

Was ist dazu außerdem zu beachten?

Die aktuellen von IEC übernommenen Ausgaben VDE 0165 Teil 1 und Teil 2 konzentrieren sich bei Leuchten nur noch auf den lapidaren Hinweis zur dokumentationsgerechten Auswahl austauschbarer Bauteile und auf die Sicherheitsbedingung gegen zündgefährlichen Lampenbruch bei Explosionsgruppe IIC. Möglicherweise liegt das daran, dass man selbst in einigen europäischen Ländern den sicherheitsbedachten deutschen Ansichten zum Leuchteneinsatz in Ex-Bereichen nicht unbedingt folgen möchte.
Gemäß VDE 0165 (02.91)galt:

- *In „e"-Leuchten für Allgebrauchslampen sind temperaturbegrenzte Lampen (nach DIN 49810 Teil 4 oder DIN 49812 Teil 4, mit den Kennzeichen T im Dreieck und R im Kreis) zu verwenden;*
- *wenn diese Lampen in Zone 2 verwendet werden, darf die höchste Oberflächentemperatur an der Lampe um 50 K höher sein als die Zündtemperatur des gefährdenden Stoffes. Das geht zurück auf EN 50019 und richtet sich an den Leuchtenhersteller.*
- *Ortsveränderliche und andere mechanisch stark beanspruchte Leuchten erfordern stoßfeste Glühlampen (nach DIN 48810 Teil 3 oder 42-V-Lampen). Nach TGL 200-0621 Teil 4 war für Glühlampen mit Doppelwendel in Ex-e-Leuchten der Lampentyp AHTD vorgeschrieben. Es ist nichts einzuwenden, wenn man ersatzweise eine der in VDE 0165 (02.91) genannten temperaturbegrenzten DIN-Lampen gleicher Leistung einschraubt (meint der Verfasser).*

In anderen Ländern sind temperaturgeprüfte Lampen mitunter gar nicht bekannt. Da einige der genannten bisherigen Maßnahmen auch weiterhin erforderlich oder zweckmäßig sind, darf man davon ausgehen, dass sie die Dokumentation der betreffenden Leuchte dann vorschreibt.

Frage 13.6 Welche zusätzlichen Bedingungen bestehen in Ex-Bereichen für Leuchtstofflampen?

Da Leuchtstofflampen zu den Arten von Lampen gehören, die nur typgerecht austauschbar sind und außerdem viel weniger Wärme entwickeln als Glühlampen, gibt es damit nur wenig Probleme. Neben den grundsätzlichen Bedingungen für Lichtquellen (hierzu 13.2) ist zu beachten:

- **In Bereichen,** wo einer der sehr energiearm entzündbaren Stoffe **der Explosionsgruppe IIC** auftritt (z.B. Wasserstoff, Acetylen, Schwefelkohlenstoff), kann sogar eine spannungslose Leuchtstofflampe bei Glasbruch zündgefährlich sein. In solchen Ex-Bereichen dürfen Leuchtstofflampen nur transportiert und gewechselt werden, wenn keine gefährliche explosionsfähige Atmosphäre vorhanden ist.
- **Elektronische Vorschaltgeräte (EVG)** mit ihren erheblichen auch sicherheitstechnischen Vorteilen eignen sich auch für Gleichspannung (DC; Notlicht!) und lösen die konventionellen induktiven Vorschaltgeräte (KVG) ab. Eine Leuchte mit EVG kann sich aber mitunter zu einem kleinen 30-kHz-Störsender entwickeln, wenn eine Lampe fehlt. Das ist nicht zündgefährlich, macht sich jedoch in jeder nicht geschirmten Elektronik im Nahbereich bemerkbar.
- Was ist besser, die **Zweistiftsockel- oder Einstiftsockellampen?** Einstiftsockellampen repräsentieren nicht mehr den Stand der Technik. Für die Anlagensicherheit hat das jedoch nicht mehr die Bedeutung wie noch vor Jahren, denn ein EVG bewirkt in beiden Fällen einen flackerfreien Start und Betrieb.

Frage 13.7 Welche Natriumdampflampen sind verboten und warum?

Was bei Na-Hochdruckdampflampen nicht eintreten kann, ist bei Na-Niederdruckdampflampen gefährlich: das Austreten elementaren Natriums bei Lampenbruch und Feuchteeinfluss. Deshalb sind Na-Niederdruckdampflampen gemäß VDE 01070/0171 Teil 6 (Zündschutzart „e") sowie VDE 0165 Teil 1 nicht zulässig.
Die aktuelle VDE 0165 Teil 2 für staubexplosionsgefährdete Bereiche geht darauf nicht ein. *VDE 0165 02.91 verbietet Na-Niederdrucklampen auch für Zone 11.*

Frage 13.8 Darf man an Leuchten für Ex-Bereiche Änderungen vornehmen?

An Leuchten dürfen grundsätzlich keine Veränderungen der typgeprüften Beschaffenheit vorgenommen werden, denn der Explosionsschutz einer Leuchte umfasst innere und äußere Maßnahmen, die optimal aufeinander abgestimmt sind. Auch kleine Veränderungen, z.B. ein nicht serienmäßiger Blendschutz, eine farbige Glühlampe oder Farbe auf einem Schutzglas greifen in den prüftechnisch bestätigten Originalzustand ein und müssen von der Prüfstelle oder von einem Sachverständigen zusätzlich bescheinigt sein.

Das triff auch zu, wenn als Energiesparmaßnahme oder deshalb, weil mehr Licht gewünscht wird, eine andere Lampe eingeschraubt werden soll, in der sich ein internes Zündgerät befindet. Auch solche Lampen oder andere Kompaktlampen kommen nur in Frage, wenn der Leuchtenhersteller in der Leuchtendokumentation den jeweiligen Lampentyp ausdrücklich angibt. Andernfalls sind Beschädigungen durch unkontrollierte Spannungen nicht auszuschließen. Das trifft nicht zu

- für den Austausch von Originalteilen, die der Hersteller speziell dafür bereitstellt,
- für den Verzicht auf das Schutzgitter, wo eine Leuchte am Einsatzort mechanisch nicht beansprucht wird und
- *bei Bestandsschutz nach altem Recht für nicht baumustergeprüfte Leuchten in den Zonen 2 und 11.*

14 Elektromotoren

Frage 14.1 **Welche Besonderheiten bringt der Explosionsschutz für die unterschiedlichen Arten von Elektromotoren mit sich?**

Motoren übernehmen in Produktionsanlagen den Hauptanteil des elektrischen Energieumsatzes. Obendrein befinden sie sich unmittelbar an einer potentiellen Ursache der Explosionsgefahr, der anzutreibenden Maschine, die man nicht kurzerhand aus dem Ex-Bereich verbannen kann, um so die eventuelle Zündgefahr zu beseitigen.
Fast alle Antriebsaufgaben sind auch explosionsgeschützt lösbar. Schon lange ist es nicht mehr so, dass man einen explosionsgeschützten Motor sofort am massiven Gehäuse und den „Sonderverschlüssen" in Form von Dreikant-Verschraubungen erkennt.
Das Beispiel des Bildes 14.1 zeigt, wie wenig sich ein moderner EEx-Motor äußerlich von einem nicht explosionsgeschützten Motor unterscheidet, und das sogar bei Druckfester Kapselung „d".

Bild 14.1 Beispiel eines explosionsgeschützten Getriebemotors: Kegelradgetriebemotor BK 40, 15 kW, mit eingebauten Thermistor-Temperaturfühlern; Drehstrom-Käfigläufermotor in II 2G EEx de IIC T4, Getriebe in II 2G c k II T4/ II 2D c k T<135° C (Fa. Danfoss Bauer)

Die sichere Wirksamkeit des Explosionsschutzes einer elektrischen Maschine ist zum Teil an ergänzende anlagetechnische Maßnahmen gebunden. In welchem Umfang solche Maßnahmen erforderlich werden, hängt hauptsächlich ab von der

- Zündschutzart (z.B. Druckfeste Kapselung „d", Erhöhte Sicherheit „e", Überdruckkapselung „p"). Welche Zündschutzart sich jeweils am besten eignet, das ergibt sich aus dem
- Funktionsprinzip (z.B. mit Schleifring, Kommutator; oder ohne funkenerzeugende Teile, z.B. Käfigläufer) und aus
- der Bemessungsleistung (Baugröße) und Bauart,
- der Betriebsart (S1 bis S9),
- der elektrischen Schaltung (variable Drehzahl)
- den äußeren Einflüssen am Einsatzort (z.B. Staub).

Antriebe sind in der Regel fester Bestandteil technologischer Einheiten. Auf die Zündschutzart eines Elektromotors hat der Elektroplaner oder -errichter nur wenig Einfluss. Es nimmt ihm aber niemand ab, gewissenhaft zu prüfen, ob der Explosionsschutz des betreffenden Motors und die IP-Schutzart dem vorgesehenen Anwendungszweck entsprechen. Das hängt davon ab, welche Bedingungen bestehen durch

- den Aufstellungsort (Zone und weitere Umgebungseinflüsse),
- den Überlastschutz
- die Steuerung
- die Arbeitsmaschine (Schwingungen?) und
- die Wartung.

Grundlage dafür sind die

- Einstufung der Explosionsgefahr,
- Vorgaben des Betreibers bzw. Auftraggebers,
- Normen VDE 0165 und
- Betriebsanleitung des Motorenherstellers.

Erfahrungsgemäß treten unzulässige Temperaturen viel öfter durch Lagerschäden auf als infolge elektrischer Ursachen.
Eine einfache Möglichkeit vorzubeugen bieten direkt anzubauende elektrische Schwingungswächter mit Alarmfunktionen.

Frage 14.2 **Welchen Einfluss hat die Zonen-Einteilung der Ex-Bereiche auf die Eignung von Elektromotoren?**

Diejenigen Bereiche, wo die größten Probleme zu vermuten wären, nämlich bei den Zonen 0 und 20 (bzw. 10), befinden sich hinter den Wandungen technologischer Einrichtungen, und dort sind Elektromotoren praktisch nicht anzutreffen.
Die Zuordnung elektrischer Maschinen zur Zonen-Einteilung ist grundsätzlich wie folgt geregelt:
„**Neu**" **gemäß EXVO bzw. ab 1. Juli 2003 in Verkehr gebrachte elektrische Maschinen müssen mindestens derjenigen Gerätekategorie entsprechen, die der jeweiligen Zone zugeordnet ist** (Tafel 2.3 und Frage 14.8)
„*Alt*" *vor dem 1. Juli 2003 gemäß ElexV in Verkehr gebrachte* Elektromotoren, Weiterverwendung in bestehenden Anlagen nach „altem Recht":

- *Zonen 0 und 20 bzw. 10:*
  Es sind nur speziell dafür geprüfte Elektromotoren zugelassen (aber praktisch für Zone 0 kaum und für Zone 10 nicht im Einsatz)
- *Zone 1:*
  Es sind als explosionsgeschützt gekennzeichnete Elektromotoren zulässig, also jede baumustergeprüfte Maschine.
- *Zone 21:*
  Gegenstandslos (nach altem Recht für Zone 10 bescheinigte Motoren sind zwar zulässig, aber nicht verfügbar)
- *Zone 2:*
  Es gelten die speziellen Festlegungen in VDE 0165 (02.91), d.h., Motoren sind in normaler Ausführung zulässig, vorausgesetzt,
  - *der Hersteller hat den Einsatz für die jeweilige Zone bestätigt und*
  - *die zulässige Oberflächentemperatur wird nicht überschritten (dazu auch Tafel 7.5)*
- *Zone 22 bzw. 11:*
  Es gelten die speziellen Festlegungen in VDE 0165 (02.91), d.h.;
  - Bedingungen für Motoren wie vorstehend bei Zone 2 genannt (Tafel 7.5 trifft dafür jedoch nicht zu),
  - IP-Schutzart: allgemein $\geq$ IP 54, bei Käfigläufermotoren $\geq$ IP 44 mit Anschlusskasten $\geq$ IP 54
  - Überlastschutz zur Vermeidung unzulässiger Übertemperatur (Grenztemperaturen im Abschnitt 17 und unter 6.6)
  - Staubschichten in einer Dicke > 5 mm und/oder leitfähige Stäube: Verwendbarkeit des Motors speziell untersuchen

Was außerdem zu beachten ist
Auf die Merkmale der Gerätegruppe und Gerätekategorie, die seit 1996 durch die EXVO eingeführt worden sind, gehen die Normen VDE 0165 nicht ein. Die damit verbundenen Besonderheiten sind am Beispiel der Leuchten unter Frage 13.2 erörtert worden.

Frage 14.3 Welche Unterschiede für den Motorschutz ergeben sich aus der Zündschutzart?

Motoren in den Zündschutzarten Druckfeste Kapselung „d" und Überdruckkapselung „p" gewährleisten den Explosionsschutz schon durch das Prinzip der Zündschutzart. Da die Motorschutzeinrichtung dabei keine tragende Funktion übernehmen muss, stellen die Normen dafür keine zusätzlichen Bedingungen. **Bei Motoren der Zündschutzart „e" ist das nicht so**, und das gilt ähnlich auch für andere temperaturbegrenzend wirkende Zündschutzarten, z.B. „nR" im Gasexplosionsschutz. Dabei darf die Maschine weder außen noch innen zündgefährliche Oberflächentemperaturen annehmen – im Gegensatz zum Staubexplosionsschutz bei „tD", wo das Schutzprinzip die Innentemperaturen nicht mit einschließt.
Im Grunde handelt es sich dabei zumeist um normale Asynchronmotoren. Der Explosionsschutz wird hauptsächlich durch temperaturbegrenzende Zusatzmaßnahmen erreicht. Das sind

a) verringerte Auslastung durch Herabsetzen der Bemessungsleistung um etwa 10 bis 20%, gestaffelt nach Temperaturklassen bzw. bezogen auf Zündtemperaturwerte, und
b) Verzicht auf Schleifringe, Kommutatoren oder andere kontaktgebende Teile (dafür Anwendung einer anderen Zündschutzart).
c) Begrenzung des Temperaturanstieges infolge Überlastung.

Für die Maßnahmen nach a) und b) hat der Hersteller des Motors zu sorgen. Das schließt jedoch eine zündgefährliche Temperaturzunahme während des Betriebes nicht aus, besonders bei Anlauf unter Last. Dann muss die Motorschutzeinrichtung gemäß c) eingreifen. Bei Motoren, die in Betriebsart S4 (Aussetzschaltbetrieb) oder mit ähnlich hoher Anlauferwärmung arbeiten, ist das jedoch mit der klassischen Methode über Bi-Metallauslöser nicht zu erreichen. Eine thermische Motorschutzeinrichtung über TMS kann das besser, schafft es aber auch nicht in jedem Fall (dazu auch 14.4). Als spezielle Fälle sind zu erwähnen

– Motoren mit Drehzahländerung über Frequenzumrichter (dazu 14.8) und
– Synchronmotoren mit Anlaufkäfig.

Frage 14.4 **Unter welchen Voraussetzungen darf ein Motor nur mit einer speziell angepassten Schutzeinrichtung betrieben werden?**

Physikalisch gesehen wird das immer dann erforderlich, wenn bei bestimmungsgemäßem Betrieb des Motors eine serienmäßige Schutzeinrichtung nicht die Gewähr bietet, gefährliche Temperaturspitzen hinreichend sicher abzufangen. Ein normales Bimetall ist kein thermisches Abbild des Motors. Es erwärmt sich schneller als die Motorwicklungen, kühlt aber auch schneller ab. Die PTC- oder Pt-100-Temperaturfühler einer thermischen Motorschutzeinrichtung (TMS) sind in die Ständerwicklung eingebettet. Sie können dem Temperaturgeschehen wesentlich besser folgen, jedoch nur bei ständerkritischen Maschinen und auch nicht ganz zeitgleich.

Für Motoren, die in Betriebsart S1 laufen, ergeben sich aus dem thermisch verzögerten Auslöseverhalten der stromüberwachenden Bimetalle normalerweise keine Probleme. Maschinen in S1 – Dauerbetrieb – werden nicht oft gestartet und haben keine wechselnden Lasten zu bewältigen. Bei anderen Betriebsarten hingegen, bei denen die Erwärmungscharakteristik der Stromaufnahme nicht proportional ist wie z.B.

- Kurzzeitbetrieb S2,
- Aussetzbetrieb S3,
- Aussetzschaltbetrieb S4
- elektrischer Bremsbetrieb,
- Betriebszustände mit behinderter Kühlung (niedrige Drehzahl bei hoher Last, hohe Umgebungstemperatur), gewährleisten Bimetalle allein keinen ausreichenden Schutz

Bei S4 – Aussetzschaltbetrieb – leuchtet schon vom Namen her ein, dass Deckungslücken auftreten können. Weil sich in der spannungslosen Pause die Bimetalle schneller abkühlen als der Motor, kann der wiederkehrende Anlaufstrom den noch warmen Motor gefährlich aufheizen. Dazu darf es nicht kommen.

In den Normen VDE 0165 ist festgelegt, welche Bedingungen für den Schutz von elektrischen Maschinen zum Betrieb in explosionsgefährdeten Bereichen zu erfüllen sind.

Anders als früher VDE 0165 02.91 enthält VDE 0165 Teil 1 07.04 weniger an konkreten Festlegungen und lässt manches offen.

Denkt man daran, dass alle wesentlichen Festlegungen für den sicheren Betrieb der Motoren in der Bedienungsanleitung enthalten sein müssen, dann können sich die Fachleute im Betrieb damit gut abfinden. Planungsfachleute müssen darauf vertrauen, dass die Bestellunterlagen der Hersteller alle erforderlichen Angaben zur Auswahl der Motorschutzeinrichtung enthalten. Bezogen auf die neuen Normen VDE 0165 und angelehnt an die bisherige Praxis orientiert Tafel 14.1 über Grundsätze bei Schutzeinrichtungen für explosionsgeschützte Elektromotoren.

Tafel 14.1   Orientierung für zulässige Schutzeinrichtungen für Motoren in explosionsgefährdeten Bereichen

Zündschutzart des Motors	Motorschutzeinrichtung bei den Betriebsarten		
	Dauerbetrieb S1	Kurzzeit- und Aussetzbetrieb S2 und S3	weitere Betriebsarten S4 bis S9
Erhöhte Sicherheit „e"	serienmäßig [1]		dafür geprüft und bescheinigt [2]
Druckfeste Kapselung „d"	serienmäßig [1] TMS auch allein [2]		serienmäßig mit Zeitglied, TMS auch allein [2]
Überdruck- kapselung „p"	serienmäßig [1] oder mit dem Motor geprüft und dafür bescheinigt		
Zündschutzart „n" „nA", „nR", „nP"; Staub-Exschutz „tD", „pD"	serienmäßig [1], bei „nP" und „pD" abgestimmt auf das Schutzkonzept der Überdruckkapselung		
bei jeder Zündschutzart	- Betriebsanleitungen beachten - kein Überlastschutz erforderlich für Maschinen, die ihren Anzugstrom dauernd aushalten ohne unzulässige Erwärmung (Kleinmotoren, Generatoren)		
Altbestand; Zone 2, 11(22); ohne Zündschutzart	Vorbehaltlich einer Überprüfung: Serienmäßige Schutzeinrichtung ausreichend (ausgenommen bei anderweitiger Festlegung des Motorherstellers oder einer befähigten Person)		

[1] Serienmäßige Motorschutzeinrichtungen in diesem Sinne sind z.B.
 – Motorschutzschalter oder Motorstarter mit stromabhängig verzögerter Auslösung als
  • dreiphasiger zeitverzögerter Überstromschutz (Bimetall), einzustellen auf I_N,
  • der nach VDE 0660 Teil 102 auslösen muss (ausgehend vom kalten Zustand)
   3polig belastet bei 1,05 I_N/> 2 h, bei 1,2 I_N/< 2 h, sowie
   2polig belastet bei 1,05 I_N/> 2 h, bei 1,32 I_N/< 2 h (nicht phasenausfallempfindlich) oder
   2polig belastet bei 1,0 I_N/> 2 h, bei 1,15 I_N/< 2 h (phasenausfallempfindlich)
 – Thermischer Motorschutz mit direkter Temperaturüberwachung (TMS), auch zusätzlich zum Bimetall möglich
 – gleichwertige Schutzeinrichtungen, z.B. elektronische Überlastrelais
[2] Nur zulässig, wenn die Wirksamkeit der Schutzeinrichtung für den betreffenden Motor prüftechnisch nachgewiesen ist; Betriebsanleitung des Motorherstellers beachten, TMS mit Eignungsnachweis in der Prüfbescheinigung des Motors bzw. in der Konformitätserklärung des Herstellers

Ergänzend zu Tafel 14.1 ist noch zu bemerken:
Nach neuem Recht gemäß EXVO mit RL 94/9/EG gehören Motorschutz-Einrichtungen zu den „Sicherheits-, Kontroll- und Regelvorrichtungen" im Sin-

ne der RL 94/9/EG, die das ordnungsgemäße Wirken von Zündschutzmaßnahmen absichern (dazu Frage 2.5.8), und dafür müssen sie entsprechend gekennzeichnet sein.

- Das ist vorgeschrieben
  - für serienmäßige Schutzeinrichtungen zur Auswahl nach Katalog als auch
  - für angepasste Schutzeinrichtungen, die der Hersteller einem Motor zuordnet.

Motorschutzeinrichtungen müssen allgemein
- allpolig wirken (zweipolig ist ausreichend in nicht starr geerdeten Netzen > 1 kV)
- mit Wiedereinschaltsperre versehen sein
- bei Ausfall eines Außenleiters rechtzeitig auslösen, um unzulässigen Temperaturanstieg zu verhindern (z.B. durch ein phasenausfallempfindliches Ansprechverhalten)
- auf den Bemessungsstrom eingestellt werden (nicht höher);
- bei Δ-Schaltung, wenn die Schutzeinrichtung in Reihe liegt mit den Wicklungssträngen, auf den 0,58fachen Bemessungsstrom eingestellt werden (Strangstrom)

Motorschutzeinrichtungen müssen außerdem bei Zündschutzart „e"
- vor Ablauf der Erwärmungszeit t_E auslösen (Zulässige Abweichung ± 20 %), bei Sanftanlauf, wenn das nicht erfüllbar ist, anderweitig angepasst werden, damit der Motor die zulässige Grenztemperatur nicht überschreitet
- bei Δ-Schaltung unter 2poliger Belastung, wenn mehr als das 3fache des Einstellstroms fließt, bei 0,87fachem Anzugstrom innerhalb t_E auslösen
- und früher nach VDE 0165 02.91 *bei Schleifringläufern zusätzlich unverzögerte Überstromauslöser haben (einzustellen auf wenig oberhalb des größten Anlaufstromes, maximal auf das 4fache)*

Frage 14.5   Auf welche Bemessungsdaten kommt es bei Motoren der Zündschutzart „e" besonders an?

Die Auswahl einer Schutzeinrichtung für Motoren der Zündschutzart Erhöhte Sicherheit „e" ist an zwei charakteristische Kennwerte gebunden: Die Erwärmungszeit t_E und das Anzugstromverhältnis I_A/I_N. Diese Werte gehören zu den Angaben, die in der Dokumentation und auf dem Prüfschild der Maschine angegeben sein müssen.

285

1. Erwärmungszeit t_E

Das ist die Zeit in Sekunden, die eine betriebswarme Drehstrommaschine benötigt, bis sie der Anzugstrom (bei höchstzulässiger Umgebungstemperatur) auf die zulässige Grenztemperatur aufgeheizt hat. Es dauert verhältnismäßig lange, bis eine kalte Maschine auf Betriebstemperatur kommt, aber im Störungsfall eben nur Sekunden, bis durch weitere Erwärmung die Grenztemperatur erreicht sein kann. Bild 14.2 stellt das grafisch dar.

Bei gefährlicher Überlastung muss die Schutzeinrichtung den Motor innerhalb t_E vom Netz trennen.

A höchstzulässige Umgebungstemperatur
B Temperatur bei Bemessungsleistung
C Grenztemperatur
1 Temperaturanstieg bei Nennbetrieb
2 weiterer Temperaturanstieg unter Prüfbedingungen

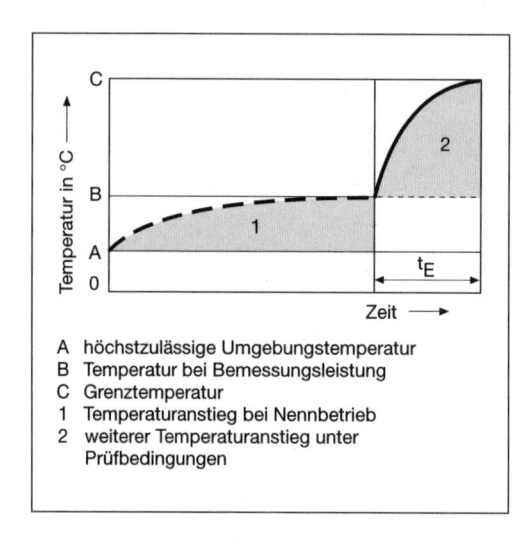

Bild 14.2 Temperaturzunahme während der Erwärmungszeit t_E (nach VDE 0170/0171 Teil 6)

Die zulässige Grenztemperatur richtet sich einerseits nach der Zündtemperatur des gefährdenden Stoffes bzw. nach der entsprechenden Temperaturklasse, andererseits nach der thermischen Belastbarkeit der Isolierstoffe bzw. nach der Wärmeklasse (Isolierstoffklasse). Die höchstmögliche Überlastung kommt zustande, wenn der Läufer blockiert. Dann bringt der Anzugstrom die Temperatur relativ schnell auf hohe Werte. Das ist abhängig vom

2. Anzugstromverhältnis I_A/I_N

des Motors. Je größer es ist, um so schneller erwärmt er sich. Deswegen werden dem Motorenhersteller in VDE 0170/0171 Teil 6 Mindestwerte für t_E auferlegt. Drei herausgegriffene Wertepaare zeigen die Größenordnung:

- $t_E \geq 5$ s bei $I_A/I_N \geq 7$ (kleinster zulässiger t_E-Wert),
- $t_E \geq 10$ s bei $I_A/I_N \geq 4{,}25$
- $t_E \geq 30$ s bei $I_A/I_N \geq 2{,}5$

Die stromabhängig verzögerte Schutzeinrichtung eines Drehstrommotors (das Bimetall) muss so ausgewählt werden, dass

- die Auslösezeit bei I_A/I_N
- bezogen auf den kalten Zustand und 20 °C Raumtemperatur
- nicht höher ist als der für die Maschine angegebene der t_E-Wert. Bild 14.3 zeigt den Zusammenhang an zwei Beispielen.

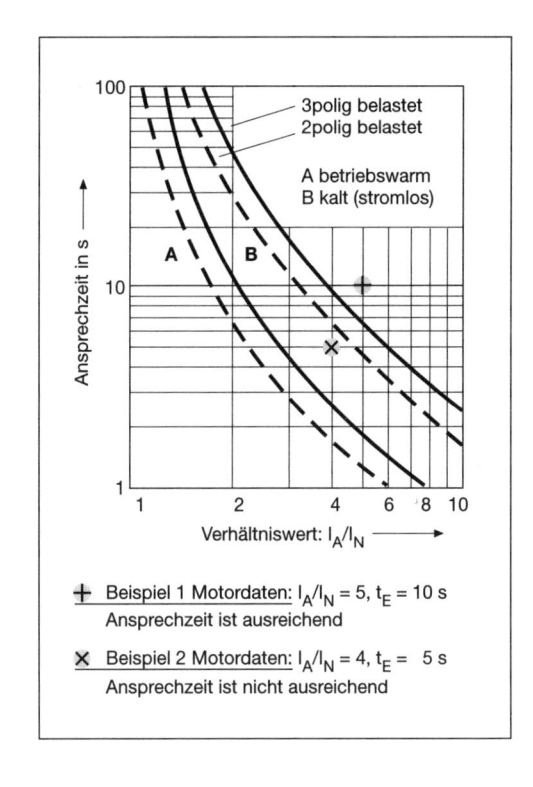

Bild 14.3 *Beispiele für die Auswahl einer stromabhängig verzögerten Motorschutzeinrichtung (Bimetallauslöser) anhand der Kennlinien*

3polig belastet
2polig belastet
A betriebswarm
B kalt (stromlos)

Ansprechzeit in s
Verhältniswert: I_A/I_N

+ Beispiel 1 Motordaten: $I_A/I_N = 5$, $t_E = 10$ s
Ansprechzeit ist ausreichend

× Beispiel 2 Motordaten: $I_A/I_N = 4$, $t_E = 5$ s
Ansprechzeit ist nicht ausreichend

Am Betriebsort müssen Kennlinien der Schutzeinrichtung verfügbar sein, aus denen die Ansprech- bzw. Auslösezeiten bei Belastung deutlich hervorgehen. Auf Besonderheiten bei Δ-Schaltung geht Frage 14.4 unter Zündschutzart „e" ein. Für Maschinen mit Alleinschutz durch TMS bleibt I_A/I_N zwar ebenfalls wesentlich, aber t_E hat keine Bedeutung.

Was man dazu noch beachten sollte

– Auswahl der Bimetall-Auslöser
Die Ansprechzeiten stromüberwachender Auslöser verringern sich mit zunehmender Erwärmung, teilweise sogar bis auf etwa 25% der Werte im kalten Zustand.
Schwierigkeiten bei Suche nach einem passenden Motorschutzschalter oder -starter deuten sich an, wenn eine oder mehrere der folgenden Bedingungen auftreten:

- $I_A/I_N > 6$, schwerer Anlauf
- $t_E < 10$ s (und verstärkt bei $t_E < 7$ s)
- Temperaturklassen T4 bis T6

– Auswahl der Motoren
Mit dem Einsatz von „VIK-Motoren" lassen sich die eben genannten Probleme weitgehend vermeiden. Bei diesen Motoren, die den Bedingungen des Verbandes der Industriellen Energie- und Kraftwirtschaft (VIK) entsprechen, liegt t_E bei ≥ 6 s und bei gleichem I_A/I_N auch sonst wesentlich höher als der entsprechende Mindestwert nach VDE 0170/0171 Teil 6.

– TMS
Forderungen gemäß VDE 0165:
- In der Dokumentation des Motors muss angegeben sein, dass der Motor sich für die Grenztemperaturüberwachung mit eingebetteten Temperaturfühlern eignet.
- Auf dem Typschild des Motors muss der Typ des Fühlers oder der Typ der zugehörigen Schutzeinrichtung angegeben sein.
- Wicklungstemperaturfühler und Schutzrelais als zusammengehörige Schutzeinrichtung müssen auch bei festgebremstem Motor sicher ansprechen.

Die Erwärmungszeit t_E ist bei Motoren, die für TMS zertifiziert sind, nicht wesentlich, weil das Verhältnis I_A/I_N dabei keine Bedeutung hat.
Stand der Technik bei serienmäßigen Thermistor-Überwachungsgeräten für Ex-Motoren:

- Überwachung von bis zu 6 Thermistoren (Kaltleiterfühler nach DIN 44081) einschließlich
- Überwachung auf Drahtbruch und Kurzschluss im Fühlerkreis
- sichere Trennung gemäß VDE 0106

Frage 14.6 **Was gilt bei Motoren im elektrischen Explosionsschutz als „schwerer Anlauf"?**

Schwierige Anlaufvorgänge verursachen Erwärmungen, die bei Motoren der Zündschutzart „e", wenn überhaupt, dann nur mit speziellen thermischen Schutzmaßnahmen beherrschbar sind. Einfache stromüberwachende Schutzeinrichtungen eignen sich prinzipiell nur für Motoren, die leicht und nicht sehr häufig anlaufen.
„Schwerer Anlauf" im Sinne der Norm liegt vor, wenn eine normal ausgewählte Überstromschutzeinrichtung schon anspricht, bevor der Motor seine Betriebsdrehzahl erreicht hat. Das ist erfahrungsgemäß zu erwarten, sobald die Anlaufzeit t_A mehr beträgt als das 1,7fache der Erwärmungszeit t_E.
Typische Beispiele für schwere Anlaufbedingungen sind Antriebe für Verdichter, Ventilatoren, Kolbenpumpen. Häufige Anlaufwiederholung kann z.B. vorkommen bei Aufzügen, Hebezeugen, Tür- und Klappenantrieben oder speziellen Fördereinrichtungen, muss jedoch nicht zwangsläufig auch problematisch sein für den Motorschutz.
Mit einer zeitgesteuerten Motorschutzeinrichtung (Anlaufstrom-Überbrückung) lässt sich das vorzeitige Auslösen der Schutzeinrichtung verhindern. Unzulässige Temperaturen dürfen auch dabei nicht auftreten. Deshalb sollte man sich für diese Lösung erst nach sachverständiger Prüfung entscheiden.

Frage 14.7 **Warum können bei Sanftanlauf Probleme entstehen?**

Wieso man bei dem Wort „Sanftanlauf" Sicherheitsprobleme eher für ausgeschlossen hält, das können wohl nur Psychologen beantworten.
Sanftanlaufgeräte werden für Leistungen von 10 kW bis 2500 kW angeboten. VDE 0165 Teil 1 verlangt bei Sanftanlauf vom Anwender, die Einsatzbedingungen speziell zu beurteilen, wenn bei Käfigläufer-Induktionsmotoren die Bedingungen des Überlastschutzes mit serienmäßigen Mitteln nicht erfüllbar sind.
Je nach dem, auf welche Weise die Drehzahlzunahme zeitlich begrenzt wird, kann sich der Motor übernormal erwärmen. Geschieht das beispielsweise durch Spannungsabsenkung und die angetriebene Maschine bremst den Anlauf zu stark oder bis zum Stillstand, dann kann die Stromaufnahme normale Betriebswerte erreichen, ohne dass der Motorschutz anspricht. Dabei kann die Oberflächentemperatur gefährliche Werte annehmen.
Bei der Motorenauswahl für ein Aggregat, das mit Sanftanlauf starten soll, ist besonders darauf zu achten, dass der Motor in den Anlaufphasen genügend Drehmomentreserve hat.
Am besten zu überprüfen ist das anhand der Drehmoment-Kennlinien.

Eignet sich der Motor für TMS, dann kann man auf diesem Weg für rechtzeitige Auslösung sorgen, andernfalls auch mit einer zeit- oder drehzahlbezogenen Anlaufüberwachung.
Ein TMS als alleiniger Überlastschutz, d.h., ein Sanftanlaufgerät mit integriertem Motorschutz, muss für den Einsatz in Verbindung mit Ex-Motoren gekennzeichnet und vom Motorenhersteller in der Dokumentation bestätigt sein.

Frage 14.8 Was ist bei Motoren mit variablen Drehzahlen zu beachten?

Für Motoren mit schaltungstechnischer Drehzahländerung, z.B. polumschaltbare Motoren, stellt der Explosionsschutz keine höheren Forderungen an den Motorschutz, als bisher schon gesagt wurde.

Die moderne Prozesstechnik bevorzugt zunehmend Antriebe mit variablen Drehzahlen. Statt wie früher angewiesen zu sein auf Kommutator- oder Schleifringläufermotoren oder stufenlose Getriebe bieten heute über Frequenzumrichter betriebene Motoren optimale Voraussetzungen. Leistungen zwischen 10 kW und 4000 kW sind Stand der Technik. In der Regel werden die Umrichter in der Schaltanlage stationiert. Es gibt aber auch explosionsgeschützte Motoren mit direkt aufgesetztem Umrichter.

Wer sich in den Normen VDE 0165 vergewissern will, welche anlagetechnische Forderungen für Umrichterbetrieb zu beachten sind, muss dazu auch wissen, welche Zündschutzart der Motor hat. Weiß man das noch nicht, so kann man sich zumindest an folgende Feststellung halten:

Ex-Motoren, die zum Stellen der Drehzahl über Umrichter betrieben werden sollen, haben einen zweifelsfrei bestätigten Explosionsschutz, wenn sie vom Hersteller in der Konformitätserklärung als dafür geeignet dokumentiert sind.

Auch hier gehört immer eine Betriebsanleitung dazu, aus der die jeweiligen Betriebsbedingungen hervorgehen.

Konkret betrachtet legt VDE 0165 Teil 1 dazu fest:

- *für Zündschutzart „d"* entweder
  - gemeinsame Prüfung erforderlich für die Kombination Motor, Umrichter und Schutzeinrichtung, oder
  - gemeinsame Prüfung nicht erforderlich für die Kombination, wenn die Motoren TMS oder andere temperaturbegrenzende Maßnahmen aufweisen
- für *Zündschutzart „e"*
  - gemeinsame Prüfung erforderlich für die Kombination Motor, Umrichter und Schutzeinrichtung
- für *Zündschutzart „n"* (Zone 2)

- gemeinsame Prüfung nicht erforderlich für die Kombination, wenn die Motoren TMS oder andere temperaturbegrenzende Maßnahmen (ausgenommen Bimetalle) aufweisen
- für *Zündschutzart „pD"* (Staubexplosionsschutz)
  - wie bei „n"

Auf Erläuterungen dazu, wer bei vorgeschriebener gemeinsamer Prüfung der Kombination diese Prüfung durchführen darf – ob allein die benannte Stelle (EG-Baumusterprüfung) oder auch der Hersteller – und welche Besonderheiten dabei wichtig sind, wird an dieser Stelle verzichtet. Damit hat der Anwender kaum Probleme. Seine Entscheidungen sind nicht davon abhängig, sondern von den Angaben in der Dokumentation. Als befähigte Person ist man vor der Prüfung sowieso genötigt, Normen und Dokumente intensiv zu recherchieren. Weshalb die Festlegungen des Herstellers für Auswahl und Anordnung der Betriebsmittel so wichtig sind, sollen die folgenden Sachverhalte demonstrieren:

- An den Umrichtern können Spannungsspitzen auftreten, die man bei der Auswahl der anzuschließenden Betriebsmittel nicht vernachlässigen darf – es sei denn, sie sind durch Filter am Umrichterausgang entschärft worden, oder
- anstelle eines Filters kann zur Dämpfung von Spannungsspitzen auch ein relativ knapp bemessener Grenzwert für die Leitungslänge zwischen Umrichter und Motor vorgegeben sein.
- Bei Motoren der Zündschutzart „pD" beeinträchtigen die Auswirkungen von Spannungsspitzen den Explosionsschutz nicht, weil das Innere vorschriftsmäßig ausgewählter Gehäuse (IP-Schutzart) nicht zum explosionsgefährdeten Bereich gehört.

Ergänzende Hinweise:
- Bei Einsatz von umrichtergesteuerten Motoren in Bereichen mit Temperaturklassen > T3 muss mit besonderen Bedingungen gerechnet werden.
- Ausführungen ohne Sinusfilter zum Vermeiden von Spannungsspitzen können die zulässige Kabellänge zwischen Umrichter und Motor stark einschränken
- Ausführungen mit direkt angebautem Umrichter wie in Bild 14.4 (auf Seite 292) – soweit verfügbar – vermeiden auch EMV-Probleme und sind daher einfacher in der Planung.
- Für Anlagen unter Bestandsschutz ergeben sich aus der Sicht des Anwenders von VDE 0165 bei „d" und „e" keine bemerkenswerten Differenzen zwischen VDE 0165 Teil 1 und den früheren Festlegungen in VDE 0165 02.91.

Bild 14.4 *Beispiel eines Motors mit integriertem Frequenzumrichter in Zündschutzart Druckfeste Kapselung "d", Klemmenkasten in Erhöhte Sicherheit "e" (Fa. Moeller Antriebstechnik GmbH/F&G)*

Frage 14.9 **Was ist das Besondere bei Motoren der Zündschutzart „tD" gegenüber früher?**

Zur Erinnerung: Früher waren gemäß VDE 0165 02.91 Motoren zum Einsatz in staubexplosionsgefährdeten Bereichen (Zone 11) in normaler Ausführung zulässig, wobei der Hersteller das zu bestätigten hatte, die maximale Oberflächentemperatur den zulässigen Wert nicht überschreiten durfte und IP 54 vorgeschrieben war. Bis vor wenigen Jahren war das übliche Praxis.
Für die Instandhaltung lässt die BetrSichV das noch zu. Betriebsmittel nach altem Recht, die vor dem 30.06.2003 in Verkehr gekommen sind, dürfen weiter verwendet werden, wenn man es sicherheitstechnisch rechtfertigen kann und im betrieblichen Ex-Dokument begründet.
Die Idee, abschirmende und abdichtende Eigenschaften von Gehäusen als Schutzmaßnahme zu nutzen, ist so alt wie der Explosionsschutz selbst. Das beweist die Zündschutzart Druckfeste Kapselung „d".
Im Staubexplosionsschutz kommt es aber nicht wie bei „d" darauf an, einen Zünddurchschlag von innen nach außen zu verhindern. Es muss unterbunden werden, dass Staub in das Gehäuse eintritt, der sich entzünden kann oder die Kriech- und Luftstrecken beeinträchtigt. Zündgefährliche Oberflächentemperaturen müssen in gleichem Maße ausgeschlossen sein wie sonst auch.
Neu ist, dass auch Schutzmaßnahmen gegen elektrostatische Zündung strömender Stäube nachzuweisen sind. Zündgefahr besteht durch Gleitstielbüschelentladungen, beispielsweise an den Lüftungseinrichtungen außenbelüfteter Maschinen.
Das Besondere eines staubexplosionsgeschützten Motors der Zündschutz-

art „tD", verglichen mit den früheren Bedingungen gemäß VDE 0165 02.91, sind zwei **hauptsächliche Merkmale:**

- **unterschiedliche IP-Schutzarten,** bezogen auf die Zone;
  - IP 6X bei Gerätekategorie 2D bzw. für Zone 21 sowie bei Gerätekategorie 3D bzw. für Zone 22, wenn leitfähiger Staub ($\leq 10^3$ Ωm) an den Motor gelangen kann;
  - IP 5X für Gerätekategorie 3D bzw. Zone 22, wenn kein leitfähiger Staub an den Motor gelangen kann
- **elektrostatisch ableitfähige äußere Kunststoffteile,** z.B. Lüfterrad und -haube

Frage 14.10 Was ist in Verbindung mit der Normspannung 400 V prinzipiell zu beachten?

Ursprünglich sollte der weltweite Übergang auf die Normspannung 400 V gemäß IEC 60038 bis zum Jahr 2003 abgeschlossen sein. In Deutschland ist das erfüllt, aber im Ausland noch nicht überall. Daher wurde die Übergangszeit bis Ende 2008 verlängert. Hinweise dazu beschränken sich deshalb an dieser Stelle auf die Instandhaltung, den Einsatz von Reserven mit Bemessungsspannung 380 V. Ab dem Jahr 2009 liegt die vorgeschriebene Toleranz der Netzspannung bei ± 10 %, vorher zwischen + 6% und – 10%. Für die elektrischen Maschinen gilt eine Spannungstoleranz von ± 5 %, bezogen auf die Angaben auf dem Typschild.
Mit Blick auf den Explosionsschutz treten beim Wechsel von 380 V auf 400 V Anpassungsprobleme auf. Verursacht werden sie nicht nur durch

- die Toleranzen und -unterschiede der Spannungen für Netze und für Motoren (Bemessungswerte), sondern auch durch
- die betrieblichen Verhältnisse am Einsatzort (Betriebswerte; kleinster Wert der Klemmenspannung, Motorschutzeinrichtung).

Grundsätzlich kann gesagt werden

1. *Zum weiteren Betreiben von 380-V-Motoren*
   - zulässig bei Klemmenspannungen von maximal < 400 V
   - prüfungsbedürftig bei Klemmenspannungen ≥ 400 V;
     - bei Zündschutzart „e" Prüfung durch anerkannte befähigte Person und Bescheinigung erforderlich.
       Erfolgsaussichten weniger günstig bei kleiner Leistung, t_E < 10 s, Temperaturklasse > T4, höherer Drehzahl, cos φ < 0,85
     - neue Beschilderung erforderlich

2. **Zum Einsatz neuer 400-V-Motoren**
   Die Klemmenspannung muss mindestens 380 V betragen (400 V ± 5%).

3. **Zur Prüfung des weiteren Einsatzes von 380-V-Motoren**
   - Netzverhältnisse und Einsatzbedingungen konkret ermitteln,
   - Prüfung des Einzelfalles durch eine anerkannte befähigte Person in Verbindung mit dem Motorhersteller oder der Prüfstelle.

15 Eigensichere Anlagen

Frage 15.1   **Was hat man unter einer eigensicheren Anlage zu verstehen?**

So bezeichnet man **eine explosionsgeschützte elektrische Anlage, in der hauptsächlich die Zündschutzart Eigensicherheit angewendet wird** mit allem, was dazu gehört. Und das sind nicht nur eigensichere Betriebsmittel oder ein eigensicherer Stromkreis.
Im sekundären Explosionsschutz hat sich diese Zündschutzart zu einer eigenen Welt entwickelt, in der diffizile ständig in Bewegung befindliche Regeln gelten. Klassische Zündschutzarten wie „d" oder „p" sind darauf angelegt, elektrotechnische Zündquellen einzuschließen. Allein die Eigensicherheit „i" folgt dem Prinzip, die Ursachen elektrischer Zündpotenziale auszuschließen. Das ist nur mit verhältnismäßig niedrigen elektrischen Bemessungswerten zu erreichen. Typische Werte für eigensichere Stromkreise:

– Leistungsbereich bis 3W
– Spannung < 65 V (bei < 25 mA)
– Stromstärke < 0,5 A (bei 17 V DC)

Diese Werte nach aktuellem Stand der Technik gibt die PTB an als Vergleichswerte für zwei neue i- Konzepte, die mit Wechselstrom oder getaktetem Gleichstrom Leistungen bis zu 30 W versprechen.
Weil eigensichere Stromkreise und Anlagen prinzipiell nur mit kleinen Energien arbeiten, sind sie hauptsächlich in der Automatisierungstechnik anzutreffen.
Eine eigensichere Anlage

– kann aus einem oder mehreren eigensicheren Stromkreisen bestehen,
– kann elektrisch verbundene eigensichere Stromkreise (eigensichere Systeme) enthalten,
– kann außerhalb des explosionsgefährdeten örtlichen Bereiches (Ex-Bereich) auch nicht eigensichere Stromkreise aufweisen und

– verbindet die Anlagenteile im Ex-Bereich mit der MSR-Zentrale und/oder einem Prozessleitsystem.

Die grundsätzlichen Bedingungen für das Errichten eigensicherer Anlagen sind festgelegt in den Normen

– VDE 0165 Teil 1 in Verbindung mit den Zündschutzarten-Normen
- VDE 0170/0171 Teil 7
- VDE 0170/0171 Teil 10 und künftig
- VDE 0170/0171 Teil 15-1-1 bei Staubexplosionsgefahr

Tafel 2.10 informiert über die vorgeordneten IEC- und EN-Normen.

Frage 15.2   Was sind die wesentlichen Besonderheiten eigensicherer Stromkreise?

Das Wirkprinzip der Zündschutzart Eigensicherheit und der anderen Zündschutzarten wurde im Abschnitt 7 (Bild 7.1) dargestellt. Für eigensichere Stromkreise sind folgende Besonderheiten charakteristisch:

1   Weder ein Kontaktfunke, eine Wärmequelle noch ein Kurzschluss oder Erdschluss können zündgefährlich werden, denn **in eigensicheren Stromkreisen sind die elektrischen Verhältnisse so begrenzt, dass weder im ungestörtem Betrieb noch bei definierten Fehlern zündgefährliche Energie- oder Temperaturwerte auftreten.** Die Energiedaten des Stromkreises ($LI^2/2$ und/oder $CU^2/2$) verbleiben unterhalb der Werte, die zur Entzündung explosionsfähiger Gemische erforderlich sind (Mindestzündstrom, Zündtemperatur, *Mindestzündenergie*).
2   **Das Prinzip der Zündschutzart Eigensicherheit gründet sich sowohl auf gerätetechnische als auch auf anlagetechnische Maßnahmen** und stellt auch Anforderungen an die Teile des Stromkreises, die sich nicht im Ex-Bereich befinden.
3   **Die Betriebsmittel in eigensicheren Stromkreisen einschließlich der Kabel und Leitungen werden hellblau gekennzeichnet.**
4   Der eigensichere Stromkreis kann auch aus galvanisch voneinander getrennten Teilen bestehen oder nur Teil eines Stromkreises sein (*eigensicherer Teilstromkreis*) zur Übertragung analoger oder digitaler Signale.
5   **Eigensichere Stromkreise sind sehr empfindlich gegen Störeinflüsse von außen.** Auf die Erdungsbelange wird unter 15.6 eingegangen.
6   Isolationsspannung: $\geq$ AC 500 V (dazu auch Tafel 15.1), kann bei geringer isolierten Betriebsmitteln Überspannungsschutz erfordern
7   Die Zündschutzart Eigensicherheit „i" benötigt für ihre Wirksamkeit im

Gegensatz zu den anderen Zündschutzarten prinzipiell kein Gehäuse. Unter betriebspraktischen Bedingungen sollen die Betriebsmittel jedoch mindestens IP 20 aufweisen oder zumindest so installiert sein, dass sie gegen unbefugten Eingriff geschützt sind.

8 **Es darf grundsätzlich unter Spannung gearbeitet werden** (Notwendigkeit explosionsgeschützter Geräte überprüfen, aktive energiespeichernde Arbeitsmittel dürfen die Eigensicherheit nicht beeinträchtigen).

Frage 15.3 **Welche Forderungen bestehen für das Errichten eigensicherer Stromkreise?**

An das Errichten von eigensicheren Stromkreisen – folgend kurz **i–Kreise** genannt – knüpfen die Normen VDE 0165 in Verbindung mit VDE 0170/0171 (vgl. 15.1) zahlreiche insgesamt etwas schwierig überschaubare Bedingungen.
Die Festlegungen in VDE 0165 Teil 1 sind gegliedert in Forderungen für

– Anlagen für die Zonen 1 und 2,
– Anlagen für Zone 0 und für
– Sonderanwendungen

Tafel 15.1 (auf Seite 300) fasst wesentliche Grundsätze zusammen.

Früher waren gemäß VDE 0165 02.91 die Bedingungen für i-Kreise

– *auf Zone 1 ausgerichtet (mit verschärfenden Bedingungen für Zone 0)*
– *galten auch für Zone 10 und*
– *sind auch in den Zonen 2 und 11 praktiziert* worden.

Weiteres zur Betriebsmittelauswahl wird unter 15.4 behandelt. Abschnitt 12 geht auf die grundsätzlichen Bedingungen zur Auswahl von Kabeln und Leitungen ein.
Worauf außerdem noch hinzuweisen ist:

– *zur Normenentwicklung*
 • Noch laufende internationale Abstimmungen zur inhaltlichen und strukturellen Koordinierung der Normen (dazu Tafel 2.10) zur Eigensicherheit erschweren einen zusammenfassenden Überblick.
 • Für Zone 2 wird auf die energiebegrenzten Betriebsmittel der Zündschutzart „nL" aufmerksam gemacht (dazu 7.10), die jedoch nach aktuellem Normenstand nicht als eigensichere Betriebsmittel anzusehen sind und nicht in i-Kreisen eingesetzt werden dürfen.

Tafel 15.1 Übersicht über grundsätzliche Bedingungen für eigensichere Stromkreise gemäß VDE 0165

Merkmal	Bedingungen
Schutz gegen Fremdspannung	– Grundsätzlich erforderlich, auch für Nicht-i-Kreise, die mit i-Kreisen galvanisch verbunden sind, Schutz gegen Blitzüberspannungen einbeziehen
Erdung	– Allgemein erdfrei ($\geq 0{,}2$ MΩ gilt als erdfrei) oder funktionsbedingt geerdet[1)2)] – Erdungszwang bei sicherheitsbedingtem Erfordernis, dazu Anschluss an den Potenzialausgleich (nur an einer Stelle zulässig, weitere Bedingungen) – Spezielle Bedingungen für leitende Schirme und für Zone 0
Kabel und Leitungen	– Isolierte Leiter, Prüfspannung (eff) $\geq$ AC 500V/DC 750 V; mehradrig zwischen zwei hälftigen Bündeln $\geq$ AC 1000 V / DC 1500 V – Leiterdurchmesser $\geq 0{,}1$ mm (auch Einzeldraht) – Zweckmäßige Abschirmung (Oberflächenbedeckung $\geq 60\%$) oder Verdrillung (meist schon vorhanden) – bei mehr als einem eigensicheren Stromkreis in einem Kabel oder einer Leitung, ohne dass eine Fehlerbetrachtung nach VDE 0170/0171 Teil 10 (i-Systeme) vorgenommen wird: spezielle Bedingungen beachten (Dicke der Isolierung, Prüfspannung, maximale Betriebsspannung, Beschaffenheit der Schirmung) – Führung allgemein entweder – getrennt von Nicht-i oder – mechanisch geschützt oder – bewehrt, metallummantelt oder geschirmt (i oder Nicht-i) – Unzulässig: gemeinsame Führung mit Adern von Nicht-i-Kreisen in gleicher Umhüllung[3)] ausgenommen – in Schaltschränken mechanisch getrennt – bei Sonderanwendungen mit speziellem Nachweis – In i-Betriebsmitteln: gemäß VDE 0170/0171 Teil 7 – Kennzeichnung hellblau (Aderumhüllung, außerdem in/auf Klemmenkästen und an Trassen), Verwechslung mit anderen blauen Kennzeichnungen ausschließen – Ungünstigste Kennwerte(C, L, L/R) für i-Nachweis erforderlich (pauschal 200 pF/m und 1 µH/m oder 30 µH/Ω)
Betriebsmittel mit speziellen Bedingungen	– Sicherheitsbarrieren ohne galvanische Trennung: Erdung auf kürzestem Weg (oder in TN-S-Systemen über Leitungsimpedanz < 1 Ω) – Zugehörige Betriebsmittel (Zusammenschaltungen, Eigensicherheitsnachweis für i-Systeme) – Bestimmungen für spezielle Anlagen (z.B. elektrostatisches Sprühen; hohe Spannung)

Anmerkungen bezogen auf frühere Festlegungen in VDE 0165(02.91):
[1)] Erdung ≥ 15 kΩ
[2)] Bei i- Betriebsmitteln mit Metallgehäuse nicht erforderlich
[3)] Gemeinsame Führung mit Adern von Nicht-i-Kreisen in gleicher Umhüllung erlaubt in Installations- oder Kanälen in Schränken
– mit Isolierstoff-Zwischenlage oder
– bei Verwendung von Leitungen mit Mantel oder Hülle für die eigensicheren oder die nicht eigensicheren Stromkreise oder
– bei Nicht-i-Kreisen mit $\leq$ AC 42 V oder DC 60 V; ebenso für Stromkreise auf der Nicht-i-Seite von Potenzialtrennern, jedoch nicht bei Sicherheitsbarrieren

- VDE 0165 Teil 2 enthält noch keine speziellen Festlegungen für i-Kreise in staubexplosionsgefährdeten Bereichen. In Verbindung mit Zündschutzart „iD" wird darüber noch beraten. Wer sich inzwischen prinzipiell an VDE 0165 Teil 1 orientiert, begeht damit keinen Fehler.

- *zum Bestandsschutz*
  - Für den Bestandsschutz ostdeutscher Altanlagen gilt TGL 200-0621 Teil 5. Zu einem in VDE 0165 nicht angesprochenen Fall – dem Abstand nicht abgeschirmter Kabel und Leitungen mit i-Kreisen, die parallel zu Starkstromkabeln oder -leitungen verlaufen – empfiehlt diese Norm Abstände ≥ 200 mm je nach Intensität der Fremdeinflüsse.

Frage 15.4   Welchen Einfluss hat die Zoneneinteilung auf die Auswahl von Betriebsmitteln für eigensichere Stromkreise?

Vorab ist hierzu anzumerken: Alle folgenden Angaben für die Eignung elektrischer Betriebsmittel setzen voraus, dass damit die elektrischen Grenzwerte für den i-Kreis oder das i-System nicht überschritten werden. Das gilt auch für explosionsgeschützte Betriebsmittel anderer Zündschutzarten, die in Verbindung mit i-Kreisen verwendet werden!
Die Normen VDE 0165 gehen auf die Gerätekategorien gemäß EXVO bzw. RL 94/9/EG nicht unmittelbar ein. In Abhängigkeit von der Zoneneinstufung bestehen folgende Bedingungen bei der Auswahl von Betriebsmitteln für i-Kreise:

- **„Neu" gemäß EXVO bzw. ab 1. Juli 2003 in Verkehr gebrachte i-Betriebsmittel müssen mindestens derjenigen Gerätekategorie entsprechen, die der jeweiligen Zone zugeordnet ist** (Tafel 2.3 und Frage 15.8). Auch Betriebsmittel mit Schutzniveau ia – für Zone 0 bindend vorgeschrieben – sind davon nicht ausgenommen. VDE 0165 Teil 1 enthält keine Festlegungen zur Auswahl und Installation von i-Systemen. Die zusammengeschalteten Betriebsmittel müssen als Bestandteil des Systems erkennbar sein. i-Systeme dürfen grundsätzlich nicht in Bereiche der Zone 0 führen, weil sie das Schutzniveau ia prinzipiell nicht erreichen. i-Betriebsmittel und -Stromkreise eignen sich auch für Zone 2, wogegen Betriebsmittel und Stromkreise der Zündschutzart „nL" (Zone-2-Betriebsmittel) nicht in eigensicheren Anlagen eingesetzt werden dürfen.
- **„Alt" vor dem 1. Juli 2003 gemäß ElexV in Verkehr gebrachte** i-Betriebsmittel und i-Systeme, Weiterverwendung in bestehenden Anlagen nach „altem Recht" unter den Bedingungen von VDE 0165 02.91

299

(hier nur für die Betriebsmittelauswahl ohne die Bedingungen für die Installation):
- **Zonen 0 und 20** bzw. **10:**
 Es sind nur speziell dafür geprüfte Betriebsmittel (Kategorie ia) und/oder Systeme zugelassen
- **Zone 1:**
 Es sind alle als explosionsgeschützt gekennzeichneten Betriebsmittel zulässig, also jedes baumustergeprüfte und in i-Kreisen prinzipiell verwendbare Betriebsmittel.
- **Zone 21:**
 Wie bei Zone 20 bzw. 10
- **Zonen 2 und 11** bzw. **22:** VDE 0165 02.91 enthält keine speziellen Festlegungen für i-Betriebsmittel in diesen Zonen, (üblicherweise wie bei Zone 1, mindestens Kategorie ib), Empfehlung: Überprüfung des Erfordernisses und der Einsatzbedingungen durch eine befähigte Person, wobei für staubexplosionsgefährdete Bereiche besonders auf die erforderliche IP-Schutzart zu achten ist.

Frage 15.5   Welche Arten elektrischer Betriebsmittel können zu einem eigensicheren Stromkreis gehören?

In einen i-Kreis können verschiedenartige Betriebsmittel einbezogen sein. **Die Betriebsmittel sind** entweder

a) **eigensicher** (VDE 0170/0171 Teil 7)
   - **in den Kategorien ia oder mindestens ib** (hohes Niveau oder mittleres Niveau, hierzu auch 7.4)
b) **teilweise eigensicher** (als „zugehöriges Betriebsmittel") und haben
   - ein explosionsgeschütztes Gehäuse oder
   - kein explosionsgeschütztes Gehäuse,
c) **nicht eigensicher** (aber anderweitig explosionsgeschützt),
d) **normaler Bauart** (ohne bescheinigten Explosionsschutz, auch als **„einfache Betriebsmittel"** bezeichnet), und sie können
   - elektrisch aktiv oder
   - elektrisch passiv (mit oder ohne speichernde Bauteile) wirksam sein.

Beispiele:
a) *Thermoelemente (aktiv),* Widerstandsthermometer *(passiv),*
b) *Netzgeräte oder andere „zugehörige Betriebsmittel"* (erklärt unter 6.7, z.B. Potenzialtrenner, Sicherheitsbarrieren)
c) *Elektronikteile mit energiespeichernden oder wärmeabgebenden Elementen (C, L, R),*

d) LEDs, Schaltkontakte, Klemmengehäuse (weiteres dazu unter 15.8)

Frage 15.6   Welche Bedingungen müssen grundsätzlich erfüllt werden, um die Eigensicherheit zu gewährleisten?

Es müssen gerätetechnische und anlagetechnische Bedingungen eingehalten werden, um innere und von außen einwirkende magnetische, elektrische oder anderweitige Störungen auszuschließen.
Die C- und L-Werte (bei ohmschen Kreisen L/R) müssen spannungs- und/oder stromabhängig begrenzt bleiben. Das gilt nicht zuletzt auch für die verbindenden Kabel und Leitungen, und da vor allem für die Kapazität C. Kabel und Leitungen von weniger als 1000 m Länge dürfen als konzentrierte Kapazitäten berücksichtigt werden.
Wenn Herstellerangaben nicht zur Verfügung stehen, befindet man sich bei handelsüblichen Kabeln und Leitungen mit dem Literaturwert $\leq$ 200 nF/km im sicheren Bereich.
Damit das alles erfüllt und überprüft werden kann, ermitteln die Hersteller von i-Stromquellen, welche äußeren Grenzwerte dafür zulässig sind und geben sie auf den Stromquellen an. Für die anzuschließenden eigensicheren Betriebsmittel stellen die Hersteller die (Ist-)Werte an den Klemmen fest und geben sie auf den Betriebsmitteln an.
Ebenso wichtig ist es, die Erfordernisse des Potenzialausgleiches unter den spezifischen Bedingungen festzustellen und sowohl für die Betriebsmittel als auch für die Schirme und Bewehrungen von Kabeln und Leitungen (Mindestquerschnitte, Anschlussstelle an das Potenzialausgleichsystem usw.) zu gewährleisten. Einzelheiten gehen aus der Errichtungsnorm und den Anweisungen des Herstellers hervor.

Was man dabei außerdem beachten muss:
Für aktive i-Kreise werden die maximal zulässigen Werte der äußeren Induktivität L_0 und der Kapazität C_0 angegeben (dazu auch Frage 15.7, Bild 15.1). Nach europäischer Praxis sind diese Werte so zu verstehen, dass nur einer davon, also entweder L_0 als äußere Induktivität oder C_0 als äußere Kapazität, an den betreffenden Klemmen vorhanden sein darf. Werden beide Grenzwerte voll beansprucht, so kann der mit 1,5 vorgeschriebene Sicherheitsfaktor auf < 1 sinken. Diese Erkenntnis zwingt jedoch nicht zu besonderen Maßnahmen, solange es sich im Blick auf die Grenzwerte nur um Leitungsreaktanzen handelt.
Für die **Erdung eigensicherer Stromkreise** enthält VDE 0165 Teil 1 differenzierte Festlegungen:
Ein Stromkreis oder ein Teilstromkreis
a)   darf gegen Erde isoliert sein *oder*

b) darf funktionsbedingt geerdet sein (z.B. bei geschweißten Thermoelementen)
c) muss jedoch geerdet sein, wenn es aus Sicherheitsgründen erforderlich ist (z.B. in Stromkreisen mit Sicherheitsbarrieren ohne galvanische Trennung)

Geerdet wird im Stromkreis oder Teilstromkreis durch Anschluss an das Potenzialausgleichssystem an einer Stelle und ansonsten nach den Angaben der Betriebsmittelhersteller. Ein Gehäuse, das schon durch die Befestigungsart an Erde liegt und über einen Potenzialausgleichsleiter Verbindung zum zugehörigen (einspeisenden) Betriebsmittel hat, braucht a) oder b) nicht zu erfüllen. Solche Situationen müssen jedoch von einer befähigten Person überprüft werden und sind keinesfalls statthaft bei Stromkreisen in Verbindung mit Zone 0 *oder 10. Früher war gemäß VDE 0165 02.91 zusätzlicher örtlicher Potenzialausgleich ausdrücklich auch für Metallgehäuse gefordert (ausgenommen, es sind nur i-Betriebsmittel installiert).*

Weiterhin bestehen für die **Erdung leitender Schirme** gemäß VDE 0165 Teil 1 besondere von den Erdungsverhältnissen des Stromkreises abhängige Bedingungen:

- Allgemein: Schirm nicht mehrfach erden;
  - Gleicher Anschlusspunkt für Stromkreis- und Schirmerdung bei geerdeten i-Kreisen,
  - nur ein Anschluss an das Potenzialausgleichsystem auch bei isolierten i-Kreisen.
- Sonderfälle, z.B. bei Schirmen mit hohem Widerstand oder zusätzlicher Schirmung gegen induktive Störbeeinflussung:
  - Mehrfachanschluss an einen isolierten Erdungsleiter, der selbst an nur einem Punkt an Erde liegt, außerdem
  - ergänzende Bedingungen für den Erdungsleiter und das betreffende Kabel

Frage 15.7 **Welche elektrischen Kennwerte sind bei eigensicheren Stromkreisen besonders wichtig?**

Bild 15.1 stellt die maßgebenden elektrischen Kenngrößen im Zusammenhang gegenüber.

Die *Anlagenplaner und -errichter* müssen
- die maßgebenden elektrischen Grenzwerte für den eigensicheren Außenkreis ermitteln und einhalten,
- die zulässigen Oberflächentemperaturen berücksichtigen (z.B. durch die Temperaturklasse)

```
nicht explosionsgefährdeter Bereich  ◄──►  explosionsgefährdeter Bereich

$U_m$ – maximale zulässige
      Speisespannung
```

zugehöriges Betriebsmittel (z.B. Netzgerät mit i-Ausgang)	Kabel, Leitung $C_i, L_i, (L_i/R_i)$	eigensicheres oder normales Betriebsmittel (Feldgerät)

	maximale		maximale
U_o	– Ausgangsspannung	U_i	– Eingangsspannung
I_o	– Ausgangsstrom	I_i	– Eingangsstrom
P_o	– Ausgangsleistung	P_i	– Eingangsleistung
C_o	– äußere Kapazität	C_i	– innere Kapazität
L_o	– äußere Induktivität	L_i	– innere Induktivität
L_o/R_o	– äußeres Induktivitäts-/Widerstandsverhältnis	L_i/R_i	– inneres Induktivitäts-/Widerstandsverhältnis

Bedingungen:

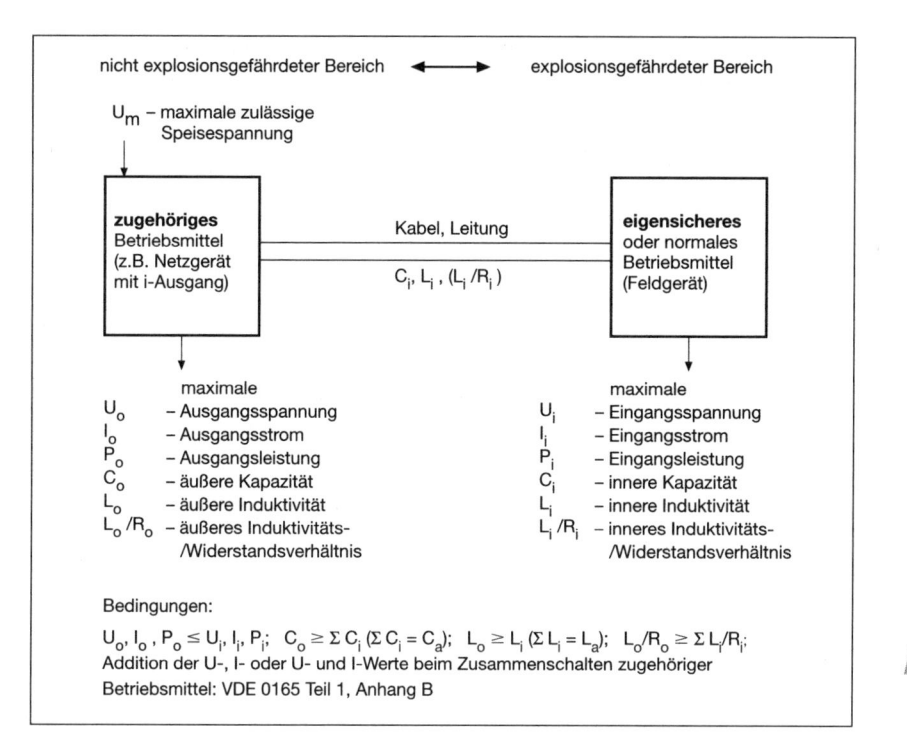

$U_o, I_o, P_o \leq U_i, I_i, P_i$; $C_o \geq \Sigma C_i (\Sigma C_i = C_a)$; $L_o \geq L_i (\Sigma L_i = L_a)$; $L_o/R_o \geq \Sigma L_i/R_i$;
Addition der U-, I- oder U- und I-Werte beim Zusammenschalten zugehöriger
Betriebsmittel: VDE 0165 Teil 1, Anhang B

Bild 15.1   Kennwerte eigensicherer Stromkreise gemäß DIN EN 50020 VDE 0170/0171 Teil 7

– die genormten Schutzabstände zu Teilen von nicht eigensicheren Stromkreisen beachten,
– die weiteren Errichtungsbedingungen gemäß VDE 0165 erfüllen;
– die **Planer** müssen außerdem
  • die eigensicheren Verhältnisse schriftlich nachweisen (Kennwerte der Betriebsmittel im i-Kreis einschließlich der Kabel und Leitungen) und
  • bei zusammengeschalteten Stromquellen (aktive zugehörige Betriebsmittel) durch Berechnung oder durch messtechnische Prüfung (Systembeschreibung) nachweisen.

Das alles ist dann nicht erforderlich, wenn es sich um ein bescheinigtes i-System handelt.
Mit dem Umfang einer eigensicheren Anlage wachsen leider auch die Schwierigkeiten beim Nachweis der eigensicheren Verhältnisse. Ein einfacher i-Kreis kann z.B. bestehen aus einem Netzgerät (zugehöriges Betriebsmittel), einem konventionellen Schaltkontakt (einfaches elektrisches Betriebsmittel) und einem i-Betriebsmittel. Wenn die Ist-Werte insgesamt die

zulässigen Werte für den i-Außenkreis des Netzgerätes nicht überschreiten, gibt es zumeist keine Probleme. Je mehr Betriebsmittel im i-Kreis miteinander verbunden sind, besonders bei einer Zusammenschaltung mehrerer i-Stromquellen, um so mehr greifen die Festlegungen von VDE 0170/0171 Teil 10 (i-Systeme) in die Anlage ein, und um so komplizierter wird es, die Eigensicherheit eindeutig zu belegen.

Als Grundlage dienen genormte Zündgrenzkurven für C-, L- oder R-Stromkreise, spezielle Sicherheitsfaktoren und weitere Festlegungen in VDE 0170/0171 Teil 7. Anleitung gibt der PTB-Bericht ThEx-10 (früher W-39).

Anhang C von VDE 0165 Teil 1 befasst sich mit der messtechnischen „Bestimmung der Kennwerte von Kabeln und Leitungen".

So besehen stellen eigensichere Anlagen auch an die Qualifikation der Planer und Prüfer besondere Bedingungen.

Frage 15.8 **Welche elektrischen Betriebsmittel normaler Bauart darf ein eigensicherer Stromkreis enthalten?**

An sich besteht der Gedanke der Eigensicherheit ja darin, durch das Verwenden einer nicht zündgefährlichen (eigensicheren) Energiequelle weitere Explosionsschutzmaßnahmen überflüssig zu machen. Von der angedachten Einfachheit einer solchen Anlage mit Betriebsmitteln normaler Bauart haben aber der technische Fortschritt und die Normenentwicklung nicht viel übrig gelassen.

VDE 0165, VDE 0170/0171 Teil 7 und die abgelöste ElexV **stimmen darin überein, dass in explosionsgefährdeten Bereichen normale Betriebsmittel unter bestimmten Voraussetzungen zulässig sind,**

– wenn keiner der Werte 1,5 V; 0,1 A oder 25 mW (*ElexV: 1,2 V; 0,1 A; 20 mW oder 25 mW*) überschritten werden kann, oder
– **in eigensicheren Stromkreisen, soweit sie deren Sicherheit nicht beeinträchtigen können.**

Von letzterem kann man ausgehen, wenn die Bedingungen für einfache elektrische Betriebsmittel in VDE 0170/0171 Teil 7 (i-Norm) erfüllt werden.

Ein **„einfaches elektrisches Betriebsmittel"** wird in den genannten Normen definiert als „elektrisches Bauteil oder Kombination von Bauteilen einfacher Bauart mit genau festgelegten elektrischen Parametern, das (die) die Eigensicherheit des Stromkreises, in dem es (sie) eingesetzt werden soll, nicht beeinträchtigt".

VDE 0165 Teil 1 sagt lapidar, dass einfache elektrische Betriebsmittel keine Ex-Kennzeichnung erfordern, *aber VDE 0170/0171 Teil 1 und Teil 7 entsprechen müssen, soweit die Eigensicherheit davon abhängt.* Dahinter verbirgt sich das eigentliche Problem. Ganz so einfach, wie dem Namen nach zu vermuten wäre, hat man es also damit nicht. Einfache elektrische Betriebsmittel

- gelten gemäß VDE 0170/0171 Teil 7 „nicht als potenzielle Zündquelle, die eine Explosion verursachen könnte" und
- unterliegen daher nicht der RL 94/9/EG, weshalb die Kennzeichnung mit der Gerätegruppe, -kategorie und mit den Kenndaten für Ex-Betriebsmittel nicht allgemein vorgeschrieben ist,
- müssen aber dennoch einer Temperaturklasse zugeordnet werden (geregelt in VDE 0165 Teil 1 unter 12.2.5.1 und VDE 0170/0171 Teil 7 unter 5.4)

Tafel 15.2 (auf Seite 306) nennt Beispiele für einfache elektrische Betriebsmittel und informiert darüber, welche Bedingungen zu überprüfen sind.
In der abgelösten Ausgabe von VDE 0170/0171 Teil 7 (EN 50020 04.96, Abschnitt 5.4) war ausdrücklich festgelegt, dass einfache Betriebsmittel nicht zertifiziert werden müssen. Auch wenn man das in der aktuellen Ausgabe so nicht mehr findet, gilt es im Grundsatz weiterhin. Für Betriebsmittel, denen die Norm grundsätzlich abspricht, Zündquellen zu sein, kann sie logischerweise keinen darauf bezogenen Nachweis verlangen.
Es ist Sache der Hersteller und der Anwender, einfache elektrische Betriebsmittel sicherheitsgerecht einzusetzen.
Allein anhand von Daten, die aus Katalogen oder dem Typschild hervorgehen, kann das der Anwender nicht belegen. Eine amtlich anerkannte befähigte Person oder eine ZÜS kann das aber im Auftrag des Anwenders übernehmen.
Um dem damit verbundenen Aufwand zu entrinnen kann der Anwender beim Hersteller nachfragen. Angeboten wird dann entweder

1. eine Herstellerbescheinigung über die normgerechte Beschaffenheit des „einfachen elektrischen Betriebsmittels" oder sogar
2. die Bestätigung einer Prüfstelle.

Obwohl dafür kein Rechtserfordernis besteht, sehen sich manche Hersteller vom Wettbewerbsdruck dazu gezwungen.
In VDE 0165 (02.91) war dazu früher festgelegt:
Nicht typgeprüfte Betriebsmittel dürfen in i-Kreisen für Zone 1 unter folgenden Bedingungen verwendet werden:

- *sie dürfen keine Spannungsquelle enthalten,*
- *müssen identifizierbar gekennzeichnet sein, z.B. mit der Typbezeichnung und*

Tafel 15.2 Bedingungen an einfache elektrische Betriebsmittel gemäß VDE 0170/0171
Teil 7, Abschnitt 5.4

Einfache elektrische Betriebsmittel sind		
– Passive Bauelemente wie Schalter, Verteilerkästen, Widerstände und einfache Halbleiterbauelemente – Energiespeicher mit genau festgelegten Kennwerten, z.b. Kondensatoren, Spulen – Energiequellen bis 1,5 V, 100 mA und 25 mW, z.B. Thermoelemente, Fotozellen, jedoch nicht katalytische oder elektrochemische Sensoren		
	Kriterien	**Bedingungen[1)]**
1	Sicherheit	Ohne spannungs- und/oder strombegrenzende Betriebsmittel und/oder Schutzelemente
2	Spannungs- oder stromerhöhende Teile	Nicht zulässig
3	Erdung erforderlich	– Mindestwert für die Prüfwechselspannung (eff) Isolierung gegen Chassis: 2fache Bemessungsspannung des i-Kreises oder 500 V (jeweils höherer Wert) – Maximalwert des Prüfstromes: Betriebsstrom des i-Kreises, höchstens aber 5 mA (eff) – Isolationswert zwischen i- und Nicht-i-Kreisen 2U + 1000V (eff), mindestens aber 1500 V mit U = Summe der Effektivwerte im i- und im Nicht-i-Kreis; bei Verdacht auf Isolationsdurchschlag reduzieren auf 2U(eff) mit U = Summe der Spannungen (eff) in den betreffenden Stromkreisen – Prüfverfahren gemäß VDE 0170/0171, 10.6
4	Gehäuse nichtmetallisch oder Leichtmetall	– Schutz gegen gefährliche äußere elektrostatische Aufladung gemäß VDE 0170/0171 Teil 1, 7.3 – Schutz gegen zündgefährliche mechanische Funken durch Materialauswahl gemäß VDE 0170/0171 Teil 1, 8.1
5	Grenztemperatur	– Zuordnung zu einer Temperaturklasse – Für Schalter, Steckverbinder und Anschlussklemmen pauschal: T6 bei Einhaltung der elektrischen Bemessungswerte und max. 40°C Umgebungstemperatur – Für andere einfache Betriebsmittel: Zuordnung nach den dafür festgelegten Kriterien
6	Gerätekategorie 1G (Zone 0)oder1M	– Beschaffenheit zusätzlich gemäß VDE 0170/0171 Teil 12-1 (Zone-0-Betriebsmittel)

[1)] (eff) – Effektivwert

– *es müssen die elektrischen Kenndaten und das Erwärmungsverhalten eindeutig bekannt sein (zulässige Grenzwerte beachten, keine energiespeichernden Elemente, Erwärmung muss unterhalb der Grenztemperatur bleiben)*

– außerdem müssen sie
- den Baubestimmungen für i-Betriebsmittel nach DIN EN 50020 VDE 0170/0171 Teil 7 entsprechen (z.b. Luftstrecken, Abstände, Verguss, Abdeckung der Klemmen, kein elektrostatisch aufladbares Gehäuse)

Worauf man außerdem achten muss:
Der Status „einfaches elektrisches Betriebsmittel" geht möglicherweise durch Verbinden mit einem weiteren Bauteil verloren, z.B. bei einem Pt 100 in Kombination mit einem Messverstärker.
Ebenso kann das eintreten, wenn zwar jedes Bauteil für sich allein die Bedingungen erfüllt, aber die Kombination überschreitet die eingangs genannten Grenzwerte.
Eine Herstellerbescheinigung sollte eindeutig zu erkennen geben, dass es sich um ein „einfaches Betriebsmittel" *gemäß DIN EN 50020* VDE 0170/0171 Teil 7 oder einer ersetzenden Norm handelt. Ohne diesen Bezug auf die Norm fehlt der befähigten Person eine wichtige Prüfgrundlage.

Frage 15.9   Wodurch unterscheidet sich eine Sicherheitsbarriere von einem Potenzialtrenner?

Sowohl Sicherheitsbarrieren als auch Potenzialtrenner sind dazu bestimmt, im Zuge eines Stromkreises den eigensicheren Teil so zu schützen, dass die Eigensicherheit auch bei Fehlern im nicht eigensicheren Teil erhalten bleibt. Sie haben die Funktion einer Schnittstelle. Als zugehörige Betriebsmittel dürfen sie grundsätzlich nicht im Ex-Bereich angeordnet werden. Potenzialtrenner haben ein höheres Sicherheitsniveau als Sicherheitsbarrieren.

1. Eine **Sicherheitsbarriere**

– bewirkt keine galvanische Trennung (deshalb nicht zulässig für i-Kreise in Zone 0, nicht möglich im Schutzniveau ia),
– schützt gegen Überspannung von der nicht eigensicheren Seite und Kurzschluss auf der eigensicheren Seite,
– ist an anlagetechnische Bedingungen gebunden:
  - Verbindung mit dem Potenzialausgleichsystem auf möglichst kurzem Wege ($\geq$ 4 mm^2 Cu, vorzugsweise mindestens zwei getrennte Leiter mit je $\geq$ 1,5 mm^2 Cu, sofern der jeweils zu erwartende Kurzschlussstrom keinen höheren Querschnitt erfordert)
  - Begrenzung von Störungsfällen auf der nicht eigensicheren Seite: Spannung $\leq U_{max}$ gemäß Angabe auf der Barriere, Kurzschlussstrom $\leq$ 4 kA

- enthält Zener-Dioden (spannungsbegrenzend, geschützt durch eine Sicherung) und ohmsche Widerstände und/oder Halbleiter (kurzschlussbegrenzend),
- hat daher einen temperaturabhängigen Längswiderstand und einen Leckstrom und
- kann mit fester oder wechselnder Polarität, ein- oder mehrkanalig sowie kombiniert ausgeführt sein.

Bild 15.2 stellt die Innenschaltung einer einfachen Sicherheitsbarriere dar. Bild 15.3 zeigt, wie die Sicherheitsbarrieren im Stromkreis angeordnet werden.

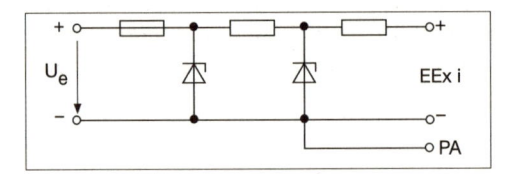

Bild 15.2 Beispiel für die Schaltung einer Sicherheitsbarriere

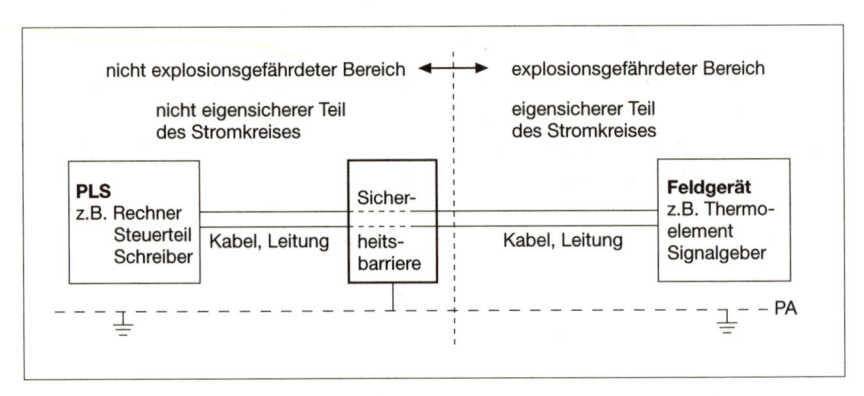

Bild 15.3 MSR-Stromkreis, Eigensicherheit durch Zwischenschalten einer Sicherheitsbarriere

2. Eine **Trennstufe mit galvanischer** Trennung, auch Potenzialtrenner oder galvanischer Trenner genannt,

- ergänzt die Schutzwirkung der Sicherheitsbarriere durch einen vorgeschalteten Trennübertrager,
- erfordert keinen Potenzialausgleich
- gestattet es, die angeschlossenen Feldgeräte betriebsmäßig zu erden (denn bei Erdung nur an einem Punkt kann kein Ausgleichstrom fließen).

Potenzialtrenner werden wegen ihres höheren Sicherheitsniveaus z.b. eingesetzt in Messumformerspeisegeräten, Widerstandsmessumformern, Trennschaltverstärkern (in das Feld, aber auch in die Warte) und sind meist Bestandteil dieser Geräte.
Sicherheitsbarrieren sind in einfacher Form sowie in kombinierten Schaltungsvarianten üblich als Aufbaugeräte, z.B. in schmaler Bauweise rastbar auf DIN-Schiene, oder für Einbau, auch in Modulbauweise.

Frage 15.10 Was ist ein „eigensicheres System"?

Dabei handelt es sich um

- **zusammengeschaltete zugehörige Betriebsmittel oder**
- **ein eigensicheres elektrisches Netzwerk, das nicht nur von einer Stromquelle versorgt wird.**

Dafür gelten die Normen VDE 0170/0171 Teil 10 (ergänzend zu VDE 0170/0171 Teil 7) in Verbindung mit VDE 0165.
Das „eigensichere elektrische System" ist definiert als

- *Baugruppe,*
  - bestehend aus miteinander verbundenen elektrischen Betriebsmitteln
  - in Form eigensicherer Stromkreise oder Teilen davon,
  - dokumentiert durch eine Systembeschreibung;
- wird als einziges Betriebsmittel behandelt,
- muss als solches in seiner Eigensicherheit messtechnisch oder rechnerisch nachgewiesen werden,
- erfordert eine spezielle Fehlerbetrachtung (mit besonderer Rücksicht auf lineare und/oder nicht lineare Kennlinien der Energiequellen, Spannungs- und/oder Stromaddition).
- stellt spezielle Bedingungen an Kabel und Leitungen, Erdung und Potenzialausgleich.

Es gibt zwei Varianten:

1. **Das komplette System** ist baumustergeprüft, bescheinigt und gekennzeichnet mit dem **Zeichen „i-SYST"**, dem Hinweis auf die Systembeschreibung und dem Zeichen der Prüfstelle. Die i-Kennzeichnung der verbundenen einzelnen Betriebsmittel ist dabei nicht mehr wesentlich und deshalb auch nicht erforderlich. Komplette i-Systeme können in einer durch Gehäuse geschützten Geräteeinheit enthalten sein, ohne dass dafür anlagetechnische Leitungsverbindungen benötigt werden,

oder sie sind installationsbedürftig. Dann gehört auch die Beschaffenheit der Kabel und Leitungen zum Prüfumfang, ist vorgegeben und darf nicht verändert werden.

Im untertägigen Bergbau (Gerätegruppe I) sind bescheinigte i-Systeme vorgeschrieben. Die EMR-Fachleute der chemischen Industrie (Gerätegruppe II) hingegen sehen bisher keinen Bedarf für komplett bescheinigte „i-SYST"-Lösungen, weil bei einer nachträglichen Modifikation das System neu geprüft und bescheinigt werden muss. Diesen Nachteil kann man durch Zusammenschaltung einzelner Betriebsmittel vermeiden.

2. **Die Zusammenschaltung einzelner Betriebsmittel** wird vom MSR-Planer als anlagetechnische Lösung für einen speziellen Anwendungsfall entworfen. Hier bilden die elektrischen Daten, Ex-Merkmale und i-Kennzeichnungen der zusammengeschalteten zugehörigen und eigensicheren Betriebsmittel die Grundlage dafür, den Nachweis der Eigensicherheit des Systems individuell vorzunehmen. Den Nachweis hat der Planer selbst zu führen. Wie das zu geschehen hat, sagen VDE 0170/0171 Teil 10, VDE 0165 und/oder der PTB-Bericht ThEx-10, dessen Inhalt auch in VDE 0170/0171 Teil 10 zu finden ist. Der Planer hat auch die Kategorie (ia oder ib), die Temperaturklasse (T1 bis T6) und die Explosionsgruppe (I, IIA, IIB oder IIC) für das System anzugeben und die Systembeschreibung zu liefern. Diese Dokumentation muss das System vollständig erfassen und sie muss so abgefasst sein, dass sie der Prüfer oder Instandsetzer nachvollziehen kann.

Ohne das vorgeschriebene Funkenprüfgerät bleibt für den Nachweis nur der rechnerische Weg. Je mehr zugehörige Betriebsmittel unterschiedlicher Kennlinien zusammenwirken, um so eher sind die unter 15.7 erwähnten Probleme zu erwarten.

Empfehlung: i-Kreise einfach aufbauen, netzartige Zusammenschaltungen möglichst vermeiden.

VDE 0170/0171 Teil 10 legt auch die Mindestanforderungen an ein Systemdokument fest und regelt die Vorgehensweise bei der Bewertung von

- Einfachen Systemen (Anhang A, normativ),
- Stromkreisen mit mehr als einer Stromquelle mit linearer Ausgangskennlinie (Anhang B, normativ))
- induktiven Kennwerten (Anhang D, normativ) und gibt Hinweise für die
- Zusammenschaltung nichtlinearer und linearer Stromkreise (Anhang C, informativ),
- Zeichnungen der Systembeschreibung und Installationszeichnungen (Anhang E, informativ) sowie

- Überspannungsschutzmaßnahmen im eigensicheren Stromkreis (Anhang F, informativ)

VDE 0165 Teil 1 – maßgebend für die Installation – enthält ebenfalls Anhänge mit Festlegungen und Hinweisen für i-Kreise:

- Nachweis der Eigensicherheit für eigensichere Stromkreise mit mehr als einem zugehörigen Betriebsmittel mit linearen Strom-/Spannungs-Kennlinien (Anhang A, normativ),
- Verfahren zur Bestimmung der höchsten Systemspannungen und -ströme in eigensicheren Stromkreisen mit mehr als einem zugehörigen Betriebsmittel mit linearen Strom-/Spannungskennlinien – *wie in Anhang A gefordert* (Anhang B, informativ)
- Bestimmung der Kennwerte für Kabel und Leitungen (Anhang C, informativ)

Eine andere Möglichkeit, die Vielfalt von Betriebsmitteln unter den Anforderungen der Eigensicherheit einzuschränken, zeigt ein Beispiel für Geräte zur Prozessvisualisierung im Bild 15.4. Durch Kombination anderer Zündschutzarten mit einem i-System ist hier die Eigensicherheit nicht mehr maßgebend für die Installation.

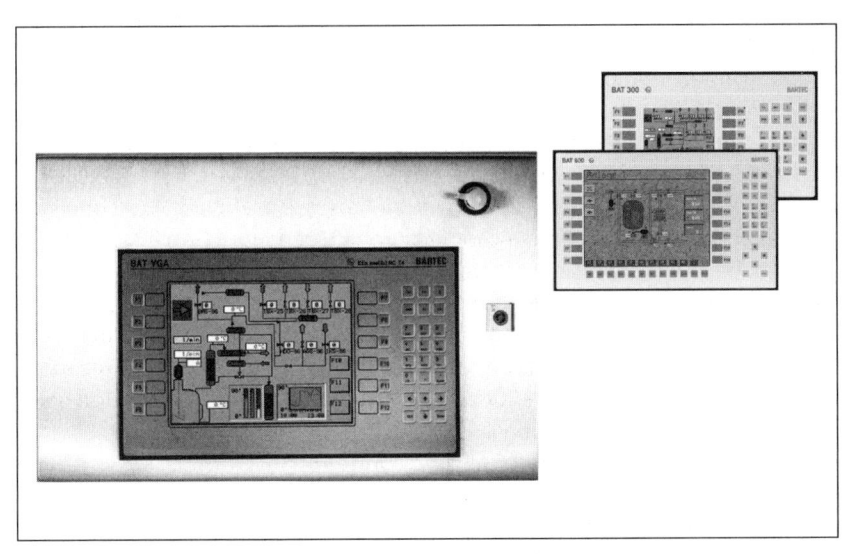

Bild 15.4 *Beispiele für Terminals zum Visualisieren, Anzeigen und Steuern von Prozessen und Abläufen direkt im Ex-Bereich, in EEx me [ib] IIC T4 (Fa. Bartec)*

16 Überdruckgekapselte Anlagen

Frage 16.1 Was hat man unter einer überdruckgekapselten Anlage zu verstehen?

Das ist eine explosionsgeschützte Anlage, in der hauptsächlich das Prinzip der Zündschutzart Überdruckkapselung „p" angewendet wird, einschließlich

- *Zubehör für die Zuführung, Ableitung, Steuerung und Überwachung des Zündschutzgases und*
- *Zubehör für die Alarmierung und/oder Abschaltung der elektrischen Anlage, wenn die Versorgung mit Zündschutzgas gestört ist.*

Das p-Prinzip gründet sich auf die gerätetechnischen Bedingungen in der p-Norm VDE 0170/0171 Teil 3, ergänzt durch anlagetechnische Festlegungen in den Normen VDE 0165. Die Wirkprinzipien der Zündschutzarten und auch das p-Prinzip, das die Zündschutzarten „p", „nZ" und „pD" einschließt, wurden im Abschnitt 7 (Bild 7.1) dargestellt. Die zündgefährlichen elektrischen Bauteile befinden sich in einem Gehäuse (Kapselung), welches unter geringem Überdruck gegenüber der äußeren Atmosphäre steht. Luft oder ein nicht brennbares Gas füllen und/oder durchströmen das Gehäuse und verhindern, dass ein explosionsfähiges Gemisch an elektrische oder nichtelektrische Zündquellen gelangen kann.

Anders als sonst im elektrischen Explosionsschutz beseitigt das p-Prinzip nicht die Zündquellen, sondern verhindert oder verringert das Zustandekommen explosionsfähiger Atmosphäre in einem räumlich begrenzten Volumen. Innerhalb der Kapselung bewirkt das p-Prinzip primären Explosionsschutz, d.h., *der normgerechte und ungestörte Betrieb einer Überdruckkapselung macht es möglich, das gekapselte Volumen grundsätzlich als nicht explosionsgefährdet zu betrachten.*

Für die Zonen 0 und 10 gilt das nicht, denn dafür ist das p-Prinzip nicht vorgesehen. Ausnahmen von dieser Regel ergeben sich auch aus den gestaffelten Sicherheitsniveaus gemäß der RL 94/9/EG.

Gemäß Entwurf DIN EN 60079-2 VDE 0170/0171 Teil 301 wird es künftig in Form der Zündschutzart py eine weitere Einschränkung geben, denn dabei kommt nur eine Verringerung von Zone 1 auf Zone 2 zustande (vgl. Tafel 7.4). Mit dem p-Prinzip wird es möglich, in ein gekapseltes Volumen (Betriebsmittel, Schrank, Raum) elektrische Einrichtungen normaler Bauart einzubauen, ja sogar analysentechnische Geräte mit offener Flamme zu betreiben, wenn die dafür genormten sicherheitstechnischen Bedingungen erfüllt werden. Tafel 16.1 (auf Seite 314) informiert über die Arten überdruckgekapselter Anlagen (folgend p-Anlagen genannt) und gibt dazu technische Regeln an. Bild 16.1 stellt am Beispiel einer p-Anlage mit ständiger Durchspülung dar, wie eine p-Anlage prinzipiell aufgebaut ist.

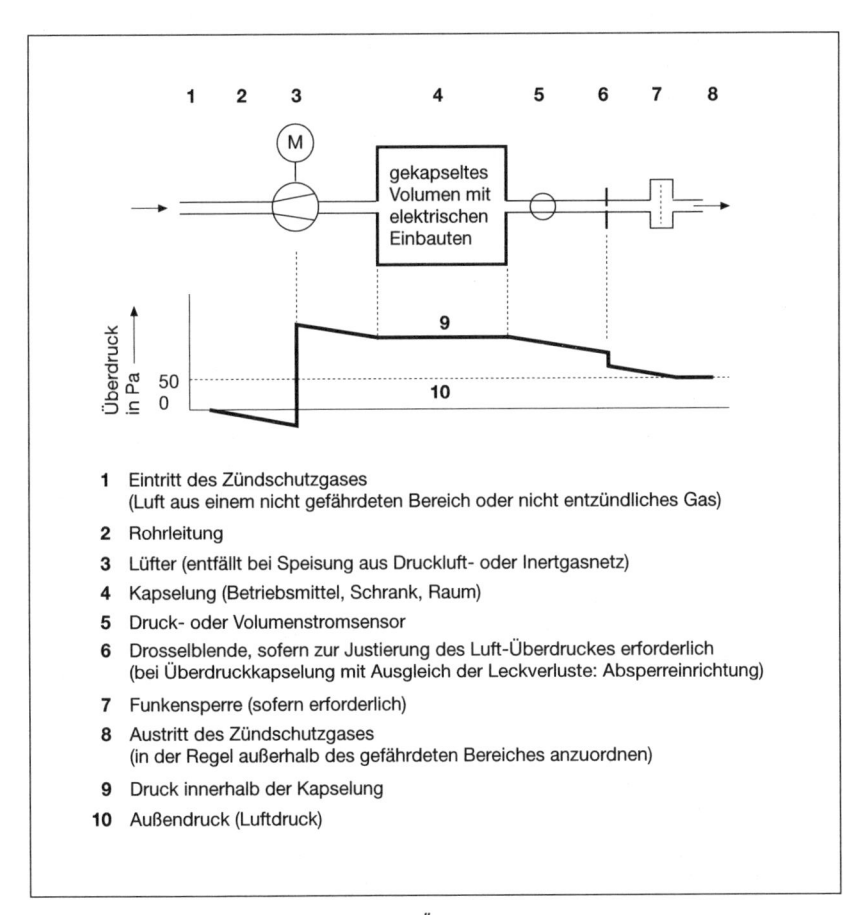

1 Eintritt des Zündschutzgases
  (Luft aus einem nicht gefährdeten Bereich oder nicht entzündliches Gas)
2 Rohrleitung
3 Lüfter (entfällt bei Speisung aus Druckluft- oder Inertgasnetz)
4 Kapselung (Betriebsmittel, Schrank, Raum)
5 Druck- oder Volumenstromsensor
6 Drosselblende, sofern zur Justierung des Luft-Überdruckes erforderlich
  (bei Überdruckkapselung mit Ausgleich der Leckverluste: Absperreinrichtung)
7 Funkensperre (sofern erforderlich)
8 Austritt des Zündschutzgases
  (in der Regel außerhalb des gefährdeten Bereiches anzuordnen)
9 Druck innerhalb der Kapselung
10 Außendruck (Luftdruck)

Bild 16.1 Schematische Darstellung einer Überdruckkapselung
(mit Druckverlauf bei ständiger Durchspülung)

Tafel 16.1 Explosionsschutz mit überdruckbelüfteten Anlagen, Arten der Anwendung

Art der Anlage, Vorschrift ( )	Anwendungsbeispiele	Prüfung durch befähigte Person mit besonderer Qualifikation (bisher Sachverständiger) *)
1. Anlage mit Betriebsmitteln der Zündschutzart „p" (bescheinigt) (1)	Motoren, Transformatoren statische Umrichter; mit Steuereinheit und Zubehör	nicht erforderlich bei Installation bescheinigter p-Betriebsmittel
2. EEx-p-Schutzgassystem mit Steuereinheit und Zubehör, (bescheinigte Komponenten), *Einbau von Betriebsmitteln normaler Bauart* (1)	als Gehäuse oder Schrank z.B. für MSR-Ausrüstungen, Industrie-PC; äußere Teile (Überwachungs- und Steuerteil haben andere Zündschutzarten)	allgemein erforderlich, (bei kompletter Lieferung auch durch Hersteller des Systems)
3. Raum oder Gebäude mit Überdruckbelüftung, *Einbau von Betriebsmitteln normaler Bauart* (2)	elektrischer Betriebsraum mit Zugang über Luftschleuse; z.B. Schaltanlage; auch im Bergbau u.T.	erforderlich
4. Analysenmesshaus oder -raum mit Überdruckbelüftung *Einbau von Betriebsmitteln normaler Bauart* (3)	Raum mit Zugang über Luftschleuse, für Prozessanalysengeräte mit brennbaren Gasen/ Flüssigkeiten	erforderlich
5. Transportable Räume (4) mit Überdruckbelüftung	spezielle Anwendungen	erforderlich

Elektrische Betriebsmittel oder Komponenten, die sich in der Kapselung befinden und bei Störung oder Ausfall der Überdruckbelüftung nicht abgeschaltet werden dürfen (z.B. Magnetventile, Beleuchtung, Beheizung) müssen in einer anderen Zündschutzart explosionsgeschützt sein.

Anhang

(1) DIN EN 50016 VDE 0170/0171 Teil 3
(2) IEC 60079-13 Construction and use of rooms or buildings protected by pressurization
(3) DIN EN 61285 VDE 0400 Teil 100 – Prozessautomatisierung; Sicherheit von Analysengeräteräumen (TR - Technischer Report), in Verbindung mit IEC 60079-16 Electrical apparatus for explosive gas atmospheres, Part 16: Artificial ventilation for the protection of analyzer(s) houses (TR – Technischer Report)
(4) DIN EN 50381 VDE 0170/0171 Teil 17 Transportable ventilierte Räume mit oder ohne innere Freisetzungsquelle; in Vorbereitung
*) zur besonderen Qualifikation
(vorbehaltlich spezieller Festlegungen in künftigen Technischen Regeln zur BetrSichV):
– behördlich anerkannte befähigte Person (oder Hersteller des Betriebsmittels bzw. p-Systems) erforderlich bei Prüfungen der Gerätebeschaffenheit, z.B. nach Zündschutzart-Normen
– befähigte Person mit besonderen Kenntnissen auf dem Gebiet des Explosionsschutzes (oder Hersteller des p-Systems) erforderlich bei Prüfungen des primären Explosionsschutzes, der Be- und Entlüftungsqualität oder der sicherheitstechnischen Zuverlässigkeit der Schutzmaßnahme
– Anlagen unter Bestandsschutz gemäß VDE 0165 02.91, Abschn. 6.1.2: wie unter 1. dieser Tafel

*Frage 16.2 Warum muss bei p-Anlagen nach der Ursache
der Explosionsgefahr besonders gefragt werden?*

Nach dem örtlichen Auftreten gefahrbringender gasförmiger Stoffe kann das gekapselte Volumen (Betriebsmittel, Schrank, Raum) drei verschiedenartigen Gefahrensituationen ausgesetzt sein:

a) *äußere Explosionsgefahr;* der Gefahrstoff kann nur von außen an die Kapsel gelangen(äußere Freisetzung, Normalfall bei elektrischen Anlagen), oder

b) *innere Explosionsgefahr;* der Gefahrstoff gelangt betriebsbedingt durch eine Rohrleitung in die Kapsel und kann dort eventuell austreten (innere Freisetzung, z.B. bei Geräten der chemischen Analysentechnik), oder

c) es sind sowohl *Gefahren nach a) als auch b)* zu betrachten (Sonderfall)

Die vorliegende Situation und der gefahrbringende Stoff (Gas, Flüssigkeit bzw. Dampf oder Staub; sicherheitstechnische Kennzahlen) beeinflussen die Schutzgaskonzeption und die konstruktive Gestaltung einer p-Anlage. Einen weiteren Sonderfall stellen die wenigen brennbaren Substanzen dar, deren obere Explosionsgrenze mehr als 80 Vol.-% beträgt. Solche Stoffe schränken die Anwendbarkeit des p-Prinzips durch ihr spezifisches Zündverhalten erheblich ein.

Um eine überdruckbelüftete Anlage sicherheitsgerecht gestalten zu können, müssen die jeweils auftretenden Gefahren einzeln beurteilt und einer Zone zugeordnet werden. Wird das übersehen, dann fehlt auch die Grundlage für die sicherheitsgerechte Auswahl von Ex-Betriebsmitteln, die im Störungsfall bei aufkommender explosionsfähiger Atmosphäre den Notbetrieb gewährleisten sollen. Diese Betriebsmittel müssen den dafür festzulegenden Ex-Anforderungen genügen.

*Frage 16.3 Auf welche Art kann die Überdruckkapselung
elektrischer Betriebsmittel ausgeführt sein?*

Aus den unterschiedlichen Anwendungsmöglichkeiten des p-Prinzips haben sich typische Arten der Überdruckkapselung entwickelt, die in Tafel 16.2 und Tafel 16.3 (auf Seite 318/319) dargestellt sind. Bild 16.2 (auf Seite 318) zeigt das p-Prinzip an einem Elektromotor.
Bild 16.3 (auf Seite 319) demonstriert die Funktionsweise eines EEx-Schutzgassystems. Diese Art einer Überdruckkapselung von Leergehäusen, Pulten oder Schränken ist bestimmt für elektrische Baugruppen nor-

Tafel 16.2 Arten der Überdruckkapselung elektrischer Betriebsmittel (DIN EN 50016 VDE 0170/0171 Teil 3, dazu auch Entwurf DIN EN 60079-2 VDE 0170/0171 Teil 301)

Art der Überdruckkapselung	Führung des Zündschutzgases	Kennzeichnung zusätzlich zur Zündschutzart EEx p
1. **Statische** Überdruckkapselung	abgedichtete Kapselung, wird außerhalb des Ex-Bereiches unter Druck gesetzt (ohne innere Freisetzung entzündlicher Stoffe)	Beschilderung des Gehäuses: – durch statische Überdruckkapselung geschützt – darf nur in einem nicht explosionsgefährdeten Bereich nach Herstellervorschrift gefüllt werden
2. Überdruckkapselung mit **Ausgleich der Leckverluste** (künftig: mit Kompensation der Leckverluste, früher: Fremdluftüberdruck „fü")	Gaszufuhr von außerhalb des Ex-Bereiches, Austrittsöffnungen der Kapselung geschlossen, Gas entweicht durch Undichtheiten	a) Volumen, einschließlich Rohrleitung b) Art des Zündschutzgases (wenn nicht Luft) c) Vorspülbedingungen (Mindestvolumenstrom, -zeit) d) Überdruck min/max e) max. Leckverlustrate f) Temperatur des Zündschutzgases am Eintritt (Herstellerangabe, falls erforderlich) g) Messort(e) für Zündschutzgasdruck, sofern nicht dokumentiert
3. Überdruckkapselung mit **ständiger Durchströmung** mit Zündschutzgas (künftig: kontinuierliche Verdünnung, früher: Fremdbelüftung „f")	Gaszufuhr wie bei 2., Gasaustritt außerhalb des Exbereiches oder mit Funkensperre	
4. Überdruckkapselung wie 2. oder 3., mit **Containment-System** (führt brennbare Stoffe) a) ohne Freisetzung b) begrenzte Freisetzung c) unbegrenzte Freisetzung	Gaszu- und -abführung wie bei 2. oder 3. Besonderheit: Bildung explosionsfähiger Gemische ist verhindert durch Konzentration im Containment-System < UEG oder Δp ≥ 50 Pa [1]) Speziell festgelegte Grenzkonzentrationen für Anwendung in 2. oder 3. mit b) oder c) und Luft oder Inertgas als Zündschutzgas	h) Kategorie der inneren Freisetzung i) Mindestvolumenstrom des Zündschutzgases (falls erforderlich) j) maximaler Einlassdruck am Containment-System k) maximaler Volumenstrom in das Containment-System l) maximale Sauerstoffkonzentration im Containment-System m) höchstzulässige obere Explosionsgrenze (OEG) im Containment-System

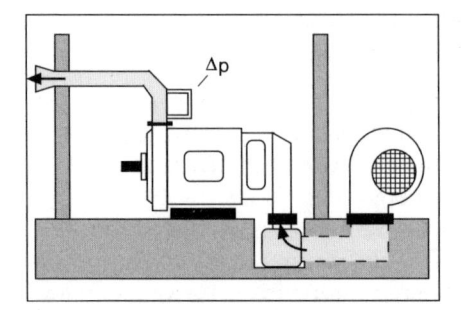

[1]) Δp = Differenz zwischen Innendruck im Containment-System und gefordertem Schutzgasüberdruck

Bild 16.2 Motor in Zündschutzart Überdruckkapselung "p", mit Fremdkühlung; im Bild rechts: Ventilator und Zuluftkanal; Mitte: explosionsgefährdeter Bereich mit p-Motor, Drucküberwachung am Abluftstutzen; links: Abluftluftaustritt ins Freie (Fa. Danfoss Bauer)

Tafel 16.3 Anwendung des Prinzips Überdruckkapselung in anderen VDE-Normen

Norm	Art der Kapselung	Führung des Zündschutzgases	Kennzeichnung
1	**DIN EN 60079-15 VDE 0170/0171 Teil 16 – Zündschutzart „n" – für Zone 2**		
1.1	Vereinfachte Überdruckkapselung	Zündschutzgas unter Überdruck – Vorspülung, anschließend – Leckagekompensation oder – statischer Überdruck	nZ, weiteres wie in Tafel 16.2 unter 2. bzw. 3.
1.2	Hermetisch dichte Einrichtung	nicht zur Zündschutzart „p" gehörend, Gehäuse durch Schmelzprozess abgedichtet (z.B. Löten, Schweißen, Verschmelzen Glas/Metall)	nC
1.3	Schwadensicheres Gehäuse	nicht zur Zündschutzart „p" gehörend, Eindringen von Gasen, Dämpfen oder Nebeln nur beschränkt möglich	nR
2	**Früher gemäß VDE 0165 02.91 (bei Bestandsschutz)**		
2.1	*Vereinfachte Überdruckkapselung* gemäß DIN VDE 0165, Gehäuseschutzart ≥ IP 40	– Vorspülung entfällt, – bei Druckabfall des Zündschutzgases anstelle Abschaltung Alarm ausreichend – Gasableitung in die Zone 2 zulässig mit Funkensperre	„vereinfacht überdruckgekapselt nach DIN VDE 0165 /02.91, Abschnitt 6.3.1.4" mit Bestätigung des Herstellers zur Verwendung in Zone 2
2.2	*Schwadensicheres Gehäuse*, Gehäuseschutzart ≥ IP 54	nicht zur Zündschutzart „p" gehörend, ohne Zündschutzgas, ein innerer Überdruck von 4 mbar darf erst nach > 30 s auf 2 mbar gefallen sein	nicht speziell festgelegt aber erforderlich, Bestätigung des Herstellers gemäß DIN VDE 0165 /02.91 zur Verwendung in Zone 2

Bild 16.3 Beispiel zur Funktionsweise eines EEx-p-Systems (Schrank als Überdruckkapselung) (Fa. Bachmann)

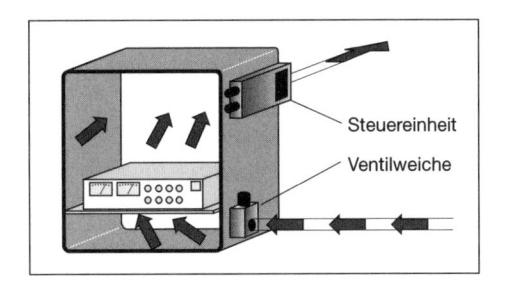

maler Bauart. Die Schränke sind als p-System baumustergeprüft und komplett bestellbar. Die Hersteller liefern die Einrichtungen zur Steuerung und Überwachung des Schutzgases mit und können auch die Abnahmeprüfung vor Ort übernehmen. Bild 16.4 zeigt ein Anwendungsbeispiel.

Weitere spezifische Eigenheiten, auf die an dieser Stelle nicht näher eingegangen werden kann, haben

- pD-Betriebsmittel für den Staubexplosionsschutz gemäß IEC 61241-4 und
- p-Betriebsmittel der Gruppe I (Bergbau unter Tage)

Bild 16.4 Beispiel eines überdruckgekapselten Steuerschrankes als EEx-p-System, IP 65; oben auf dem Schrank: Drucküberwachungseinheit, innerhalb des Schrankes: Steuerung in normaler Bauweise mit Klemmen und Verdrahtung, unten rechts die Zulufteinheit, unten links das Steuergerät (Fa. R. Stahl Schaltgeräte)

Frage 16.4 **Was ist ein Zündschutzgas und welche Bedingungen muss es erfüllen?**

Das Zündschutzgas verdrängt die mit brennbaren Anteilen belastete Luft. Es darf nicht entzündlich sein und es darf das Material der gasführenden Gehäuse-, Anlage- und Einbauteile nicht angreifen.
Als Zündschutzgas können dienen

a) **Luft**

- zumeist für p-Kapselungen mit ständiger Durchspülung,
- auch für Kapselungen mit Ausgleich der Leckverluste und
- für überdruckbelüftete Räume
- nicht zulässig
  - für Kapselungen mit statischem Überdruck

- oder mit Containment-Systemen unbekannter („unbegrenzter") Freisetzung
- Bedingung: Konzentration brennbarer Anteile im Luftvolumen der Kapselung ≤ 25 Vol.-% UEG (Betriebszustand; bei Containmentsystemen mit geeigneten Mitteln abzusichern)

b) *ein Inertgas,* z.B. Stickstoff

- zumeist für p-Kapselungen mit Containment-Systemen unbegrenzter Freisetzung
- auch für p-Kapselungen mit Containment-Systemen bekannter („begrenzter") Freisetzung
- gefordert für p-Kapselungen mit statischem Überdruck
- nicht zulässig
  • für überdruckbelüftete Räume, die betriebsmäßig begangen werden
  • bei Containment-Systemen mit beabsichtigter Freisetzung (Verdünnung mit Luft vornehmen)
- Bedingung: Absenkung der Sauerstoff-Konzentration im gekapselten Volumen auf ≤ 2 Vol.-% (bei statischer Überdruckkapselung ≤ 1 Vol.-%) durch Vorspülung, Überwachung im Betriebszustand

Künftig gemäß Entwurf EN 60079-2 VDE 0170/0171 Teil 301 bei Containment-Systemen nach mehreren Kriterien gestaffelt (Gas oder Flüssigkeit, Freisetzung im Normalbetrieb oder bei Fehlern, Art der Überdruckkapselung, obere Explosionsgrenze < oder > 80 Vol.-%)

Frage 16.5 Was versteht man unter einem Containment-System?

Containment-Systeme sind typisch für die Prozessanalysentechnik. Als Containment-System definiert die VDE 0170/0171 Teil 3 **den Teil eines überdruckgekapselten Betriebsmittels,**

- *der einen brennbaren gasförmigen oder flüssigen Stoff enthält und*
- *der eine innere Freisetzungsstelle bilden kann.*

Eine innere Freisetzungsstelle ist ein Bauteil, aus dem dieser brennbare Stoff im Normalbetrieb oder bei Störungen in das gekapselte Volumen gelangen und eine explosionsfähige Atmosphäre bilden könnte.
„Begrenzte Freisetzung" bedeutet, dass der größtmögliche Volumenstrom bekannt ist – im Gegensatz zu einer „unbegrenzten Freisetzung". Über die Arten von Containment-Systemen informiert Tafel 16.2 (auf Seite 316).

319

Frage 16.6 **Welche Grundsätze gelten für die Beschaffenheit überdruckgekapselter Anlagen mit p-Betriebsmitteln?**

Der Explosionsschutz eines p-Betriebsmittels kommt insgesamt durch die Kombination gerätetechnischer und anlagetechnischer Maßnahmen zustande, wobei aber die Norm diese Maßnahmen nicht ausdrücklich unterscheidet. Darüber hinaus hängen Art und Umfang des Anteils anlagetechnischer Maßnahmen auch sehr davon ab, um welche Art von Anlagen (Tafel 16.1) es sich jeweils handelt.
Folgend werden Grundsätze der Überdruckkapselung entsprechend eingeordnet und stichwortartig zusammengefasst.

1. **Grundlegende Festlegungen für Betriebsmittel der Zündschutzart „p"**

- **Schutzart ≥ IP 4X** (künftig bei Zündschutzart pz ≥ IP 3X)
- **Schutz gegen austretende Funken oder glühende Partikel** an den Gehäusen und den Rohrleitungen für das Zündschutzgas
- **1,5fache Druckfestigkeit** der Gehäuse und Rohrleitungen, bezogen auf den normalen Betriebsdruck nach Herstellerangabe, jedoch mindestens 200 Pa (2 mbar)
- bei von Hand zu öffnendem Deckel:
  - automatische Abschaltung der eingebauten nicht explosionsgeschützten Betriebsmittel beim Öffnen, verriegelt gegen Wiedereinschaltung vor dem Schließen
  - Warnschild mit Wartezeit, wenn heiße Oberflächen enthalten sind, die während der Abkühlung noch zündgefährlich sein können
- *Sicherheitseinrichtungen als sicherheitsbezogene Steuerung* (Aufgaben gemäß 2.2 bis 2.4) sind einzurichten entweder
  - vom Hersteller oder
  - vom Betreiber bzw. Errichter, in diesem Fall erkennbar durch das Kennzeichen X am Betriebsmittel (hierzu Abschnitt 8)
  - sind für spezielle Arten von p-Kapselung zweifach gefordert
  - müssen gemäß EXVO/RL 94/9/EG gekennzeichnet sein
- weitere Bedingungen, z.B. für Werkstoffe und Isolierstoffe, Einstufung in eine Temperaturklasse, Beschilderung

2. **Grundlegende anlagetechnische Bedingungen für p-Betriebsmittel**

2.1 *Vorschriftsmäßige Gestaltung der Kapselung* einschließlich der Bauteile für die Zu- und Abführung des Zündschutzgases:

Mobile Sicherheit im Ex-Bereich

E-Mail: sales@ecom-ex.com
Internet: www.ecom-ex.com

explosionsgeschützte:
- **PDA's**
- **Mobiltelefone**
- **Messgeräte**
- **Kalibriergeräte**
- **Handlampen**
- **Prüfgeräte**

Industriestraße 2
97959 Assamstadt
Tel.: +49 [0] 6294 4224 -0
Fax.: +49 [0] 6294 4224 -90

ecom instruments

Explosionsgeschützte Steckvorrichtungen

DXN

Maréchal - Gütezeichen
weltweit bewährt

- ATEX
- 16 A bis 63 A
- IP66/67 automatisch beim Stecken
- sehr kompaktes Design
- integrierte Schaltfunktion
- Silber-Stirndruck-Kontakte für optimale Stromübertragung
- Gehäuse aus selbstverlöschendem glasfaserverstärktem Polyester

Fordern Sie weitere Informationen an:

0800 / 1 01 12 84
(kostenfreie Service-Nummer)

ISV

ISV Industrie Steck-Vorrichtungen GmbH
Im Lossenfeld 8 · D-77731 Willstätt-Sand
Telefon +(49) (0) 78 52 / 91 96 -0
Telefax +(49) (0) 78 52 / 91 96 -19
E-Mail: info@isv.de · Internet: www.isv.de

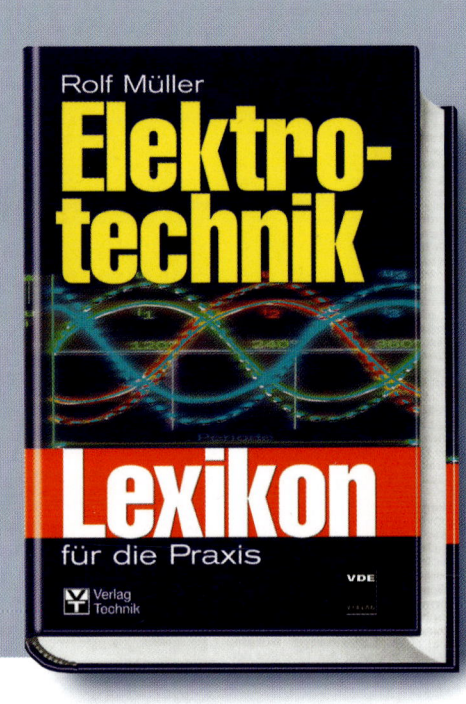

Mit über 1000 Fachbegriffen!

Rolf Müller
Elektrotechnik
Lexikon für die Praxis

528 Seiten, 368 Abb.,
49 Tafeln, Hardcover
ISBN 3-341-01297-4
€ 45,–

Rolf Müller
Elektrotechnik – Lexikon für die Praxis

Es gibt zahlreiche elektrotechnische Fachbegriffe, die mit Rechtsvorschriften und Normen verbunden sind, für die der Fachmann eine klare Definition benötigt. Schnell und zielgenau erklärt dieses Nachschlagewerk mehr als 1.000 Begriffe aus der elektrotechnischen Praxis.

Neben der ausführlichen Erläuterung des jeweiligen Begriffes, bietet es zusätzlich Hinweise auf gültige Normen und weitere Fachliteratur. Das mit vielen Abbildungen versehene Lexikon ist nicht nur eine verlässliche Hilfe für Praktiker, sondern auch für Planer, Auszubildende und Studenten.

Obering. Dipl.-Ing. Rolf Müller ist in der Fachwelt durch zahlreiche Veröffentlichungen, Vorträge und durch die Mitarbeit in Fachgremien bekannt.
Im DKE-Komitee 221 „Elektrische Anlagen und Schutz gegen elektrischen Schlag" nimmt er als Delegierter des Zentralverbands der Elektro- und Informationstechnischen Handwerke die Interessen der deutschen Handwerkerschaft wahr.

HUSS-MEDIEN GmbH
Verlag Technik
10400 Berlin

Tel.: 030/4 21 51-325 · Fax: 030/4 21 51-468
e-mail: versandbuchhandlung@hussberlin.de
www.technik-fachbuch.de

- Einspeisung aus einem nicht explosionsgefährdeten Bereich, ausgenommen bei Zündschutzgas-Versorgung aus Flaschen (ortsbeweglichen Druckgeräten)
- Dichtheit gegen das Eindringen von Außenluft,
- Funken- und Partikelsperren am Austritt des Zündschutzgases (Erfordernis nach Festlegung in der Norm),
- brandschutzgerechte Materialauswahl,
- Explosionsschutz in einer anderen Zündschutzart für eingebaute Betriebsmittel oder Komponenten, die bei Störung des Zündschutzgases in Betrieb bleiben müssen,
- Überwachung der Konzentrationsgrenzwerte des Zündschutzgases bei Containment-Systemen mit Freisetzung entzündlicher Stoffes,
- Ergänzende Ausrüstung sicherheitsbezogener Bauteile, die der Hersteller nicht mit liefert, z.B. bei Containmentsystemen: Probestrombegrenzer, Druckregler, In-Line-Flammensperren

2.2 Vorspülung der Kapselung einschließlich der Leitungen mit Zündschutzgas (Luft oder Inertgas) mit jeweils

- vorgegebenem Volumenstrom (überwacht)
- vorgegebener Vorspülzeit (druckabhängig gesteuert)
- Einschaltsperre bis zum Ende der Vorspülung *und mit*
- besonderen Maßnahmen, wenn mehrere p-Betriebsmittel mit einer gemeinsamen Sicherheitseinrichtung überwacht werden.

2.3 Gesteuerte Einschaltfreigabe für die zu schützenden elektrischen Bauteile bzw. Betriebsmittel in der Kapselung

2.4 Betrieb der Kapselung

- *mit selbsttätiger Überwachung* des Zündschutzgases auf
  - Druck (**Mindestwert 50 Pa** bzw. *0,5 mbar*) und/oder
  - Volumenstrom (festgelegter Mindestwert) an der Austrittsstelle
  - mit oder ohne Wiedereinschaltsperre
- **und sicherheitsgerichtete Maßnahmen** bei Unterschreitung der Zündschutzgas-Mindestwerte:
  - Alarm und/oder selbsttätige Ausschaltung der zu schützenden elektrischen Bauteile oder Betriebsmittel in der Kapselung (gestaffelt für Zone 1 und Zone 2 sowie nach Betriebsmitteln in der Kapselung, die sich für Zone 2 eignen oder nicht eignen) jeweils nach Vorgabe des Herstellers und Festlegung des Betreibers bzw. des Errichters im Ergebnis einer speziellen Gefährdungsbeurteilung.

Für den Bestandsschutz:
- *DIN VDE 0165 (02.91) geht auf die Gestaltung von p-Anlagen nicht ein, sondern verweist lediglich auf DIN EN 50016 VDE 0170/0171 Teil 3.*
- *Für ostdeutsche Anlagen wird hingewiesen auf die TGL 200-0621 Teil 3 (fremdbelüftete Anlagen) in Verbindung mit TGL 55041 (p-Betriebsmittel).*

Weil für überdruckbelüftete Anlagen auch Geräte-Komponenten mit U-Bescheinigung eingebaut werden (unvollständiges Betriebsmittel, vgl. Frage 8.8), legte VDE 0165 (02.91) fest, dass nicht bescheinigte Betriebsmittel in p-Anlagen vor der Inbetriebnahme die Prüfung durch einen ElexV-Sachverständigen zu absolvieren haben. Infolge RL 94/9/EG ist das nicht mehr zulässig. Spätestens seit dem 1. Juli 2003 tragen die Hersteller oder Errichter der Anlage die Verantwortung für die ATEX-konforme Beschaffenheit bei der Erstinbetriebnahme.

Dazu müssen sie von einer „benannten Stelle" auditiert und anerkannt sein.

Frage 16.7 Welche Grundsätze gelten für den Explosionsschutz von Räumen durch Überdruckbelüftung?

Dabei müssen zwei Anwendungsfälle unterschieden werden.

1. Überdruckbelüftung elektrischer Betriebsräume

In diesem Fall wird davon ausgegangen, dass die Explosionsgefahren nur von außen kommen können. Der IEC-Report 60079-13 gibt Empfehlungen zur Konstruktion und Betriebsweise überdruckbelüfteter elektrischer Betriebsräume nach den Prinzipien

- Luftspülung zum Erreichen einer nicht explosionsgefährdenden Luftkonzentration vor der Inbetriebnahme (Vorspülung)
  a) Luftüberdruck mit Ausgleich der Leckverluste oder
  b) Luftüberdruck bei kontinuierlicher Zirkulation.

Die Empfehlungen zur Beschaffenheit der lüftungstechnischen Anlagen entsprechen den Angaben unter 16.6(1.). Auch in den grundlegenden anlagetechnischen Bedingungen für das Betreiben nicht explosionsgeschützter Betriebsmittel folgt IEC 60079-13 den unter 16.6(2.) genannten Grundsätzen. Wesentliche Unterschiede und Einflüsse gegenüber einer Anlage mit p-Betriebsmitteln:

- *Mindestüberdruck nur 25 Pa* (0,25 mbar)
- *Erfordernis einer lüftungstechnischen Anlage (LTA)*
- *spezielle Bemessung und Überwachung der LTA,*

besonders überprüfungsbedürftig:
- Vorspülung mit dem 5fachen Raumvolumen (empfohlener Mindestwert) ausreichend?
- Lüftungsart a) oder b) zweckmäßig?
- Luftschleuse (Vorraum) erforderlich? Vorteilhaft mit separater Belüftung, oder hinderlich? (auch bei offener Tür muss das Einströmen belasteter Außenluft in den Betriebsraum verhindert sein, Luftdruck darf Türen nicht blockieren)
- Reservelüfter zweckmäßig?
- Gaswarneinrichtung zweckmäßig (weiterer Betrieb bei Lüftungsstörung oder Steuerung eines Rerservelüfters)?
- Elektrische Versorgungssicherheit ausreichend?
- Luftkonditionierung erforderlich?
- *Koordinierung mit der elektrotechnischen Versorgungsaufgabe*
- Verriegelung bei Lüftungsstörung; Probleme durch automatische Abschaltung (Zone 1)? Alarmgabe akustisch und/oder optisch und wo?
- Wartungsbelange
- *Kennzeichnung* anbringen
- außen an der Tür als Warnung, z.B. „überdruckbelüfteter Raum, Tür schließen"
- innen: Lüftungsüberdruck und Betriebsbedingungen (z.B. Vorspülzeit vor elektrischer Inbetriebnahme, Maßnahmen im Störungsfall)

Was man noch bedenken sollte:
Die Erfordernisse der Überdrucklüftung sind mehr oder minder mit betrieblichen Erschwernissen verbunden. So muss z.B. auch darüber nachgedacht werden, welche Folgen eine Funktionsstörung an der Überwachungseinrichtung haben kann und wie man dem begegnet. Für einen überdruckbelüfteten Raum als Maßnahme des Explosionsschutzes sollte man sich nur entscheiden, wenn die unmittelbare Nachbarschaft zu einem explosionsgefährdeten Bereich unvermeidlich ist, wie z.B. bei Bediener-Räumen von Verladeanlagen für brennbare Flüssigkeiten oder bei Unterschaltanlagen, wie sie in chemischen Produktionsanlagen unter speziellen baulichen und anlagetechnischen Bedingungen erforderlich sein können.

2. Überdruckbelüftung von Analysengeräteräumen (AGR)

Bevor man über die Lüftungskonzeption nachdenken kann, müssen die Ursachen der Explosionsgefahr (drei Gefahrensituationen sind möglich, hierzu 16.2) geklärt sein. Alles weitere ist in **DIN EN 61285 VDE 0400 Teil 100** differenziert geregelt.
Tritt lediglich eine *äußere Explosionsgefahr* auf (Frage 16.2), dann ist die

Vorgehensweise nicht wesentlich anders als bei elektrischen Betriebsräumen. Einzelheiten dazu regelt die Norm wie folgt

– Luftwechsel: mindestens stündlich 5fach (Frischluft),
– Lüftungsüberdruck: 25 bis 50 Pa
– Gaswarneinrichtung: ist nicht Bedingung, berechtigt jedoch zum verzögerten Abschalten nicht explosionsgeschützter Betriebsmittel, unverzögertes Abschalten gefordert bei ≤ 20 % UEG
– Luftschleuse: Bedingung für Zugänge aus Bereichen der Zonen 1 und 0 (aus Zone 0 aber nicht akzeptabel, meint der Verfasser)

Muss jedoch eine *innere Explosionsgefahr* einbezogen werden Gefahrensituation b aus 16.2) oder liegt eine Kombination aus äußerer und innerer Gefahr vor, dann legt die Norm dafür spezielle Maßnahmen fest. Kriterien für die technische Gestaltung der Lüftungsanlage sind das Ausbreitungsverhalten der gefährdenden Stoffe, das Freisetzungsverhalten der Containment-Systeme und die betrieblichen Bedingungen. Die Regelungen orientieren sich an den grundlegenden Gestaltungsregeln für p-Anlagen (hierzu 16.6). Darüber hinaus befasst sich die Norm mit allem, was für die sicherheitstechnische Gestaltung der AGR zu beachten ist. Anstelle einer Darstellung der sachlichen Zusammenhänge kann an dieser Stelle nur auf die Norm hingewiesen werden.

Was man noch bedenken sollte

Anlageteile oder Betriebsmittel mit nicht überschaubaren inneren Freisetzungsstellen sollten zuerst daraufhin untersucht werden, ob sie einzeln gekapselt werden können, z.B. in einem überdruckbelüfteten Schutzschrank als p-System. Das kann auch eine Lösung sein für elektrische Anlageteile oder Betriebsmittel ohne innere Freisetzung, wenn deren Funktion mit dem zentralen Sicherheitsmanagement des Raumes im Widerspruch steht.

Frage 16.8 *Was ist eine vereinfachte Überdruckkapselung und wofür verwendet man sie?*

Diese Art einer Überdruckkapselung entstammt der früheren VDE 0165 (02.91), Abschnitt 6.3.1.4, und bezeichnet eine Form der **Überdruckkapselung mit erleichterten Bedingungen, die nur für Zone 2 zulässig ist** (s. Tafel 16.2)
Im aktuellen Normenwerk sind Überdruckkapselungen für Zone 2

– bei Zündschutzart „n" als „nZ" eingeordnet und
– bei Zündschutzart „p" künftig als „pz" enthalten.

Mittelfristig kann man davon ausgehen, dass dafür nur noch die p-Norm zuständig sein wird. Der Begriff „vereinfachte Überdruckkapselung" im Sinne der früheren VDE 0165 (02.91) darf nicht verwechselt werden mit der kompakten Form der Überdruckkapselung als komplett geprüftes p-System.

Frage 16.9   Welchen Einfluss hat die Zoneneinteilung auf die Auswahl von Betriebsmitteln von überdruckgekapselten Anlagen?

Am einfachsten ist das für explosionsgeschützte Betriebsmittel oder Systeme der Zündschutzart „p" zu beantworten. Darauf nimmt die Zone den gleichen Einfluss wie auf Betriebsmittel in anderen Zündschutzarten, beantwortet unter 9.11 und in Tafel 16.3

Bei überdruckgekapselten Räumen wird das anders, weil hier die beabsichtigte Minderung der Explosionsgefahr wesentlichen Einfluss hat. Der IEC-Report 60079-13 enthält dazu empfehlende Angaben. Danach gilt grundsätzlich folgendes, bezogen auf die Einstufung des Raumes, die ohne Überdruckbelüftung zutreffend wäre:

a) **Zone 1** (nicht üblicher Fall)
- Normale nicht explosionsgeschützte Betriebsmittel: bei Alarmgabe automatische Trennung vom Netz, so schnell als betrieblich möglich, die Auslösezeit ist speziell festzulegen
- als explosionsgeschützt gekennzeichnete Betriebsmittel: bei Alarmgabe weiteres Betreiben zulässig, ausgenommen
- Zone-2-Betriebsmittel: Trennung vom Netz, die Bedingungen dafür sind speziell festzulegen

b) **Zone 2** (üblicher Fall)
- als explosionsgeschützt gekennzeichnete Betriebsmittel einschließlich Zone-2-Betriebsmittel: bei Alarmgabe weiteres Betreiben zulässig
- Normale nicht explosionsgeschützte Betriebsmittel: bei Alarmgabe Trennung vom Netz, die Bedingungen dafür sind speziell festzulegen

Sowohl bei a) als auch bei b) kommt es auch darauf an, ob und in welcher Zeit die Überdruckbelüftung wieder in Gang kommt.
Auch wo die Norm bei Alarm den weiteren Betrieb erlaubt, gilt das nicht ohne Vorbehalt. Dass der Fehler baldmöglich festgestellt und behoben wird, setzt man als selbstverständlich voraus.

c) **Zonen 21 und 22**
Dafür stehen technische Regeln noch aus. Wegen des Filteraufwandes bei staubbelasteter Luft ist nur das Prinzip mit Ausgleich der Leckverluste er-

wägbar. Vorspülung kann Staub aufwirbeln und so das Gegenteil des Schutzzieles bewirken.

Frage 16.10 Kann der Elektrofachmann eine überdruckgekapselte Anlage selbständig planen und errichten?

Das wird nur möglich sein, wenn es sich um die Installation eines bescheinigten explosionsgeschützten Betriebsmittels oder eines überdruckgekapselten Systems der Zündschutzart „p" handelt. Dann gibt der Hersteller in der Dokumentation oder Betriebsanleitung alles an, was zur vorschriftsmäßigen Errichtung und zum Betreiben bekannt sein muss.
Bei Containment-Systemen oder überdruckbelüfteten Räumen hingegen hängt die sachgerechte Gestaltung von Faktoren ab, die der Elektrofachmann allein nicht zu überschauen vermag, so z.B. die Wahl und Bereitstellung des Zündschutzgases, die lüftungstechnischen Belange, die sicherheitstechnischen Erfordernisse bei Störzuständen und weitere betriebliche Bedingungen (Wirkungsweise der Sicherheitseinrichtung; Verriegelungen, Redundanzen, Luftschleuse). Dazu ist der Elektro- oder MSR-Fachmann auf die Mitwirkung aller beteiligten Fachgewerke angewiesen, besonders aber auf die Vorgaben des Betreibers im Ex-Dokument. Aufgabenstellung und sicherheitstechnische Konzeption der betreffenden Anlage sollten unbedingt schriftlich fixiert und von einer dafür befähigten Person bestätigt werden.

Frage 16.11 Was bringt die IEC-Normung künftig für p-Betriebmittel mit sich?

Wie in den bisher beantworteten Fragen dieses Abschnittes schon zu erkennen war, wird Teil 3 der VDE 0170/0171 (DIN EN 50016) in absehbarer Zeit abgelöst durch den jetzigen Entwurf Teil 103 (DIN EN 60070-2). Damit nimmt der Regelungsumfang erheblich zu – zumindest für die Hersteller und die anerkannten befähigten Personen. Auch Planer und Errichter kommen nicht umhin, sich damit zu befassen, weil sich die Gerätenorm stellenweise mit der Errichtungsnorm überschneidet. Tafel 16.4 gibt Hinweise auf die bevorstehenden Veränderungen. Tafel 16.5 fasst zusammen, welche Informationen der Betreiber vom Hersteller erhalten oder speziell erfragen muss.

Tafel 16.4 Für Errichter und Betreiber interessante Änderungen bei der Zündschutzart Überdruckkapselung „p" gegenüber VDE 0170/0171 Teil 3 (03.02) infolge VDE 0170/0171 Teil 301 (Entwurf 07.03)

Merkmale	„p"-Zündschutzarten		
	px	py	pz
Eignung allgemein, bezogen auf den Einsatzort	Zone 1	Zone 1 (Gehäuse ohne zündfähige Betriebsmittel)	Zone 2
Eignung mit Containmentsystem, Austritt von Flüssigkeit oder Gas/Dampf	Zone 1; bei brennb. Flüssigkeit: inertes Zündschutzgas, Gas/Dampf: auch Luft		Zone 2, bei brennb. Flüssigkeit: inertes Zündschutzgas, bei Gas/Dampf auch Luft
Reduzierung der Einstufung innerhalb des Gehäuses	von Zone 1 auf exfrei (2 Stufen)	von Zone 1 auf Zone 2 (1 Stufe)	von Zone 2 auf exfrei (1 Stufe)
IP-Schutzart	$\geq$ IP 4X	$\geq$ IP 4X	mit Anzeiger $\geq$ IP 4X mit Alarm $\geq$ IP 3X
Zündschutzgasüberdruck	$\geq$ 50 Pa	$\geq$ 50 Pa	$\geq$ 25 Pa
Bei Schutzgasstörung noch Spannung führende Betriebsmittel	erforderlich in einer der folgenden Zündschutzarten: „d", „e", „i", „m" „o" oder „q"		wie bei px und py, zusätzlich „nA" oder „nC"
dgl., im Containment	dgl., bei Freisetzung im Normalbetrieb jedoch nur „ia" zulässig		
Nachweis der Vorspüldauer	Zeit, Druck- und Durchfluss	Zeit und Durchfluss	
Funkensperre an Lüftungsöffnungen	Differenzierte Festlegungen in Abhängigkeit von der Zone und der Art des Austrittes (Öffnung im Normalbetrieb offen oder geschlossen)		
Abkühlzeit heißer Teile vor dem Öffnen	spezielle Festlegungen beachten	nicht zutreffend, keine heißen Teile	Warnschild/spez. Festlegungen beachten
Sicherheitseinrichtungen			
Kriterium:	Auftreten eines Einzelfehlers		Normalbetrieb
Zündschutzgasdruck	Sensor	Sensor	Anzeiger oder Sensor
Containment, heiße innere Teile	Alarm und Stopp des Durchflusses des brennbaren Mediums	nicht zutreffend, keine heißen Teile	Alarm *(Freisetzung im Normalbetrieb nicht zulässig)*
Anlagetechnische Sicherheitsvorkehrungen	differenzierte Bedingungen hinsichtlich der Festlegungen des Herstellers, des Funktionsablaufes, der Störungsmeldung und eventuell automatischer Ausschaltung		

Tafel 16.5 *Informationsbedarf des Betreibers von p-Anlagen*

Spezielle Informationen des Herstellers für den Betreiber:
- Zusätzliche Anforderungen gemäß VDE 0165 Teil 1 (07.04), Abschn. 13
- Gehäuse: Sicherheitsmaßnahmen gegen Drucküberschreitung
- Rohrleitungen für das Zündschutzgas:
    • Anordnung, örtliche Lage der Leitung, örtliche Lage des Schutzgaseintrittes und -austrittes,
    • Besonderheiten bei Strecken mit Unterdruck gegenüber der umgebenden Atmosphäre
    • Spülzeitverlängerung unter Berücksichtigung von Leitungslängen
- Elektroenergie für die Zündschutzgasversorgung (Gebläse, Verdichter): Bedingungen für die Versorgungssicherheit
- Statische Überdruckkapselung:
    • Festlegungen für den Fall eines unzulässigen Druckabfalles
- Kapselungen mit Containmentsystem, Sicherheitsmaßnahmen ...
    • für den Fall, dass durch Eindringen von Luft explosionsfähige Gemische entstehen können
    • gegen unzulässige Betriebsbedingungen durch Umgebungseinflüsse oder Wartungsarbeiten

17 Staubexplosionsgeschützte Anlagen

Frage 17.1 **Wodurch unterscheidet sich der Staubexplosionsschutz wesentlich vom Gasexplosionsschutz?**

In letzter Zeit fällt der elektrische Staubexplosionsschutz vor allem durch sein beeindruckendes Normenwachstum auf. Diesem Bestreben, Versäumnisse im Vergleich zum Gasexplosionsschutz auszugleichen, konnte der Stand der Gerätetechnik mitunter gar nicht so schnell folgen. Mittelfristig beabsichtigt die IEC, die Errichtungsnormen des elektrischen Gas- und des Staubexplosionsschutzes zu vereinigen. VDE-Anwender begrüßen das, denn so waren sie es lange Zeit gewohnt.

Gasexplosionsgefahren entstehen durch gasförmige brennbare Stoffe, die sich mit Luft vermischen, sich aber durch Luftbewegung auch verdünnen und entfernen. Stäube sind Feststoffe, jedoch in disperser (feinverteilter) Form und mit einer vielfach größeren reaktionsfähigen Oberfläche. **Stäube haben ein anderes Ausbreitungsverhalten und entzünden sich auch anders als gasförmige Stoffe.** Ähnlich ist das bei Fasern und flockigen Agglomeraten. Im Explosionsschutz werden diese besonderen Formen den Stäuben zugeordnet. Der Staubexplosionsschutz hat einige charakteristische Besonderheiten.

Stäube
– bilden explosionsfähige Gemische in der Regel erst durch Aufwirbeln (oder im freien Fall), aber das mitunter schon aus einer flächigen Schicht von weniger als 0,5 mm Dicke
– verdünnen sich in der Atmosphäre nicht wie Gase, sondern
– sedimentieren und sammeln sich in zunehmender Schichtdicke an (wobei die Wärmeableitung elektrischer Betriebsmittel stark behindert werden kann),
– können eine hohe Eigenbeweglichkeit haben, sich mit der Luftströmung verteilen (abhängig von Feinheit und Feuchte), auch Gehäusespalte der Zündschutzart „d" durchdringen (aber nicht ein Gehäuse mit Schutzart $\geq$ IP 6X),

- sind oft elektrisch isolierend (mögliche Ursache elektrostatischer Aufladungen),
- gelten bei Widerständen von $\leq 10^3\,\Omega m$ als elektrisch leitfähig (gefährliche elektrische Überbrückung, Verlustwärme),
- haben höhere Werte der Mindestzündenergie ($\leq 10^1$ bis 10^3) als gasförmige Stoffe, liegen aber in der unteren Explosionsgrenze in gleicher Größenordnung,
- können weitere spezielle Eigenschaften haben (zu Glimmnestern neigend, selbstentzündlich/*pyrophor*, schmelzend, sublimierend)
- explodieren im Luftgemisch um so heftiger, je feiner sie sind
- verursachen im Freien aber nur selten Explosionsgefahren.

Ebenso wie bei der Gasexplosionsgefahr **gilt für die Einstufung in eine Zone als entscheidend, dass ein Gemisch mit Luft vorliegt,** also eine explosionsfähige Staubwolke. Staubablagerungen allein begründen gemäß BetrSichV (Anhang 3) noch keinen explosionsgefährdeten Bereich. *In einigen anderen Ländern betrachtet man Staubablagerungen als ein maßgebendes Einstufungsmerkmal, so auch ehemals in der DDR (TGL 30042). Im Abschnitt 5.2.2 der EN 1127-1 (08.97) wird darauf hingewiesen, dass in Gegenwart von abgelagertem brennbarem Staub stets mit dem Entstehen einer explosionsfähigen Atmosphäre zu rechnen ist.*

Anders als bei den sicherheitstechnischen Kennzahlen für brennbare Gase und Dämpfe gibt es bei den Stäuben

- *keine Temperaturklassen und*
- *keine Explosionsgruppen.*

Die Klassifizierung nach Staubexplosionsklassen (St 1 bis St 3) hat für elektrische Anlagen keine Bedeutung (hierzu auch 6.5).

Wie aus Schadensereignissen bekannt ist, kann eine Staubexplosion ebenso verheerende Schäden anrichten wie eine Gasexplosion. Bei der Verarbeitung von staubförmigen Stoffen kann es vorkommen, dass die technisch ratsamen Schutzmaßnahmen mit bestimmten betrieblichen Erfordernissen nicht im Einklang stehen, so z.B. im Handwerk (Bäckerei, Schleiferei), bei der Lagerung (Silos) oder bei Produktionsprozessen (Elektrostatik).

Frage 17.2 **Welchen Einfluss hat die Zoneneinteilung auf die Betriebsmittelauswahl für staubexplosionsgefährdete Bereiche?**

Das kommt darauf an,
- ob sich die Frage auf das aktuelle „neue" Recht bezieht, d.h., auf die

EXVO und auf die Einstufungsgrundlagen gemäß ElexV von 1996 bzw. gemäß BetrSichV (hierzu Abschnitt 2), oder
- ob es um Anlagen mit Bestandsschutz geht nach „alter" ElexV von 1980. Damit befasst sich die Frage 17.3

Als „neu" gemäß EXVO bzw. ab 1. Juli 2003 in Verkehr gebrachte elektrische Betriebsmittel für staubexplosionsgefährdete Bereiche müssen mindestens derjenigen Gerätekategorie entsprechen, die der jeweiligen Zone zugeordnet ist (dazu auch Tafel 2.3).
Was für die Betriebsmittel ergänzend zur RL 94/9/EG in Normen erfasst ist, geht hervor aus VDE 0170/0171 Teil 15-1-1 (EN 50281-1-1; künftig EN 61241-1 in Verbindung mit EN 61241-0). Seit 1.Juli 2003 müssen auch die Betriebsmittel für staubexplosionsgefährdete Bereiche an rechtsverbindlichen Merkmalen erkennbar sein. Hauptsächliche **Merkmale für den Staubexplosionsschutz nach neuem Recht** sind der

- **Kennbuchstabe D** und die damit verbundene
- **Gerätekategorie 1, 2 oder 3,**

die in gleicher Bedeutung wie im Gasexplosionsschutz ausdrückt, für welche Zonen das betreffende Betriebsmittel verwendbar ist.
Schon seit 1996 gelten für die staubexplosionsgefährdeten Bereiche neuer oder wesentlich geänderter Anlagen die **Zonen 20, 21 und 22** gemäß ElexV – inzwischen abgelöst durch die BetrSichV. VDE 0165 Teil 2 als maßgebende Errichtungsnorm bezieht diese Staffelung ein als Grundlage für die Auswahl explosionsgeschützter Betriebsmittel.
Dass auch die europäischen Kennzeichen – hier speziell der Kennbuchstabe „D" und die Gerätekategorien – als rechtliche Merkmale spätestens seit 1. Juli 2003 nicht fehlen dürfen, wird in die von IEC übernommenen Normen sicherlich noch einfließen. Abschnitt 2 geht auf Fragen zum Übergang auf das neue Recht ein. Weiteres zur Kennzeichnung geht aus Abschnitt 8 hervor.

- **Zone 20** Solche Bereiche mit dem höchsten Gefahrenniveau kommen nicht in Arbeitsbereichen vor, sondern nur im Inneren technologischer Einrichtungen. Dort sind die Betriebsmittel praktisch immer von explosionsfähigen Staubwolken umgeben. Wegen der extremen Staubbelastung beschränkt sich der Einsatz elektrischer Betriebsmittel auf die technologisch erforderlichen MSR-Ausrüstungen.
Steht das betreffende Betriebsmittel in Gerätekategorie 1 D nicht zur Verfügung, dann bleibt nur die Möglichkeit, mit Hilfe eines Sachverständigen eine andere Lösung zu suchen und mit den zuständigen Aufsichtsstellen abzustimmen.

- **Zone 21** kann auch in Arbeitsbereichen auftreten, wo sich durch technologische Vorgänge örtlich begrenzt Staubwolken bilden. Zone 21 erfordert die **Gerätekategorie 2 D**. Geräte in 2D stehen inzwischen ausreichend zur Verfügung.
- **Zone 22** stellt das niedrigste Gefahrenniveau dar und ist typisch für Betriebsstätten mit Arbeitsverfahren, bei denen mit brennbaren Stäuben umgegangen wird. Zone 22 erfordert die **Gerätekategorie 3 D**
- **Auswahlbedingungen gemäß VDE 0165 Teil 2** (10.98)
  Neben der Gerätekategorie beeinflusst die Zone auch die mindestens erforderliche IP-Schutzart und damit die Dichtheit der Gehäuse gegen das Eindringen von Staub:

- Zonen 20 und 21:   IP 6X bzw. staubdicht
- Zone 22,
  leitfähiger Staub: IP 6X bzw. staubdicht
  nicht leitfähiger Staub: IP 5X bzw. staubgeschützt

Die zu erwartende neue Ausgabe von VDE 0165 Teil 2 (DIN EN 61241-14, Nachfolger von DIN EN 50281-1-2) behält diese Zuordnung bei und legt außerdem fest, welche Zündschutzarten staubexplosionsgeschützter Betriebsmittel sich für die drei Zonen eignen (Kurzfassung):
- Zone 20: tD, iaD, maD
- Zone 21: tD, ibD, mbD, pD, außerdem iaD und maD (Zone 20)
- Zone 22: wie Zone 2

Damit muss man sich als Anlagenfachmann aber nicht unbedingt befassen, denn entscheidend für die zonengebundene Betriebsmittelauswahl ist die Gerätekategorie.

Frage 17.3 Was ist zu beachten, wenn ältere Anlagen der Zonen 10 oder 11 neu eingestuft werden?

Danach wird zwangsläufig gefragt, weil in DIN VDE 0165 Teil 2 nichts darüber zu finden ist. Bedenkt man die Vielfalt betrieblicher Einflüsse, so kann man das auch nicht erwarten.

1996 hat die novellierte ElexV für Neuanlagen die Zonen 10 und 11 übergangslos durch die Zonen 20 bis 22 ersetzt.

Im Zusammenhang damit gilt seither in diesen Zonen für das Inbetriebnehmen elektrischer Anlagen (§ 3 ElexV):

- die Betriebsmittel müssen der EXVO/RL 94/9/EG entsprechen
- die Betriebsmittel dürfen nur in den Zonen eingesetzt werden, die ihrer Gerätegruppe und Gerätekategorie entsprechen.

Bisher war man der Meinung, die Übergangsfrist für die alte Einstufung in bestehenden Anlagen liefe am 31.12.2005 ab. Wie jedoch behördlich festgestellt wurde, legt die BetrSichV für befugt betriebene Anlagen keinen konkreten Termin für eine Neueinstufung fest. Maßgebend ist das Ergebnis der Gefährdungsbeurteilung im betrieblichen Ex-Dokument, das bis spätestens 31.12.2005 vorliegen muss. Ergibt sich daraus, dass die Einstufung der Anlage fragwürdig ist, dann stellt sich auch die Frage, ob der Anlagen- und Betriebsmittelbestand zur neuen Einstufung passt.

Dürfen vor dem 1. Juli 2003 gemäß ElexV in Verkehr gebrachte Betriebsmittel nach „altem Recht" weiter verwendet werden?
Nach den Grundsätzen der BetrSichV haben vorhandene Betriebsmittel und Anlagen zeitlich unbegrenzt Bestandsschutz. Uneingeschränkt kann man das aber nur beanspruchen, wenn auch das Betreiben sowie die Einstufung dem alten Recht entsprechen, ohne dass sich in der Anlage etwas gefahrbeeinflussend verändert hat. Andernfalls kann Bestandsschutz insgesamt nur im Ergebnis einer Überprüfung erhalten bleiben. In jedem Fall trifft das zu, wenn eine Zone 21 erkannt wurde. Dabei kann man sich nach Auffassung des Verfassers an folgende **sicherheitstechnischen Sachverhalte** halten:

– **Prüfumfang:** Es ist zu beurteilen, ob die Beschaffenheit der Betriebsmittel dem möglicherweise veränderten Schutzziel (Zone, leitfähiger Staub) entspricht. Dabei kommt es grundsätzlich nicht darauf an, ob die Betriebsmittel auch den Bedingungen neuer Normen genügen.

Überprüfungsbedürftig sind vor allem
- die Übereinstimmung der technologischen Verhältnisse mit dem ursprünglichen Sachverhalt (befugtes Betreiben?)
- der IP-Schutzgrad (> IP 54?),
- die zulässige Oberflächentemperatur bezogen auf die Schichthöhe abgelagerter Stäube (> 5mm?) und
- bei Gefahr durch strömende Stäube die elektrostatisch ableitfähige Beschaffenheit äußerer Kunststoffteile

– **Zone 20** (vorher Zone 10): Es sind nur speziell für Zone 10 geprüfte Betriebsmittel gemäß VDE 0170/0171 Teil 13 weiter verwendbar.
Künftig wie bisher dürfen nur eigens dafür geprüfte und gekennzeichnete Betriebsmittel verwendet werden, bisher erkennbar aus der Kennzeichnung „Zone 10", künftig aus der Kennzeichnung II **1 D** (hierzu auch Tafel 2.3). In beiden Fällen haben die Betriebsmittel das höchste im Staubexplosionsschutz genormte Sicherheitsniveau. Da bleibt es praktisch ohne Belang, wie die Staubexplosionsgefahr eingestuft worden ist.

- **Zone 21** (vorher Zone 11): Grundsätzlich sind auch hier nur für Zone 10 geprüfte Betriebsmittel weiter verwendbar. Ob es die Gefahrensituation eventuell zulässt, vorhandene Betriebsmittel mit Explosionsschutz gemäß VDE 0165 (02.91) ohne Sicherheitsrisiko weiter zu verwenden, muss von einer dafür befähigten Person überprüft werden.
Bereiche der Zone 21 sind so definiert, dass das zeitliche Auftreten explosionsfähiger Atmosphäre

  - in der Häufigkeit des Auftretens mit Zone 11 übereinstimmt („gelegentlich", bestimmungsgemäßer Betrieb),
  - in der Dauer jedoch weiter reicht (nicht auf „kurzzeitig" begrenzt wie bei Zone 11)

  Vor allem wegen der erweiterten Dauer kann hier die Explosionssicherheit grundsätzlich nicht mehr durch Zone-11-Betriebsmittel mit Schutzart IP 54 gewährleistet werden. Ob das mit einer höheren IP-Schutzart möglich wird, wäre im Einzelfall von einer befähigten Person zu prüfen. Erfahrungsgemäß kann sich dabei auch herausstellen, dass die Einstufung „Zone 21" pauschal getroffen wurde und präzisiert werden kann, oder dass zusätzliche primäre Schutzmaßnahmen dazu berechtigen, am Einsatzort des Betriebsmittels auf Zone 22 überzugehen.

- **Zone 22** (vorher Zone 11): Betriebsmittel mit Explosionsschutz gemäß VDE 0165 (02.91) sind grundsätzlich weiter verwendbar, aber bei Gefahr durch leitfähige Stäube speziell zu überprüfen.
Die fraglichen staubexplosionsgefährdeten Arbeitsstätten gehörten fast ausnahmslos der Zone 11 an. Das Gefahrenniveau der Zone 22 umfasst aber nur den unteren Bereich von Zone 11. Es schließt das Auftreten explosionsfähiger Atmosphäre bei bestimmungsgemäßem Betrieb nicht mehr ein (Bild 17.1). Demnach darf man das Niveau des Explosionsschutzes von Zone-11-Betriebsmitteln prinzipiell höher bewerten als es für Zone 22 erforderlich wäre.

Grundlage für die Errichtung der fraglichen Anlagen war in der Regel die VDE 0165 (02.91). Welche Bedingungen diese Norm an den Staubexplosionsschutz der Betriebsmittel stellt, ist aus Tafel 17.1 (auf Seite 338) zu entnehmen.

Rechts-norm	Gefährliche explosionsfähige Atmosphäre kann auftreten		
	bei normalem Betrieb		bei Störungen
ElexV 1980	langzeitig oder häufig	gelegentlich kurzzeitig	(nicht einbezogen, aber in der Praxis auch als Zone 11 betrachtet)
Zone	10	11	
Zone	20	21	22
ElexV 1996	ständig, langzeitig oder häufig	gelegentlich	nicht damit zu rechnen, wenn dennoch, dann selten und kurzzeitig
BetrSichV 2002	wie ElexV	bei Normalbetrieb gelegentlich	bei Normalbetrieb normalerweise nicht oder nur kurzzeitig
typische Beispiele	Inneres von Betriebs-apparaten, Silos	Nahbereich von Abfüllstellen mit, betriebsbedingten Undichtheiten	Nahbereich von Klappen an Förderern, Lager für empfindliche Kollis (Transport)

Bild 17.1 *Einstufung staubexplosionsgefährdeter Bereiche in Zonen, Veränderungen seit 1996*

Frage 17.4 Welche Gemeinsamkeiten haben die Normen des Staubexplosionsschutzes und des Gasexplosionsschutzes elektrischer Anlagen?

Noch bis November 1999, als die erste Ausgabe von VDE 0165 Teil 2 publik wurde, hätte man diese Frage mit Kopfschütteln quittiert. Bis dahin gab es eine dafür gemeinsam zuständige deutsche Norm, zuletzt die VDE 0165 (02.91). Dass das vorerst nicht mehr so ist, hat keine sicherheitstechnischen Gründe, sondern erklärt sich aus der Normenstruktur bei IEC. Inzwischen wird die zweite Ausgabe von VDE 0165 Teil 2 erwartet.
In der Gerätetechnik haben sich vier Staub-Zündschutzarten herausgebildet:

- Schutz durch Gehäuse „tD"
- Überdruckkapselung „pD"
- Eigensicherheit „iD"
- Vergusskapselung „mD"

Tafel 7.2 informiert über die Wirkprinzipien und gibt dazu die Normen an.

Tafel 17.1 Bedingungen für Betriebsmittel normaler Bauart bei Staubexplosionsgefahr (Zone 11) gemäß DIN VDE 0165 (02.91)

Merkmal	Allgemeingültige Bestimmungen
IP-Schutzart	Zone 11: $\geq$ IP 54; *Zone 10:* $\geq$ *IP 65;* staubdicht; (Ausschluss gefährlicher Staubablagerungen innerhalb des Betriebsmittels)
Oberflächentemperatur	Unterhalb zündfähiger Temperaturwerte; erfüllt bei äußerer Gehäusetemperatur $\leq$ 2/3 der Zündtemperatur (Staub/Luft-Gemisch) oder $\leq$ Glimmtemperatur -75 K, wo sich Staub ablagern kann (bei Schichtdicke > 5 mm herabzusetzen!) kleinster Wert ist maßgebend
Art der Betriebsmittel	Einzelbestimmungen
Maschinen	– Schutz gegen unzulässige Erwärmung durch Überlastung – Motoren mit Käfigläufer: $\geq$ IP 44, Anschlusskasten $\geq$ IP 54
Leuchten	– mit Glüh-, Mischlicht- oder warmstartenden Leuchtstofflampen: Schutzabdeckung gefordert (lichtdurchlässig) – mit Glüh- oder Mischlichtlampen bei mechanischer Gefährdung: Schutzgitter oder Schutzabdeckung bruchsicher gefordert (Nachweis wie bei Ex-Leuchten mit hoher mechanischer Beanspruchung) – mit Leuchtstofflampen: Vorschaltgeräte mit temperaturbegrenzenden Maßnahmen (wie Zone 2); Starter mit Abschalteinrichtung: wie Zone 2 – Natrium-Niederdruckdampflampen verboten – Handleuchten mit Glühlampen und andere mechanisch stark beanspruchte Leuchten: dafür geeignete Lampen verwenden (z.B. stoßfest oder $\leq$ 42 V)
Steckvorrichtungen	– fest montieren – Steckereinführung unten, darf bis 30° von vertikal abweichen – Steckerbetätigung nur spannungslos möglich (Ausnahme: Steckvorrichtung ist einem Gerät fest zugeordnet und gegen unbeabsichtigtes Trennen gesichert; dann mit Warnschild „nicht unter Last betätigen") – unverlierbarer Deckel, der bei nicht eingeführtem Stecker die Öffnung mit $\geq$ IP 54 abdichtet – Kupplungssteckvorrichtungen und Adapter nicht zulässig
i-Betriebsmittel (ib)	– $\geq$ IP 20, ausgenommen bei Bauteilen mit funktionsbedingter Staubberührung (z.B. Sonden)
Dazu vom Hersteller anzugeben: – Eignung für Zone 11 – betriebsmäßig auftretende Oberflächentemperatur (sofern > 80 °C)	

Tafel 2.10 stellt die Normen im Zusammenhang dar. Auch wenn nur die Zündschutzart „tD" unmittelbar auf Stäube zugeschnitten ist, während die anderen dem Gasexplosionsschutz entlehnt sind, entspricht diese Entwicklung den Eigenheiten brennbarer Stäube (dazu Frage 17.1) und wird künftig die anlagetechnische Gestaltung beeinflussen.

Wer VDE 0165 Teil 2 noch nicht kennt und den Titel liest, bekommt zwangsläufig Orientierungsprobleme. „Elektrische Betriebsmittel zur Verwendung in Bereichen mit brennbarem Staub ..." – geht es hier vielleicht gar nicht um den Staubexplosionsschutz elektrischer Anlagen, sondern um den Brandschutz von Betriebsmitteln? Früher hieß die VDE 0165 „Errichten elektrischer Anlagen in explosionsgefährdeten Bereichen".
Leider stiftet die neue Normenstruktur in diesem Fall eher Verwirrung als Nutzen. Beim Umgang mit brennbaren Stäuben, die eine explosionsfähige Atmosphäre entwickeln können, stehen Maßnahmen des Brandschutzes und des Explosionsschutzes in elektrischer Hinsicht in direktem Zusammenhang. Vermutlich trägt dieser charakteristische Unterschied zum Gasexplosionsschutz Schuld an dem irritierenden Normentitel.
VDE 0100 Teil 482 (06.03) – *Errichten von Niederspannungsanlagen, Brandschutz bei besonderen Risiken oder Gefahren* – nimmt im Abschnitt 482.0 „Orte mit Explosionsgefahr" ausdrücklich vom Anwendungsbereich aus. Eine ominöse Anmerkung „*Anforderungen für durch Staub explosionsgefährdete Räume oder Orte sind in Beratung*" klärt der Nationale Anhang NB auf mit einem Hinweis auf VDE 0165 Teil 2.

Gemeinsamkeiten
Sowohl die künftige dem Gasexplosionsschutz angepasste Normenstruktur des elektrischen Staubexplosionsschutzes (Tafel 2.10) als auch die neue VDE 0165 Teil 2 zeigen, dass die aus VDE 0165 (02.91) bekannten Gemeinsamkeiten für den anlagetechnischen Explosionsschutz nicht verloren gegangen sind. Erkennbar wird das in VDE 0165 Teil 2 bei den Allgemeinen Anforderungen, den Maßnahmen gegen zündfähige Funken in Verbindung mit Netzsystemen, dem Potenzialausgleich, der Notabschaltung, den Bedingungen für Kabel und Leitungen u.a.m.

Unterschiede
Staubtypische Unterschiede verursachen vor allem die eingangs unter 17.1 beschriebenen Sachverhalte, umgesetzt in Schutzmaßnahmen durch

- spezielle Forderungen an die Abdichtung von Gehäusen
- weitmöglich staubabweisende Gestaltung der Anlageteile und Installationssysteme
- spezielle Begrenzung der Oberflächentemperaturen
- elektrostatische Anforderungen
- Verwendungsverbote in Bereichen der Zone 20 für Betriebsmittel der Energietechnik und für die Zündschutzart Überdruckkapselung „pD".

Ein weiteres spezielles Merkmal des Staubexplosionsschutzes in VDE 0165

337

Teil 2 ist beim Schutz durch Gehäuse die Unterteilung in „Verfahren A" und „Verfahren B" (dazu Frage 17.5).

Frage 17.5 **Welche besonderen Anforderungen stellt der Staubexplosionsschutz an die Oberflächentemperatur der Betriebsmittel?**

Zu erst sei nochmals daran erinnert, dass es im Staubexplosionsschutz nur um die äußere Oberflächentemperatur geht – im Gegensatz zu einigen Schutzarten des Gasexplosionsschutzes. Wie schon unter 6.6 gesagt müssen zwei vom jeweiligen Staub abhängige Werte verglichen werden:

- die Zündtemperatur, bezogen auf schwebenden Staub (explosionsfähige Atmosphäre) und
- die Glimmtemperatur einer Staubschicht (Brandgefahr), wobei der höhere dieser Werte maßgebend ist.

Obwohl die BetrSichV ebenso wie bisher die ElexV für den Sachverhalt der Explosionsgefahr eine „explosionsfähige Atmosphäre" ausdrücklich voraussetzen, können Stäube den Betriebsmitteln auch im Ruhezustand gefährlich werden, und zwar

- außen durch Ablagerungen auf, neben oder unter dem Betriebsmittel (Überhitzungs- und Brandgefahr)
- innen durch Überbrückung von Kriech- und Luftstrecken (Gefahr durch elektrische Fehler und Pyrolyseprodukte)

Elektrische Betriebsmittel können in der Regel nicht mehr mit ihren Bemessungswerten (P, I) betrieben werden, wenn die Staubschicht dicker ist als bei der Bemessungsgrundlage.
Neuerdings hat man dabei 2 Verfahren zu unterscheiden:

- das bekannte **Verfahren A** mit den Kriterien
  - Glimmtemperatur einer 5 mm dicken Staubschicht
  - Oberflächentemperatur eines nicht staubbelasteten Gehäuses

- das für Europa neue **Verfahren B** mit den Kriterien
  - Glimmtemperatur einer 12,5 mm dicken Staubschicht
  - Oberflächentemperatur eines *staubbedeckten* Gehäuses,

Tafel 17.2 gibt einen zusammenfassenden Überblick einschließlich der Bedingung für die maximal zulässige Oberflächentemperatur, bezogen auf explosionsfähige Atmosphäre.

Tafel 17.2 *Bedingungen für die zulässige maximale Oberflächentemperatur staubexplosionsgeschützter Betriebsmittel*

1	Explosionsfähige Atmosphäre (Staubwolke) $T_{max} = {}^2/_3 \, T_Z$	
2	**Staubschichten begrenzter Dicke**	
	Verfahren A $T_{max} = T_{Gl\,5mm} - 75 \text{ K}$	Verfahren B $T_{max} = T_{Gl\,12,5mm} - 25 \text{ K}$
3	**Staubschichten übermäßiger Dicke:** Labortechnische Bestimmung	

T_{max} – zulässige maximale Oberflächentemperatur
T_Z – Zündtemperatur des Staubes (explosionsfähige Atmosphäre)
T_{Gl} – Glimmtemperatur des Staubes (Dicke der Staubschicht)

Überwiegend ergibt sich die zulässige Oberflächentemperatur nicht aus der Zündtemperatur einer Staubwolke, sondern aus der Glimmtemperatur, die in Tabellenwerken auch als „Entzündungstemperatur des lagernden Staubes" bezeichnet wird.
Für das Verfahren B nach nordamerikanischer Praxis, das von 12,5-mm-Schichten ausgeht, gibt es hierzulande vorerst weder Tabellenwerte noch repräsentative Anwendungserfahrungen. Sollte es sich ergeben, dass durch Anlagenimporte Betriebsmittel zur Diskussion stehen, die nur nach B bescheinigt sind, dann ist fachkundige Beratung zu empfehlen.
Beim VDE-bekannten Verfahren A bezieht sich die Glimmtemperatur auf eine Schichtdicke von 5 mm. Je dicker die Staubschicht wird, um so niedriger ist die Temperatur des Glimmbeginns, aber um so mehr erwärmt sich auch das elektrische Betriebsmittel.
Im Dickebereich bis etwa 50 mm ist es dem Sachverständigen bzw. einer dazu befähigten Person noch möglich, hinreichend sicher abzuschätzen, wie weit die Grenztemperatur herabgesetzt werden muss. Dabei kann sich ergeben, dass die Grenztemperatur bis auf etwa 1/3 der Glimmtemperatur zu vermindern ist (Beispiel für einen Staub mit 400°C Glimmtemperatur bei 50 mm Schichtdicke, entnommen aus VDE 0165 Teil 2). Ob und wie ein wärmeabgebendes Betriebsmittel unter noch dickeren („übermäßig dicken") Staubschichten oder ganz und gar eingeschüttet betreibbar ist, kann nur prüftechnisch ermittelt werden.
Solche Betriebsbedingungen sollten grundsätzlich vermieden werden.

**Frage 17.6 Dürfen Betriebsmittel mit Zündschutzarten wie „d" oder „e"
auch bei Staubexplosionsgefahr verwendet werden?**

Der Staubexplosionsschutz elektrischer Betriebsmittel stellt etwas andere Forderungen an die Dichtheit der Gehäuse und die zulässigen Oberflächentemperaturen als der Gasexplosionsschutz. Trotzdem dürfen dafür grundsätzlich auch Betriebsmittel mit Zündschutzarten und Temperaturklassen verwendet werden, die im Gasexplosionsschutz üblich sind (dazu die Abschnitte 6 und 7), allerdings nur unter folgenden Voraussetzungen:

– sie tragen die Kennzeichen G D (neue Betriebsmittel gemäß EXVO und Richtlinie 94/9/EG).
  Wenn dem so ist, darf man auch sicher sein,
– sie erfüllen die staubtypischen Bedingungen (genannt unter 17.4, orientierend auch in Tafel 17.1)

Die zulässige Oberflächentemperatur ist immer speziell zu überprüfen. Bei Altgeräten kann als Vergleichswert die zulässige maximale Oberflächentemperatur der Temperaturklasse des Betriebsmittels dienen (hierzu Tafel 6.2). Wie das zu geschehen hat, zeigen die Beispiele in Tafel 17.3.

*Tafel 17.3   Elektrische Betriebsmittel in Bereichen mit Staubexplosionsgefahr –
Beispiele zur Ermittlung der zulässigen Grenztemperatur oder Temperaturklasse*

Stoff	PVC	Eisen	Steinkohle
ermittelte Kennzahlen:	Temperaturwerte in °C		
1. Zündtemperatur[1]	530	310	590
2. ⅔ von 1.	353	207	393
3. Glimmtemperatur[1]	380	300	345
4. 3.- 75 K	305	225	170
Ergebnisse: 5. zul.Oberflächentemperatur (kleinere von 2. und 4.)	305	207	170
6. nächst tiefere zulässige Oberflächentemperatur einer Temperaturklasse [2]	300	200	135
7. Temperaturklasse zu 6.	≥ T2	≥ T3	≥ T4

[1] gemäß Angabe des Auftraggebers (aus Ex-Dokument, Gefahrstoffdatenblatt, Tabellenwerk oder nach prüftechnischer Ermittlung)
[2] aus Tafel 6.2 (gemäß VDE 0170/0171 Teil 1)

Das alles gilt jedoch nicht, wenn die Explosionsgefahr durch ein Gemisch aus staub- und gasförmigen Stoffen zustande kommt. Hybride Gemische

sind besonders gefährlich, weil sie durch geringere Zündpotenziale und viel brisanter explodieren als das jeweilige Gas oder der Staub für sich allein.
Worauf man achten sollte, wenn es sich um die Überprüfung von Betriebsmitteln nach altem Recht mit Bestandsschutz handelt:
Je nach Zündschutzart ist speziell prüfungsbedürftig bei

- druckfester Kapselung „d" die Staubdurchlässigkeit der vorgeschriebenen Gehäusespalte
- Überdruckkapselung „p" die Funktionssicherheit bei Staubbelastung und die speziellen Abschaltbedingungen
- Eigensicherheit „i" die Funktionssicherheit bei möglicher Staubbelastung (IP-Schutzgrad; Fremdschicht, Überbrückung von Kriechstrecken)

Frage 17.7 Was ist bei Installationen in Bereichen mit Staubexplosionsgefahr besonders zu beachten?

Wesentliches zu dieser Frage wurde an anderer Stelle schon beantwortet, für Kabel und Leitungen im Abschnitt 12.
Eine explosionsfähige Atmosphäre, also eine Staubwolke, muss in Arbeitsstätten die Ausnahme bleiben. Man kann jedoch nicht grundsätzlich ausschließen, dass sich begrenzt eine Staubschicht bildet.
In staubgefährdeten Bereichen gilt als oberster Grundsatz, Staubablagerungen auf elektrischen Einrichtungen soweit als möglich zu vermeiden.
Dazu heißt es in der GefStoffV, Anhang V Nr. 8, Abschn. 8.4.3 (3) etwas knapp: „Staubansammlungen sind rechtzeitig gefahrlos zu beseitigen".
Deutlicher sagt es der Anhang zur abgelösten ElexV: *„Anlagen in Bereichen, die im Hinblick auf Stäube explosionsgefährdet sind, sind so oft zu reinigen, dass sich in oder auf den Betriebsmitteln Staub nicht in gefahrdrohender Menge ansammeln kann."*
Wo es die elektrotechnische Versorgungsaufgabe nicht zulässt, Staubablagerungen auf einem Betriebsmittel durch geschützte Anordnung auszuschließen, muss auf reinigungsfreundliche Gestaltung und Anordnung geachtet werden.

Weitere Hinweise mit Blick auf VDE 0165 Teil 2:

- **Auch der Installateur muss daran denken, dass Staub nicht in Betriebsmittel eindringen darf.** Bei Steckdosen weist die Norm ausdrücklich darauf hin. Es ist aber ganz allgemein ratsam, elektrische Betriebsmittel von staubbelasteten Stellen möglichst fern zu halten, besonders in Zone-21-Bereichen.

- Die **Bedingung für Steckdosen** in VDE 0165 (02.91), 7.1.4, wonach die nach unten zeigende Einführungsöffnung *nicht mehr als 30° gegen die Senkrechte geneigt sein darf,* wurde 1992 offiziell zurückgezogen, in der Praxis jedoch weiterhin als richtig betrachtet. In der neuen VDE 0165 Teil 2 ist die ursprüngliche Regelung wieder enthalten. Solche Festlegungen zur Beschaffenheit eines Ex-Betriebsmittels sind jedoch infolge EXVO/RL 94/9/EG europäisch kein Thema für eine Errichtungsnorm.
- **Anschlussleitungen** sollen so kurz als möglich gehalten werden – dazu muss die Versorgungsaufgabe der Steckdose bekannt sein.
- Die in der Norm angesprochenen abgedichteten **Rohrleitungssysteme** für staubexplosionsgefährdete Bereiche sind nicht identisch mit den druckfesten Conduit-Systemen des Gasexplosionsschutzes in VDE 0165 Teil 1, haben aber dennoch damit etwas gemeinsam: Beide Installationsarten entsprechen *nordamerikanischen Gepflogenheiten* und gehören in VDE-orientierten Anlagen nicht zur üblichen Praxis.

Bild 17.2 zeigt eine Wandsteckvorrichtung mit Staubexplosionsschutz.

Bild 17.2 Beispiel einer Steckdose mit Staubexplosionsschutz für Zone 22 (IP 67, Steckdose abschaltbar, verriegelt) (Fa. Mennekes)

18 Ergänzende Maßnahmen und Mittel des elektrischen Explosionsschutzes

18.1 Welche grundsätzlichen Bedingungen stellt der Blitzschutz?

Ein Blitz als starke atmosphärische Entladung ist am Einschlagspunkt naturgemäß immer zündgefährlich. Ebenso gilt das, wenn sich Fang- und Ableiteinrichtungen stark erwärmen und Sprühfunken auftreten. Verschleppte oder induzierte Blitz-Überspannungen gefährden die Explosions- und die Funktionssicherheit.
Zum **Erfordernis für Blitzschutzmaßnahmen in explosionsgefährdeten Bereichen** ist aus den Explosionsschutz-Regeln (EX-RL / BGR 104) zu entnehmen:

Für alle Zonen sind geeignete Blitzschutzmaßnahmen erforderlich, wenn Gefährdungen durch Blitzschlag vorliegen.
Dem Stand der Technik folgend haben sich die Blitzschutznormen in jüngerer Vergangenheit mehrfach geändert, bei der Normenreihe VDE 0185 zuletzt auf den Stand 11.02. Grundlage dafür sind die Entwürfe zu IEC 62305 – Blitzschutz. Abgesehen von IEC offerieren deutsche Normen-Informationsdienste mit Stand 2004-05 zum Stichwort „Blitzschutzanlage" 25 Quellen in Form von Normen und Richtlinien, darunter 6 vom VdS und 3 vom DVGW, von denen allerdings nur wenige unmittelbar mit dem Explosionsschutz in Verbindung stehen.
Die aktuelle Reihe von Blitzschutzvornormen DIN V VDE V 0185 (11.02) konfrontiert den Anwender mit 4 umfangreichen Teilen.
Ein Elektrofachmann schrieb kürzlich, sie sei in ihrem Aufbau und für den Praktiker bei einfachen Anlagen fast übertrieben und für komplizierte Industrieanlagen nur noch etwas für den Spezialisten. Ex-Fachleute der DKE haben dazu beigetragen, dass das für den Explosionsschutz nicht zutrifft. Allein mit VDE 0185 hat man aber noch nicht alles parat, was in einem speziellen explosionsgefährdeten Bereich für den Blitzschutz beachtet werden muss. Eine umfassende Darstellung ist an dieser Stelle nicht möglich.
Die Normenreihe enthält Festlegungen, um das Erfordernis und die Beschaffenheit von Blitzschutzsystemen zu ermitteln.

Teil 1 – Allgemeine Grundsätze – geht auf den Explosionsschutz nicht besonders ein.
Weiterhin besteht der „Äußere Blitzschutz" aus den Fangleitungen, Ableitungen und der Erdungsanlage, wogegen der „Innere Blitzschutz" die Maßnahmen zur Minderung elektromagnetischer Auswirkungen des Blitzstroms innerhalb des zu schützenden Bereiches einschließt.
Ein „Blitzschutzsystem" (lightning protection system, LPS) umfasst äußere und innere Maßnahmen. Es gibt vier „Schutzklassen" mit Konstruktionsregeln für Blitzschutzsysteme. Der „Trennungsabstand" (s) gegen Teile des äußeren Blitzschutzes entspricht dem bisherigen Sicherheitsabstand zur Vermeidung von Funkenüberschlägen, während der Sicherheitsabstand (ds) zu hohe magnetische Feldstärken im zu schützenden Bereich vermeiden soll (Teil 4).

Teil 2 – Risiko-Management, Abschätzung des Schadensrisikos für bauliche Anlagen – enthält eine Methode, das „akzeptierte Schadensrisiko" herauszufinden. Wie so oft in der Technik lässt es auch hier die komplexe Vielfalt nicht zu, alle Einflüsse in einem praktikablen Bewertungsverfahren zu vereinigen. Die Zonen-Einteilung, ein grundlegendes Merkmal für die Auswahl von Schutzmaßnahmen im Explosionsschutz, kann bei der normierten Ermittlung der Schutzklassen nicht sinnvoll einbezogen werden. Wie aus Abschnitt 4 hervor geht, folgt der Explosionsschutz dem Prinzip, ein zeitliches und örtliches Zusammentreffen explosionsfähiger Gemische mit Zündquellen, z.B. einem Blitzschlag, auszuschließen (vgl. Frage 4.5). Orientiert man sich an der vorherrschenden Fachmeinung, so stellt ein Blitzschlag eine seltene nicht betriebsmäßige Zündquelle dar. Nach bisheriger Blitzschutzpraxis gemäß VDE 0185 Teil 2, die weitgehend erhalten bleibt, entspricht das Schutzbedürfnis in explosionsgefährdeten Bereichen der Schutzklasse II. Feuergefährdete Betriebsstätten gehören allgemein der Schutzklasse III an.

Teil 3 – Schutz von baulichen Anlagen und Personen regelt im Hauptabschnitt 2 unter 4 den Blitzschutz für *Gebäude und Anlagen mit explosionsgefährdeten Bereichen.*
Hier umgeht die Norm das Problem der Schutzklassen, wählt einen praktikablen Weg und bezieht sich direkt auf die Zonen. Die differenzierten Schutzmaßnahmen betreffen den äußeren Blitzschutz explosionsgefährdeter Bereiche, wobei unterschiedliche Erfordernisse bestehen, *einerseits für*

– Gebäude und Anlagen im Freien mit Bereichen der Zonen 0 und 20, *andererseits für*
– spezielle Arten von Anlagen im Freien mit den Zonen 1, 2, 21 und 22. Tafel 18.1 fasst die Festlegungen der Norm in Kurzfassung zusammen.

Tafel 18.1   Blitzschutzanforderungen für explosionsgefährdete Bereiche gemäß VDE 0185 Teil 3 (11.02)

Zonen	Anforderungen
Für alle Zonen	– Erforderliche Planungsunterlage: Pläne mit eingetragenen Ex-Bereichen – Potenzialausgleich gemeinsam mit EMSR, auch metallische Rohrleitungen als Verbindungsleitungen zulässig – Behälter und Tanks: besondere Anschlussstellen für Verbindungs- und Erdungsleitungen erforderlich – Erdüberdeckte Tanks: Äußerer Blitzschutz entfällt – Rohrleitungen; Anschlüsse und Verbindungen: Funkensicher gestalten, z.B. mit Schweißfahne für Schraubanschluss oder blitzstromgeeignete nachweislich nicht funkenbildende Schellen
2 und 22	***Fabrikationsanlagen im Freien***, Metall-Apparate wie Kolonnen, Reaktoren, Behälter: (Mindest-Materialdicke Fe – 4mm, Cu – 5mm, Al/Niro – 7 mm) – Fangeinrichtungen und Ableitungen nicht erforderlich – Erdung • allgemein erforderlich gemäß Abschnitt 4.4 der Norm • einzeln stehender Tanks oder Behälter, bezogen auf Durchmesser oder Länge (Größtmaß) bis 20 m einmal, darüber zweimal erforderlich • von Tanks in Tankfarmen: einmal je Tank, Tanks miteinander verbinden (auch durch sicher leitend verbundene Rohrleitungen erfüllt) • oberirdischer Metall-Rohrleitungen außerhalb von Fabrikationsanlagen: Erdung aller 30 m erforderlich • Metallrohrleitungen an Füllstationen für Tankwagen, Schiffe usw.: außerdem Verbindung mit vorhandenen Stahlkonstruktionen und Gleisen erforderlich
1 und 21 zusätzlich zu 2 und 22	– ***Rohrleitungen mit Isolierstücken:*** Schutzmaßnahmen sind betrieblich festzulegen (z.B. Ex-Trennfunkenstrecken), Trennfunkenstrecken und Isolierstücke möglichst außerhalb der Ex-Bereiche anordnen – ***Fernleitungen*** für gefährliche Flüssigkeiten: In allen Betriebsstätten und -räumen Rohrleitungen und Mantelrohre mit 50 mm^2 Mindestquerschnitt verbinden und erden, Anschlüsse über Schweißfahnen oder an Flanschen mit lockerungsgeschützten Schrauben, Isolierstücke mit Funkenstrecken überbrücken – ***Schwimmdachtanks:*** • Schwimmdach und Mantel verbinden (Metalltreppen dafür benutzbar bei Verbindung durch bewegliche Leitungen am Tankdach und Mantel) • Mit Stahlgleitschuhen und Aufhängevorrichtungen im Dampfraum unter der Abdichtung: leitende Überbrückung über jede Aufhängevorrichtung zwischen Gleitschuh und Schwimmdach erforderlich
0 und 20 zusätzlich zu 1, 2, 21 und 22	– ***Gebäude und Anlagen im Freien:*** Verbindungen des äußeren Blitzschutzes zum Blitzschutzpotenzialausgleich, zu Rohrleitungen und Metallkonstruktionen sind betrieblich speziell festzulegen – ***Anlagen im Freien:*** • Tanks für brennbare Flüssigkeiten, im Innenraum: Dafür speziell geeignete elektrische Ausrüstung und angepasster Blitzschutz erforderlich • Geschlossene Stahl-Behälter: Mindestens 5 mm Wanddicke an potenziellen Einschlagstellen oder mit Fangeinrichtung erforderlich

Was außerdem zu beachten ist

- **beim Entwurf von Blitzschutzanlagen** ist dringend anzuraten, die Konzepte des Blitzschutzes, des Explosionsschutzes (Zonen) und anderer beeinflusster Fachdisziplinen rechtzeitig aufeinander abzustimmen.

Für
- explosivstoffgefährdete Bereiche und für
- feuergefährdete Bereiche

sind im Teil 3 der Norm eigenständige Festlegungen enthalten, wobei die dort gegebene Definition „feuergefährdeter Bereich" umfassender ist als die „feuergefährdeten Betriebsstätten" gemäß VDE 0100 Teil 482.
Anlagen mit empfindlicher Elektronik sind ohne einen bedarfsgerecht angepassten Blitz- und Überspannungsschutz (ligthning electromagnetic pulse – LEMP – und switching electromagnetic pulse – SEMP), der auch die EMV-Belange einschließt, nicht akzeptabel. Vor allem bei eigensicheren Anlagen, Fernmelde- und MSR-Anlagen müssen spezielle Maßnahmen getroffen werden, um schädliche Einwirkungen zu verhindern. Als Zusatzmaßnahmen kommen in Frage: Kabel und Leitungen mit Schirm, Metallmantel oder verdrillten Adern, verstärkter Blitzschutz-Potentialausgleich, Einbau von Überspannungsschutzgeräten (ÜGS).
Dazu auch **Teil 4 der Norm** *Elektrische und elektronische Systeme in baulichen Anlagen sowie die einschlägige Fachliteratur*

- **bei Bereichen der Zonen 0 oder 20** (bzw. 10) kommt es darauf an, auch die gefährlichen Rückwirkungen eines Blitzschlages von außerhalb sicher zu verhindern, z.B. mit Überspannungsschutzgeräten. Das gilt besonders für Innenräume technischer Einrichtungen wie Tanks, Behälter und technologische Apparate mit elektrisch isolierten Einbauten. Ein Funkenüberschlag muss unbedingt vermieden werden. Bei erdüberdeckten Einrichtungen entfällt der Äußere Blitzschutz, aber es muss auf Potenzialausgleich geachtet werden, z.B. über einen Ringerder. Um neben den kapazitiven auch die induktiven Kopplungen zu vermeiden, müssen Kabelschirme beidseitig geerdet sein.
- **bei Anlagen für den Umgang mit brennbaren Flüssigkeiten** *(früher VbF):* Blitzschutzmaßnahmen sind festgelegt in den TRbF für
  - Läger – TRbF 20,
  - Füllstellen, Entleerstellen, Flugfeldbetankungsstellen – TRbF 30
  - Tankstellen – TRbF 40 und TRwS
  - Rohrleitungen – TRbF 50,

  wobei die Änderungen gemäß BetrSichV im Geltungsbereich und durch

die Umstellung von „brennbar" auf Stufen der Entzündlichkeit einbezogen werden müssen (vgl. Tafel 4.1).
- **bei Rohrleitungen für brennbare Flüssigkeiten oder Gase,** deren Isolierflansche mit Funkenstrecken überbrückt werden sollen, dürfen gemäß TRbF 20 (Ziffer 12.2) in den Zonen 1 und 2 nicht explosionsgeschützte Funkenstrecken verwendet werden.
- **bei Anlagen mit hochliegenden Freisetzungsquellen,** z.B. zur Gasentspannung oder Entlüftung über Dach: In der Höhe sich ausbreitende explosionsfähige Gemische sind mit den genormten Ermittlungsverfahren für die Schutzzone nicht erfassbar. Auch isolierte Fangeinrichtungen bieten keine absolute Sicherheit gegen eine Zündung infolge atmosphärischer Entladung oder einen Zünddurchschlag zurück in die Anlage. Flammendurchschlagsicherungen sind jedoch nicht für jeden Fall erforderlich, verfügbar oder zweckmäßig. Empfehlung: Festlegung der insgesamt erforderlichen primären und/oder sekundären Schutzmaßnahmen anhand der Gefährdungsanalyse eines Fachspezialisten, der sowohl die Gasausbreitung als auch das Zündverhalten beurteilen kann.
- **bei Anlagen mit Bestandsschutz:** *Früher, gemäß VDE 0165 (02.91), richtete sich das Erfordernis von Blitzschutzmaßnahmen nach den EX-RL (ZH1/10, jetzt BGR 104). Gemäß früherer Ausgaben der EX-RL bis 1996 dürfen in Zone 2 Blitzschutzmaßnahmen entfallen. Da jedoch VDE 0165 (02.91) auf VDE 0185 Teil 1 und Teil 2 verweist, worin Schutzmaßnahmen auch für Zone 2 vorgeschrieben sind, oblag es dem Betreiber, darüber zu entscheiden.*

Frage 18.2   Was gilt für den Schutz gegen elektrostatische Entladungen?

Elektrostatische Entladungen können in verschiedener Form auftreten. Während Koronaentladungen in der Regel keine Zündgefahr darstellen, sind Funken-, Gleitstiel- oder Gleitstielbüschelentladungen zündfähig. Staub/Luft-Gemische, die etwas höhere Mindestzündenergie benötigen als Gas- oder Dampf/Luft-Gemische, kommen elektrostatisch gesehen nur durch Funken-, Gleitstielbüschel- oder Schüttkegelentladungen zur Explosion. Zu alledem muss es nicht kommen, wenn man gefährliche Aufladungen vorbeugend vermeidet oder gefahrlos ableitet.
Gefährdungsanalysen und Schutzmaßnahmen, um Gefahren durch elektrostatische Aufladungen zu begegnen, liegen gemäß BetrSichV in der Verantwortung des Auftragebers oder Betreibers. Elektrofachkräfte können damit beauftragt werden, dafür erforderliche Erdungsmaßnahmen durchzuführen oder zu überprüfen.
Gemäß VDE 0165 Teil 1 und Teil 2 dürfen in elektrischen Anlagen keine gefährlichen elektrostatischen Aufladungen auftreten. Eigensichere An-

lagen sind da besonders empfindlich. Die Normen geben dazu keine konkreten Schutzmaßnahmen an, sondern verweisen auf die nationalen Festlegungen. Als solche zu erst zu nennen ist die
BGR 132 – BG-Regel **Vermeidung von Zündgefahren infolge elektrostatischer Aufladungen** (03.03), auch bezeichnet als „Elektrostatik-Regeln".
Vorher galten dafür die *Richtlinien für die Vermeidung von Zündgefahren infolge elektrostatischer Aufladungen (ZH1/200, Elektrostatik-Regeln)*.
Elektrostatische Aufladungen entstehen durch mechanisches Trennen gleich- oder verschiedenartiger Stoffe, sammeln sich auf den getrennten Teilen an und können sich durch Influenz auf andere Oberflächen oder auf Personen übertragen.
Charakteristische Vorgänge, bei denen das geschehen kann, sind aus Tafel 4.3 zu entnehmen. Die BGR 132 informiert eingehend darüber, beschreibt die physikalischen Zusammenhänge und gibt Beispiele an.
Ein Stoff oder Material kann elektrostatisch gesehen
leitfähig, ableitfähig bzw. antistatisch oder isolierend sein. Tafel 18.2 (auf Seite 351) erklärt diese Begriffe.
Gefährlich wird es, sobald die Ladung in den Bereich der Mindestzündenergie gelangt (hierzu Tafel 4.5). Dem kann man prinzipiell durch folgende Schutzmaßnahmen begegnen:

- *Potentialausgleich aller leitfähigen Teile, die sich aufladen können*
- *elektrostatische Erdung; Ableitwiderstand $\leq 10^6$ Ω, bei eigensicheren Stromkreisen $\leq$ 0,2 MΩ bis 1 MΩ* (früher nach VDE 0165 02.91 ≥ 15 kΩ bis $\leq 10^6 \Omega$); d.h., eine elektrostatische Erdung gilt in einem eigensicheren Stromkreis nicht als Erdung.
- Relaxationszeit (Entladezeitkonstante) $< 10^{-2}$ s
- statisch leitfähige Stoffe; spezifischer Widerstand $\leq 10^4$ Ωm
- Vermeiden aufladbarer Stoffe, d.h.,
  - bei Feststoffen: Oberflächenwiderstand $\leq 10^9$ Ω
  - bei Flüssigkeiten: Leitfähigkeit $\geq 10^{-8}$ S/m oder spezifischer Widerstand $> 10^8$ Ωm (ebenso bei Fußböden)

Zum Vermeiden zündfähiger Entladungen, bezogen auf die Zoneneinteilung, gilt für die

- **Zonen 0 und 20 bzw. 10:** Entladungen absolut vermeiden
- **Zonen 1 und 21:** Entladungen vermeiden im ungestörten Betrieb und bei erfahrungsgemäß zu erwartenden Störzuständen einschließlich Wartung und Reinigung
- **Zonen 2 und 22:** Entladungen vermeiden im ungestörten Betrieb; Maßnahme Erdung allgemein ausreichend; Zusatzmaßnahmen nur erforder-

Tafel 18.2 Grundlegende Begriffe des Schutzes gegen elektrostatische Aufladungen gemäß BGR 132

Begriff	Definition
Aufladbar	– Isolierende Stoffe und Gegenstände oder Einrichtungen aus isolierenden Materialien – Leitfähige oder ableitfähige Gegenstände oder Einrichtungen, die nicht geerdet sind
Geerdet *leitfähige Gegenstände, Flüssigkeiten, Schüttgüter*	– Ableitwiderstand < 10^6 Ω, bei Personen < 10^8 Ω, – Personen und kleine Gegenstände gelten als elektrostatisch geerdet, wenn die Relaxationszeit < 10 ms beträgt
Leitfähig *Stoff oder Material* *Schuhwerk*	Aus leitfähigem Material oder spezifischer Widerstand ≤ 10^4 Ωm, Oberflächenwiderstand ≤ 10^4 Ω (bei leitfähig gemachten Kunststoffen ≤ 10^5 Ω) Ableitwiderstand < 10^5 Ω
Ableitfähig – *Stoff oder Material* – *Gegenstand oder Einrichtung* – *Schuhwerk*	– Spezifischer Widerstand > 10^4 Ωm bis < 10^9 Ωm Oberflächenwiderstand > 10^4 Ω bis < 10^9 Ω bei 23 °C und 50 % relativer Luftfeuchte oder Oberflächenwiderstand > 10^4 Ω bis < 10^{11} Ω bei 23 °C und 30 % relativer Luftfeuchte – Ableitwiderstand einer auf ableitfähigem Boden stehenden Person ≤ 10^8 Ω
Isolierend	Stoff oder Material, dass weder leitfähig noch ableitfähig ist
Durchgangswiderstand	Elektrischer Widerstand eines Stoffes oder Materials in Ω ohne den Oberflächenwiderstand *DIN IEC 60093*
Spezifischer Widerstand	Elektrischer Widerstand eines Stoffes oder Materials in Ωm, gemessen an einer Probe mit Einheitslänge und -querschnitt *DIN IEC 60093*
Oberflächenwiderstand	Elektrischer Widerstand in Ω gemessen auf der Oberfläche eines Gegenstandes *Paralleles Elektrodenpaar in 10 mm Abstand, 100 mm lang* *DIN IEC 60167*
Spezifischer Oberflächenwiderstand	Elektrischer Widerstand in Ω gemessen auf der Oberfläche eines Gegenstandes *Paralleles Elektrodenpaar, Abstand = Länge, entspricht etwa dem 10fachen des Oberflächenwiderstandes*
Ableitwiderstand oder Erdableitwiderstand R_E	Elektrischer Widerstand in Ω gegen Erdpotenzial *kreisförmige Messelektrode, 20 cm^2*
Relaxationszeit τ	Zeitspanne, in der eine elektrostatische Ladung auf 1/e (etwa 37 %) ihres ursprünglichen Wertes abklingt, *bei Kondensatorentladung über Entladewiderstand:* τ = R ∗ C

lich, wo häufig Entladungen auftreten können (z.B. bei nicht elektrostatisch leitfähigen Keilriemen).

Weitere Einzelheiten über elektrostatische Schutzmaßnahmen in Abhängigkeit von den Zonen für die Konstruktion von Geräten, Apparaturen und Fördereinrichtungen sind der BGR 132 zu entnehmen. Bei Anlagen für brennbare Flüssigkeiten bestehen spezielle Regelungen zur Vermeidung gefährlicher elektrostatischer Aufladungen in den unter 18.1 genannten TRbF.

Was man dabei beachten sollte:
– Die Gefahr elektrostatischer Aufladungen ist typisch z.B. beim Fördern von brennbaren Flüssigkeiten oder Stäuben durch Rohrleitungen (Metall, Kunststoff, Glas), beim Abfüllen und Betanken, an Riementrieben oder bei Personen mit isolierender Kleidung.
Blitzschutz- und elektrotechnischer Potenzialausgleich bewirken in Chemieanlagen normalerweise auch eine komfortable elektrostatische Erdung. Allein darauf kann man sich aber nicht verlassen. *Dass die Erdung und der Potenzialausgleich das Ansammeln zündgefährlicher Ladungen verhindern, gilt nur bei leitfähigen oder ableitfähigen Anlageteilen oder Flüssigkeiten, nicht jedoch unter isolierenden Verhältnissen.* Es ist spezieller Sachverstand nötig, um die maßgebenden technologischen Ursachen und physikalischen Sachverhalte zu erkennen, zu bewerten und zu überprüfen.

– *Als Elektrofachkraft* sollte man so weit damit vertraut sein, um beim Auftraggeber die erforderlichen elektrotechnischen Schutzmaßnahmen abzufragen und um bei Wartungsarbeiten gefährlichen Aufladungen vorzubeugen. In diesem Zusammenhang ist auch auf mögliche Probleme durch elektrostatische Eigenschaften von Kabeln und Leitungen hinzuweisen (hierzu Abschnitt 12).
– *Bei explosionsgeschützten elektrischen Betriebsmitteln* ist es Sache des Herstellers, die elektrostatische Unbedenklichkeit zu gewährleisten. Zumeist wird der Anwender gar nicht über die technischen Voraussetzungen verfügen, die elektrostatischen Eigenschaften eines Betriebsmittels zu prüfen. Das ist auch zu bedenken, bevor man sich dazu entscheidet, in eigensicheren Stromkreisen bei Zone 1 ein „einfaches Betriebsmittel" normaler Bauart zu verwenden.
Andererseits kommt es vor, dass technologisch unbedeutende anlagetechnische Änderungen elektrostatische Effekte auslösen, z.B., wenn strömende Stäube an Kunststoffe gelangen, die Bestandteil der elektrischen Anlage sind.

- *Ortsveränderliche Erdungseinrichtungen* wie Seile oder Spiralkabel mit Feder- oder Schraubklemmen gelten nicht als Betriebsmittel mit potentieller Zündquelle, unterliegen nicht der EXVO/RL 94/9/EG und müssen nicht dementsprechend gekennzeichnet werden.
- *Mess- und Prüfmittel* hingegen, die in Ex-Bereichen ohne Freigabeschein verwendet werden sollen, z.b. Erdungstester für Erdungseinrichtungen oder für Schuhwerk, erfordern vorschriftsmäßigen Explosionsschutz.
- Am Beispiel der *elektrostatischen Sprüheinrichtungen* zum Auftragen von Beschichtungsstoffen sieht man, dass Elektrostatik und Explosionsschutz nicht absolut unvereinbar sind, sogar bei Spannungen von einigen 10 kV. Ortsfeste Anlagen werden von Fachbetrieben errichtet und gewartet. Anstelle von Daten und Fakten kann hier nur auf die Normenreihen VDE 0147 Teil 101 ff (ortsfeste elektrostatische Sprühanlagen) und VDE 0745 Teil 100 ff (elektrostatische Handsprüheinrichtungen) verwiesen werden.

Frage 18.3 Welche Bedingungen stellt der Explosionsschutz an elektrische Heizanlagen?

In explosionsgefährdeten Betriebsstätten kann die Wärmeentwicklung elektrischer Widerstände auf folgende Arten genutzt werden:

a) **mit Heizgeräten,** z.B. mit EEx-Raumheizern oder mit Heizeinsätzen für Wärmeübertrager oder Behälter
b) als elektrische „Begleitheizung", einer Oberflächenbeheizung **mit Heizkabeln bzw. -leitungen,**
c) speziell auch durch
- **Nutzung des elektrischen Widerstands** metallischer Rohrleitungen oder Behälter oder von Flüssigkeiten und durch
- Nutzung anderer exothermer physikalischer Effekte, z.B. durch Induktion oder Skineffekte.

Bezogen auf die Zonen-Einteilung explosionsgefährdeter Bereiche gilt:
- *gemäß EXVO bzw. ab 1. Juli 2003 in Verkehr gebrachte Heizeinrichtungen* müssen derjenigen Gerätekategorie entsprechen, die der jeweiligen Zone zugeordnet ist (Tafel 2.3).
- *gemäß ElexV vor dem 1. Juli 2003 in Verkehr gebrachte Heizeinrichtungen* („altes Recht"):
  Es muss vorausgeschickt werden, dass jeder der folgend genannten Einsatzfälle von einer dafür befähigten Person zu überprüfen und zu dokumentieren ist.

- **Zonen 0 und 20** bzw. 10: es sind nur speziell dafür geprüfte und bescheinigte Heizeinrichtungen zugelassen.
- **Zone 1:** es sind als explosionsgeschützt gekennzeichnete Betriebsmittel zu verwenden.
- **Zone 21:** Heizeinrichtungen für Zone 10 nach altem Recht wären zwar sicherheitstechnisch zulässig, sind aber praktisch nicht vorhanden. Für einen solchen Einsatzfall gibt es keine allgemein gültige Lösung, es sei denn, die Einstufung Zone 21 kann mit primären Schutzmaßnahmen auf eine Zone 22 reduziert und der Austausch dementsprechend vorgenommen werden.
- **Zonen 2 und 22** bzw. 11: es gelten die speziellen Festlegungen in VDE 0165 (02.91 bzw. 08.98) für Zone 2 und sonst die Bedingungen der Errichtungsnormen zur Auswahl von Betriebsmitteln in diesen Zonen.

Auf die Besonderheiten von Heizleitungen wurde unter Frage 12.12 eingegangen. Heizanlagen mit individuell ausgewählten Heizleitungen erfordern grundsätzlich bescheinigtes Material.
Nach altem Recht war das nicht so in den Zonen 2 und 11.
VDE 0170/0171 Teil 6 (die „e"-Norm) regelt grundsätzliche Erfordernisse für das gerätetechnische Zubehör von Widerstands-Begleitheizungen. Zwei Schlüssel-Begriffe sind wesentlich: Als **„selbstbegrenzende Charakteristik"** definiert die Norm ein Widerstandselement, dessen Heizleistung sich mit ansteigender Umgebungstemperatur bis auf ein Minimum verringert. **„Stabilisierendes Design"** bedeutet, dass sich die Temperatur ohne Erfordernis einer Schutzeinrichtung durch festgelegte Einsatzbedingungen selbst unter ungünstigsten Bedingungen unterhalb der Grenztemperatur stabilisiert. Haben Heizeinrichtungen diese Eigenschaften nicht, dann müssen die Einrichtungen zur Temperaturüberwachung anlagetechnisch eingegliedert werden.
Anlagetechnische Gestaltungsgrundsätze sind nicht Sache von Geräte-Normen wie VDE 0170/0171. VDE 0165 wäre zuständig, kann aber den aktuellen Festlegungsbedarf im Schnittpunkt zwischen Geräte- und Anlagentechnik nicht erfüllen. Damit befasst sich die **VIK-Empfehlung VE 25** – Elektrische Begleitheizungen.
Die schon länger vorliegenden amerikanisch dominierten Publikationen IEC 62068-1 und ...-2 sind mit RL 94/9/EG nicht abgestimmt.
Beschaffenheit und Betriebsweise von Heizeinrichtungen müssen wegen ihres möglicherweise zündgefährlichen und örtlich ausgedehnten Energieumsatzes in das betriebliche Ex-Dokument eingebunden werden.
Weil die Geräte-Komponenten für elektrische Begleitheizungen früher in der Regel eine U-Bescheinigung erhielten (unvollständiges Betriebsmittel, vgl.

Frage 8.8), legte VDE 0165 (02.91) fest, dass elektrische Heizungsanlagen vor der Inbetriebnahme die Prüfung durch einen ElexV-Sachverständigen zu absolvieren haben. Infolge RL 94/9/EG ist das nicht mehr zulässig. Spätestens seit dem 1. Juli 2003 tragen die Hersteller oder Errichter der Anlage die Verantwortung für die ATEX-konforme Beschaffenheit bei der Erstinbetriebnahme.
Dazu müssen sie von einer „benannten Stelle" auditiert und anerkannt sein. Die Prüferfordernisse hängen auch davon ab, wie weit sich künftig Systemlösungen durchsetzen. Dementsprechend darf entweder

- eine Ex-Elektrofachkraft mit zusätzlichen Kenntnissen zur elektrischen Begleitheiztechnik oder
- ein Fachbetrieb für ein explosionsgeschütztes Begleitheizsystem die Anlage verantwortlich errichten und dem Betreiber insgesamt bescheinigen.

Was man bei der Auswahl einer Heizeinrichtung außerdem beachten muss:

1. *Die erreichbare Oberflächentemperatur wird beschränkt durch die jeweils zulässige maximale Oberflächentemperatur.* Das ist
   - bei Gasexplosionsgefahr entweder die Zündtemperatur des gefährdenden Stoffes oder die zulässige maximale Oberflächentemperatur der betreffenden Temperaturklasse (Tafel 6.2, Temperaturklassen T 1 bis T 6).
   - bei Staubexplosionsgefahr entweder 2/3 der Zündtemperatur des gefährdenden Stoffes oder dessen Glimmtemperatur – 75 K (hierzu Tafel 17.2, zulässige maximale Oberflächentemperatur).

   Diese Bedingung gilt für die Oberfläche aller wärmeabgebenden Bauteile, sofern sie nicht gegen Berührung mit explosionsfähiger Atmosphäre geschützt sind, wobei bei Typ-Prüfungen gemäß VDE 0170/0171 Teil 1 Sicherheitsabschläge bis 10 K angewendet werden.

2. *Unzulässige Oberflächentemperaturen müssen durch geeignete Maßnahmen verhindert sein,* z.B. durch selbsttätige Temperaturüberwachung mit direkter oder indirekter Abschaltung und mit Wiedereinschaltsperre. Bei den Zonen 2 oder 22 kann eine Risikoanalyse auch ergeben, dass statt dessen ein Warnsignal ausreicht. Als Auslöseorgan kann beispielsweise ein Temperaturwächter wie im Bild 18.1 (auf Seite 356) dienen.

Selbstbegrenzend oder in stabilisierendem Design ausgelegte Heizungen erfordern keine weiteren Maßnahmen. Als Beispiele dafür sind die

Heizplatte im Bild 18.2 oder selbstbegrenzende Heizleitungen (Bild 18.3) anzuführen.

Bild 18.1 Beispiel einer Temperaturüberwachungseinrichtung (Kapillarrohrwächter) in EEx ed IIC T6, IP 65, 250 V, 16 A (Fa. BARTEC)

Bild 18.2 Beispiel einer Heizplatte in EEx d IIC T3/T4, selbstbegrenzend, von 50 W bis 200 W, zur Beheizung von Schutzschränken (Fa. BARTEC)

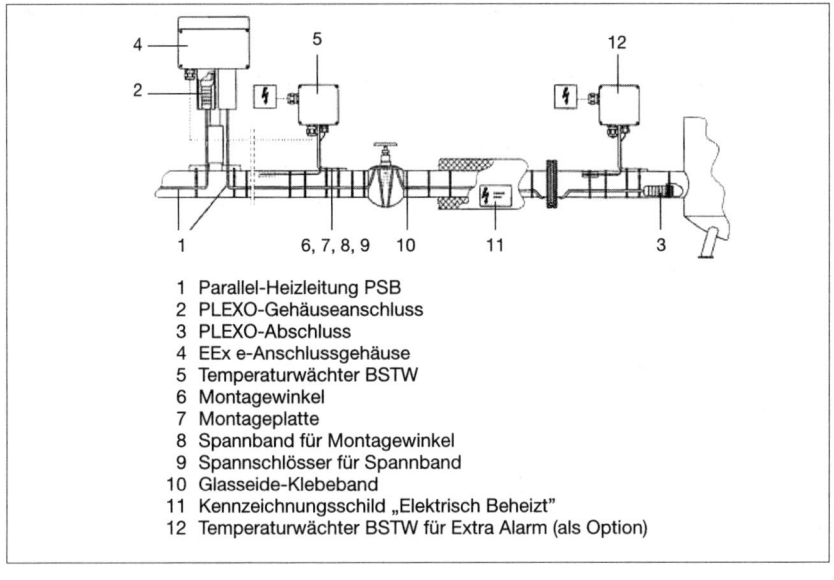

1 Parallel-Heizleitung PSB
2 PLEXO-Gehäuseanschluss
3 PLEXO-Abschluss
4 EEx e-Anschlussgehäuse
5 Temperaturwächter BSTW
6 Montagewinkel
7 Montageplatte
8 Spannband für Montagewinkel
9 Spannschlösser für Spannband
10 Glasseide-Klebeband
11 Kennzeichnungsschild „Elektrisch Beheizt"
12 Temperaturwächter BSTW für Extra Alarm (als Option)

Bild 18.3 *Aufbau einer EEx-Rohrleitungs-Begleitheizung mit selbstbegrenzendem Heizband (Fa. BARTEC)*

3. Zusatzmaßnahmen zum Schutz gegen Fehlerströme:

Um unzulässige Erwärmungen durch Erdschluss- oder Ableitströme zu verhindern, fordert VDE 0165 Teil 2 zusätzliche Sicherheitsvorkehrungen. Heizeinrichtungen, die von einem TT-, TN- oder IT-System versorgt werden, müssen neben dem Überstromschutz die Bedingungen gemäß Tafel 18.3. erfüllen.

Tafel 18.3 *Elektrische Heizeinrichtungen; zusätzliche Bedingungen für Schutzeinrichtungen gemäß VDE 0165 Teil 1 und VDE 01070/0171 Teil 6 (EN 50019), Zündschutzart Erhöhte Sicherheit „e"*

Schutzmaßnahme VDE 0100 Teil 410	Bedingungen für die Schutzmaßnahme gegen gefährliche Körperströme
TT-System oder *TN-System*	mit Fehlerstrom-Schutz $\leq$ 300 mA, vorzugsweise jedoch 30 mA, dabei in 5 s abschaltend, bei 5fachem Bemessungs-Ansprechstrom in $\leq$ 0,15 s abschaltend
IT-System	mit Isolations-Überwachungseinrichtung, abschaltend bei $\leq$ 50 Ω/V [1)]

[1)] gemäß VDE 0165 Teil 1 nicht erforderlich für Heizeinrichtungen, die sich innerhalb eines Betriebsmittels befinden und dadurch geschützt sind.

4. **Heizanlagen mit einer Technik gemäß c)** sind in VDE 0165 (Ausgaben ab 1998) nicht mehr erwähnt.

    VDE 0165 (02.91) gestattete früher solche Heizeinrichtungen für Zone 2 mit folgenden Bedingungen:
    - *automatische Abschaltung oder Alarm bei Isolationsfehlern*
      - *im geerdetem Heizstromkreis z.B. durch FI-Schutz,*
      - *im nicht geerdetem Heizstromkreis z.B. durch Isolationsüberwachung*
      - *ausgenommen, die Konstruktion der Heizeinrichtung schließt Isolationsfehler aus. Bei solchen Heizanlagen gelten die für Zone 2 festgelegten IP-Schutzarten nur für die Anschlusskästen.*

5. **Raumheizer** müssen selbstverständlich so aufgestellt sein, dass die Wärmeabgabe nicht behindert ist.

6. Der Hersteller gibt in der **Betriebsanweisung** die sicherheitstechnischen Bedingungen an und der Betreiber hat sie im Exdokument falls erforderlich zu spezifizieren.

Frage 18.4 *Was ist für den kathodischen Korrosionsschutz zu beachten?*

Kathodische Korrosionsschutzanlagen (KKS) werden angewendet, um an erdverlegten Behältern und Rohrleitungen aus Stahl Schäden durch äußere Korrosion zu verhindern. Die Schutzstromdichte liegt in der Größenordnung von wenigen µA/m², bezogen auf die Oberfläche des schützenden Objektes, und kann bei älteren Objekten einige mA/m² erreichen. Trotz des geringen negativen Potentials sind bei Fremdstromanlagen spezielle Schutzmaßnahmen erforderlich, ausgenommen bei Anlagen, die nur mit Verlustanoden arbeiten.

VDE 0165 Teil 1 bezeichnet kathodisch geschützte Metallteile als aktive fremde leitfähige Teile, die Zündpotentiale entwickeln können, besonders bei eingeprägtem Strom, und verweist ansonsten auf bestehende nationale oder andere Normen. Für Anlagen in Verbindung mit brennbaren Flüssigkeiten (ehemals VbF) gelten vorerst noch die

- KKS-Richtlinie TRbF 512 und die
- LKS-Richtlinie TRbF 522 (lokaler kathodischer Korrosionsschutz).

Auch im Regelwerk des Deutschen Vereins des Gas- und Wasserfaches (DVGW) ist festgelegt, wie kathodische Schutzanlagen zu planen, zu errichten und zu warten sind (DVGW-Arbeitsblätter GW 10, GW 12, G 601 und weitere). Nach vorherrschender Fachmeinung

- dürfen sich nur die erforderlichen Isolierstücke in explosionsgefährdeten Bereichen befinden, jedoch nicht die „Schutzstromgeräte" (KKS-Anlagen einschließlich Stromversorgung und Fremdstromanoden).
- ist jedes Isolierstück in den Rohrleitungen auf möglichst kurzem Weg durch eine Trennfunkenstrecke zu überbrücken und es ist darauf zu achten, dass Trennfunkenstrecken in Zone 1 nicht versehentlich überbrückt werden.

Was man außerdem beachten sollte
- KKS- oder LKS-Anlagen müssen von Fachbetrieben errichtet und betreut werden.
- In den einzelnen Regelwerken für den kathodischen Korrosionsschutz sind teilweise unterschiedliche Bedingungen für den Explosionsschutz von Trennfunkenstrecken enthalten.

Trennfunkenstrecken für kathodischen Korrosionsschutz sind nach Auffassung maßgebender Fachleute (K 235 der DKE) nicht als elektrische Betriebsmittel zu betrachten. Sie sollten geprüft und in ihren Bemessungsdaten bescheinigt sein, erfordern aber keinen EG-Prüfschein. Dass die Anschlussstellen sich für die Zündschutzart „e" nicht eignen, ist nicht als zündgefährlich zu beanstanden. Ein Hinweis auf mögliche Zündgefahren durch Überbrückung sollte aber nicht fehlen.
- Bei Fremdstromanlagen können nach dem Abschalten mitunter noch längere Zeit Restspannungen anstehen.
- Auf elektrisch isolierte Rohrfernleitungen, die parallel zu Hochspannungsfreileitungen verlaufen, können Längsspannungen induziert werden, deren Spitzenwerte die Ansprechspannung der Trennfunkenstrecke erreichen.

Frage 18.5 *Wo können versteckte Zündgefahren vorliegen und wie begegnet man solchen Gefahren?*

In welcher Vielfalt Zündgefahren entstehen können, wurde im Abschnitt 4.8 erläutert. Aus den aufgezählten Beispielen für Zündquellen (Tafel 4.3) ist schon zu erkennen, dass die Explosionssicherheit einer Betriebsstätte mehr erfordert als nur das normgerechte Installieren und Betreiben explosionsgeschützter Betriebsmittel. **Jede Energieanwendung, deren Wirkungsweise es bedingt oder zulässt, dass sich Energie frei auf das Umfeld überträgt, kann zündgefährlich sein.** Das ist auch ein Thema der BetrSichV, mit dem sich die Frage 2.4.8 beschäftigt.

Elektrofachleute denken dabei zuerst an Fehler- und Ausgleichströme, an den Einsatz elektrischer Arbeitsmittel oder an andere wärmeanwendende Arbeitsverfahren. Auch an der Zündgefahr von Laserstrahlen wird kaum je-

mand zweifeln. Gefahren durch andere Energiequellen, die mit Hochfrequenz, Licht- oder Schallwellen arbeiten und von außen in den Ex-Bereich einstrahlen, sind oft nicht sofort erkennbar. **Beim Umgang mit solchen Quellen muss also nicht nur darauf geachtet werden, Zündgefahren im Ex-Bereich zu vermeiden. Die BetrSichV verlangt auch, darüber zu befinden, ob man solche Quellen in der Nähe eines Ex-Bereiches verwenden kann.**
Tafel 18.4 (auf Seite 361) stellt solche Anwendungsfälle zusammen und gibt dafür Schutzmaßnahmen an. Als Quelle dafür dienten die Explosionsschutz-Regeln (EX-RL, BGR 104) und die Normen VDE 0165.
Auch hier muss nochmals betont werden, wie wichtig es ist, dass die sicherheitstechnischen Festlegungen der Gerätehersteller beachtet werden (Betriebsanleitung).

Weitere Hinweise zur Verwendbarkeit individueller elektrischer Geräte in explosionsgefährdeten Bereichen:

- VDE 0165 Teil 1 (07.04, IEC 60079-14) hält bei Armbanduhren die Gefahr für gering und „die Verwendung in explosionsgefährdeten Bereichen im Allgemeinen für annehmbar", wogegen alle anderen batterie- oder solargespeisten Betriebsmittel separat auf ihre Zündgefahr bewertet werden sollten, auch solche Armbanduhren, die mit einem Rechner kombiniert sind. Zu Geräten mit Lithiumbatterien merkt die Norm an, dass diese „erhöhte Gefahr" besonders zu bewerten ist. „Zu bewerten" bedeutet im Sinne der BetrSichV, eine Gefährdungsanalyse vorzunehmen und das Bewertungsergebnis im betrieblichen Ex-Dokument nachzuweisen.
- In der Fachliteratur wurde die Verwendbarkeit individueller elektrischer Geräte in Ex-Bereichen schon in den 90iger Jahren wie folgt besprochen:
  • Hörgeräte und elektronische Armbanduhren: unbedenklich verwendbar, ausgenommen in den Zonen 0 und 20
  • Funkgeräte: nicht zündgefährlich bei Sendeleistungen $\leq$ 6 W, z.B. ungepulst arbeitende Handys, Funktelefone oder Betriebsfunkgeräte. Baumustergeprüfte Ex-Handfunkgeräte und Ex-Handys für Zone 1 haben Leistungen $\leq$ 2 W.
  • digitaler Mobilfunk, Radar und andere gepulste HF-Quellen): dazu ist eine fachkundige Einzelbewertung erforderlich.

Bei Funkgeräten und anderen Strahlenquellen ist unabhängig davon auch zu bewerten, welchen Explosionsschutz das Gerät am Einsatzort erfordert. Ein reichhaltiges Angebot an handgeführten nicht netzgebundenen Geräten zur Datenverarbeitung und Instandhaltung in Ex-Bereichen lässt kaum mehr Wünsche offen.

Tafel 18.4   *Erfordernis von Maßnahmen des Explosionsschutzes gegen spezielle Zündgefahren*

1	Erfordernis von Schutzmaßnahmen
1.1	Allgemein in allen Zonen: Wahl des gerätetechnisch erforderlichen Explosionsschutzes gemäß BetrSichV Anhang 4 B (Gerätegruppe, -kategorie) und gefahrbringendem Stoff (Temperaturklasse, Explosionsgruppe),dazu Abschnitt 9
1.2	Bei Strahlungsquellen: Kontrolle der Strahlungsparameter auf Zulässigkeit für den Einsatzfall, zündgefährliche Einstrahlung ausschließen

2	Hochfrequenzanlagen
2.1	*Gefahrenquelle:* Elektromagnetische Felder im Bereich 9 kHz bis 300 GHz; z.B. Funksender und Hochfrequenzerzeuger für Erwärmung, Radar, Schweißen; Mobilfunk
2.2	*Gefahr:* Erwärmung und mögliche Funkenbildung durch den Antenneneffekt leitfähiger Teile, die sich im Strahlungsfeld befinden (bei starken Feldern auch an nicht leitfähigen Teilen)

Zündgefahr besteht bei Überschreiten folgender Grenzwerte:

Explosionsgruppe	IIA	IIB	IIC	
Wirkleistung,	6 W	4 W	2 W	kontinuierliche
gemittelt über	100 µs	100 µs	20 µs	Quellen
Einzelimpuls	950 µJ	250 µJ	50 µJ	gepulste Quellen

In staubexplosionsgefährdeten Bereichen: 6 W
(Voraussetzung: Mindestzündenergie des Staubes > 1 mJ)
Staffelung nach Zonen: entfällt (VDE 0848 Teil 5 01.01 betrachtet diese Zündquellen als ständig vorhanden)

2.3   *Schutzmaßnahmen* ergänzend zu 1
    – Sicherheitsabstand (speziell zu ermitteln, da teilweise richtungsabhängig)
    – VDE 0848 Teil 5 (früher Teil 3) und BGV B11 beachten

3	Lichtquellen (optischer Spektralbereich)
3.1	*Gefahrenquelle:* Elektromagnetische Wellen im Bereich $3 \cdot 10^{11}$ Hz bis $3 \cdot 10^{15}$ Hz; z.B. Laser, Sonnenlicht, Blitzlicht
3.2	*Gefahr:* Erwärmung, durch Bündelung noch verstärkt (bei Lasern auch ohne Bündelung, bei Sonnenlicht auch durch zufällige Effekte), oder Absorption (bei Gasen, Stäuben)

Lichtquellen sind grundsätzlich zündgefährlich bei Überschreiten folgender Grenzwerte im Strahlengang,
  a) *Zonen 20 und 21:*
    – 5 mW/mm^2 oder 35 mW gesamt für Dauerlichtlaser und sonstiges Dauerlicht
    – 0,1 mJ/mm^2 für Impulslaser oder -licht (Impulsabstand < 5 s gilt als Dauerlicht)
  b) *Zone 22:*
    – 10 mW/mm^2 oder 35 mW gesamt für Dauerlichtlaser und sonstiges Dauerlicht
    – 0,5 mJ/mm^2 für Impulslaser oder -licht
  c) *Zonen 0, 1 und 2:*
    IEC 60079-28 in Vorbereitung; für Dauerstrahler als sicher anzunehmen
    bei $A \leq 400$ mm^2:
    – < 20 mW/mm^2 oder 150 mW (bezogen auf T1 bis T3, IIA)
    – < 5 mW/mm^2 oder 15 mW (bezogen auf T1 bis T6, IIC)
    – spezielle Festlegungen für Impulsstrahler

Tafel 18.4 *(Fortsetzung)*

3 Lichtquellen (optischer Spektralbereich) *(Fortsetzung)*

3.3 *Schutzmaßnahmen* ergänzend zu 1:
- Zündgefährliche Einstrahlung oder Resonanzabsorption ausschließen
- Für alle Zonen: zündgefährlichen Energietransport über LWL ausschließen oder einschließen,
- Allgemein: BGV B2 beachten

4 Ultraschallgeräte

4.1 *Gefahrenquelle:* Ultraschallwellen, z.B. von Impulsecho-Prüfgeräten und anderen Diagnostikgeräten

4.2 *Gefahr:* Energieabsorption in festen oder flüssigen Stoffen, Erwärmung durch Molekularresonanz
Zündgefahr besteht bei > 10 MHz und Molekularresonanz, kann auftreten bei $\leq$ 10 MHz und Leistungsdichte > 1 mW/mm²

4.3 *Schutzmaßnahmen* ergänzend zu 1
- In allen Zonen: Grenzwerte gemäß 5.2,
- Zonen 20 bis 22: Grenzwert für Impulsquellen $\leq$ 2 mJ/cm²
- früher (EX-RL 06.96) pulsierend: $\leq$ 20 mJ/mm² oder 1 mW/mm²

5 UV-Strahler, radioaktive und andere Strahlungsquellen

5.1 *Gefahrenquelle:* Ionisierende Strahlung z.B. von UV-Strahlern, Röntgeneinrichtungen, Beschleunigern, Kernreaktoren

5.2 *Gefahr:* Energieabsorption (besonders bei Staubpartikeln) und/oder Erwärmung der radioaktiven Quelle, Strahlung kann Stoffe umwandeln und explosionsgefährliche Komponenten bilden. Dazu aus EX-RL (06.96):
Zündgefahr kann vorliegen
a) bei UV-Bestrahlungsstärke > 0,5 W/cm²
bzw. Bestrahlung mit > 50 mJ/cm²
b) bei Röntgen-Ionendosisleistung 3 mA/kg
c) bei radioaktiven Quellen mit Aktivität > $4 \cdot 10^{10}$ Bq (auch bei gasdichtem Einschluss)

5.3 *Schutzmaßnahmen* ergänzend zu 1
- In allen Zonen: zündgefährliche Werte gemäß 5.2 ausschließen oder spezielle Schutzmaßnahmen festlegen
- In Zone 1, 2, 21 und 22: Ir-Quellen (Werkstoffprüfung) mit $\leq 10^{12}$ Bq hinsichtlich Wärmeableitung unbedenklich

6 Ausgleichströme (Streu- oder Leckströme)

6.1 *Gefahrenquelle:* Betriebsmäßig oder bei Störungen auftretende Ströme, die sich unkontrolliert über nicht isolierte Metallkonstruktionen verzweigen

6.2 *Gefahr:* Unzulässige Erwärmung, Funkenbildung

6.3 *Schutzmaßnahmen:* Potenzialausgleich für sämtliche nicht isolierten leitfähigen Anlagenteile; stromtragfähige Überbrückung von Konstruktionsteilen vor dem Trennen oder Demontieren

---

Quellen: EX-RL (ZH1/10 06.96/07.00 und BGR 104 12.02), IEC 61241-14 (FDIS 31H/174 03.04)

19 Hinweise für das Betreiben und Instandhalten explosionsgeschützter Anlagen

Frage 19.1 **Welche normativen Festlegungen sind für das Betreiben von Elektroanlagen in explosionsgefährdeten Betriebsstätten besonders zu beachten?**

1 Rechtsgrundlagen

– die Betriebssicherheitsverordnung (BetrSichV),
 dazu übergangsweise noch bis spätestens 31.12.2007 die „Verordnung über elektrische Anlagen in explosionsgefährdeten Bereichen" (ElexV, hierzu Abschnitt 2)
– die Unfallverhütungsvorschriften BGV A 1 und BGV A 2

Diese Rechtsvorschriften setzen Ziele und Verantwortungsgrundsätze im Arbeitsschutz, enthalten aber keine quantitativen technischen Festlegungen.

2 Technische Regeln

Dazu sind die EX-RL (BGR 104) zu nennen – unter der sicheren Annahme, dass diese Regel grundsätzlich in die Technischen Regeln zur BetrSichV eingeht. Allgemeingültige Grundsätze und Schutzmaßnahmen bei Instandsetzungsarbeiten in explosionsgefährdeten Bereichen sind im Abschnitt E 5 der EX-RL festgelegt. Auf elektrotechnische Belange geht jedoch auch diese Quelle nicht ein. Auf die BGR 500 – Betreiben von Arbeitsmitteln – ist hinzuweisen.

3 Normen

Bei den Normen für das Betreiben ist **VDE 0105 Teil 100** (06.00) zuerst anzuführen, weil es sich um eine Basisnorm handelt. Noch aus der Zeit stammend, in der man sich im Explosionsschutz nach der ElexV richtete, setzt sie normative Grundlagen für ein sicheres Betreiben jeglicher Elektroanlagen, geht aber nur *informativ* auf den Explosionsschutz ein. Mit „zusätzlichen Informationen" gibt Abschnitt B.3 der Norm – Explosionsgefährdete Arbeitsbereiche – einige empfehlende Hinweise. Zusammengefasst läuft dies darauf hinaus, dass vor Beginn jeglicher Arbeiten in explosionsgefährdeten Bereichen entweder die Explosionsgefahr beseitigt oder anderweitige Maßnahmen getroffen werden müssen, um Zündquellen auszuschließen.

Eine allgemeingültige Norm für das Instandhalten kann nur beschränkt auf Einzelheiten eingehen. Selbst bei Anlagen, die sich technisch weitgehend gleichen, beeinflussen die konkreten technischen, betrieblichen und personellen Bedingungen den Instandhaltungsaufwand ganz wesentlich. Wie in allen Anlagen mit erhöhtem Sicherheitsbedürfnis ist es auch für Anlagen in explosionsgefährdeten Bereichen unumgänglich, den Instandhaltungsaufwand konkret zu ermitteln und bedarfsgerecht festzulegen, damit die Instandhaltung planmäßig durchgeführt werden kann. Eine vorbeugende Instandhaltung, die verschleißbedingten Produktionsausfällen zuvorkommt, begünstigt sowohl die Explosionssicherheit als auch die Arbeitssicherheit.

Als spezielle Norm

- *Für gasexplosionsgefährdete Bereiche* steht die verhältnismäßig ausführlich gehaltene **VDE 0165 Teil 10-1** (DIN EN 60079-17), **Prüfung und Instandhaltung elektrischer Anlagen in explosionsgefährdeten Bereichen** im Vordergrund.
- *Für staubexplosionsgefährdete Bereiche* gilt zwischenzeitlich die **VDE 0165 Teil 2** (DIN EN 50281-1-2), **Elektrische Betriebsmittel mit Schutz durch Gehäuse** – Auswahl, Errichten und **Instandhaltung**. Diese Norm enthält aber im Abschnitt „Prüfung und Instandhaltung" nur wenige staubspezifische Bedingungen. Die künftige VDE 0165 Teil 10-2 (DIN EN 61241-17), Prüfung und Instandhaltung elektrischer Anlagen in Bereichen mit brennbarem Staub, befindet sich für noch einige Zeit in Arbeit. Als IEC 31H/169/CDV (01.04) liegt eine Diskussionsgrundlage vor, die sich an IEC 60079-17 anlehnt.

Tafel 19.1 gibt einen Überblick über diese Normen als Grundlage für das Betreiben elektrischer Anlagen unter Ex-Bedingungen.

Was man dazu noch wissen muss
- *Gemäß § 2(1) BetrSichV* sind Anlagen – insbesondere überwachungsbedürftige Anlagen – Arbeitsmittel. Gemäß § 1 (1) des Anwendungsbereiches gilt die BetrSichV für die Bereitstellung von Arbeitsmitteln durch den Arbeitgeber sowie für die Benutzung durch Beschäftigte bei der Arbeit. Demzufolge ist zu unterscheiden, ob mit einem Arbeitsmittel oder an einem Arbeitsmittel gearbeitet wird. Monteure benutzen nicht die An-

Tafel 19.1 Betreiben elektrischer Anlagen in explosionsgefährdeten Bereichen, grundlegende Begriffe und Normen

Begriff	Tätigkeiten	Grundlegende Elektro-Normen für das Betreiben in Ex-Bereichen
Betrieb VDE 0105 Teil 100	Alle für die Funktion der Anlage erforderlichen Tätigkeiten des Bedienens und Arbeitens; dazu gehören z.b. Schalten, Steuern, Stellen, Bobachten, elektrotechnische und nichtelektrotechnische Arbeiten	DIN VDE 0105 Teil 100 (06.00) **Betrieb von elektrischen Anlagen** Zurückgezogen: DIN VDE 0105 Teil 9 (05.86) Zusatzfestlegungen für explosionsgefährdete Bereiche
Arbeiten VDE 0165 Teil 10-1	– **Wartung und Instandsetzung** als Kombination aller erforderlicher Tätigkeiten, um die ordnungsgemäße Beschaffenheit und Funktion zu sichern – **Inspektion** als Diagnose des Anlagezustandes, auch mit teilweiser Demontage und ergänzenden Maßnahmen wie z.B. Messen; umfasst • Sichtprüfung • Nahprüfung • Detailprüfung • Erstprüfung als *Detailprüfung* • Wiederkehrende Prüfung als Sicht- oder Nahprüfung • Stichprobenprüfung als *Sicht-, Nah- oder Detailprüfung*	VDE 0105 Teil 10 (DIN EN 60079-17) 06.04 Elektrische Betriebsmittel für gasexplosionsgefährdete Bereiche: **Prüfung und Instandhaltung elektrischer Anlagen in explosionsgefährdeten Bereichen** (ausgenommen Grubenbaue) Inhalt: – Allgemeine Anforderungen *Dokumentation, Qualifikation, Prüfungen, regelmäßig wiederkehrende Prüfungen, ständige Überwachung, Wartung und Instandsetzung, Umgebungsbedingungen, elektrische Trennung, eigensichere Anlagen, Erdung und Potenzialausgleich, ortsveränderliche Betriebsmittel, tabellarische Prüfpläne* – zusätzliche Anforderungen zu den Prüfplänen, bezogen auf die Zündschutzarten „d", „e", „i", „p" und Zone-2-Betriebsmittel – Tabellenteil mit Prüfplänen *Betriebsmittel/Installation/Umgebungseinflüsse* – Anhang A: Prüfungsablauf bei wiederkehrenden Prüfungen
Verbessern, Ändern	DIN EN 13306 – Begriffe der Instandhaltung: Steigerung der Funktionsfähigkeit	VDE 0165 Teil 2 (DIN EN 50281-1-2) 11.99 Elektrische Betriebsmittel zur Verwendung **in Bereichen mit brennbarem Staub**, Teil 1-2: Elektrische Betriebsmittel mit Schutz durch Gehäuse – Auswahl, Errichten und Instandhaltung *Abschnitt Prüfung und Instandhaltung ist auf Grundsätze beschränkt* VDE 0165 Teil 10-2 in Vorbereitung!
Instandhaltung	DIN 31051 - Grundlagen der Instandhaltung: Wartung, Inspektion, Instandsetzung, Verbesserung	

lage, an der sie arbeiten, sondern ihre Werkzeuge. Fällt die Anlage deshalb nicht unter die BetrSichV?

Juristisch ist daran wohl kaum zu deuteln, aber praktisch führt es am Ziel vorbei. Es wäre unsinnig, anzunehmen, dass man bei der Instandhaltung

die Anhänge 3 und 4 der BetrSichV mit den dort genannten Mindestforderungen des betrieblichen Explosionsschutzes beiseite lassen darf.
- *VDE 0105 Teil 100*
  - ersetzt im Abschnitt 3.2.3 den europäischen Begriff „Elektrofachkraft" durch eine erweiterte deutsche Definition, wodurch bei Einsatz ausländischer Fachleute zusätzliche Maßnahmen erforderlich werden können.
  - regelt im Abschnitt 6.3 das Arbeiten unter Spannung und bezieht auch explosionsgeschützte eigensichere Anlagen ein. Daraus ist jedoch nicht zu schließen, dass auch die anderen dort genannten elektrischen Grenzwerte in Ex-Anlagen unter Spannung zulässig seien und dass Vorgaben für eigensichere Anlagen in VDE 0165 Teil 10 unwesentlich wären.
  - verweist im Abschnitt 1 für explosionsgefährdete Bereiche auf VDE 0105 Teil 9 – Zusatzfestlegungen für explosionsgefährdete Bereiche – und auf VDE 0165 (02.91). Beide Normen sind zurückgezogen worden. Wer sich erst vertraut machen muss mit den Grundlagen der EMR-Instandhaltung in Ex-Bereichen, findet die wesentlichen Festlegungen aus den genannten Normativen zusammengefasst in Tafel 19.2. Einzelheiten sind aus VDE 0165 Teil 2 zu entnehmen. Auf die Diskrepanz zum Thema „Ständige Überwachung" zwischen der BetrSichV und VDE 0165 Teil 10-1 gehen die Ausführungen unter 19.3 ein.

Letztlich sei an dieser Stelle noch hingewiesen auf die berufsgenossenschaftlichen Informationen

- BGI 890-1 Wiederholungsprüfung ortsveränderlicher elektrischer Betriebsmittel und
- BGI 890-2 Wiederholungsprüfung elektrischer Maschinen und Anlagen

Frage 19.2   Sind Arbeiten an elektrischen Anlagen unter Ex-Bedingungen als „gefährliche Arbeiten" im Sinne der BGV A1 zu betrachten?

§ 8 BGV A1 - **Gefährliche Arbeiten** - legt besondere Maßnahmen für die Beschäftigten fest. Damit sind Arbeiten gemeint, bei denen eine erhöhte Gefährdung aus dem Arbeitsverfahren, ... den verwendeten Stoffen sowie aus der Umgebung gegeben sein kann (Durchführungsanweisung zum § 36 der früheren VBG 1).
Das können auch Arbeiten mit „besonderen Gefahren" im Sinne der BGV D1 (Schweißen, Schneiden) oder anderen BGV D sein, aber es sind noch keine „unmittelbare erheblichen Gefahren", mit denen sich der zweite Abschnitt der BGV A1 beschäftigt.

Tafel 19.2 Instandhaltung elektrischer Anlagen in explosionsgefährdeten Bereichen, Übersicht über grundsätzliche Festlegungen

Normativ; Abschnitt	Bedingungen
1 Betriebssicherheitsverordnung (BetrSichV)	
Prüfung der Arbeitsmittel (§ 10)	Prüfung erforderlich nach der Montage, vor der ersten Inbetriebnahme, als wiederkehrende Prüfungen in betrieblich festzulegenden Fristen, nach Instandsetzungsarbeiten, sofort nach außergewöhnlichen schädigenden Ereignissen
Bei Anlagen mit Geräten oder Schutzsystemen gemäß RL 94/9/EG:	
Prüfung von ÜA vor Inbetriebnahme (§ 14)	*Prüferfordernis und Prüfbedingungen* – Erforderlich vor erstmaliger Inbetriebnahme und nach wesentlicher Veränderung (sicherheitstechnisch als neu geltend) – Anlagen: Prüfung durch „befähigte Person" – Geräte und Schutzsysteme: Prüfung durch zugelassene Überwachungsstelle, behördlich anerkannte befähigte Person oder durch den Hersteller – Prüfbescheinigung oder Prüfzeichen erforderlich
Gesamtprüfung der Explosionssicherheit (Anhang 4, 3.8)	Erforderlich vor erstmaliger Nutzung, umfasst das Explosionsschutzkonzept der gesamten Anlage, ist durchzuführen von einer befähigten Person, „die über besondere Kenntnisse auf dem Gebiet des Explosionsschutzes verfügt".
Wiederkehrende Prüfungen von ÜA (§ 15), bestehend aus – technischer Prüfung – Ordnungsprüfung	*Prüffristen* bei überwachungsbedürftigen Anlagen (ÜA) – für Gesamtanlage oder von Anlageteilen betrieblich zu ermitteln anhand einer sicherheitstechnischen Bewertung – spätestens aller 3 Jahre, nach behördlichem Entscheid auch kürzer oder länger
Anhang 4.2.	*Organisatorische Maßnahmen* – Unterweisung der Beschäftigten zum Explosionsschutz – Durchführung nach schriftlicher Anweisung – Arbeitsfreigabesystem bei gefährlichen Tätigkeiten (auch, wenn nur infolge von Wechselwirkungen gefährlich)
2 BGR 104 – Explosionsschutz-Regeln	
Allgemeines (E 5.1)	*Schutzmaßnahmen gegen Zündgefahren* – schriftlich festlegen, Beschäftigte unterweisen, Arbeiten koordinieren – Arbeitsbeginn erst nach Sicherstellung der Schutzmaßnahmen – Schutzmaßnahmen überwachen, Aufhebung erst nach Arbeitsabschluss und bei gefahrlosem Zustand – vor Wiederinbetriebnahme Schutzzustand für Normalbetrieb sicherstellen

Tafel 19.2 *(Fortsetzung)*

Normativ; Abschnitt	Bedingungen
Schutzmaßnahmen (E 5.2)	– *Explosionsgefahren ausschließen* • vor Arbeitsbeginn beurteilen und durch primäre Maßnahmen beseitigen, • bei möglicher Beeinträchtigung dieser Maßnahmen von außerhalb im Arbeitsverlauf Kompensationsmaßnahmen vorsehen (z.B. Zündquellen ausschließen, Gaswarntechnik, Arbeitsunterbrechung) – *Unvermeidliche Explosionsgefahren entschärfen* durch sekundäre Maßnahmen (Zündquellen ausschließen oder räumlich einschränken) – *Beschäftigte rechtzeitig warnen* bei auftretenden Gefahren – Festlegungen in Regeln für spezielle Stoffe, Arbeitsverfahren oder Tätigkeiten beachten
3 VDE 0165 Teil 10-1 (DIN EN 60079-17) Gasexplosionsschutz Prüfung und Instandhaltung elektrischer Anlagen in explosionsgefährdeten Bereichen	
Begriffe (3)	– *Sichtprüfung:* Feststellen sichtbarer Fehler ohne Werkzeuge oder Zugangseinrichtungen, z.B. fehlende Schrauben – *Nahprüfung:* Feststellen sichtbarer Fehler, die nur mit Zugangseinrichtungen (z.B. Stufen) oder Werkzeugen erkennbar sind; ohne Öffnen von Gehäusen, z.B. lockere Schrauben – *Detailprüfung:* Feststellen äußerlich unsichtbarer Fehler, die nur durch das Öffnen von Gehäusen oder mit Werkzeugen oder Prüfeinrichtungen erkennbar sind, z.B. lockere Anschlüsse
Allgemeine Anforderungen (4.1) (4.2) (4.3.1)	– *Prüferfordernis* für Erstprüfung/regelmäßig wiederkehrende Prüfungen (entspricht den Grundsätzen der BetrSichV) – *Dokumentation erforderlich* – Zoneneinstufung, sicherheitstechnische Kennzahlen, Instandhaltungsunterlagen – *Qualifikation des Personals:* im Explosionsschutz erfahren und geschult – Ständige Überwachung durch Fachkräfte anstelle von regelmäßig wiederkehrenden Prüfungen (entspricht formal nicht den Grundsätzen der BetrSichV)
Arten der Inspektion, Prüffristen (4.3.2)	– *Intervalle und Prüftiefe* wiederkehrender Prüfungen: • jeweils betrieblich ermitteln • Herstellerhinweise, Abnutzungseinflüsse, Zoneneinstufung am Einbauort und vorherige Prüfergebnisse berücksichtigen – *Ortsveränderliche Betriebsmittel:* Prüfintervall (Nahprüfung) höchstens 12 Monate
Messeinrichtungen (4.12.8)	– Nichteigensichere Messeinrichtungen sind nur zulässig, wenn nachweislich keine Explosionsgefahr vorliegt mit Bestätigung des Verantwortlichen
Isolationswiderstand (4.12.9)	– $0,5 \cdot 10^6$ Ohm für Betriebsmittel, Kabel und Leitungen bis 500 V, ausgenommen SELV; – zu messen bei 500 V Gleichstrom

Die **BetrSichV** verwendet die Worte „besondere Gefährdung" und fordert dafür im § 8 angemessene Schutzmaßnahmen. Ursache einer explosionsfähigen Atmosphäre sind die jeweils verwendeten Gefahrstoffe und die Arbeitsverfahren, bei denen die Stoffe freigesetzt werden können. Trifft der § 8 der BGV A1 auch zu für explosionsgefährdete Bereiche? Dazu ist zu sagen:

1. **Instandhaltungsarbeiten an elektrischen Anlagen in explosionsgefährdeten Bereichen sind grundsätzlich nicht als „gefährliche Arbeiten" einzuordnen,** und das meinen auch die Fachleute im K 235 der DKE (zuständig für das Errichten elektrischer Anlagen in explosionsgefährdeten Bereichen).
Allein aus der Tatsache, dass ein örtlicher Bereich im Sinne der GefStoffV oder der BetrSichV als explosionsgefährdet eingestuft worden ist, folgt noch nicht, dass alle Arbeiten als „gefährliche Arbeiten" zu betrachten sind.
2. **Bestimmte Arbeiten in einem Ex-Bereich können aber auch „gefährliche Arbeiten" im Sinne des § 8 der BGV A1 sein,** wenn erhöhte Gefährdungen bestehen. Dazu zählen z.B.
   - Arbeiten, für deren Sicherheit ein Freigabeschein erforderlich ist
   - Arbeiten in engen Räumen, Hohlkörpern, Silos usw.

Frage 19.3   Unter welchen Voraussetzungen kann die regelmäßige Prüfung einer explosionsgeschützten Elektroanlage entfallen?

So wird immer gefragt, wenn wieder irgendwo gespart werden muss.
Bei Elektroanlagen normaler Art – außerhalb des Explosionsschutzes – gab es in jüngster Zeit auch berufsgenossenschaftlich unterstützte Ansätze, anstelle regelmäßiger Wiederholungsprüfungen zuzulassen, „dass die elektrische Anlage ständig durch eine Elektrofachkraft überwacht wird". Dieser Wille, fachliche Möglichkeiten vernünftig auszuschöpfen, scheiterte jedoch am Fehlen absichernder Grundlagen.
Wie überall in der Arbeitssicherheit darf auch im anlagetechnischen Explosionsschutz der Prüfaufwand nicht zum Spekulationsobjekt werden. Trotzdem ist es durchaus möglich, mit gezielten organisatorischen Maßnahmen eine Anlage sogar effektiver instand zu halten als bei festen Prüfterminen.
Um keine Missverständnisse aufkommen zu lassen, sei zunächst auf die **Forderungen der BetrSichV** hingewiesen:

– **§ 12(3)**
Wer eine überwachungsbedürftige Anlage betreibt, hat diese

– in ordnungsgemäßem Zustand zu erhalten,

- ordnungsmäßig zu betreiben,
- zu überwachen (hier hieß es bisher gemäß ElexV § 13(1): ständig zu überwachen)
- notwendige Instandhaltungs- und Instandsetzungsarbeiten unverzüglich vorzunehmen und
- die den Umständen nach erforderlichen Sicherheitsmaßnahmen zu treffen."

- **§ 15(15)**
„Bei Anlagen in explosionsgefährdeten Bereichen im Sinne des § 1 Abs. 2 Satz 1 Nr. 3 (Anlagen, die Geräte, Schutzsysteme oder Kontroll- und Regelvorrichtungen im Sinne des Artikels 1 der Richtlinie 94/9/EG enthalten), müssen Prüfungen im Betrieb spätestens aller 3 Jahre durchgeführt werden. Weiterhin fordert die BetrSichV die

- **Prüfung vor Inbetriebnahme** (§ 14) hinsichtlich der Montage, der Installation, den Aufstellungsbedingungen und der sicheren Funktion sowie
- **Wiederkehrende Prüfungen** (§ 15)

durch eine befähigte Person (Elektrofachkraft, ausgenommen bei konzeptionellen Erstprüfungen gemäß Anhang 4). Bisher bezog ElexV § 12 auch die Prüfung unter Aufsicht einer Elektrofachkraft hierbei ein.
Basisnormen für die genannten Prüfungen sind die

- *VDE 0100 Teil 610 für die Erstprüfungen und*
- *VDE 0105 Teil 100 für die Wiederholungsprüfungen.*

Da gemäß Anhang 2 der BetrSichV, Abschnitt 2.4, mangelhafte Arbeitsmittel *(auch Anlagen)* nicht benutzt werden dürfen, hat der Betreiber die Fristen so zu bemessen, dass entstehende Mängel, mit denen gerechnet werden muss, rechtzeitig festgestellt werden.
Das alles regelte die ElexV im Grundsatz ebenso.
Fachliche Meinungsunterschiede gibt es indessen, ob man wiederkehrende Prüfungen weiterhin in „ständiger Überwachung" durchführen darf, ohne gegen die BetrSichV zu verstoßen.
In der ElexV hieß es bisher,
„Die Prüfungen sind ... alle drei Jahre durchzuführen; sie entfallen, soweit die elektrischen Anlagen unter Leitung eines verantwortlichen Ingenieurs ständig überwacht werden."
Aber was bedeutet „ständig überwacht"? Im Sinn von ununterbrochen kann es wohl ebenso wenig gemeint sein wie manches andere in der verkürzten Sprache des Gesetzes.

GOTHE & CO.

Kabel-/ Leitungseinführungen
Hochspannungsstecker bis 24 kV
Hochspannungskästen bis 36 kV

Ex

ATEX 95

special solutions

Kruppstr. 196   45472 Mülheim (Ruhr)   GERMANY   Tel.: +49 - 208 - 495090
Fax.: +49 - 208 - 4950927   Info@gothe.de   www.gothe.de   www.gothe.com

---

TRENNFUNKENSTRECKEN MIT ATEX

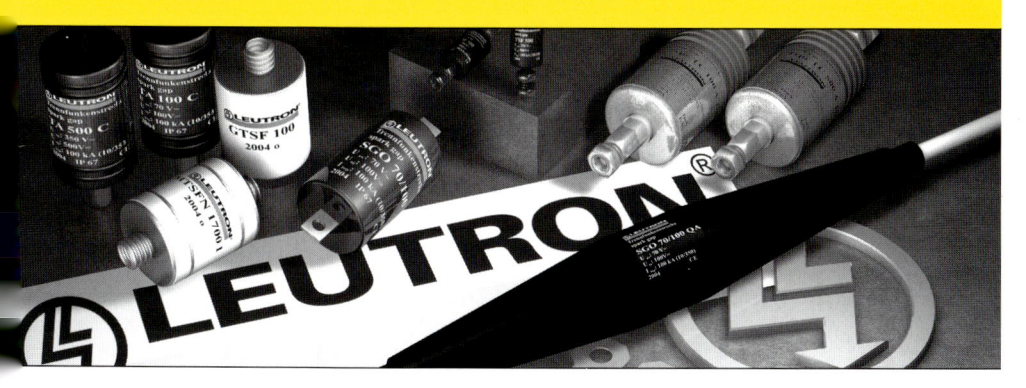

LEUTRON SCHÜTZT

LEUTRON®

Mehr Informationen im Internet unter www.leutron.de

ELEKTRO PRAKTIKER
Bibliothek

180 Seiten, 40 Abb.
28 Tafeln, Broschur
ISBN 3-341-01333-4
€ 24,80

Klaus Bödeker

Prüfung ortsveränderlicher Geräte
– BGV A2/GUV 2.10, DIN VDE 0701/0702 –

Sind Sie ganz sicher, dass Sie Ihre elektrischen Geräte und die Ihrer Kunden stets normgerecht und sicher prüfen? Kennen Sie das Warum und Wieso aller Prüfaufgaben und Prüfmethoden? Wissen Sie, ob Ihre Prüfprotokolle gerichtsfest sind?
Das vorliegende Fachbuch erläutert leicht verständlich den kompletten Ablauf der Prüfung elektrischer Geräte. Es informiert Sie über fast alle technischen und organisatorischen Probleme, die beim Prüfen in der Werkstatt oder beim Kunden auftreten können und über den für Sie so unerhört wichtigen Arbeitsschutz beim Prüfen. Jedem, der elektrische Geräte prüfen muss, bietet das Buch eine sehr hilfreiche Anleitung für die tägliche Arbeit!

HUSS-MEDIEN GmbH
Verlag Technik
10400 Berlin

Tel.: 030/4 21 51-325 · Fax: 030/4 21 51-468
e-mail: versandbuchhandlung@hussberlin.de
www.technik-fachbuch.de

Sachverhalte, *wie sie der Verfasser sieht:*
1. Aus § 13(1) ElexV geht hervor, was die Prüfung bisher erreichen soll *(ordnungsmäßiger Anlagenzustand und Betrieb, vorbeugendes Beheben gefährdender Mängel).* An dieser Stelle heißt es außerdem, der Betreiber hat eine elektrische Anlage *ständig zu überwachen.* Wörtlich genommen widerspricht das der Fachlogik, außerdem meint die ElexV damit offenbar etwas anderes als das „ständige überwachen" gemäß § 12(1).
2. Zum letzten Absatz in § 12(1) ElexV, wonach die regelmäßigen Prüfungen entfallen, wenn die Anlagen *unter Leitung eines verantwortlichen Ingenieurs ständig überwacht werden,* enthält die ElexV keine Handlungshilfe.
3. Diese Unzulänglichkeiten hat die BetrSichV – allerdings ohne sich dieses Themas tiefgreifend anzunehmen – rechtlich ausgeräumt. Erkannt hat man das Problem indes schon so lange, dass es inzwischen für den elektrischen Explosionsschutz international wie europäisch genormt werden konnte und nun eingegangen ist in die neue

VDE 0165 Teil 10-1 (DIN EN 60079-17). Die Norm enthält sowohl Festlegungen für „Regelmäßig wiederkehrende Prüfungen" als auch für **„Ständige Überwachung",** definiert als

– *Inspektion, Unterhaltung, Pflege, Wartung und Instandsetzung der elektrischen Anlagen*
– *durch häufig anwesendes fachkundiges Personal,*
– *das mit der betreffenden Anlage und ihren Umgebungsbedingungen Erfahrung hat,*
– *mit dem Ziel, die Explosionsschutzmerkmale der Anlage in einem zufrieden stellenden Zustand zu erhalten."*

Anstelle des „verantwortlichen Ingenieurs" gemäß ElexV tritt in VDE 0105 Teil 10 die **„fachkundige Person mit leitender Funktion",** die gemäß Definition
- angemessene Kenntnisse auf dem Gebiet des Explosionsschutzes hat,
- mit den örtlichen Gegebenheiten und der Anlage selbst vertraut ist,
- die Gesamtverantwortung trägt,
- die Lenkung der Inspektionssysteme für die elektrischen Betriebsmittel innerhalb der explosionsgefährdeten Bereiche ausübt und die in der Norm genannten differenzierten Aufgaben erfüllen muss.

Wo es betrieblich möglich ist, in eine kontinuierliche anlagetechnische Be-

treuung vor Ort eine angemessene Prüftätigkeit einzubeziehen, gelingt es besser, Mängel und Veränderungen frühzeitig zu erkennen und zu beheben sowie Prüfdokumente aktuell zu führen, als mit festen Prüfterminen.
Warum sollte es nicht möglich sein, mit „ständiger Überwachung" in einem objekt- und systembezogenen Sicherheitsmanagement die Bedingungen der BetrSichV für die Arbeitssicherheit in explosionsgefährdeten Bereichen zu erfüllen?

Worauf außerdem hinzuweisen ist:
– Für ortsveränderliche Betriebsmittel verlangte das alte Recht auch bei explosionsgeschützter Ausführung halbjährliche Prüfungen, auf Baustellen sogar aller 3 Monate (UVV VBG 4, dazu § 5)
– Prüfungen durch Sachverständige des Verbandes der Schadenversicherer (VdS) haben eine andere Rechtsgrundlage und sind kein Nachweis im Sinne der BetrSichV oder bisher der ElexV.

Frage 19.4   Welchen Einfluss hat die Zoneneinstufung auf die Instandhaltung?

Dazu macht die BetrSichV wie schon die ElexV erstaunlicherweise keine weiterführenden Angaben.
Ist für den sicherheitsgerichteten Bereich des Instandhaltens das betriebliche Zonenkonzept weniger wichtig?
Das scheint nur auf den ersten Blick so zu sein.
Für jegliches Arbeiten mit Berührung explosionsgefährdeter Bereiche setzen die Rechtsquellen Kenntnisse über auftretende Gefährdungen voraus. Hier bewegen sich aber die gefahrbezogenen Schutzmaßnahmen auf zwei völlig unterschiedlichen Gleisen, nämlich der Instandhaltungssituation und dem nachfolgenden Normalbetrieb.
Beim Instandhalten besteht ein grundsätzlich anderes Gefahrenpotential als im stationären Betrieb, denn Instandhaltungsarbeiten

– greifen in das Betriebsgeschehen ein,
– sind technologisch und/oder elektrotechnisch mehr oder weniger mit Abweichungen vom Normalbetrieb verbunden, wodurch spezifische Gefahren und Gefährdungen auftreten können,
– greifen teilweise auch in die Zündschutzmaßnahmen ein,
– sind naturgemäß nur beschränkt mit explosionsgeschützten Arbeitsmitteln durchführbar,
– können mit Wechselwirkungen auf benachbarte Bereiche verbunden sein und
– erfordern es, mögliche Explosionsgefahren unter diesen Gesichtspunkten speziell zu beurteilen.

An den folgenden Beispielen werden die Unterschiede in der jeweiligen Gefahrensituation deutlich:
- Überprüfen auf äußere Mängel (keine Eingriffe),
- Lampenwechsel (Eingriff unter Bedingungen des bestimmungsgemäßen Betriebes)
- Austausch einer kompletten Lösemittelpumpe, eines Analysengerätes (Eingriff in den bestimmungsgemäßen Anlagenzustand mit möglicher Freisetzung gefährlicher Stoffe)
- Isolationsmessung, Schweißarbeiten (Eingriff in den bestimmungsgemäßen Zustand durch Zündquellen).

Einstufungen explosionsgefährdeter Bereiche in Zonen sind in der Regel auf den bestimmungsgemäßen Betrieb bezogen und können für die Instandhaltung nicht unbesehen übernommen werden.
Deshalb sind aber die allgemeinen Grundsätze des Explosionsschutzes (hierzu Abschnitte 3 und 4) für die Instandhaltung nicht außer Kraft, ganz im Gegenteil. **Sind arbeitsbedingte Zündgefahren nicht sicher auszuschließen, so dürfen Instandhaltungsarbeiten nur vorgenommen werden, wenn im Wirkungsbereich keine explosionsfähige Atmosphäre** vorhanden ist (s.a. Tafel 19.2, BGR 104).
Je nach dem, welche *Gefahrensituation* sich durch eine Instandhaltungsmaßnahme örtlich einstellen kann, gilt demzufolge prinzipiell:

- bei *Zone 0, 20* oder 10 dürfen grundsätzlich keine Instandhaltungsarbeiten ausgeführt werden, es sei denn, die erforderliche absolute Sicherheit gegen Zündgefahren ist zweifelsfrei nachgewiesen.
- bei *Zone 1 oder 21* dürfen Instandhaltungsarbeiten nur ausgeführt werden, wenn die Arbeitsverfahren und die dazu erforderlichen Arbeitsmittel weder bei ordnungsgemäßer Anwendung noch bei vorhersehbaren Störungen oder Schäden zündgefährlich werden können.
- bei *Zone 2, 22* oder 11 dürfen Instandhaltungsarbeiten nur ausgeführt werden, wenn die Arbeitsverfahren und die dazu erforderlichen Arbeitsmittel bei ordnungsgemäßer Anwendung nicht zündgefährlich werden können.

Bestehen Zweifel an der Wirksamkeit von Zündschutzmaßnahmen und muss eine „exfreie" Arbeitsumgebung sichergestellt werden, dann ist dafür zu sorgen, dass aufkommende Gefahren frühzeitig genug erkannt werden. Gefährdungen von Beschäftigten sind in jedem Fall auszuschließen.
Dass bei einem Austausch die neuen oder anderen Betriebsmittel allen Anforderungen entsprechen müssen, die am Einsatzort und für die jeweilige Zone zu stellen sind, ist selbstverständlich. Wie überall in Ex-Bereichen bil-

det das betriebliche Ex-Dokument auch dafür die Arbeitsgrundlage. Weiteres hierzu wird unter 19.6 beantwortet.

Frage 19.5 Für welche Arbeiten im Ex-Bereich muss ein Erlaubnisschein vorliegen?

Nach früherer Praxis war das für brand- und explosionsgefährdete Bereiche nur bei Schweißarbeiten in der VBG 15 rechtlich klar geregelt. Weiterhin fordert auch die **BGV D1** eine **schriftliche Schweißerlaubnis** des Unternehmers (des Verantwortlichen), in der alle anzuwendenden Sicherheitsmaßnahmen festzulegen sind. Bevor die Arbeiten beginnen können, muss die Explosionsgefahr entschärft sein und eine restliche Brandgefahr darf nicht zur Entzündung führen.

Die BetrSichV packt das Problem nun abstrahierend an der Wurzel. Gemäß Anhang 4, Abschnitt 2.2, ist in explosionsgefährdeten Bereichen ein **Arbeitsfreigabesystem** anzuwenden bei

– gefährlichen Tätigkeiten und
– Tätigkeiten, die durch Wechselwirkung mit anderen Arbeiten gefährlich werden können;

Was man darunter konkret zu verstehen hat oder nicht (vgl. Frage 19.2), steht vorerst im Ermessen der Sicherheitsfachkraft oder – so vorhanden – im betrieblichen Instandhaltungshandbuch. Die EX-RL (BGR 104) weist auf die Notwendigkeit einer Arbeitsfreigabe mit Freigabeschein hin.

Um Arbeiten an unter Spannung stehenden Teilen unter normalen Sicherheitsvorkehrungen vornehmen zu können, setzt VDE 0165 Teil 10-1 *„Prüfung und Instandhaltung elektrischer Anlagen in explosionsgefährdeten Bereichen"* (s. Tafel 19.1) voraus, dass der Verantwortliche schriftlich zustimmt. Es ist zu bestätigen, dass während des vorgesehenen Zeitraumes keine explosionsgefährliche Atmosphäre besteht.

Infolge des Arbeitsschutzgesetzes gehört es nicht nur in Großunternehmen schon längst zur betrieblichen Praxis, jede Arbeit in explosionsgefährdeten Bereichen, die mit Zündgefahren oder Eingriffen in Zündschutzmaßnahmen verbunden ist, nur mit Erlaubnisschein zu gestatten. Solche Arbeiten sind z.B.

– das Benutzen wärmeintensiver Arbeitsverfahren (Schweißen, Schneiden, Schleifen, Trennschleifen, Löten, Heißluft u.ä.),
– das Arbeiten in Gruben und engen Räumen
– das Öffnen von Gehäusen und Schutzschränken,
– der Lampenwechsel, ausgenommen bei Zone 2 und 22 (bzw. 11)

- das Herstellen des spannungsfreien Zustandes
- das zeitweilige Entfernen fest installierter Betriebsmittel
- das Verwenden nicht explosionsgeschützter Arbeitsmittel (elektrisches und nicht elektrisches Handwerkzeug, Messgeräte mit oder ohne Spannungsquelle u.ä.)

In jedem Falle gilt das für Arbeiten, bei denen mögliche Näherungen zu entzündlichen Stoffen oder explosionsfähiger Atmosphäre durch spezielle Schutzmaßnahmen unterbunden werden müssen (hierzu auch 19.4).

Was man dabei außerdem beachten sollte:
- Für den Auftragnehmer von Instandhaltungsarbeiten ist der Erlaubnisschein ein wichtiges Dokument für die Arbeitssicherheit, auf das unter keinen Umständen verzichtet werden sollte. Es nimmt den Auftraggeber in die Pflicht, vor der Arbeitsfreigabe seiner gesetzlichen Verantwortung nachzukommen, deckt Abstimmungslücken auf und lässt erkennen, was man als Auftragnehmer selbst abzusichern hat.
- Elektrofachkräfte mit Instandsetzungsaufgaben sollten vor Arbeitsbeginn überprüfen, ob das Freigabedokument auch auf die Erfordernisse der Elektrosicherheit eingeht.
- Mit dem Anschluss über Ex-Steckvorrichtungen (verfügbar bis 125 A) wird es möglich, Betriebsmittel im Ex-Bereich sogar unter Volllast zu trennen, ohne dafür einen Freigabeschein zu benötigen.

Frage 19.6 Muss man in explosionsgefährdeten Bereichen besonderes Werkzeug verwenden?

Werkzeuge sind ortsveränderliche Arbeitsmittel, ebenso wie Prüfeinrichtungen, Messgeräte oder andere Geräte, z.B. ein Elektroschweißgerät oder Gasschweißgerät einschließlich der Druckgasbehälter und Schläuche. Dafür bestehen zentrale Rechtsnormen und zumeist auch spezielle technische Regeln. Wo immer mit Gefährdungen zu rechnen ist, dürfen nur solche Arbeitsmittel bereit gestellt werden,

- die bestimmungsgemäß dafür geeignet sind, damit sie
- beim Benutzen weder Sicherheit noch Gesundheit gefährden, und
- selbst keine zusätzlichen Gefahren verursachen.

Das wird grundsätzlich gefordert im § 4 der BetrSichV, wird mit weiteren Mindestvorschriften ergänzt im Anhang 2 und ist übernommen worden aus der Arbeitsmittelbenutzungsverordnung (AMBV) von 1997.

Weitere grundsätzliche Bedingungen des Explosionsschutzes enthält der Anhang 4 der BetrSichV. An dieser Stelle soll nur auf drei wesentliche Grundsätze hingewiesen werden:

Die Arbeitsmittel

- dürfen selbst keine Explosionsgefahr bewirken oder an andere Stellen übertragen
- dürfen keine Zündgefahr darstellen oder an andere Stellen übertragen
- sind durch ergänzende organisatorische Maßnahmen in einen explosionssicheren Betriebszustand zu bringen und zu überwachen, wenn sie bei wechselndem Gefahrenpotential eingesetzt werden.

Das verträgt sich nicht immer mit der technischen Realität, z.B. bei Schweißgeräten. Es macht nochmals deutlich, dass vor allem bei der Instandsetzung die Arbeitssicherheit unmittelbar davon abhängt, das Auftreten explosionsfähiger Atmosphäre während der Arbeit zu vermeiden (hierzu auch 19.5).

In **EN 1127-1**, der Norm für die Grundlagen des Explosionsschutzes, regelt der Anhang A die Bedingungen für **„Werkzeuge zum Einsatz in explosionsgefährdeten Bereichen"**.

Nach dem arbeitsbedingten Auftreten von Funken unterscheidet die Norm zwei Arten von Werkzeugen:

a) Werkzeuge, bei denen nur Einzelfunken entstehen, z.B. Schraubendreher, Schraubenschlüssel, Schlagschrauber
b) Werkzeuge, die bei Trenn- und Schleifarbeiten einen Funkenregen entstehen lassen, und legt fest, welche Werkzeuge abhängig von der Zone und vom gefährdenden Stoff eingesetzt werden dürfen. Tafel 19.3 fasst die Angaben zusammen.

Diese Festlegungen sind auch in den Explosionsschutz-Regeln (EX-RL, BGR 104) zu finden.

Was man dabei beachten muss:
- Da die Norm in den Beispielen Elektrowerkzeuge nicht ausschließt, könnte vermutet werden, elektrische Arbeitsmittel seien grundsätzlich inbegriffen. So ist es aber nicht. *Es geht hier ausschließlich darum, Zündgefahren durch mechanisch erzeugte Funken zu verhindern* (Schlag-, Reibschlag- oder Schleiffunken). Materialpaarungen, bei denen verhält-

Tafel 19.3 Erlaubnis für funkengebende mechanische Werkzeuge normaler Bauart in explosionsgefährdeten Bereichen (nach DIN EN 1127-1, Anhang A)

Zone	Häufigkeit einer Funkenbildung bei Werkzeuggebrauch	
	a) vereinzelt z.B. Schlagschrauber	b) vielfach (Funkenregen) z.B. Trennschleifer
0, 20	nicht zulässig	nicht zulässig
1	eingeschränkt zulässig [1]	nicht zulässig
2	zulässig	nicht zulässig
21, 22	zulässig	eingeschränkt zulässig [2]

[1] Verwendungsverbot für Stahlwerkzeuge bei explosionsfähiger Atmosphäre durch Stoffe der Explosionsgruppe IIC (Acetylen, Schwefelkohlenstoff, Wasserstoff) und durch Schwefelwasserstoff, Ethylenoxid oder Kohlenmonoxid

[2] Nur zulässig mit folgenden Zusatzmaßnahmen:
– Abschirmung der Arbeitsstelle gegenüber den übrigen Bereichen dieser Zone
– Beseitigung vom Staubablagerungen an der Arbeitsstelle oder
– Befeuchtung, damit Staub weder aufwirbelbar noch entzündbar ist;

Außerdem in die stets erforderliche Gefährdungsbeurteilung vor Arbeitsbeginn einzubeziehen: möglicher Funkenflug, Entstehen von Glimmnestern in entfernten Bereichen

nismäßig energiereiche Funken entstehen (z.B. Leichtmetalle/Rost) oder Stoffe, die eine sehr niedrige Mindestzündenergie haben, sind dabei besonders zu beachten.
– **Elektrotechnische Arbeitsmittel** für die Instandhaltung unter Ex-Bedingungen, z.B. Mess- und Prüfmittel,
  • dürfen in normaler Ausführung verwendet werden, wenn die unter 19.5 genannten Bedingungen für ein gefahrloses Arbeiten erfüllt sind,
  • oder müssen das gleiche Niveau des Explosionsschutzes aufweisen wie andere Betriebsmittel für die betreffende Zone.

Für viele Prüf- und Messaufgaben sind auch EEx-Geräte verfügbar, z.B. Spannungs- und Drehfeldprüfer, Magnetfeldsucher, Multimeter, Widerstands-, Erdungs-, Temperatur- oder Beleuchtungsstärkemesser, Feld-Kalibratoren; ebenso Gaswarngeräte, Akku-Handscheinwerfer und Batterie-Taschenlampen, Handys, Taschenrechner und Digitalkameras. Bild 19.1 (auf Seite 376) zeigt am Beispiel eines mobilen EEx-Datenterminals, dass sich explosionsgeschützte Geräte äußerlich kaum von Geräten normaler Bauart unterscheiden.

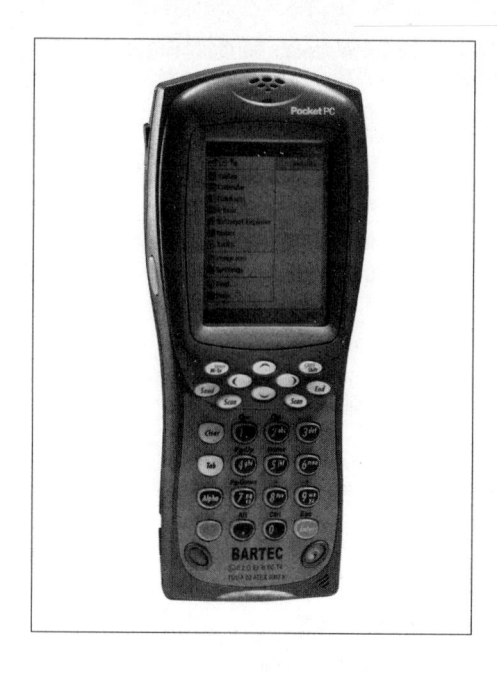

Bild 19.1 Beispiel eines explosionsgeschützten mobilen Datenterminals für Zone 1 in EEx ib IIC T4 (Fa. BARTEC)

Solche Handgeräte haben zumeist die höchste Temperaturklasse (T6) und auch die höchste Explosionsgruppe (IIC). Es gibt aber auch Ausnahmen. Man sollte nie darauf verzichten, bei der Gerätekontrolle vor Arbeitsbeginn auch den erforderlichen Explosionsschutz zu überprüfen.

Ex-Mess- und Prüfmittel werden mitunter auch außerhalb von Ex-Bereichen eingesetzt. Handelt es sich dabei um ein „i"-Gerät, dann muss vorher überprüft werden, ob das Gerät sich dafür eignet.

Frage 19.7   Darf die Instandhaltung in explosionsgefährdeten Bereichen auch von Hilfskräften vorgenommen werden?

Verglichen mit dem Normalbetrieb birgt die Instandhaltung ein wesentlich höheres Gefahrenpotential. Allein mit dem Gedanken, dass sich dabei erfahrungsgemäß etwa 50 % mehr Unfälle ereignen, wird man diese Frage verneinen. Nur auf die Wartung bezogen trifft diese Zahl natürlich nicht zu.

Schon in einem frühen Entwurf ATEX 118a (Anhang II) der **europäischen Ex-Arbeitsschutzrichtlinie RL 1999/92/EG** war als Mindestfestlegung enthalten, dass mit der Prüfung Personen zu beauftragen sind, (Zitat) „*die durch ihre Berufsausbildung, ihre Berufserfahrung und ihre derzeitige Berufsausübung über Fachkenntnisse auf dem Gebiet des Explosionsschutzes verfügen*". Eine weitere Forderung, dafür nur anerkannte oder benannte Per-

sonen zuzulassen, wurde 1997 wieder fallen gelassen, und die 1999 verabschiedete Fassung verzichtet darüber hinaus auf das Kriterium „*derzeitige Berufsausübung*". Der aktuelle „Leitfaden" zur RL 1999/92/EG in der Fassung 2002 geht auf dieses Thema nicht ein.
Liest man dazu nach in der **BetrSichV**, so stößt man auf die „befähigte Person", die aber nur für das Prüfen zuständig ist. (dazu auch 2.4.5).
In **VDE 0165 Teil 10-1** 07.04, Prüfung und Instandhaltung elektrischer Anlagen in explosionsgefährdeten Bereichen (hierzu Tafel 19.1) haben sich die Elektrofachleute nun so verständigt, dass *die* **Prüfung, Wartung und Instandsetzung** nur ausgeführt werden darf von ausgebildetem und erfahrenem Personal

– mit Kenntnissen über die verschiedenen Zündschutzarten und Installationsverfahren,
– die einschlägigen Regeln und Vorschriften sowie
– die allgemeinen Grundsätze zur Bereichseinteilung,

wofür das Personal selbst die regelmäßige angemessene Weiterbildung oder Schulung nachzuweisen hat.
Für anspruchsvolle Arbeiten, beispielsweise an eigensicheren Stromkreisen, leuchtet das ein, bei untergeordneten Tätigkeiten hingegen nicht. Andererseits bleiben hier wesentliche weitere Qualifikationsbedürfnisse ungenannt, die betrieblich einzubeziehen sind:

– der Explosionsschutz nichtelektrischer Betriebsmittel (EXVO, BetrSichV) und
– der Brandschutz (GefStoffV, dazu Frage 2.4.2).

Was ist daraus zu entnehmen?
Nach Meinung des Verfassers sind die Angaben der genannten Vorschriften so zu verstehen:

1. Die **Prüfung** elektrischer Anlagen und Betriebsmittel in explosionsgefährdeten Bereichen muss der BetrSichV folgend erfahrenen Elektrofachkräften vorbehalten bleiben, die auf dem Gebiet des Explosions- und des Brandschutzes umfassende Fachkunde nachweisen können.
   Einfache Überprüfungen außerhalb von Merkmalen des Explosionsschutzes und ohne technischen Eingriff, z.B. der Befestigung, Beschilderung, Bedienung oder Beleuchtung, können auch von unterwiesenen Personen vorgenommen werden. Wie die Leitung und Aufsicht durch eine qualifizierte Fachkraft zu geschehen hat, muss jeweils speziell beurteilt und festgelegt werden.

2. **Instandhaltungsarbeiten oder Änderungen** an elektrischen Anlagen in explosionsgefährdeten Bereichen sind von erfahrenen im Explosionsschutz qualifizierten Elektrofachkräften auszuführen, die sich auch im Brandschutz auskennen. In beschränktem Umfang können elektrotechnisch unterwiesene Personen eingesetzt werden, und zwar unter folgenden Voraussetzungen:
    - kein Eingriff in Anlagenteile, von denen der Explosionsschutz unmittelbar abhängig ist,
    - Einweisung, Kontrolle und Prüfung der ordnungsgemäßen Ausführung durch eine erfahrene Elektrofachkraft, die mit der betreffenden Anlage und den speziellen Erfordernissen des Explosionsschutzes vertraut ist und
    - Zustimmung des verantwortlichen Betreibers.
3. **Reinigungsarbeiten äußerlicher Art** an elektrischen Anlagen in explosionsgefährdeten Bereichen können elektrotechnische Laien erledigen, wenn die unter 2. genannten Voraussetzungen erfüllt werden.

Frage 19.8   Welche Forderungen bestehen zur Nachweisführung bei Prüfungen und Instandsetzungen?

Dazu sagt § 12 BetrSichV in § 12(1), *„Über das Ergebnis der nach diesem Abschnitt (Anm: Abschnitt überwachungsbedürftige Anlagen) vorgeschriebenen oder angeordneten Prüfungen sind Prüfbescheinigungen zu erteilen. Soweit die Prüfung von befähigten Personen durchgeführt wird, ist das Ergebnis aufzuzeichnen".*
Gemäß § 5 der BGV Elektrische Anlagen und Betriebsmittel wie bisher auch gemäß § 12 ElexV ist ein „Prüfbuch mit bestimmten Eintragungen" zu führen, aber nur, wenn es die zuständige Behörde oder Berufsgenossenschaft ausdrücklich verlangt. Sonst ist dazu rechtlich nichts weiter festgelegt.
Die Rechtsnormen zum Explosionsschutz überlassen es dem Betreiber, festzulegen, in welcher Form der ordnungsgemäße Zustand der Anlagen nachgewiesen wird, für die er verantwortlich ist.
Sieht man es nur von der rechtlichen Beweislast, dann genügt es, wenn der Betreiber der Behörde entsprechende Belege vorweisen kann. Daraus muss zweifelsfrei erkennbar sein, dass der ordnungsgemäße Zustand der betreffenden Anlage

- bei neuen oder wesentlich veränderten Anlagen vor der ersten Inbetriebnahme durch Prüfung festgestellt worden ist, oder
- bei bestehenden Anlagen sicherheitsgerecht kontrolliert wird.

Rein rechtlich ist also nur zu belegen, dass die Prüfungen rechtzeitig und fachkundig vorgenommen worden sind und dass sie den ordnungsgemäßen Zustand bestätigen. Auf welche Weise das geschehen ist, mit welchen Mitteln und Einzelergebnissen, bleibt dabei zweitrangig. Für die Aufsichtsorgane wird das erst interessant, wenn gefährdende Sicherheitsmängel zur Diskussion stehen.

Als Elektrofachkraft mit Fachverantwortung hingegen ist man ohne konkrete Kenntnis über den technischen Zustand der anvertrauten Anlage nicht handlungsfähig. Ob man diese Verantwortung als externer Dienstleistender einmalig übernimmt oder im Rahmen der „ständigen Überwachung", ist dabei nebensächlich. VDE 0100 Teil 610 in der Fassung von 2004 fordert für die Erstprüfung nun ausdrücklich ein Prüfprotokoll, wogegen VDE 0105 Teil 100 für Wiederholungsprüfungen dazu keine Aussagen macht. VDE 0165 Teil 10-1 sowie der Entwurf IEC 61241-17 (VDE 0165 Teil 10-2) verlangen, dass alle Prüfungen aufzuzeichnen sind, lassen die Einzelheiten aber offen.

Aufträge für Inspektionen und Instandsetzungen elektrischer Anlagen in explosionsgefährdeten Bereichen sollten grundsätzlich schriftlich gegeben werden.
Die Durchführung sollte immer mit einem gesonderten schriftlichen Beleg nachgewiesen werden, den der Betreiber zu den Akten nimmt.
Tafel 19.4 (auf Seite 382) gibt Empfehlungen dafür, was jeweils belegbar festzuhalten ist.

Was man dabei noch beachten sollte:
Aufgabe der betrieblichen Instandhaltung muss es sein, die Arbeits- und Anlagensicherheit zu gewährleisten. Defensives Beheben von Defekten reicht dazu nicht aus. Nicht nur unter Ex-Bedingungen müssen Instandhaltungsarbeiten offensiv und sorgfältig geplant werden, um den normalen Betriebsablauf nicht unnötig zu beeinträchtigen. Checklisten eignen sich sehr gut dafür, eine Inspektion gezielt vorzubereiten und durchzuführen. Damit ein rationelles Arbeiten möglich wird,

- müssen die Prüfungspunkte auf die spezifischen Erfordernisse des Explosionsschutzes der jeweiligen Anlage ausgerichtet sein,
- sind die Checklisten so abzufassen, dass die Aufgaben effektiv abgearbeitet werden können,
- sollte die systematische Auswertung der Prüfergebnisse eine Schwachstellenanalyse einschließen.

Als Orientierung für eine sachgerechte Auswahl der jeweils zu prüfenden Einzelheiten kann VDE 0165 Teil 10-1 dienen (Prüfung und Instandhaltung elektrischer Anlagen in explosionsgefährdeten Bereichen).

Tafel 19.4 Empfehlungen für die Dokumentation bei der Instandhaltung von Anlagen in explosionsgefährdeten Bereichen

1	**Für eine Inspektion sind zu dokumentieren**
	– der Arbeitsauftrag, – die Festlegungen zur Arbeitsfreigabe, – die speziell zu verwendenden Mess- und Prüfmittel – das Inspektionsergebnis (Bericht, Mess- und Prüfprotokolle)
2	**Im Arbeitsauftrag zur Inspektion sind anzugeben**
	– Verantwortlicher Auftraggeber (Ansprechpartner), – Objekt (exakte Bezeichnung) [1)] – Termin (wenn nötig mit Zeitdauer) – Inspektionsaufgabe (Besichtigung, Messung usw.) – Auftrag zur sofortigen Instandsetzung (sofern zutreffend) – Wesentliche technische und sicherheitstechnische Sachverhalte (Zonen-Einstufung, Temperaturklasse, Explosionsgruppe, betriebliche Normen usw.)
3	**Im Inspektionsbericht sind anzugeben**
	– der Arbeitsauftrag (Auftraggeber, Datum, Bezeichnung der inspizierten Anlage) – die inspizierten Anlagenteile (eindeutige Bezeichnung, z.B. Beleuchtung, Stromkreis) – festgestellte Mängel – Normverstöße, speziell im Explosionsschutz – Einschätzung zum Instandsetzungserfordernis – Angabe von sofort durchgeführten Instandsetzungen – Prüfbelege (z.B. Messprotokolle) – Name und Unterschrift des Prüfers, Datum – Bestätigung der Kenntnisnahme durch den Auftraggeber
4	**Im Arbeitsauftrag zur Instandsetzung sind anzugeben**
	– verantwortlicher Auftraggeber (Ansprechpartner), – Objekt (exakte Bezeichnung) [1)] – Termin (wenn nötig mit Zeitangaben) – Wesentliche technische und sicherheitstechnische Sachverhalte (wie bei 2.)
5	**Im Instandsetzungsnachweis sind anzugeben**
	– Bezeichnung der Betriebsstätte – Objekt (exakte Bezeichnung der instandgesetzten Anlage bzw. Anlageteile) – Anlass der Instandsetzung (z.B. gemäß Arbeitsauftrag, Inspektionsergebnis) – vorgenommene Instandsetzung (eindeutige Angaben über Art und Umfang) – Eventuell erforderliche Folgemaßnahmen (z.B. Nachprüfung) – Hinweise auf spezielle Betriebsbedingungen, besonders für neue Betriebsmittel (sofern gemäß Betriebsanweisung des Herstellers zutreffend) – Bestätigung, dass der ordnungsgemäße Zustand abschließend geprüft wurde. – Einschätzung der Zeitabstände für wiederkehrende Prüfungen (Bestätigung oder Änderung)
6	**Nach allen Instandhaltungsarbeiten ist außerdem zu dokumentieren**
	– Meldung des Vollzuges und des Verlassens des Objektes an den Auftraggeber bzw. Betreiber

[1)] Anlage bzw. Anlageteil(e) oder Raum oder Betriebsmittel

Frage 19.9 **Was ist bei der Instandsetzung von Betriebsmitteln für explosionsgefährdete Bereiche zu beachten?**

Den Normenentwürfen zufolge sind Instandsetzungsarbeiten an Betriebsmitteln für explosionsgefährdete Bereiche von dafür qualifizierten Fachleuten vorzunehmen.

Zum Normungsthema „Reparatur und Überholung von Betriebsmitteln für den Einsatz in explosionsgefährdeten Bereichen" liegen bislang nur Entwürfe vor.

- Gasexplosionsschutz: Entwurf VDE 0165 Teil 201 (DIN EN 60079-19) Februar 1993, dazu auch IEC 60079-19
- Staubexplosionsschutz: als IEC 61241-19

Bezogen auf den erstgenannten Entwurf, der einen Abschnitt „Gesetzliche Forderungen" enthält, wäre zu vermuten, dass es dafür eine Rechtsgrundlage gibt. Die BetrSichV stellt jedoch nur für das Prüfen Bedingungen an die persönliche Qualifikation.

Jede Instandsetzung eines Betriebsmittels, die in den Explosionsschutz eingreift, muss von einer zugelassenen Überwachungsstelle oder einer dafür behördlich anerkannten befähigten Person geprüft und bestätigt werden, entweder durch eine Bescheinigung oder ein Prüfzeichen am Betriebsmittel. Das ist so festgelegt im § 14 der BetrSichV. Nicht viel anders regelt das bisher auch § 9 ElexV, wobei ein Sachverständiger dies vorzunehmen hat, ausgenommen bei Betriebsmitteln für Zone 2 und Zone 22 bzw. 11 sowie für einige Sonderfälle.

„Zugelassene Überwachungsstellen" (ZÜS) sind von der zuständigen Behörde des jeweiligen Bundeslandes für die Prüfung von Ex-Betriebsmitteln anerkannte und im Bundesarbeitsblatt mitgeteilte Unternehmen, Institutionen oder Personen (bisher „Sachverständige" gemäß § 15 ElexV; z.B. PTB, EXAM-BVS, IBExU, TÜVs usw., hierzu weiteres unter 3.6).

Behördlich anerkannte befähigte Personen (bisher „Sachkundige") sind Beschäftigte eines Unternehmens mit Sachverstand im Explosionsschutz, die von der zuständigen Behörde dafür anerkannt sind, Betriebsmittel zu prüfen, die durch das Unternehmen instandgesetzt worden sind (dazu auch 2.4.5).

Man begreift es nicht sofort, wieso nun ausnahmslos jedes elektrische Betriebsmittel, das repariert worden ist an einem Bauteil mit Einfluss auf den Explosionsschutz, die Prüfung durch eine Überwachungsstelle oder eine amtlich anerkannte Person zu absolvieren hat. Für eine Anlage hingegen, wie umfangreich oder kompliziert sie auch sein mag, forderte das alte Recht nur in Sonderfällen eine qualitativ vergleichbare Prüfung. Die BetrSichV korrigiert

das nun im Anhang 4 teilweise mit der Bedingung, dass „vor der erstmaligen Nutzung von Arbeitsplätzen" eine umfassende Überprüfung des Explosionsschutzes" vorzunehmen ist. Es darf angenommen werden, dass die Technischen Regeln zur BetrSichV noch darauf eingehen. Welche Bauteile die Wirksamkeit der Zündschutzmaßnahmen eines bestimmten elektrischen Betriebsmittels beeinflussen, das kann selbst ein Fachexperte nicht in jedem Fall spontan erkennen. *Auch wenn die Reparatur lediglich dazu dient, das Betriebsmittel wieder in seinen ursprünglichen Zustand zu versetzen, gelingt das nicht immer ohne Eingriff in den Explosionsschutz.*
Man kann sich sachkundig machen anhand der

- Normen für die Zündschutzarten (Tafel 2.10) oder der
- speziellen Erzeugnisnorm für das betreffende Betriebsmittel,
- Angaben in der Baumusterprüfbescheinigung (Prüfschein), am besten aber anhand der
- Dokumentation des Herstellers.

Bauteile, die den Explosionsschutz beeinflussen, dürfen nur gegen Originalteile ausgetauscht werden. In Tafel 19.5 sind einige einfache Reparaturen angegeben, die nach gängiger Fachmeinung nicht von einem Sachverständigen geprüft werden müssen.

Tafel 19.5 Instandsetzung explosionsgeschützter elektrischer Betriebsmittel; Beispiele für einfache Arbeiten, die keine Prüfung durch dafür anerkannte befähigte Personen (Sachverständige) erfordern

Zündschutzart, Betriebsmittel	Art der Instandsetzung bei Austausch gegen Originalteile
„e", allgemein	– Einbau/Ausbau/Austausch von Klemmen, Gehäuseschrauben, Dichtungen – Bohren von Löchern für Kabel- und Leitungseinführungen nach Herstellerangabe
„e"-Leuchten	– Ersatz von Gehäuseteilen, Lampenfassungen, Sicherheitsschaltern, Vorschaltgeräten
„e"-Motoren	– Austausch von Klemmenkasten, Lager, Lüfterrad, Lüfterhaube, Gehäusefuß
„d", allgemein „d"-Motoren	– Reinigen von Dichtflächen – Austausch des „e"-Klemmenkastens, der darin enthaltenen Klemmen – Austausch von Lager, Lüfterrad, Lüfterhaube, Gehäusefuß, Bürsten, Bürstenträgern – Aufarbeiten von Kollektoren, Schleifringen
„de"-Schaltgeräte	– Austausch von Überstromschutzgliedern, komplett

Repariert wird grundsätzlich nicht am Einsatzort des Betriebsmittels, sondern außerhalb des explosionsgefährdeten Bereiches in der Werkstatt. Reparaturwerkstätten für explosionsgeschützte elektrische Betriebsmittel müssen eine behördliche Eignungsprüfung absolvieren. Wo keine Fachwerkstatt verfügbar ist, die als „anerkannte befähigte Person" gemäß § 14(6) BetrSichV vom Ministerium des Bundeslandes bestätigt ist, empfiehlt es sich, prüfpflichtige Instandsetzungen vom Hersteller ausführen zu lassen.

Was man noch beachten sollte:
– Provisorische Reparaturen sind nicht zulässig.
– Bei instandgesetzten Betriebsmitteln, deren Reparatur in den Explosionsschutz eingreift, muss die Kennzeichnung so ergänzt oder geändert werden, dass der Vorgang eindeutig erkennbar ist.
– Die Prüfstellen für explosionsgeschützte Betriebsmittel (PTB, BVS usw., aufgeführt unter 8.9) haben Merkblätter für spezielle Instandsetzungen herausgegeben.

Weiteres kann aus den genannten Normentwürfen entnommen werden. „Überholung" im Sinne dieser Normen bedeutet vorbeugendes Instandsetzen durch Austausch von Verschleißteilen. Damit erreicht das Betriebsmittel wieder eine dem Neuzustand gleichkommende Beschaffenheit, bleibt aber rechtlich gesehen ein „Alt"-Gerät.

Frage 19.10 Was ist bei netzunabhängigen Ex-Geräten für die Instandhaltung zu beachten?

Unterschiede des Umgangs mit ortsveränderlichen Ex-Betriebsmitteln gegenüber einer festen Installation waren schon Gegenstand der Fragen 12.9 (Besonderheiten) und 19.3 (Prüffristen).
Für die Arbeitssicherheit im Umgang mit netzgebundenen Geräten bestehen rechtlich prinzipiell keine anderen sicherheitstechnischen Bedingungen wie bei nicht netzabhängigen Geräten.
Im letzteren Fall kann aber das einschlägige Normenwerk in Form der

– VDE 0105 Teil 100,
– VDE 0702 Teil 1 für den elektrischen Teil der Prüfung oder
– VDE 0165 Teil 10-1

die Erwartungen des Anwenders nicht erfüllen. Wer nun hofft, in den Ex-Normen VDE 0170/0171 (DIN EN 50014 ff, Zündschutzarten) Spezielles zu finden, erlebt die gleiche Enttäuschung. Dass man mit diesen grundsätzlich angelegten Normen dem Problem nicht beikommt, muss hingenommen werden.

Batteriegespeiste Geräte bilden da eine normenseitig benachteiligte Gruppe. Für einen Sonderfall, die Gasmessgeräte, legt DIN EN 50073 (VDE 0400 Teil 6) die Wartungsbedingungen fest. Beispiele dafür, wie stark sich das Angebot an solchen Geräten entwickelt hat, sind Spannungsprüfer, Erdungsmesser, Multimeter, Tachometer, Manometer, Lasermeter, verschiedenartige Temperaturmessgeräte, Wanddickenmessgeräte, Kalibratoren und Magnetprüfstifte. Darin kann sich auch mehr oder minder anspruchsvolle Software verbergen.

Die BGV A2 „Elektrische Anlagen und Betriebsmittel" regelt im § 4, wie zu verfahren ist, wenn elektrotechnische Regeln fehlen. Aber darum geht es hier wohl kaum, denn dieses Wissen darf man bei einer Elektrofachkraft voraussetzen. Ebenso darf angenommen werden, dass die einschlägige Fachliteratur zum Prüfen ortsveränderlicher Geräte bekannt ist.

Grundlage aller konkret erforderlichen Maßnahmen, damit der Explosionsschutz und die Funktion ortsveränderlicher Betriebsmittel wirksam bleiben, sind die Angaben des Herstellers.

Speziell für nicht netzgebundene Geräte, Mess- und Prüfmittel für explosionsgeschützte Bereiche ist im Ergebnis einer Umfrage bei Fachkollegen aus dem VDE-Arbeitskreis Ex-Elektroanlagen (VDE-Bezirksverein Leipzig/Halle) und bei einem bekannten Hersteller folgendes zu sagen:

– Prüfnormen für Ex-Handgeräte, die allgemeingültig oder speziell auf das elektrotechnische Prüfen eingehen, sind nicht bekannt. Die technische Vielfalt von Ex-Prüf- und Messgeräten (sensorisches Prinzip, elektrische Parameter, elektronische Auswertung, einzeln oder kombiniert angewendete Zündschutzmaßnahmen, konstruktive Gestaltung usw.) lässt sich nicht in eine allgemeingültige Prüfregel fassen.
– Die Bemessungswerte der Diagnosegeräte, die für den Prüfling zum Einsatz kommen sollen, richten sich nach den Toleranzgrenzen, die der Hersteller für die technischen Daten des Gerätes angibt und nach den Sicherheitshinweisen in der Bedienungsanleitung.
– Technische Funktion und ordnungsgemäßer Explosionsschutz gehören gleichermaßen zum Prüfumfang. Auskunft über die konkreten Prüferfordernisse geben die Sicherheitshinweise und Garantiebestimmungen des Geräteherstellers in der Dokumentation zum jeweiligen Gerät. Im Zweifelsfall kann man beim Hersteller nachfragen oder die Prüfung dort in Auftrag geben.
– Auch solche Geräte, die bestimmungsgemäß nur von außen auf Ex-Bereiche einwirken, müssen speziell überprüft werden. Dabei kommt es darauf an, nachzuweisen, dass weder funktionsbedingt noch bei Gerätefehlern zündgefährliche Energie in den Ex-Bereich gelangen kann. Das könnte der Fall sein bei auf Distanz funktionierenden Geräten, die keinen regulä-

ren Explosionsschutz haben und z.B. mit Hochfrequenz, Strahlung (optisch, UV-, radioaktiv) oder Ultraschall arbeiten.
- Obwohl es grundsätzlich nicht notwendig ist, netzunabhängige handgeführte Ex-Mess- oder -Prüfgeräte an jedem Einsatzort erneut zu überprüfen – ausgenommen, der Hersteller weist es konkret an, ist eine inspizierende Sichtprüfung im Sinne von VDE 0165 Teil 10-1 vor jedem Einsatz zweckmäßig.

Frage 19.11   Worauf ist beim Umgang mit Brenngasen besonders zu achten?

Wenn Arbeiten mit wärmeanwendenden Verfahren auszuführen sind, bei denen Brenngase verwendet werden, dann kommt es darauf an, die erforderlichen Sicherheitsmaßnahmen beim Umgang mit Druckgasflaschen (ortsveränderliche Druckbehälter) zu beachten.
Die leicht entzündlichen Gase können sich naturgemäß mit Luft bzw. Sauerstoff zu einer explosionsfähigen Atmosphäre verbinden, breiten sich aber an freier Luft auf sehr unterschiedliche Art aus. Beispielsweise

- sind Propan/Butan-Gemische auch gasförmig noch wesentlich schwerer als Luft (etwa 2fach)
- ist Wasserstoff vielfach leichter als Luft (0,07)
- ist Acetylen nur wenig leichter als Luft (0,9)

Alle diese Gase sind farblos. Aus 1 kg flüssigem Propan, das sind 2 l, entsteht beim Verdampfen an freier Luft (Normaldruck) eine Gasmenge von etwa 500 l. Es reichen also theoretisch schon etwa 0,4 g Flüssigpropan aus, um eine als gefahrdrohend geltende Menge von 10 l explosionsfähigen Gemisches zu erzeugen! Sehr gefährlich kann es werden, wenn ein Handbrenner versehentlich an eine Treibgasflasche angeschlossen wird. Dann gelangt das Gas noch flüssig an den Brenner, verdampft erst beim Austritt und beim Entzünden entwickelt sich eine mächtige Stichflamme. Treibgasflaschen erkennt man äußerlich daran, dass sie einen Schutzkragen haben.
Wärmeanwendende Arbeitsverfahren dürfen in explosionsgefährdeten Bereichen nur mit schriftlicher Arbeitserlaubnis durchgeführt werden (hierzu 19.5). Mit Gasversorgungs- und Verbrauchsanlagen dürfen nur Personen umgehen, die regelmäßig unterwiesen werden und wissen, wie sie möglichen Gefahren wirksam begegnen.
Leider gibt es keine Vorschrift, die sämtliche für den Umgang mit solchen Gasen vorgeschriebenen Sicherheitsmaßnahmen zusammenfasst. An dieser Stelle kann nur auf die dafür wesentlichen bisher anzuwendenden Unfallverhütungsvorschriften hingewiesen werden:

- BGV B6, Gase
- BGV D1, Schweißen, Schneiden und verwandte Verfahren
- BGV D16, Heiz-, Flämm- und Schmelzgeräte für Bau- und Montagearbeiten
- BGV D34, Verwendung von Flüssiggas

In diesen BGV wird auf weitere Bestimmungen hingewiesen. Besonders zu erwähnen sind außerdem die BG-Informationen

- BGI 671 – Beförderung gefährlicher Güter
- **BGI 744 – Gefahrgutbeförderung im Pkw und** zwei Merkblätter des Deutschen Verbandes für Schweißen und verwandte Verfahren e.V: (DVS):
- **Merkblatt M 0211, Druckgasflaschen in geschlossenen Kraftfahrzeugen**
- **Merkblatt M 0212, Umgang mit Druckgasflaschen.**

Aus dem letztgenannten Merkblatt geht auch hervor, wo es verboten ist, Gasflaschen zu lagern und was bei der Wahl des Standortes von Druckgasflaschen beachtet werden muss. Es sind Schutzbereiche (Zone 2) um den Standort vorgeschrieben. Werden nur Einzelflaschen zur Gasentnahme aufgestellt, dann ist gemäß DVS M 0212 nur bei Acetylen ein Schutzstreifen erforderlich, und zwar bis mindestens 1 m nach allen Seiten.

Frage 19.12   Dürfen Anlagen, die nach DDR-Recht errichtet worden sind, noch betrieben werden?

Ja, das ist festgelegt im Einigungsvertrag, Anlage I, Kapitel VIII. **Anlagen, die normgerecht nach den Vorschriften der DDR für Elektrotechnische Anlagen in explosionsgefährdeten Arbeitsstätten entweder**

- **vor dem 3. Oktober 1990 errichtet oder**
- **bis zum 31. Dezember 1991 in Betrieb genommen worden sind, dürfen grundsätzlich zeitlich unbegrenzt weiter betrieben werden.**

Für die Beschaffenheit der Betriebsmittel und Anlagen gelten grundsätzlich weiterhin die TGL-Normen, wogegen das Betreiben ab 31. Dezember 1991 der ElexV und spätestens ab 2006 der BetrSichV zu folgen hat.
Wie lange eine solche Anlage tatsächlich noch betrieben werden kann, hängt ab vom ordnungsgemäßen Zustand, d.h.,

- von den Prüfergebnissen
- von der fachkundigen Beurteilung spezieller Sachverhalte durch den Prü-

fenden, z.B. zur Klemmsicherheit des Leitermaterials, zur Abdichtung von Kabel- und Leitungseinführungen, zur Bemessungsspannung von Motoren und zur Schutzmaßnahme gegen elektrischen Schlag. Dabei wird jedoch immer vorausgesetzt, dass
– keine wesentlichen Änderungen der Anlage und der technologischen Nutzung vorgenommen worden sind und dass
– keine Gefahren für die Beschäftigten oder Dritte bestehen.

Die Typ-Prüfbescheinigungen für explosionsgeschützte Betriebsmittel nach TGL-Normen, ehemals ausgestellt vom Institut für Bergbausicherheit Leipzig, Bereich Freiberg (IfB), haben ab 1. Januar 1996 ihre Gültigkeit verloren. Deshalb muss man aber diese Leuchten, Motoren, Schalter oder andere TGL-bescheinigte Betriebsmittel nicht auswechseln, wenn eine befähigte Person festgestellt hat, dass sie sich noch in ordentlichem Zustand befinden. Fragen dazu beantwortet das Institut für Sicherheitstechnik Freiberg (IBExU; früher IfB) Fuchsmühlenweg 7, 09599 Freiberg.
In einer ergänzenden Bekanntmachung des Bundesministers für Arbeit und Sozialordnung vom 5. Juli 1991, „Rechtsangleichung des Arbeitsschutzrechts in den neuen Bundesländern einschließlich Berlin-Ost", ist u.a. festgelegt (Abschnitt 2.3.2):
Die nach dem Recht der bisherigen DDR verbindlichen DDR- und Fachbereichstandards gelten für die Anlagen und Betriebsmittel als Grundsätze für die Instandhaltung bis zu ihrer Aussonderung weiter. Das gilt auch für Betriebsmittel, deren erstmalige Inbetriebnahme bis 1995 zulässig ist.
Die Bekanntmachung des BMA bezog schon im Jahr 1991 mit ein, dass es die Liefermöglichkeiten nicht mehr lange zulassen werden, solche Anlagen durchgehend nach DDR-Normen instand zu halten. Vergleichbare aktuelle Normative für Anlagen in explosionsgefährdeten Bereichen dürfen angewendet werden. Demnach darf ein Betreiber nach fachkundiger Prüfung weiterhin frei entscheiden, wann umfassend rekonstruiert werden soll. Sehr betagten Ex-Betriebsmitteln künstlich das Leben zu erhalten fördert aber weder die Explosionssicherheit noch das Betriebsergebnis.

20 Harmonisierte und bekannt gemachte Normen, Technische Regeln

Zusammenfassende Übersicht wesentlicher nationaler und internationaler Normen für elektrische Anlagen in explosionsgefährdeten Bereichen: dazu Tafel 2.10

20.1 Zur RL 94/9/EG harmonisierte Normen

Bekanntgabe zur Richtlinie 94/9/EG im Amtsblatt der EG, Stand Mai 2004

EN 50014	1997	Elektrische Betriebsmittel für explosionsgefährdete Bereiche; Allgemeine Anforderungen, mit Ergänzungen A1 und A2 1999
EN 50015	1998	Ölkapselung „o"
EN 50017	1998	Sandkapselung „q"
EN 50018	2000	Druckfeste Kapselung "d", mit Ergänzung A1 2002
EN 50019	2000	Erhöhte Sicherheit „e", mit Änderung 04.2003
EN 50020	2002	Eigensicherheit „i"
EN 50021	1999	Zündschutzart „n"
EN 50104	1998	Elektrische Geräte für die Detektion und Messung von Sauerstoff; Anforderungen an das Betriebsverhalten und Prüfverfahren, mit Ergänzung A1 2004
EN 50241	1999	Anforderungen an Gräte mit offener Messstrecke für die Detektion brennbarer oder toxischer Gase und Dämpfe;
Teil 1		Allgemeine Anforderungen und Prüfverfahren
Teil 2		Anforderungen an das Betriebsverhalten von Geräten für die Detektion brennbarer Gase
EN 50281	1998	Elektrische Betriebsmittel zur Verwendung in Bereichen mit brennbarem Staub -

-1-1		Elektrische Betriebsmittel mit Schutz durch Gehäuse; Konstruktion und Prüfung
-1-2		Elektrische Betriebsmittel mit Schutz durch Gehäuse;
-2-1		Untersuchungsverfahren; Verfahren zur Bestimmung der Mindestzündtemperatur von Staub
EN 50284	1999	Spezielle Anforderungen an Konstruktion, Prüfung und Kennzeichnung elektrischer Betriebsmittel der Gerätegruppe II, Kategorie 1 G
EN 50303	2000	Gruppe I, Kategorie-M1-Geräte für den Einsatz in Atmosphären, die durch Grubengas und/oder brennbare Stäube gefährdet sind
		Elektrische Betriebsmittel für gasexplosionsgefährdete Bereiche;
EN 60079-7	2003	Erhöhte Sicherheit „e"
EN 60079-15	2003	Zündschutzart „n"
EN 61779	2000	Elektrische Betriebsmittel für die Detektion und Messung brennbarer Gase;
-1		Teil 1: Allgemeine Anforderungen und Prüfverfahren, mit Anhang A1 2004
-2		Teil 2: Anforderungen an das Betriebsverhalten von Geräten der Gruppe I mit einem Messbereich bis zu 5 % (V/V) Methan in Luft
-3		Teil 3: Anforderungen an das Betriebsverhalten von Geräten der Gruppe I mit einem Messbereich bis zu 100 % (V/V) Methan in Luft
-4		Teil 4: Anforderungen an das Betriebsverhalten von Geräten der Gruppe II mit einem Messbereich bis zu 100 % der unteren Explosionsgrenze
-5		Teil 5: Anforderungen an das Betriebsverhalten von Geräten der Gruppe II mit einem Messbereich bis zu 100 % Gas
EN 62013-1	2003	Kopfleuchten zur Verwendung in schlagwettergefährdeten Bergwerken; Teil 1: Allgemeine Anforderungen - Konstruktion und Prüfung mit Bezug auf das Explosionsrisiko

20.2 Zur ElexV bekannt gemachte Normen

Bezeichnung von Normen im Sinne des § 2 der allgemeinen Verwaltungsvorschrift zur ElexV vom 27. Februar 1980 (Bundesanzeiger Nr. 43 vom 1. März 1980) Quellen:

- 6. Bekanntmachung des BMA vom 18. Februar 1998 - IIIb5 - 35471 - in BABl. 4/98 S.77 - 78 (Ersatz für die Bekanntmachung des BMA vom 5. September 1996, BABl. 11/96 S. 69)
- VDE-Schriftenreihe Band 2, Katalog der Normen 1998

20.2.1 VDE-Bestimmungen ohne Bezug auf EN (national gültige Normen)

DIN VDE 0105		Betrieb von Starkstromanlagen;
Teil 4	09.88	Zusatzfestlegungen für ortsfeste elektrostatische Sprühanlagen
Teil 9	05.86	Zusatzfestlegungen für explosionsgefährdete Bereiche
DIN VDE 0100 Teil 710	11.02	Errichten von Niederspannungsanlagen – Anforderungen für Betriebsstätten, Räume und Anlagen besonderer Art – Teil 710: Medizinisch genutzte Bereiche
VDE 0147 (DIN 57147)		Errichten ortsfester elektrostatischer Sprühanlagen;
Teil 1	09.83	Allgemeine Festlegungen
Teil 2	08.85	Flockmaschinen
DIN VDE 0165	02.91	Errichten elektrischer Anlagen in explosionsgefährdeten Bereichen
DIN VDE 0170/0171		
Teil 1 A 102	05.88	Elektrische Betriebsmittel für explosionsgefährdete Bereiche; Allgemeine Bestimmungen, Änderung 102
Teil 13	11.86	Anforderungen für Betriebsmittel der Zone 10
DIN VDE 0848 Teil 3	03.85	Gefährdung durch elektromagnetische Felder; Explosionsschutz

20.2.2 VDE-Bestimmungen, übernommen von EN
(ausgenommen die Normen gemäß 20.2.3.)

VDE 0147 (DIN EN 50176) Teil 101 09.97		Ortsfeste elektrostatische Sprühanlagen für brennbare flüssige Stoffe
VDE 0147 (DIN EN 50177) Teil 102 09.97		Ortsfeste elektrostatische Sprühanlagen für brennbare Beschichtungspulver
DIN VDE 0745 (EN 50053)		Elektrostatische Handsprüheinrichtungen
VDE 0750 (DIN EN 60601-1) Teil 1 03.96 A13 (DIN EN 60601-1 A13) 10.96		Medizinische elektrische Geräte; Allgemeine Festlegungen für die Sicherheit, mit Änderung 13

20.2.3 VDE-Bestimmungen, übernommen von EN
gemäß Angleichungsrichtlinie 97/93/EG

DIN VDE 0170/0171   Elektrische Betriebsmittel für explosionsgefährdete Bereiche;

Teil 1	03.94	Allgemeine Bestimmungen	(EN 50014)
Teil 2	01.95	Ölkapselung „o"	(EN 50015)
Teil 3	05.96	Überdruckkapselung „p"	(EN 50016)
Teil 4	02.95	Sandkapselung „q"	(EN 50017)
Teil 5	03.95	Druckfeste Kapselung „d"	(EN 50018)
Teil 6	03.96	Erhöhte Sicherheit „e"	(EN 50019)
Teil 7	04.96	Eigensicherheit „i"	(EN 50020)
Teil 9	07.88	Vergusskapselung „m"	(EN 50028)
Teil 10	04.82	Eigensichere Systeme „i"	(EN 50039)

DIN VDE 0745		Bestimmungen für die Auswahl, Errichtung und Anwendung elektrostatischer Sprühanlagen für brennbare Sprühstoffe; (aus den folgend genannten Teilen sind nur die Absätze einbezogen, die die Beschaffenheit betreffen)
Teil 100	01.87	Elektrostatische Handsprüheinrichtungen (EN 50050)

Teil 101	12.87	für flüssige Sprühstoffe mit einer Energiegrenze von 0,24 mJ sowie Zubehör (EN 50053-1)
Teil 102	09.90	für Pulver mit einer Energiegrenze von 5 mJ sowie Zubehör (EN 50053-2)
Teil 103	09.90	für Flock mit einer Energiegrenze von 0,24 mJ oder 5 mJ sowie Zubehör (EN 50053-3)

Hierzu gehören außerdem die vorangegangenen Ausgaben (05.78) der unter 3. genannten DIN VDE 0170/0171 einschließlich ihrer Änderungen bis 1992. Die Ausgaben einschließlich der Änderungen sind in der Bekanntmachung des BMA aufgelistet. Auf eine Wiederholung wird hier verzichtet. Als Grundlage für Prüfbescheinigungen zum Explosionsschutz elektrischer Betriebsmittel waren diese früheren Ausgaben nur noch bis 29. September 1998 anwendbar.

20.3 Technische Regeln Betriebssicherheit (TRBS)

Vorgesehene Struktur der TRBS zum Brand- und Explosionsschutz (Stand 06.04):

TRBS 1-2-0-1   Befähigte Personen
TRBS 2-1-5-1   Gefährdung durch Brand
TRBS 2-1-5-2   Gefährliche explosionsfähige Atmosphäre
   Teil 0 – Allgemeines
   Teil 1 – Beurteilung der Explosionsgefährdung
   Teil 2 – Vermeidung oder Einschränkung der Bildung gefährlicher explosionsfähiger Atmosphäre
   Teil 3 – Vermeidung der Entzündung explosionsfähiger Atmosphäre
   Teil 4 – Maßnahmen, die die Auswirkung einer Explosion auf ein unbedenkliches Maß beschränken
TRBS 2-1-5-3   Zusätzliche Regeln für gefährliche explosionsfähige Gemische (Erfordernis noch offen)
TRBS 2-1-5-4   Dokumentation

20.4 Technische Regeln für Anlagen unter Bestandsschutz in den Beitrittsländern

Grundlage: Mitteilung des BMA III b5 -30013 vom 05.07.1991 - Rechtsangleichung des Arbeitsschutzrechts in den neuen Bundesländern einschließlich Berlin (Ost), enthalten in DIN-Mitteilungen 71(1991)2, S. 110 ff, Abschn. 2.3 - Elektrische Anlagen in explosionsgefährdeten Räumen.

TGL-Normen sind noch erhältlich beim Beuth Verlag GmbH, Burggrafenstr. 6, 10787 Berlin, E-Mail: info@beuth.de

20.4.1 Explosionsgeschützte elektrotechnische Betriebsmittel (Ausgaben 1985); ...

TGL 55037	Allgemeine technische Forderungen
TGL 55038	Druckfeste Kapselung
TGL 55039	Erhöhte Sicherheit
TGL 55040	Eigensicherer Stromkreis
TGL 55041	Kapselung mit innerem Überdruck
TGL 55042	Quarzkapselung
TGL 43365	Vergusskapselung

20.4.2 Elektrotechnische Anlagen in explosionsgefährdeten Arbeitsstätten (Ausgaben 01.78); ...

TGL 200-0621/01 Begriffe
/02 Allgemeine sicherheitstechnische Forderungen (1. Änderung 04.84)
/03 Sicherheitstechnische Forderungen für fremdbelüftete Anlagen
/04 Sicherheitstechnische Forderungen für Beleuchtungsanlagen (12.86)
/05 Sicherheitstechnische Forderungen für eigensichere Anlagen
/06 Sicherheitstechnische Forderungen bei Staubexplosionsgefährdung (12.86)

20.4.3 Gesundheits- und Arbeitsschutz, Brandschutz; ...

TGL 30042 Verhütung von Bränden und Explosionen; Allgemeine Festlegungen für Arbeitsstätten (Ausg. 1977; mit Zoneneinteilung)

21 Literaturverzeichnis

Folgend werden unter 1. gesetzliche Grundlagen angegeben mit interpretierender Literatur, unter 2. folgen Literaturhinweise zu den einzelnen Abschnitten des Buches. Die Zusammenstellung erhebt keinen Anspruch auf Vollständigkeit.

21.1 Rechtsgrundlagen

21.1.1 Zum „neuen Recht"

- Verordnung über Sicherheit und Gesundheitsschutz bei der Bereitstellung von Arbeitsmitteln und deren Benutzung bei der Arbeit, über Sicherheit beim Betrieb überwachungsbedürftiger Anlagen und über die Organisation des betrieblichen Arbeitsschutzes (Betriebssicherheitsverordnung – BetrSichV), BGBL 2002 Teil 1 Nr. 70 S. 3777
- Amtsblatt der Europäischen Gemeinschaft Nr. L100 vom 19.04.1994 **Richtlinie 94/9/EG** des Europäischen Parlaments und des Rates vom 23. März 1994 zur Angleichung der Rechtsvorschriften der Mitgliedsstaaten für Geräte und Schutzsysteme zur bestimmungsgemäßen Verwendung in explosionsgefährdeten Bereichen **(ATEX 95)**
- BGBl. Teil I 1996 Nr. 65 vom 19. Dezember 1996, S. 1914 – 1952
a) Zweite Verordnung zum Gerätesicherheitsgesetz und zur Änderung von Verordnungen zum Gerätesicherheitsgesetz vom 12. Dezember 1996;
    - Artikel 1: Verordnung über das Inverkehrbringen von Geräten und Schutzsystemen für explosionsgefährdete Bereiche – **Explosionsschutzverordnung – 11. GSGV** (EXVO)
    - Artikel 6: Änderung der Verordnung über elektrische Anlagen in explosionsgefährdeten Räumen vom 27. Februar 1980 (ElexV)
    - Artikel 8: Änderung der Verordnung über brennbare Flüssigkeiten vom 27. Februar 1980 (VbF)
    - Artikel 2 bis 5, 7 und 9: Änderung der weiteren Verordnungen über überwachungsbedürftige Anlagen,
    - Artikel 10: Änderung der Dritten Verordnung zur Durchführung des Energiewirtschaftsgesetzes
b) Bekanntmachung der **Neufassung der Verordnung über elektrische Anlagen in explosionsgefährdeten Bereichen (ElexV) – vom 13. Dezember 1996**
c) Bekanntmachung der **Neufassung der Verordnung über brennbare Flüssigkeiten (VbF) vom 13. Dezember 1996**
- Bundesarbeitsblatt 1997 Nr. 3: Nachdruck der o.g. neuen Rechtsgrundlagen Richtlinie 94/9/EG, 11. GSGV (EXVO), ElexV, VbF; ElexV auch als ZH1/309, VbF auch als ZH1/75.1; Carl Heymanns Verlag KG Köln
- Amtsblatt der Europäischen Gemeinschaft Nr. L23 S. 57 **Richtlinie 1999/92/EG** des Europäischen Parlamentes und des Rates vom 16. Dezember 1999 über Mindestvorschriften zur Verbesserung des Gesundheitsschutzes und der Sicherheit der Arbeitnehmer, die durch explosionsfähige Atmosphäre gefährdet werden können. (Fünfzehnte Einzelrichtlinie im Sinne von Artikel 16 Absatz 1 der Richtlinie 89/391/EWG) **(ATEX 137)**

- Arbeitsschutzgesetz (ArbSchG) vom 7. August 1996 (BGBl.I S. 1246), geändert durch Artikel 9 des Gesetzes vom 27. September 1996 (BGBl.I S. 1461)
- Verordnung über Arbeitsstätten – Arbeitsstättenverordnung (ArbStättV) vom 12. August 2004, BGBl I S. 2179
- Geräte- und Produktsicherheitsgesetz (GPSG); Artikel 1 des Gesetzes zur Neuordnung der Sicherheit von technischen Arbeitsmitteln und Verbraucherprodukten vom 6. Januar 2004 (BGBl.I S. 2)
- Bergverordnung über die allgemeine Zulassung schlagwettergeschützter und explosionsgeschützter elektrischer Betriebsmittel (Elektrozulassungs-Bergverordnung – ElZulBergV) i.d.F. vom 10. März 1993 (BGBl. I S. 316), geändert durch Artikel 35 des Gesetzes vom 25. Oktober 1994 (BGBl. I S. 3082)
- BGV A1 Grundsätze der Prävention, vom 1. Januar 2004
- BGV A2 Elektrische Anlagen und betriebsmittel, vom 1. Januar 1997

21.1.2 Literatur zum neuen Recht

- ATEX-Leitlinien – Leitlinien zur Anwendung der Richtlinie 94/9/EG des Rates vom 23. März 1994 zur Angleichung der Rechtsvorschriften der Mitgliedsstaaten für Geräte und Schutzsysteme zur bestimmungsgemäßen Verwendung in explosionsgefährdeten Bereichen. Erste Ausgabe Mai 2000
- Mattes, H.; Fährnich, R.; Weber, H.-P.: Anlagen- und Betriebssicherheit. Kommentar zur Betriebssicherheitsverordnung mit technischen Regeln und Textsammlung. Sonderausgabe aus Schmatz/Nöthlichs: Sicherheitstechnik) Loseblattwerk in 3 Ordnern. Berlin: Erich Schmidt
- Mattes, H.: Betriebssicherheitsverordnung – Auswirkungen auf den betrieblichen Explosionsschutz. 22. Sachverständigen-Seminar Cooper CEAG Sicherheitstechnik Soest, Sonderdruck 2002, S. 14-23
- Seitz, E.: Umsetzung der aktuellen Anforderungen des Explosionsschutzes (BetrSichV) aus Betreibersicht. 22. Sachverständigen-Seminar Cooper CEAG Sicherheitstechnik Soest, Sonderdruck 2002, S. 24-27
- Stark, E.; Blob, A.: Die Betriebssicherheitsverordnung – Aspekte zur Umsetzung des Explosionsschutzes in der chemischen Industrie. Ex-Zeitschrift Fa. R. Stahl Schaltgeräte, Waldenburg. Heft 2003, S. 14-21
- Aich, U.; Damberg, W.; Preusse, C.: Betriebssicherheitsverordnung – Handlungsinstrument des Arbeitsschutzausschusses. Wiesbaden: Universumverlag 2004
- Jeiter, W.; Nöthlichs, M.; Fährnich, R.: Explosionsschutz elektrischer Anlagen. Explosionsschutz; Kommentar zur EXVO und ElexV mit Textsammlung. Berlin: Erich Schmidt 1997
- Fährnich, R.; Mattes, H.: Explosionsschutz – Kommentar zur ExVO und BetrSichV. Berlin: Erich Schmidt 2002
- Landesinstitut für Arbeitsschutz und Arbeitsmedizin des Freistaates Sachsen, Chemnitz (Eberle, H.):
  - Information zur Betriebssicherheitsverordnung (BetrSichV); Mitteilung 11/2002 vom 13.12.2002
  - Gefährdungsbeurteilung Explosionsschutz und Explosionsschutzdokument; Mitteilung 1/2003 vom 19.02.2003

- Landesamt für Verbraucherschutz Sachsen-Anhalt, FB Arbeitsschutz: Informationsblätter zur Betriebssicherheitsverordnung – Überwachungsbedürftige Anlagen und Explosionsschutz (Schuster, H. u.a.) Stand 02/2003
- Explosionsschutz-Regeln (EX-RL) – Regeln für das Vermeiden der Gefahren durch explosionsfähige Atmosphäre mit Beispielsammlung, früher ZH1/10. Herausgeber: Berufsgenossenschaft der chemischen Industrie. Stand 12/2002
- Wehinger, H. u.a.: Explosionsschutz elektrischer Anlagen – Einführung für den Praktiker. Hrsg.: Technische Akademie Esslingen und expert Rennigen-Malmsheim: expert 1995 (Band 429 Kontakt und Studium Elektrotechnik)
- Lienenklaus, E.; Wettingfeld, K.: Elektrischer Explosionsschutz nach DIN VDE 0165. VDE-Schriftenreihe Nr. 65. Berlin/Offenbach: VDE Verlag, 2. Aufl. 2001
- Greiner, H.: Explosionsschutz bei Drehstrom-Getriebemotoren. Firmenschrift SD 302. Fa. Danfoss Bauer, Esslingen 2002
- Greiner, H.: ATEX-konforme elektrische Betriebsmittel/Elektromotoren (u.a. Inverkehrbringen und Weiterbetrieb). de-Jahrbuch Elektromaschinen und Antriebe 2004, München/Heidelberg: Hüthig & Pflaum 2004, S. 290-297
- Pester, J.: Rechtsnormen des Explosionsschutzes. Elektropraktiker 11 (1996), S. 902-903

21.2. Weitere Rechtsnormen („altes Recht")

- Gerätesicherheitsgesetz (**GSG**) i.d.F. der Bekanntmachung vom 23. Oktober 1992, BGBl. I S. 1793
- Verordnung über elektrische Anlagen in explosionsgefährdeten Räumen (**ElexV**) vom 27. Februar 1980 (BGBl.I S. 214), zuletzt geändert durch § 14 des Gesetzes vom 19. Juli 1996 (BGBl.I S. 1019)
- Bundesministerium für Arbeit und Sozialordnung: Explosionsschutz elektrischer Betriebsmittel; **Bezeichnung von Normen** i.S. des § 2 der allgemeinen Verwaltungsvorschrift **zur ElexV**. 5. Bekanntmachung des BMA vom 5. September 1996 – IIIb5-35471. Bundesarbeitsblatt 11/96 S. 69
- Verordnung über Anlagen zur Lagerung, Abfüllung und Beförderung brennbarer Flüssigkeiten zu Lande (Verordnung über brennbare Flüssigkeiten (**VbF**) – vom 27.02.1980 (BGBl.I S. 229), zuletzt geändert durch § 14 des Gesetzes vom 19. Juli 1996 (BGBl.I S. 1019), mit Technischen Regeln für brennbare Flüssigkeiten (TRbF). Herausgeber: Vereinigung der technischen Überwachungsvereine e.V. Essen
- Gefahrstoffverordnung (**GefStoffV**) und Anhänge I -IV i.d.F. der Zweiten Änderungsverordnung vom 19. September 1994, mit TRGS 300 – Sicherheitstechnik (Bekanntmachung des BMA vom 22. November 1993, III b4 – 35125 -5, Bundesarbeitsblatt 1/1994 S. 39-51)
- **Rechtsangleichung** des Arbeitsschutzrechts in den neuen Bundesländern einschließlich Berlin-Ost. Bekanntmachung des BMA vom 5. Juli 1991 – III b5 – 30013. Bundesarbeitsblatt 9/1991 S. 76-87
- Egyptien, H.-H.; Schliephacke, J.; Siller, E.: Elektrische Anlagen und Betriebsmittel – VBG 4 – Erläuterungen und Hinweise für den betrieblichen Praktiker. Hrsg: BG der Feinmechanik und Elektrotechnik Köln, 3. Auflage 1993

- Steyrer, H.; Isselhard, K.: Verordnung über elektrische Anlagen in explosionsgefährdeten Räumen. Köln: Carl Heymanns, 3. Aufl. 1993
- Korger, G.: Die Verwaltungspraxis bei der Durchführung der Verordnung über elektrische Anlagen in explosionsgefährdeten Räumen, in Explosionsschutz elektrischer Anlagen – Einführung für den Praktiker. Hrsg.: Technische Akademie Esslingen und expert verlag. Rennigen-Malmsheim: expert 1995 (Band 429 Kontakt und Studium Elektrotechnik)
- TGL 30042 – Gesundheits- und Arbeitsschutz, Brandschutz; Verhütung von Bränden und Explosionen; Allgemeine Festlegungen für Arbeitsstätten, mit "Erläuterungen zur TGL 30042", Herausgeber: Zentralstelle für Schutzgüte im VEB Komplette Chmemieanlagen Dresden, 3. Aufl. 1979

21.3 Ergänzende Literatur zu den Abschnitten 2 bis 19

Zu 2 Rechtsgrundlagen und Normen

- Dinkler, H.: Stand der Arbeiten am Regelwerk des Brand- und Explosionsschutzes. TÜ Düsseldorf 6 (2004), S. 28-29
- Rogers, R. u.a.: Explosionsschutzdokument nach ATEX 137. TÜ Düsseldorf 1/2 (2003), S. 21-31
- Pester, J.: Das Explosionsschutzdokument gemäß Betriebssicherheitsverordnung. Sicherheitsingenieur 12 (2003), S. 22-30
- *Schriften der Berufsgenossenschaft der Feinmechanik und Elektrotechnik, Köln*
  - Sicherheit durch Brand- und Explosionsschutz (MB 42)
  - Gefahrstoffe; Tips für angehende Fachleute (AB 5)
  - Elektroinstallation (MB 4)
  - Prüfung elektrischer Anlagen und Betriebsmittel (MB 10)
  - Sicherheitsregeln für die Elektrofachkraft (MB 25)
  - Empfehlungen für den sicheren Einsatz elektrischer Anlagen und Betriebsmittel (MB 20)
- Regeln für die Arbeitssicherheit, Hrsg.: Berufsgenossenschaft der Feinmechanik und Elektrotechnik, Köln
  - Sicherheitsregeln für die Wiederholungsprüfung elektrischer Betriebsmittel
  - Richtlinien für die Auswahl und das Betreiben von ortsveränderlichen Betriebsmitteln nach Einsatzbereichen
- Feuergefährdete Betriebsstätten und gleichgestellte Risiken – Richtlinien für den Brandschutz (VdS-Richtlinie Nr. 2033), im „Handbuch der Schadenverhütung", Band 1 – Brandschutz. Herausgeber: Verband der Schadenversicherer e.V.
- DIN EN 60079-10 / VDE 0165 Teil 101: 2004-08 Errichten elektrischer Anlagen in explosionsgefährdeten Bereichen; Einteilung von gasexplosionsgefährdeten Bereichen (Deutsche Fassung von EN 60079-10: 2003)
- Nowak, K.: Ex-Normen-Dokumentation. de Teil 1: 20 (1997), S.1917-1921, Teil 2: 21 (1997), S. 2034-2039

Zu 3 Verantwortung

- Schliephacke, J; Egyptien, H.-H.: Rechtssicherheit beim Errichten und Betreiben elektrischer Anlagen. Elektropraktiker-Bibliothek. Berlin: Verlag Technik 1999

- Kube, D.: Die Haftung des Handwerkers für fehlerhafte Produkte. Die Wirtschafts- und Steuerhefte (WStH) 15 (1992), S. 499-502

Zu 4 Ursachen und Arten von Explosionsgefahren

- Steen, H. u.a.: Handbuch des Explosionsschutzes. Weinheim: Wiley-VCH 2000
- Bartknecht, W.: Explosionsschutz – Grundlagen und Anwendung. Heidelberg: Springer, 2. Auflage 2002
- Kienzle, K.: Gasexplosionen und Schutzmaßnahmen. Ex-Zeitschrift Fa. R. Stahl Schaltgeräte, Waldenburg: Heft 2003, S. 60-65
- Nabert, K.; Schön, G.; Redeker, T.: Sicherheitstechnische Kennzahlen brennbarer Gase und Dämpfe. Hamburg: Deutscher Eichverlag 2004
- Berufsgenossenschaftliches Institut für Arbeitssicherheit Sankt Augustin: Brand- und Explosionskenngrößen von Stäuben. Enthalten im BIA-Handbuch – Ergänzbare Sammlung der sicherheitstechnischen Informations- und Arbeitsblätter für die betriebliche Praxis. Berlin: Erich Schmidt
- Olenik, H.: Physikalisch-chemische Grundlagen des Explosionsschutzes, in Explosionsschutz elektrischer Anlagen – Einführung für den Praktiker. Hrsg.: Technische Akademie Esslingen und expert verlag. Rennigen-Malmsheim: expert 1995 (Band 429 Kontakt und Studium Elektrotechnik)
- Pester, J.: Einteilung explosionsgefährdeter Bereiche nach EN 60079-10/VDE 0165 Teil 101. Elektropraktiker Teil 1: 51 2 (1997), S. 165-166, Teil 2: 51 3 (1997), S. 258-261
- Pester, J.: Explosionsgefährdete Arbeitsstätten. Berlin: Verlag Tribüne, 2. Aufl. 1990

Zu 5 Hinweise zu Planung und Auftragsannahme

- Pester, J.: Ex-Anlagen errichten – Zur Verständigung der Vertragspartner vor der Errichtung von Ex-Anlagen. Technische Überwachung Düsseldorf 10(1996), S. 50-57
- Pester, J.: Ein neues Arbeitsmittel für den Entwurf von Ex-Anlagen. Teil 1 – Wozu und Warum? Elektropraktiker 1 (1996), S.42-43 Teil 2 – Inhalt und Nutzen. Elektropraktiker 2 (1996), S. 119-120

Zu 6 Merkmale und Gruppierungen elektrischer Betriebsmittel

- Arnhold, T.; Völker, P.: Daten zur Zuverlässigkeit technischer Systeme. Ex-Zeitschrift Fa. R.Stahl Schaltgeräte, Künzelsau. Heft 27(Juni 1995) S. 37-39

Zu 7 Zündschutzarten

- Wimmer, H.W.: Elektrische explosionsgeschützte Betriebsmittel für die Zone 2. Ex-Zeitschrift Fa. R.Stahl Schaltgeräte, Künzelsau. Heft 26 (Juni 1994) S. 13-14
- Oberhem, H.: Mechanische Betriebsmittel zum Einsatz in der Zone 1. 21. Sachverständigen-Seminar Cooper CEAG Sicherheitstechnik Soest, Sonderdruck 2001, S. 4-6

Zu 8   Kennzeichnung

- Wehinger, H. u.a.: Explosionsschutz elektrischer Anlagen – Einführung für den Praktiker. Hrsg.: Technische Akademie Esslingen und expert verlag. Rennigen-Malmsheim: expert 1995 (Band 429 Kontakt und Studium Elektrotechnik)
- Wehinger, H.: CE-Zeichen – Verwendung durch Ex-Sachverständige. 15. CEAG-Sachverständigen-Seminar 1995. Cooper CEAG Sicherheitstechnik Soest, Druckschrift Nr. 1179/1/07.96, S. 49

Zu 9   Grundsätze für die Betriebsmittelauswahl

- Olenik, H.: Elektroinstallation und Betriebsmittel in explosionsgefährdeten Bereichen. München/Heidelberg: Hüthig & Pflaum 2000
- de Haas, K.: Einsatz von Betriebsmitteln, welche nicht dem Konformi-tätsbewertungsverfahren der RL 94/9/EG unterzogen wurden. 21. Sachverständigen-Seminar Cooper CEAG Sicherheitstechnik Soest, Sonderdruck 2001, S. 10-14
- Johannsmeyer, U.: Betrieb und Einsatz von elektrischen Betriebsmitteln unter nichtatmosphärischen Bedingungen von Druck und Temperatur. 22. Sachverständigen-Seminar Cooper CEAG Sicherheitstechnik Soest, Sonderdruck 2002, S. 4-13
- Arnold, Th.: Elektrische Betriebsmittel für explosionsgefährdete Bereiche. Ex-Zeitschrift Fa. R. Stahl Schaltgeräte, Künzelsau. Heft 31(Mai 1999) S. 41-45 und Heft des Jahres 2000, S. 26-33
- Storck, H.: Errichten elektrischer Anlagen in explosionsgefährdeten Räumen nach DIN VDE 0165, enthalten in Explosionsschutz elektrischer Anlagen – Einführung für den Praktiker. Hrsg.: Technische Akademie Esslingen und expert verlag. Rennigen-Malmsheim: expert 1995 (Band 429 Kontakt und Studium Elektrotechnik)

Zu 10   Einfluss des Explosionsschutzes auf die Gestaltung elektrischer Anlagen

- Lienenklaus, E.; Wettingfeld, K.: Elektrischer Explosionsschutz nach DIN VDE 0165. VDE-Schriftenreihe Nr. 65. Berlin/Offenbach: VDE Verlag, 2. Aufl. 2001
- Koch, R.; Muggenthaler, A.: Prozessautomatisierung – Remote I/O-System mit Lichtwellenleiter in explosionsgefährdeten Bereichen. Ex-Zeitschrift Fa. R. Stahl Schaltgeräte, Waldenburg: Heft 2004, S. 21-23
- Broeckmann, B. u.a.: Vorbeugender Explosionsschutz mit PLT-Einrichtungen. Tagungsband zum Seminar Düsseldorf: Mai 2002
- Becker, H. u.a.: Starkstromanlagen in Krankenhäusern. VDE-Schriftenreihe Band 17. Berlin/Offenbach: VDE Verlag, 1997
- Krämer, M.; Johannsmeyer, U.; Wehinger, H.: Elektronische Schutzsysteme in explosionsgeschützten Anlagen. Bremerhaven: Wirtschaftsverl. NW Verl. für neue Wiss., Hrsg: Bundesanstalt für Arbeitsmedizin und Arbeitsschutz Dortmund FB 754 1997
- Johannsmeyer, U.: Der eigensichere Feldbus für die Prozeßautomatisierung. 15. CEAG-Sachverständigen-Seminar 1995. Cooper CEAG Sicherheitstechnik Soest, Druckschrift Nr. 1179/1/07.96, S. 11-24
- Kasten, Th.: Besonderheiten in der Stromversorgung von Feldbusgeräten. MSR-Magazin 10 (2004) S. 68-69

- Lang, R.: Eigensicherer Profibus-DP erhöht die Teilnehmerzahl auf 32. Chemie Technik 9 (2001), S. 52
- Gerlach, U.: Eigensicherer Feldbus (ES-Bus). MessTec & Automation 10 (2002), S. 85
- Seintsch, S.; Melzer, W.: Feldbussysteme in der industriellen Praxis. MessTec & Automation, 1/2 (2002), S. 50-51
- George, J.: Feldbus oder Remote I/O? Praxisnaher Kosten-Nutzen-Vergleich. Messtec & Automation, 1/2 (2003), S. 54-55

Zu 11 Einfluss der Schutzmaßnahmen gegen elektrischen Schlag

- Kiefer, G.: VDE 0100 und die Praxis. Berlin/Offenbach: VDE Verlag, 11. Auflage 2003
- Rudolph, O.; Winter, O.: EMV nach VDE 0100; Erdung, Potentialausgleich, TN-; TT- und IT-System, Vermeiden von Induktionsschleifen, Schirmung, Lokale Netze. VDE-Schriftenreihe Band 66. Berlin/Offenbach: VDE Verlag 1995
- Biegelmeier, G.; Kiefer, G.; Krefter, K.-H.: Schutz in elektrischen Anlagen – Band 2; Erdungen, Berechnung, Ausführung und Messung. VDE-Schriftenreihe Band 81. Berlin/Offenbach: VDE Verlag 1996
- Günther, B.: Der Potentialausgleich in explosionsgeschützten Anlagen. Ex-Zeitschrift Fa. R. Stahl Schaltgeräte, Künzelsau. Heft 18 (November 1986), S. 18-22

Zu 12 Kabel und Leitungen

- Hochbaum, A.; Hof, B.: Kabel- und Leitungsanlagen – Erläuterungen zu DIN VDE 0100-520. VDE-Schriftenreihe Band 58. Berlin/Offenbach: VDE Verlag, 2. Auflage 2003
- Schmidt, F.: Brandschutz in der Elektroinstallation. Elektropraktiker-Bibliothek. Berlin: Verlag Technik, 3. Aufl. 2000
- Hochbaum, A.: Brandschadenverhütung in elektrischen Anlagen. VDE-Schriftenreihe Band 85. Berlin/Offenbach: VDE Verlag, 1998
- Pusch, E.: Elektrische Heizleitungen – Bauarten, Einsatz, Verarbeitung. Elektropraktiker-Bibliothek. Berlin: Verlag Technik 1997
- Völkel, U.: Explosionsbelastungen in Rohren der Druckfesten Kapselung. Ex-Zeitschrift Fa. R. Stahl Schaltgeräte, Künzelsau. Heft 24 (September 1992), S. 60-61
- Kramar, Z.: Aus Fehlern lernen. Ex-Zeitschrift Fa. R. Stahl Schaltgeräte, Künzelsau. Heft 27 (September 1995), S. 51-52
- Fohrmann: Erfahrungen mit Kabelabschottungen zwischen Ex-freien Schalträumen und Ex-Anlagen. 12. CEAG-Sachverständigen-Seminar 1992. ABB CEAG Sicherheitstechnik, Teilbereich Explosionsschutz Soest, Druckschrift Nr. 1059/800/7.93 D, S. 32-34

Zu 13 Leuchten und Lampen

- Zieseniß, C.-H.: Beleuchtungstechnik für den Elektrofachmann. Heidelberg: Hüthig & Pflaum, 7. Aufl. 2001

- Slominski, W. R.: Explosionsschutz in Lackieranlagen. Ex-Zeitschrift Fa. R. Stahl Schaltgeräte, Künzelsau. Heft 29 (Mai 1997) S. 30-33
- Nowak, K.: Leuchten in Spritzlackierräumen. de 20 (1997), S. 1896-1897

Zu 14 Elektromotoren

- Falk, K.: Explosionsgeschützte Elektromotoren, VDE-Schriftenreihe Band 64. Berlin/Offenbach: VDE Verlag, 2. Auflage 1997
- Greiner, H.: Explosionsschutz bei Drehstrom-Getriebemotoren. Firmenschrift SD 2002. Fa. Danfoss Bauer, Esslingen 2002
- Greiner, H.: Die neue Normspannung 400 V – Konsequenzen für Drehstrommotoren der Zündschutzart Druckfeste Kapselung „d" und Erhöhte Sicherheit „e". Ex-Zeitschrift Fa. R. Stahl Schaltgeräte, Waldenburg: Heft 2004, S. 24-31
- Lamprecht, D.: Phasenausfallschutz. Cooper CEAG Sicherheitstechnik Soest, 21. Sachverständigen-Seminar, Sonderdruck 2001, S. 37-41
- Wimmer, J.: Frequenzumrichter in der Antriebstechnik. de-Jahrbuch Elektromaschinen und Antriebe 2004. München/Heidelberg: Hüthig & Pflaum 2004, S. 248-280
- Greiner, H.: Elektrische Maschinen in Zündschutzart „n" für Zone 2. de-Jahrbuch Elektromaschinen und Antriebe 2004. München/Heidelberg: Hüthig & Pflaum 2004, S. 330-346
- Greiner, H.: Schutz explosionsgeschützter Drehstrommotoren – Phasenausfallempfindliches Bi-Relais oder Phasensymmetriewächter? de-Jahrbuch Elektromaschinen und Antriebe 2004. München/Heidelberg: Hüthig & Pflaum 2004, S. 348-353
- Lienesch, H.: Umrichtergespeiste elektrische Antriebe – Sicherheitstechnische Beurteilung bei Verwendung in explosionsgefährdeten Bereichen. Ex-Zeitschrift Fa. R. Stahl Schaltgeräte, Waldenburg: Heft 2003, S. 31-37

Zu 15 Eigensichere Anlagen

- Physikalisch-Technische Bundesanstalt Braunschweig: PTB-W-39 Zusammenschaltung nichtlinearer und linearer eigensicherer Stromkreise. Bremerhaven: Wirtschaftsverlag NW Verlag für neue Wissenschaft, 1989
- Johannsmeyer, U.: Eigensicherheit jenseits bekannter Leistungsgrenzen. 23. Sachverständigen-Seminar Cooper CEAG Sicherheitstechnik Soest, Sonderdruck 2003, S. 47-54
- Dose, W.-D: Explosionsschutz durch Eigensicherheit. Hrsg: G. Schnell. Berlin/Offenbach: VDE Verlag/Vieweg Braunschweig/Wiesbaden: 1993
- Müller, K.-P.: Überspannungsschutz in eigensicheren MSR-Kreisen. de 20 (1997), S. 1931-1934

Zu 16 Überdruckgekapselte Anlagen

- Groh, H.: Überdruckkapseln in Zone 2 und im Staubexplosionsschutz. etz 19 (1995), S. 10-16
- Lorenz, H.: Explosionsgeschützte Überdruckkapseln. etz 19 (1995), S. 18-24

- Messlinger: IEC – EN 61285 Analysengeräteräume. 15. CEAG-Sachverständigen-Seminar 1995. Cooper CEAG Sicherheitstechnik Soest, Druckschrift Nr. 1179/1/07.96, S. 34-42

Zu 17 Staubexplosionsgeschützte Anlagen

- Greiner, H.: Explosionsschutz bei Drehstrom-Getriebemotoren. Firmenschrift SD 397 302. Fa. Eberbard Danfoss Bauer, Esslingen 2002
- Greiner, H.: Staubexplosionsschutz – Aktuelle Normenarbeit zum Explosionsschutz in durch Staub gefährdeten elektrischen Anlagen. Ex-Zeitschrift Fa. R.Stahl Schaltgeräte, Waldenburg. Heft 2003, 22-30
- VDI-Richtlinien 2263: Staubbrände und Staubexplosionen – Gefahrenbeurteilung und Schutzmaßnahmen. Ausg. Mai 1992

Zu 18 Ergänzende Maßnahmen und Mittel des elektrischen Explosionsschutzes

- Kopecky, V.: EMV, Blitz- un Überspannungsschutz von A – Z. München/Heidelberg: Hüthig & Plaum 2001
- Trommer, W.; Hampe, E.-A.: Blitzschutzanlagen – Planen, Bauen, Prüfen. Heidelberg: Hüthig, 2. Auflage 1997
- Graube, M.; Johannsmeyer, U.: Optoelektronische Systeme im explosionsgefährdeten Bereich. Ex-Zeitschrift Fa. R. Stahl Schaltgeräte, Künzelsau: Heft 29 (Mai 1997) S. 38-40
- Berndt, H.: Elektrostatik. Berlin: VDE Verlag 1998

Zu 19 Hinweise für das Betreiben und Instandhalten

- Scotti, M.: Prüfung durch befähigte Personen in explosionsgefährdeten Bereichen gemäß Betriebssicherheitsverordnung. 23. Sachverständigen-Seminar Cooper CEAG Sicherheitstechnik Soest, Sonderdruck 2003, S. 14-22
- de Haas, K.: Ständige Überwachung von elektrischen Anlagen in explosionsgefährdeten Bereichen. 21. Sachverständigen-Seminar Cooper CEAG Sicherheitstechnik Soest, Sonderdruck 2001, S. 7-9
- Frankenberg, H.: Einsatz von Messgeräten in explosionsgefährdeten Bereichen. 21. Sachverständigen-Seminar Cooper CEAG Sicherheitstechnik Soest, Sonderdruck 2001, S. 46-53
- Oberhem, H.: Prüfung von elektrischen Anlagen im Ex-bBereich vor der Erstinbetriebnahme. 15. CEAG-Sachverständigen-Seminar 1995. Cooper CEAG Sicherheitstechnik Soest, Druckschrift Nr. 1179/1/07.96, S. 51-53
- Thieme, W.: Sicherheitskonzept für den Explosionsschutz, dargestellt am Beispiel der BUNA GMBH. Ex-Zeitschrift Fa. R. Stahl Schaltgeräte, Künzelsau. Heft 26 (Juni 1994) S. 39-42
- DKE-Komitee 224: Betrieb von elektrischen Anlagen – Erläuterungen zu DIN VDE 0105-100 (VDE 0105 Teil 100): 2000-06. Berlin/Offenbach: VDE Verlag, 8. Auflage 2001
- Lessig, H.-J.: Betrieb und Instandhaltung von explosionsgeschützten elektrischen Anlagen, enthalten in Explosionsschutz elektrischer Anlagen – Einführung für den

- Praktiker. Hrsg.: Technische Akademie Esslingen und expert verlag. Rennigen-Malmsheim: expert 1995 (Band 429 Kontakt und Studium Elektrotechnik)
- Slominski, W.R.: Richtlinien für die Montage und Instandhaltung von explosionsgeschützten elektrischen Betriebsmitteln und Anlagen. Ex-Zeitschrift Fa. R. Stahl Schaltgeräte, Künzelsau. Teil 1 bis 3: Heft 18 (November 1986), S.23-30, Teil 4: Heft 19 (November 1987), S. 23-26
- Wegener: Steckdosenverteiler im Ex-Bereich. 15. CEAG-Sachverständigen-Seminar 1995. Cooper CEAG Sicherheitstechnik Soest, Druckschrift Nr.1179/1/07.96, S. 50
- Mangold: Gefährlicher zündfähiger Funke (Stahlschraube auf Aluminiumkörper, HART-COAT®-Oberfläche). 15. CEAG-Sachverständigen-Seminar 1995. Cooper CEAG Sicherheitstechnik Soest, Druckschrift Nr. 1179/1/07.96, S. 56
- de Haas, Wagner, Fabig, Ferch, Günther und andere Instandhaltungsfachleute aus Chemiebetrieben: Vorträge zu Themen der Instandhaltung und Instandsetzung explosionsgeschützter Betriebsmittel und Anlagen. 10. CEAG-Sachverständigen-Seminar 1990. ABB CEAG Geschäftsbereich Explosionsschutz Eberbach, Druckschrift Nr. CGS 765/3/01.91 D
- Dreier, H.; Krovoza, F.: Richtlinien für die Instandsetzung explosionsgeschützter elektrischer Betriebsmittel. Technische Überwachung Düsseldorf 10 (1967), S. 362-363
- Physikalisch-Technische Bundesanstalt Braunschweig: Merkblatt (Ex) zur Prüfung elektrischer Betriebsmittel auf Explosionsschutz.
- Winkler, A.; Lienenklaus, E.; Rontz, A.: Sicherheitstechnische Prüfungen in elektrischen Anlagen mit Spannungen bis 1000 V, VDE-Schriftenreihe Band 47. Berlin/Offenbach: VDE Verlag, 2. Auflage 1995
- Bödeker, K.: Prüfung ortsveränderlicher Geräte. Elektropraktiker-Bibliothek. Berlin: Verlag Technik, 4. Auflage 2002
- Bödeker, K.; Kindermann, R.: Erstprüfung elektrischer Gebäudeinstallationen. Elektropraktiker-Bibliothek. Berlin: Verlag Technik, 2. Aufl. 2004
- Egyptien, H.-H.: Verwendung von Flüssiggas. Elektropraktiker 2 (1998), Lernen und Können 2/98 S.12-13
- VCI-Leitlinie zum Thema Beförderung gefährlicher Güter im Pkw/Kombi. Verband der chemischen Industrie e.V, AK GGTV, Stand Juli 2003

Zu 19.11 Bestandsschutz in den neuen Bundesländern

- Linström, H.-J. u.a.: Explosionsgeschützte Betriebsmittel. Berlin: Verlag Technik 1988
- Pester, J.: Explosionsgefährdete Arbeitsstätten. Berlin: Verlag Tribüne, 2. Auflage 1990
- Pester, J.: Ex-Anlagen mit Gasexplosionsgefahr – Gerätewechsel in Altanlagen. Elektropraktiker Teil 1: 4 (1993), S. 308-310, Teil 2: 5 (1993), S. 461-462

Register

Ableitwiderstand	349
Abstimmungsbedarf bei Aufträgen	132
Adern, nicht belegt	264
Änderungen	33, 55
Analysenmesstechnik	323
Anlagen,	
eigensichere	277 ff
fremdbelüftete	316, 322 ff
staubexplosionsgeschützte	329
für Forschung, Entwicklung	63
überdruckgekapselte	312 ff, 320
überwachungsbedürftige	27
Anzugstromverhältnis	286
Arbeiten,	
gefährliche	367
Arbeitsfreigabe	
Arbeitsfreigabesystem	372
Arbeitsmittel	55
Arbeitsschutzgesetz	26
Armbanduhren	358
Atex	29 ff
Atex-Leitlinien	35
Atmosphäre, explosionsfähige	109 ff
atmosphärische Bedingungen	42, 112
Aufladungen, elektrostatische	347 ff
Auflagen, behördliche	140
Auftraggeber	131 ff
Auftragnehmer	131 ff
Auftragsannahme	131
Ausbreitungsverhalten explosionsgefährdender Stoffe	226, 329
Ausschaltbarkeit im Gefahrenfall	230
Auswahlgrundsätze, vorrangige	202

Bedingungen,	
atmosphärische	42, 213
betriebliche	116, 139, 202
örtliche	114, 116,
Begleitheizung	351, 266
Begriffe für Geräte und Schutzsysteme	36, 70
Beleuchtungsanlagen	271 ff
Belüftung von Räumen	322
Bereitstellung	55
Bestandsschutz	141, 331
Betreiben	47
Betrieb, bestimmungsgemäßer	239
Betriebsanleitung	43, 206
Betriebsmittel,	
ältere	186, 219, 333
eigensichere	173, 300
einfache	300, 304 ff
energiebegrenzte	175, 179
nichtelektrische	30, 36, 94, 168
ortsveränderliche	264
staubexplosionsgeschützte	183
zugehörige	159
Betriebsmittelauswahl	211
Betriebsmittelgruppe s. Gerätegruppe	
Betriebssicherheitsverordnung	47 ff
Beurteilung	115
Beurteilungsgrundlagen,	110 ff
Blitzschutz	343
Brandgefahr	104, 118
Brandschutz	51
Brenngase	385
Bus-Systeme	233 ff
CE-Kennzeichnung	44
Conduit-System	251, 342
Containment-Systeme	319
Charateristik,	
selbstbegrenzende	266, 352
Dichteverhältnis,	
bezogen auf Luft	128

Diffusionskoeffizient	128
Design,	
stabilisierendes	352
Dokumentierung	54, 64 ff, 136, 378
bei Ex-Betriebsmitteln	192 ff
Drehzahlen, variable	290
Druckanstieg, maximaler	129
Druckfeste Kapselung „d"	164
Druckwirkungen, gefährliche	113
EG-Baumusterprüfbescheinigung	193
EG-Explosionsschutzrichtlinien	
94/9/EG	28, 38
1999/92	30, 47
Eigenschaften	
entzündlicher Stoffe	125
Eigensicheres System	165
Eigensicherheit	164, 295 ff
Bedingungen	298, 301
Grenzwerte	304
Einführung	
von Kabeln und Leitungen	258
ElexV	68 ff
EMV	248
Energieversorgung	223
Entladungen,	
elektrostatische	347
Entzündlichkeit	109 ff
Entzündung	104, 112
Erhöhte Sicherheit „e"	164
Erlaubnis für Ex-Anlagen	53
Erlaubnisschein	372
Errichten	99
Errichterbescheinigung	67
Erstinbetriebnahme	67
Erwärmungszeit t_E	285 ff
Explosion, Voraussetzungen	111
Explosionsdruck	111, 127
Explosionsgefahr	109, 112
explosionsgefährdeter Bereich	112 ff
Explosionsgrenze	109, 127
Explosionsgruppe	128, 154

Explosionsklasse s. Explosionsgruppe	
Explosionspunkt	127
Explosionsschutz	
auf Verdacht	143
individueller	63
nichtelektrischer Betriebsmittel	96
primärer	52, 125
sekundärer	52, 126
Explosionsschutzdokument	
(Exdokument)	45, 65 ff
Explosionsschutzverordnung s. EXVO	
Explosionssicherheit	131
integrierte	124
Explosivstoffe	112
EXVO	28, 34, 41
Abweichungen	45
Fachverantwortung	102
Fachwerkstatt	381
Fehlanwendungen	239
Fehlerstrom	245
Flammpunkt	127
Freischalten	231
Freisetzung	116, 315 ff
Fremdspannungen	255, 298
Frequenzumrichter	290
Führungsverantwortung	100
Funken,	
elektrische	120, 163
mechanisch erzeugte	121, 163, 374
Funktelefone	358
Funktionssicherheit für	
den Explosionsschutz	53, 208, 240
Gasexplosionsgefahr	112, 329 ff
Gaswarnanlage	229
Gefahr	51
gefahrdrohende Menge	111 ff
Gefahrenschalter	230, 232
Gefahrensituation	118
Gefahrenklasse	22, 48, 127
Gefährdung	33

Gefährdungsbeurteilung	52, 54	Internet-Adressen	97
gefährliche Arbeiten	334	Inverkehrbringen	34
Gefahrstoffe	26	IP-Schutzarten	161, 176
Gefahrstoffverordnung	52		
Gehäuseschutzart	176, 317	**K**abel und Leitungen	250 ff
Gemisch	36, 102, 109 ff	geschirmte	254 ff, 302
hybrides	118	Kapazität	301
Geräte	63, 150	Kennwerte für	
individuelle	358	eigensichere Stromkreise	302
netzunabhängige	383	Kennzahlen,	
nichtelektrische	94	sicherheitstechnische	126, 202
ortsveränderliche	264	Kennzeichen des	
Geräte- und Produktsicherheits-		Explosionsschutzes	180 ff
gesetz (GSPG)	27	Besonderheiten	184 ff
Gerätegruppe	38 ff, 153	Kennzeichnung explosionsgefährdeter	
Gerätekategorie	38 ff, 153	Bereiche	201
Glimmtemperatur	128	KLE	258
Glühlampen	276	Knickschutz	254, 259
Grenzspaltweite	128, 155	Komponenten	45, 150, 160
Grenztemperatur	158	Konformitätsaussage	45, 174, 176
Gruppierungen im		Konformitätsbescheinigung	45
Explosionsschutz	42, 149, 161, 169	Konformitäts-	
		erklärung	37, 42 ff, 186, 199
Handys	358, 375	Kontrollbescheinigung	46
Heizanlagen	351	Korrosionsschutz,	
Heizgeräte	351	kathodischer	356
Heizleitungen	252, 266 ff	Kriech- und Luftstrecken	176, 341
Hilfskräfte	54, 376		
Hochfrequenz	359	**L**ampenauswahl	275
Hörgeräte	358	Längsspannungen	357
		Laser	359
i-SYST	165	Leckströme	360
IECEx	200	Leiterverbindungen	262
Importe	45, 142	Leitlinien zur BetrSichV	55 ff
Induktivität	301	leitfähige Stäube	329 ff
Inertgas	319	Leitungen, ortsveränderliche	264
Inspektion	207, 363	Leuchten	271 ff
Installation bei Staubex	329 ff	Leuchtstofflampen	277
Installationsart	251	Lichtwellenleiter	236, 270
Instandhaltung	84, 214, 231		
Instandsetzung von			
Betriebsmitteln	381		

Meldepflicht bei Schadensfällen	74, 82
Merkmale	
entzündlicher Stoffe	110, 127
explosionsgeschützter Betriebsmittel	39, 149 ff
MESG s. Grenzspaltweite	
Mindestquerschnitt	251
Mindestzündenergie	122, 129
Mindestzündstrom	128, 155
Missbrauch	239
Motoren	279 ff
Motorschutzschalter	288
Motorschutz, thermischer	282, 286
Nachweis der Prüfung	67, 193, 378
Natriumdampflampen	277
Neutralleiter	246
Niveau der Eigensicherheit	164, 169
Niveau des Explosionsschutzes	39
Normalbetrieb	86
Normen des Explosionsschutzes	88
Normspaltweite NSW	155
Notausschaltung	279
Oberflächentemperatur, zulässige	157
Ölkapselung „o"	166
Person,	58, 62, 381
Pflichten,	100 ff
des Arbeitgebers (Auftragebers)	100, 103
des Auftragnehmers	104
des Betreibers	101
der Elektrofachkraft	102
des Herstellers	42, 105
Planung	131 ff
Potenzialausgleich	174
Potenzialtrenner	307
Prozessleittechnik	132, 234, 240
Prüfen	53, 367, 378
Prüfschein	193
Prüfstellen	196
Prüfungen,	58, 80, 365, 366
regelmäßige	81
wiederkehrende	368
vor Inbetriebnahme	81
Radar	358
Randbedingungen bei Normenanwendung	96
Raumheizer	351
Recht	26, 28 ff
altes	28, 220
außerstaatliches	142
neues	29
Rechtsnormen	26 ff
Regeln der Technik	88
Reparaturverteilung	224
Sandkapselung „q"	165
Schallwellen	360
Schaltanlagen	223
Schlagwetterschutz	112, 182
schriftliche Festlegungen, erforderliche	135 ff
Schutz- und Überwachungseinrichtungen	229
Schutzarten	
s. IP-Schutzarten	
s. Zündschutzarten	
Schutzerdung	243
Schutzleiter	246
Schutzmaßnahmen	137
gegen elektrischen Schlag	242 ff
tertiäre	126
Schutzschrank	211
Schutzsysteme,	
eigensichere	295, 309
im Sinne der EXVO	149 ff
überdruckgekapselte	315
Schwadensicheres Gehäuse	176
Schweißerlaubnis	372
Schweranlauf	289

Sicherheitsbarriere	307	Veränderungen,	
sicherheitsgerechtes Verhalten	108	wesentliche	78
Sicherheits-, Kontroll- und Regelvorrichtungen	57, 64, 229	Verbindungsmittel	58
		vereinfachte Überdruckkapselung	
Sicherheitskonzeption, schriftliche	131	Vergusskapselung „m"	165
		Verhaltensweise im Ex-Bereich	108
Sonderschutz „s"	166	Verhältnisse	
Stand der Technik	59	in eigensicheren Stromkreisen	296
Standort von Zentralen	225	örtliche und betriebliche	114, 225
Staubexplosionsgefahr	85, 112	Verteilungsanlagen	223, 226 ff
Staubexplosionsschutz	274	Verwendung, bestimmungsgemäße	36
Staubschichten	222	Vorgaben für Auftragnehmer	133
Steckvorrichtungen mit Staubexplosionsschutz	342	von Behörden	138
		vom Betreiber	138
Stelle, notifizierte (benannte)	196, 197 ff		
Störfall	140, 239	**W**anddurchführungen	
Stoffe, entzündliche	109 ff	von Kabeln und Leitungen	257
Symbole des Explosionsschutzes	181 ff	Werkzeug	373
System, eigensicheres	165	Widerstandsheizung	351
t_E-Zeit s. Erwärmungszeit		**Z**entralen	225
Technische Regeln, wichtige	91 ff	Zone	56, 86 ff, 114 ff
Teilbescheinigung	194	Zündgefahren	
Temperaturklasse	128, 157, 340	versteckte	357
Trennstufe	308	Zündgrenzen s. Explosionsgrenzen	
Trompeteneinführverschraubung	260	Zündgruppe s. Temperaturklasse	
		Zündquellen	111 ff, 119
Überschneidung		Zündschutzart „n"	
unterschiedlich gefährdeter Bereiche	119	Zündschutzarten, genormte	162 ff
Überdruckkapselung „p"	165, 312 ff	Zündschutzgas	318 ff
vereinfachte	324	Zündtemperatur	128, 157
Übergangsfristen (BetrSichV)	68		
Überwachung, ständige	54, 369		
Überwachungsstellen, zugelassene	53, 79, 381		
Umgebungsbedingungen	205		
unter Putz	257		
Ursache der Explosionsgefahr	109 ff		
Verantwortlicher Ingenieur	54, 369		
Verantwortung	100 ff		